くわしい 中3理科

KUWASHII

SCIENCE

鎌田正裕・中西 史　共編

ΣBEST シグマベスト

文英堂

本書の特色と使い方

圧倒的な「くわしさ」で，考える力が身につく

本書は，豊富な情報量を，わかりやすい文章でまとめています。丸暗記ではなく，しっかりと理解しながら学習を進められるので，知識がより深まります。

本文

学習しやすいよう，見開き構成にしています。重要用語や大事なことがらには色をつけているので，要点がおさえられます。また，豊富な図や写真でしっかりと理解することができます。

要点

この単元でおさえたい内容を簡潔にまとめています。学習のはじめに，**全体の流れ**をおさえましょう。

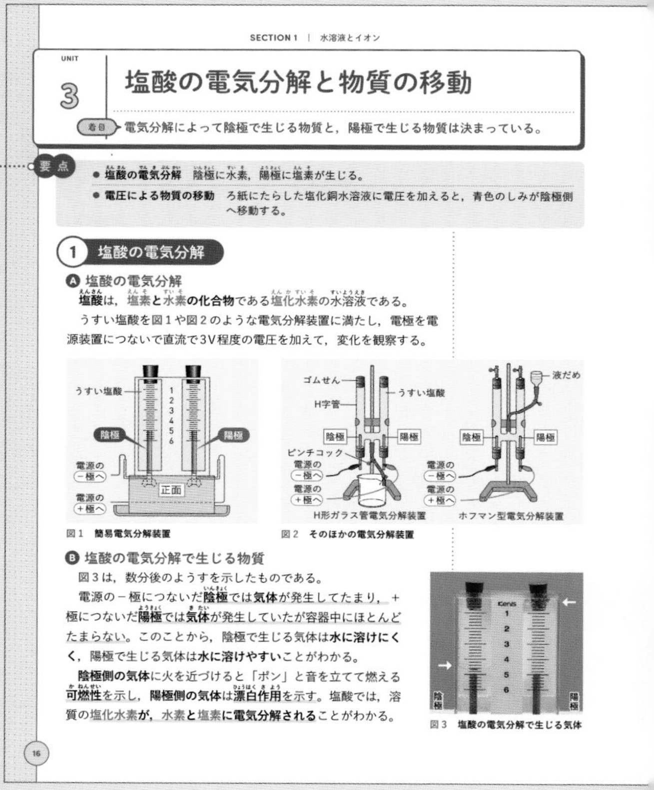
SECTION 1 ｜ 水溶液とイオン

UNIT 3 塩酸の電気分解と物質の移動

着目 電気分解によって陰極で生じる物質と，陽極で生じる物質は決まっている。

要点
- **塩酸《えんさん》の電気分解《でんきぶんかい》** 陰極《いんきょく》に水素《すいそ》，陽極《ようきょく》に塩素《えんそ》が生じる。
- **電圧による物質の移動** ろ紙にたらした塩化銅水溶液に電圧を加えると，青色のしみが陰極側へ移動する。

1 塩酸の電気分解

A 塩酸の電気分解

塩酸《えんさん》は，塩素《えんそ》と水素《すいそ》**の化合物**である塩化水素《えんかすいそ》の水溶液《すいようえき》である。

うすい塩酸を図1や図2のような電気分解装置に満たし，電極を電源装置につないで直流で3V程度の電圧を加えて，変化を観察する。

図1 簡易電気分解装置

図2 そのほかの電気分解装置

B 塩酸の電気分解で生じる物質

図3は，数分後のようすを示したものである。

電源の－極につないだ**陰極《いんきょく》**では**気体**が発生してたまり，＋極につないだ**陽極《ようきょく》**では**気体《きたい》**が発生していたが容器中にほとんどたまらない。このことから，陰極で生じる気体は**水に溶けにくく**，陽極で生じる気体は**水に溶けやすい**ことがわかる。

陰極側の気体に火を近づけると「ポン」と音を立てて燃える**可燃性《かねんせい》**を示し，**陽極側の気体**は漂白作用《ひょうはくさよう》を示す。塩酸では，溶質の塩化水素**が，**水素**と**塩素**に電気分解される**ことがわかる。

図3 塩酸の電気分解で生じる気体

16

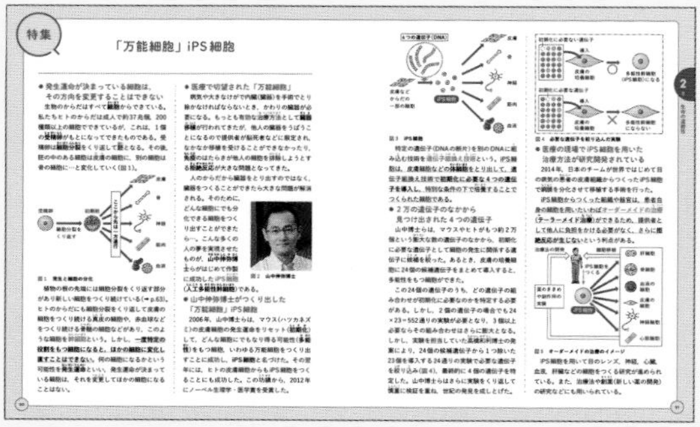

特集

理科が自然と好きになるような，幅広い話題を集めました。興味をもって，読んでみましょう。

くーくん

HOW TO USE

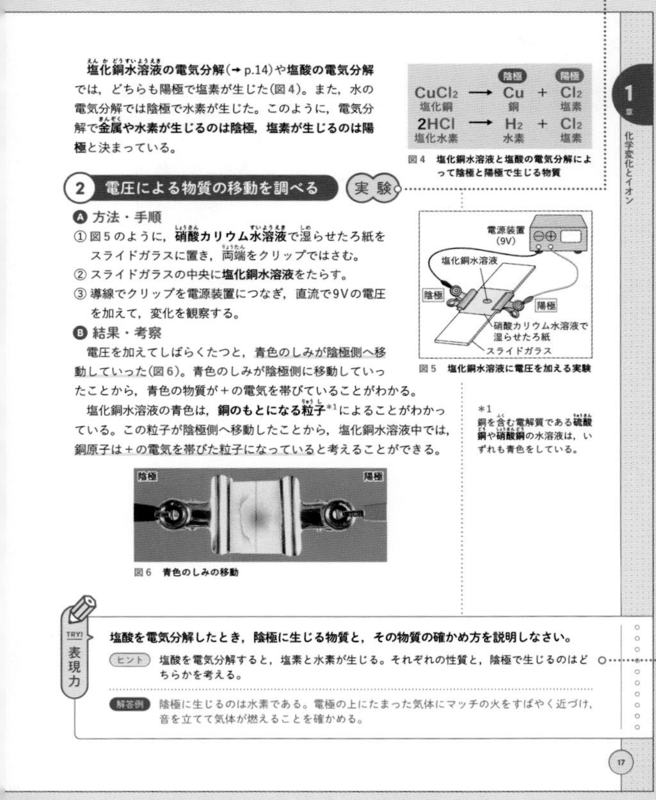
塩《えん》化《か》銅《どう》水《すい》溶《よう》液《えき》の電気分解(→ p.14)や塩酸の電気分解では，どちらも陽極で塩素が生じた(図4)。また，水の電気分解では陰極で水素が生じた。このように，電気分解で金属《きんぞく》や水素が生じるのは陰極，塩素が生じるのは陽極と決まっている。

図4　塩化銅水溶液と塩酸の電気分解によって陰極と陽極で生じる物質

2　電圧による物質の移動を調べる　実験

Ⓐ 方法・手順

① 図5のように，**硝酸《しょうさん》カリウム水溶液《すいようえき》**で湿《しめ》らせたろ紙をスライドガラスに置き，両端《りょうたん》をクリップではさむ。

② スライドガラスの中央に**塩化銅水溶液**をたらす。

③ 導線でクリップを電源装置につなぎ，直流で9Vの電圧を加えて，変化を観察する。

Ⓑ 結果・考察

電圧を加えてしばらくたつと，青色のしみが陰極側へ移動していった(図6)。青色のしみが陰極側に移動していったことから，青色の物質が＋の電気を帯びていることがわかる。

塩化銅水溶液の青色は，**銅のもとになる粒子《りゅうし》***1によることがわかっている。この粒子が陰極側へ移動したことから，塩化銅水溶液中では，銅原子は＋の電気を帯びた粒子になっていると考えることができる。

図5　塩化銅水溶液に電圧を加える実験

*1
銅を含《ふく》む電解質である硫酸《りゅうさん》銅《どう》や硝酸銅《しょうさんどう》の水溶液は，いずれも青色をしている。

図6　青色のしみの移動

1章　化学変化とイオン

TRY! 表現力

塩酸を電気分解したとき，陰極に生じる物質と，その物質の確かめ方を説明しなさい。

ヒント　塩酸を電気分解すると，塩素と水素が生じる。それぞれの性質と，陰極で生じるのはどちらかを考える。

解答例　陰極に生じるのは水素である。電極の上にたまった気体にマッチの火をすばやく近づけ，音を立てて気体が燃えることを確かめる。

17

実験／観察

テストにもよく出る**重要な実験や観察**は，方法・結果・考察と手順を追ってくわしく解説しています。

例題

重要な計算問題は，例題を扱っています。しっかりと解き方を身につけることができます。

参考　学習内容の理解をより深める内容です。

注意　実験の注意事項などを載せています。

発展　発展的な内容も，くわしく解説しています。

TRY! 思考力／判断力／表現力

学習した内容が身についているか，**自分の言葉で表現**してチェックしてみましょう。

定期テスト対策問題

各SECTIONの最後に，テストで**問われやすい問題**を集めました。テスト前に，知識が身についているかを確かめましょう。

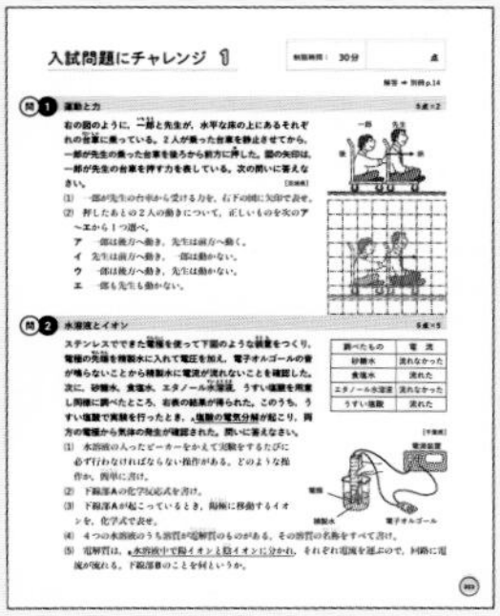

入試問題にチャレンジ

巻末には，実際の入試問題を掲載しています。中３理科の**総仕上げ**として，挑戦してみましょう。

もくじ

CONTENTS

2章 生命の連続性

3章 運動とエネルギー

SECTION 1 力の合成と分解

SECTION 2 運動と力

SECTION 3 仕事とエネルギー

4章 地球と宇宙

SECTION 1 天体の1日の動き

5章　自然と人間

6章 科学技術と人間

SECTION 1　エネルギー

SECTION 2　科学技術の発展と人間生活

1章

化学変化とイオン

特集

周期表

周期＼族	1	2	3	4	5	6	7	8	9
1	1 H 水素 1								
2	3 Li リチウム 7	4 Be ベリリウム 9							
3	11 Na ナトリウム 23	12 Mg マグネシウム 24							
4	19 K カリウム 39	20 Ca カルシウム 40	21 Sc スカンジウム 45	22 Ti チタン 48	23 V バナジウム 51	24 Cr クロム 52	25 Mn マンガン 55	26 Fe 鉄 56	27 Co コバルト 59
5	37 Rb ルビジウム 85	38 Sr ストロンチウム 88	39 Y イットリウム 89	40 Zr ジルコニウム 91	41 Nb ニオブ 93	42 Mo モリブデン 96	43 Tc テクネチウム (99)	44 Ru ルテニウム 101	45 Rh ロジウム 103
6	55 Cs セシウム 133	56 Ba バリウム 137	57-71 ランタノイド	72 Hf ハフニウム 178	73 Ta タンタル 181	74 W タングステン 184	75 Re レニウム 186	76 Os オスミウム 190	77 Ir イリジウム 192
7	87 Fr フランシウム (223)	88 Ra ラジウム (226)	89-103 アクチノイド	104 Rf ラザホージウム (267)	105 Db ドブニウム (268)	106 Sg シーボーギウム (271)	107 Bh ボーリウム (272)	108 Hs ハッシウム (277)	109 Mt マイトネリウム (276)

ランタノイド	57 La ランタン 139	58 Ce セリウム 140	59 Pr プラセオジム 141	60 Nd ネオジム 144	61 Pm プロメチウム (145)	62 Sm サマリウム 150
アクチノイド	89 Ac アクチニウム (227)	90 Th トリウム 232	91 Pa プロトアクチニウム 231	92 U ウラン 238	93 Np ネプツニウム (237)	94 Pu プルトニウム (239)

1 — 原子番号
H — 元素記号
水素 — 元素名
1 — 原子量（原子のおよその質量の比）

- 単体は室温で気体
- 単体は室温で液体
- 単体は室温で固体

- 単体は非金属
- 単体は金属
- くわしい性質が不明

現在，元素は118種類が発見・命名されている。原子の構造をもとに，ほぼ質量の小さい順に番号をつけたのが**原子番号**《げんしばんごう》である。元素を下のように，原子番号の順に並べていくと，縦《たて》の列に性質のとてもよく似た元素が現れてくる。このように元素を並べた表を**周期表**《しゅうきひょう》という。

10	11	12	13	14	15	16	17	18	族／周期
								2 He ヘリウム 4	1
			5 B ホウ素 11	6 C 炭素 12	7 N 窒素 14	8 O 酸素 16	9 F フッ素 19	10 Ne ネオン 20	2
			13 Al アルミニウム 27	14 Si ケイ素 28	15 P リン 31	16 S 硫黄 32	17 Cl 塩素 35	18 Ar アルゴン 40	3
28 Ni ニッケル 59	29 Cu 銅 64	30 Zn 亜鉛 65	31 Ga ガリウム 70	32 Ge ゲルマニウム 73	33 As ヒ素 75	34 Se セレン 79	35 Br 臭素 80	36 Kr クリプトン 84	4
46 Pd パラジウム 106	47 Ag 銀 108	48 Cd カドミウム 112	49 In インジウム 115	50 Sn スズ 119	51 Sb アンチモン 122	52 Te テルル 128	53 I ヨウ素 127	54 Xe キセノン 131	5
78 Pt 白金 195	79 Au 金 197	80 Hg 水銀 201	81 Tl タリウム 204	82 Pb 鉛 207	83 Bi ビスマス 209	84 Po ポロニウム (210)	85 At アスタチン (210)	86 Rn ラドン (222)	6
110 Ds ダームスタチウム (281)	111 Rg レントゲニウム (280)	112 Cn コペルニシウム (285)	113 Nh ニホニウム (278)	114 Fl フレロビウム (289)	115 Mc モスコビウム (289)	116 Lv リバモリウム (293)	117 Ts テネシン (293)	118 Og オガネソン (294)	7
63 Eu ユウロピウム 152	64 Gd ガドリニウム 157	65 Tb テルビウム 159	66 Dy ジスプロシウム 163	67 Ho ホルミウム 165	68 Er エルビウム 167	69 Tm ツリウム 169	70 Yb イッテルビウム 173	71 Lu ルテチウム 175	
95 Am アメリシウム (243)	96 Cm キュリウム (247)	97 Bk バークリウム (247)	98 Cf カリホルニウム (252)	99 Es アインスタイニウム (252)	100 Fm フェルミウム (257)	101 Md メンデレビウム (258)	102 No ノーベリウム (259)	103 Lr ローレンシウム (262)	

UNIT 1

水溶液と電流

着目 水溶液には電流が流れるものと流れないものがある。

要点

- **水溶液と電流**　溶質となる固体や溶媒《ようばい》となる純粋《じゅんすい》な水に電圧を加えても，電流は流れない。
- **電解質《でんかいしつ》**　水に溶《と》け，水溶液にすると電流が流れるようになる物質。
- **非電解質《ひでんかいしつ》**　水に溶け，水溶液にしても電流が流れない物質。

1 水溶液と電流

中学２年で学んだ**水の電気分解**の実験では，電流が流れやすくなるように，水に水酸化《すいさんか》ナトリウム水溶液《すいようえき》を加えた。水溶液には，どのようなときに電流が流れるのだろうか。

図１のように，**食塩《しょくえん》や砂糖《さとう》の固体**に，電極をふれさせて電圧を加えても，電流は流れない。

次に，図１のように，**精製水《せいせいすい》***1 に電極を入れて電圧を加えても，電流は流れない。同じ装置を使って，**食塩を精製水に溶《と》かした水溶液**や，**砂糖を精製水に溶かした水溶液**に，精製水でよく洗った電極を入れて電圧を加えたとき，食塩水には電流が流れるが，砂糖水には電流が流れない。

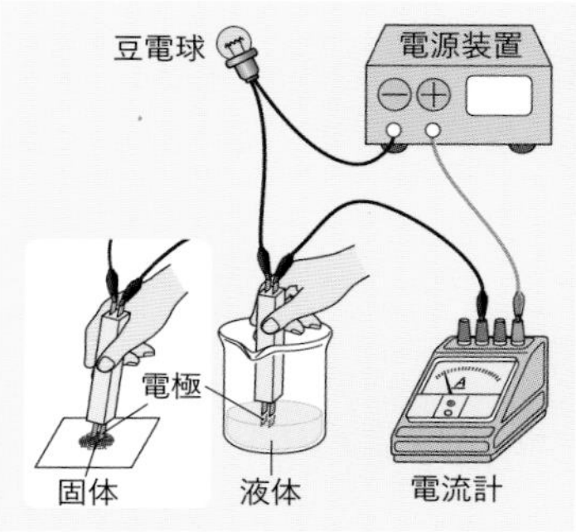

図１　**固体や液体に電圧をかける実験**

*1
実験で用いる純粋《じゅんすい》な水を**精製水**という。特に，水をいちど水蒸気にしてから水にもどす蒸留でつくったものを**蒸留水《じょうりゅうすい》**という。

参考　電極を精製水で洗う理由

電流が流れる水溶液がわずかでも電極の表面に残っていると，電流が流れない水溶液にも電流が流れてしまうことがある。

そのため，調べる水溶液を変えるたびに，電極を精製水でじゅうぶんに洗い流して，前の水溶液が混ざらないようにする必要がある(図２)。

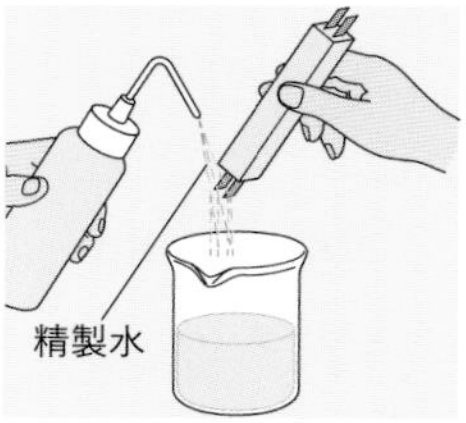

図２　**電極の洗い方**

2 電解質と非電解質

A 電解質と非電解質

水に溶ける物質は，水溶液にしたときに電流が流れるかどうかでなかま分けできる。*2 **塩化《えんか》ナトリウム(食塩)**などのように，水溶液にすると電流が流れる物質を**電解質《でんかいしつ》**という。一方，**ショ糖《とう》(砂糖)**などのように，水溶液にしても電流が流れない物質を，**非電解質《ひでんかいしつ》**という。

*2
金属や炭素，デンプンや酸化鉄などの水に溶けない物質は，そのものが電気を通すか通さないかにかかわらず，電解質でも非電解質でもない。

B いろいろな電解質・非電解質

電解質には，固体の物質だけでなく，液体の物質や，気体の物質もある(表 1)。同様に，非電解質も固体の物質だけではなく，液体の物質などもある(表 2)。

表 1　おもな電解質

	物質名	化学式
固体	塩化ナトリウム	$NaCl$
固体	塩化銅	$CuCl_2$
固体	水酸化ナトリウム	$NaOH$
固体	硝酸《しょうさん》カリウム	KNO_3
液体	硫酸《りゅうさん》	H_2SO_4
液体	酢酸《さくさん》	CH_3COOH[*3]
気体	塩化水素	HCl
気体	アンモニア	NH_3

表 2　おもな非電解質

	物質名
固体	ショ糖
固体	ブドウ糖
液体	エタノール
液体	ベンゼン

＊3
酢酸 $C_2H_4O_2$ は原子の結合する順番から CH_3COOH という化学式で書かれることが多い。

C 電極で起こる変化

電解質の水溶液に電流が流れると，電極付近で気体が発生したり，電極に固体が付着したりする。このことから，電流を流したときに，電極では化学変化が起こっていることがわかる。

表 3　電解質の水溶液で起こる電極での変化

電極で見られる変化	電解質の水溶液
無《む》臭《しゅう》の気体だけが発生する	水酸化ナトリウム水溶液　うすい硫酸 うすい硝酸カリウム水溶液
刺《し》激臭《げきしゅう》のある気体が発生する	塩化ナトリウム水溶液[*4] 塩化銅水溶液　塩酸[*4]
電極に固体が付着する	塩化銅水溶液[*5]

＊4
塩化ナトリウム水溶液や塩酸に電流が流れたときには，無臭の気体も発生する(➡ p.16)。

＊5
塩化銅水溶液に電流が流れると，片方の電極に赤色の固体が付着する(➡ p.15)。

TRY! 表現力

硫酸バリウムは電解質でも非電解質でもない。この理由を，簡単に説明しなさい。

ヒント　硫酸バリウムは，水にはほとんど溶けない物質である。

解答例　電解質か非電解質かは水に溶けたときの水溶液の性質によって決まるのに対して，硫酸バリウムは水にほとんど溶けないから。

UNIT 2

塩化銅水溶液の電気分解

着目 塩化銅水溶液を電気分解すると，銅と塩素が生じ，それぞれ特有の性質を示す。

要点

- **電解質の水溶液《すいようえき》と電気分解**　電流が流れると電極で変化がある。
- **塩化銅水溶液《えんかどうすいようえき》の電気分解**　陰極《いんきょく》に銅《どう》，陽極《ようきょく》に塩素《えんそ》が生じる。
- **塩化銅水溶液の電気分解でできる物質の確認**　銅は金属光沢《きんぞくこうたく》を示し，塩素は特有の刺激臭《しげきしゅう》がする。

1 電解質の水溶液と電気分解

電解質の水溶液《すいようえき》にステンレス電極を入れ，直流で3V程度の電圧を加えて電流を流すと，図1のように電極のあたりで泡《あわ》が出たり，電極に物質が付着したりと，**電極付近ではさまざまな変化**が起こる。

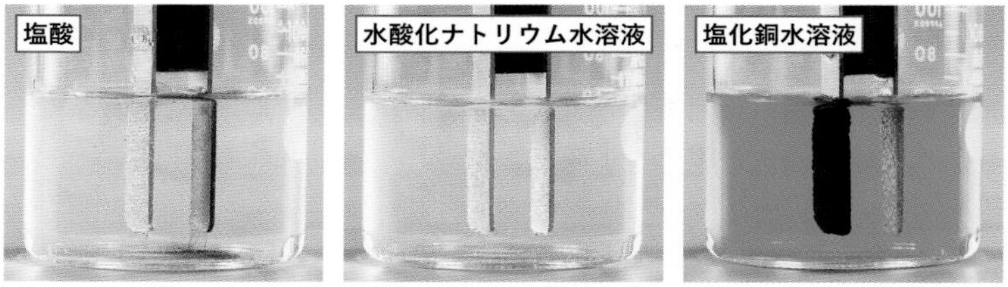

図1　電解質の水溶液に電流を流したときの電極のようす

たとえば，**水酸化《すいさんか》ナトリウム水溶液《すいようえき》**では，中学2年で学習したように，水の電気分解が起こり，両極から気体が発生する。

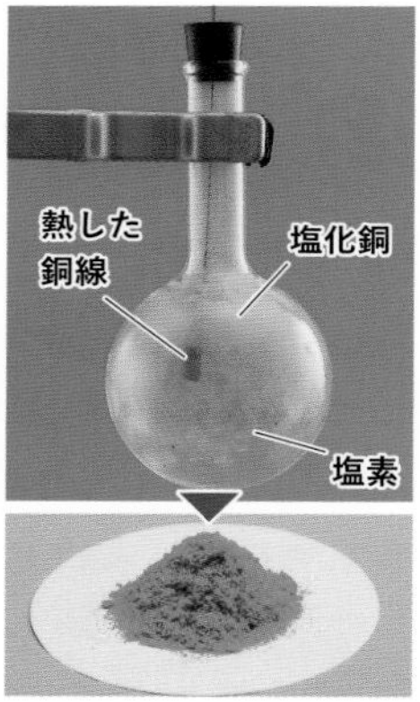

図2　塩化銅のつくり方

塩素の入ったフラスコに熱した銅線を入れると，銅と塩素が結びついて塩化銅ができる。

2 塩化銅水溶液の電気分解

電気分解により気体と固体が発生する**塩化銅水溶液《えんかどうすいようえき》**での変化を調べる。塩化銅《えんかどう》は，銅《どう》と塩素《えんそ》が結びついてできた**化《か》合物《ごうぶつ》**である(図2)。

A 塩化銅水溶液の電気分解

図3のように，青色の塩化銅水溶液を入れたビーカーに，電極として2本の炭素棒を入れる。さらに，電源装置《でんげんそうち》につないで直流で3V程度の電圧を加えて電流を流し，変化を観察する。

このとき，2つの電極を離《はな》しておくことで，

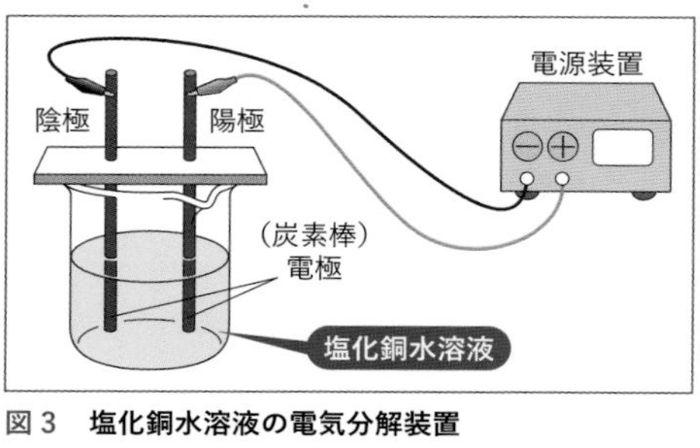

図3　塩化銅水溶液の電気分解装置

それぞれの電極で起こる変化を調べやすくする。

B 塩化銅水溶液の電気分解で生じる物質

図 4 は，電流を流し始めて数分後のようすを示したものである。電源の－極につないだ**陰極《いんきょく》**には**赤色の物質**が付着し，＋極につないだ**陽極《ようきょく》**では**気体《きたい》**が発生していた。また，このとき，水溶液の青色が少しうすくなっていた。

それぞれの電極で生じた物質を図 5 の方法で調べると，次のような結果になる。

陰極に生じた**赤色の物質**は**金属に特有の金属光沢《きんぞくこうたく》**を示すことから，銅であることがわかる。また，陽極からは，塩素に**特有な刺激臭《しげきしゅう》**がし，陽極付近の水溶液に赤色のインクをたらすと**漂白《ひょうはく》作用《さよう》**を示す。

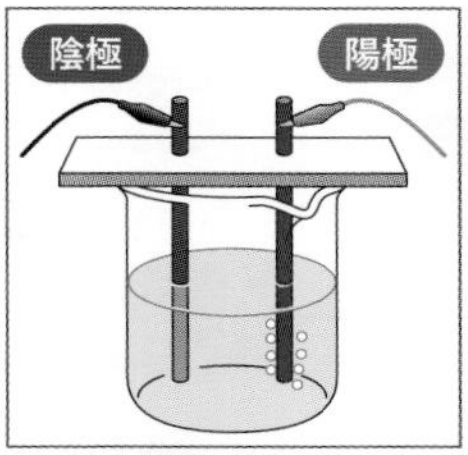

図 4　塩化銅水溶液の電気分解のようす

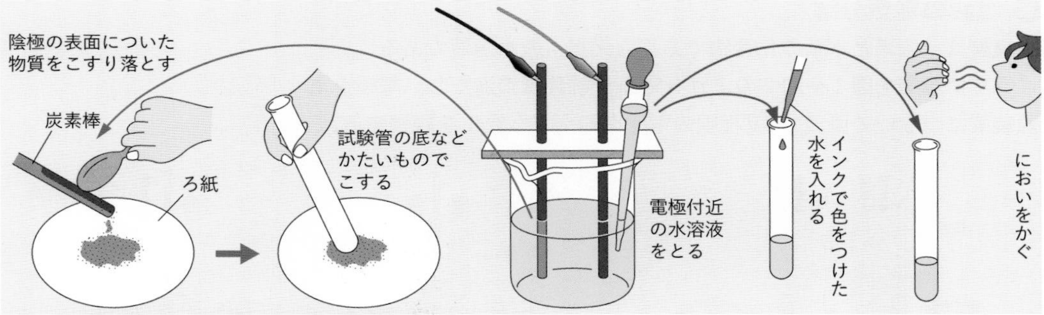

図 5　塩化銅水溶液の電気分解で生じた物質の確認方法

これらのことから，塩化銅水溶液を電気分解すると，**銅と塩素に分かれる**ことがわかる。

$$CuCl_2 \longrightarrow Cu + Cl_2$$

塩化銅		銅		塩素

TRY! 表現力

塩化銅水溶液を電気分解したときに陰極で生じる物質と，その物質の確かめ方を説明しなさい。

ヒント　塩化銅水溶液を電気分解すると，銅と塩素が生じる。陰極で生じるのはどちらであるかを考える。

解答例　陰極に生じるのは銅である。電極からろ紙の上にこすり落としてかたいものでこすり，赤色の金属光沢を示すかどうかで確かめる。

UNIT 3

塩酸の電気分解と物質の移動

着目 電気分解によって陰極で生じる物質と，陽極で生じる物質は決まっている。

要点

- **塩酸《えんさん》の電気分解《でんきぶんかい》** 陰極《いんきょく》に水素《すいそ》，陽極《ようきょく》に塩素《えんそ》が生じる。
- **電圧による物質の移動** ろ紙にたらした塩化銅水溶液に電圧を加えると，青色のしみが陰極側へ移動する。

1 塩酸の電気分解

A 塩酸の電気分解

塩酸《えんさん》は，塩素《えんそ》**と**水素《すいそ》**の化合物**である塩化水素《えんかすいそ》の水溶液《すいようえき》である。

うすい塩酸を図1や図2のような電気分解装置に満たし，電極を電源装置につないで直流で3V程度の電圧を加えて，変化を観察する。

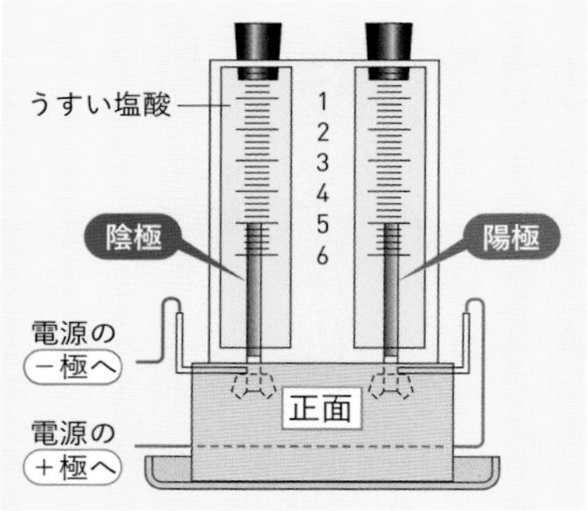

図1 簡易電気分解装置

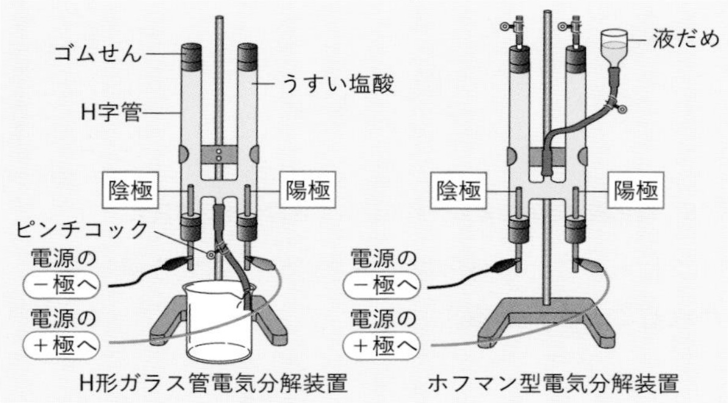

図2 そのほかの電気分解装置

B 塩酸の電気分解で生じる物質

図3は，数分後のようすを示したものである。

電源の−極につないだ**陰極《いんきょく》**では**気体**が発生してたまり，＋極につないだ**陽極《ようきょく》**では**気体《きたい》**が発生していたが容器中にほとんどたまらない。このことから，陰極で生じる気体は**水に溶けにくく**，陽極で生じる気体は**水に溶けやすい**ことがわかる。

陰極側の気体に火を近づけると「ポン」と音を立てて燃える**可燃性《かねんせい》**を示し，**陽極側の気体**は**漂白作用《ひょうはくさよう》**を示す。塩酸では，溶質の塩化水素**が，**水素**と**塩素**に電気分解される**ことがわかる。

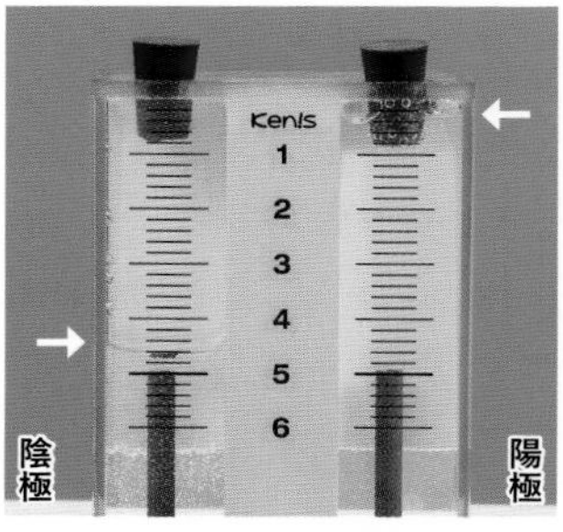

図3 塩酸の電気分解で生じる気体

塩化銅水溶液《えんかどうすいようえき》の電気分解（➡ p.14）や**塩酸の電気分解**では，どちらも陽極で塩素が生じた（図4）。また，水の電気分解では陰極で水素が生じた。このように，電気分解で**金属《きんぞく》や水素が生じるのは陰極，塩素が生じるのは陽極**と決まっている。

		陰極		陽極
$CuCl_2$ 塩化銅	⟶	Cu 銅	＋	Cl_2 塩素
$2HCl$ 塩化水素	⟶	H_2 水素	＋	Cl_2 塩素

図4　塩化銅水溶液と塩酸の電気分解によって陰極と陽極で生じる物質

2 電圧による物質の移動を調べる　実験

A 方法・手順

① 図5のように，**硝酸《しょうさん》カリウム水溶液《すいようえき》**で湿《しめ》らせたろ紙をスライドガラスに置き，両端《りょうたん》をクリップではさむ。
② スライドガラスの中央に**塩化銅水溶液**をたらす。
③ 導線でクリップを電源装置につなぎ，直流で9Vの電圧を加えて，変化を観察する。

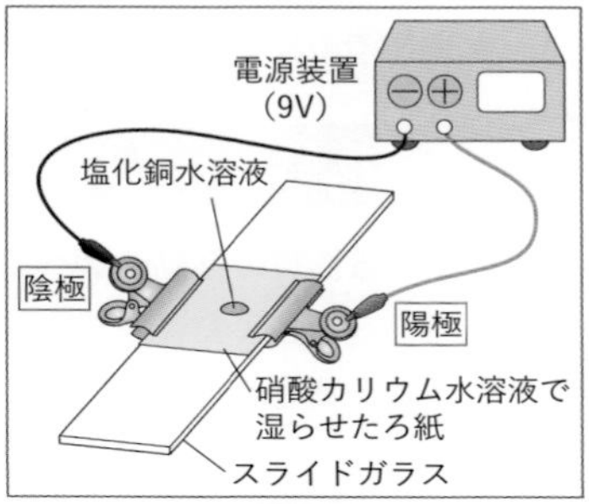

図5　塩化銅水溶液に電圧を加える実験

B 結果・考察

電圧を加えてしばらくたつと，青色のしみが陰極側へ移動していった（図6）。青色のしみが陰極側に移動していったことから，青色の物質が＋の電気を帯びていることがわかる。

塩化銅水溶液の青色は，**銅のもとになる粒子《りゅうし》**[*1]によることがわかっている。この粒子が陰極側へ移動したことから，塩化銅水溶液中では，銅原子は＋の電気を帯びた粒子になっていると考えることができる。

＊1
銅を含《ふく》む電解質である**硫酸《りゅうさん》銅《どう》**や**硝酸銅《しょうさんどう》**の水溶液は，いずれも青色をしている。

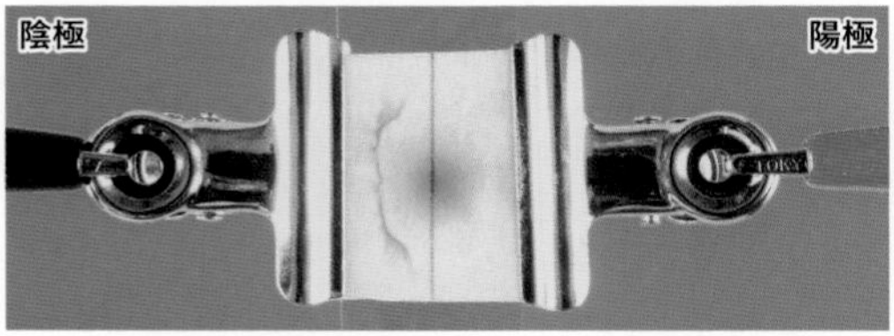

図6　青色のしみの移動

TRY! 表現力

塩酸を電気分解したとき，陰極に生じる物質と，その物質の確かめ方を説明しなさい。

ヒント　塩酸を電気分解すると，塩素と水素が生じる。それぞれの性質と，陰極で生じるのはどちらかを考える。

解答例　陰極に生じるのは水素である。電極の上にたまった気体にマッチの火をすばやく近づけ，音を立てて気体が燃えることを確かめる。

UNIT 4

電気分解のしくみ

着目 電解質の水溶液中を，＋や－の電気を帯びた粒子が移動する。

要点

- **電極《でんきょく》に引かれる粒子《りゅうし》**　＋の電気を帯びた粒子が陰極《いんきょく》へ，－の電気を帯びた粒子が陽極《ようきょく》へ動く。
- **陰極での反応**　陰極では＋の電気を帯びた粒子が電子を受けとる。
- **陽極での反応**　陽極では－の電気を帯びた粒子が電子を電極に渡す。

1 電極に引かれる粒子

電圧による物質の移動を調べる実験（➡p.17）では，塩化銅《えんかどう》の青色のしみに電圧を加えると，青色のしみが陰極《いんきょく》に引かれて移動することから，**塩化銅水溶液中の銅原子**は，**＋の電気を帯びた粒子《りゅうし》になっている**ことが確かめられた。

塩化銅水溶液中の塩素原子も**－の電気を帯びた粒子になっている**とすれば，図1のように，電極に電圧を加えたとき，銅と塩素が別々《べつべつ》の電極に集まることが説明できる。

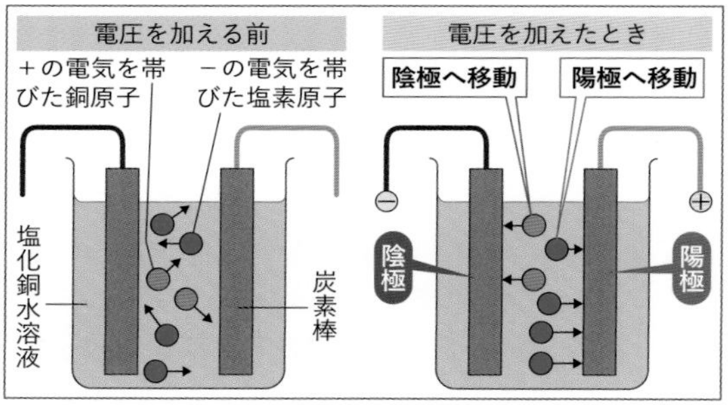

図1　水溶液中の電気を帯びた粒子の移動と電圧

同じように，塩酸の電気分解で陰極に水素が生じるのも，塩酸中では**水素原子**が**＋の電気を帯びた粒子になっているから**と考えることができる（図2）。

		陰極		陽極
$CuCl_2$ 塩化銅	⟶	Cu 銅	＋	Cl_2 塩素
$2HCl$ 塩化水素	⟶	H_2 水素	＋	Cl_2 塩素

図2　電気分解によって生じる物質

一般《いっぱん》に，電解質の水溶液に電圧を加えると，電気分解《でんきぶんかい》が起こる。このことから，陰極で生じる物質は水溶液中で**＋の電気を帯びた粒子**に，陽極で生じた物質は水溶液中で**－の電気を帯びた粒子**になっているといえる。

2 電解質の水溶液を流れる電流

Ⓐ 金属中を流れる電流

金属中には**－の電気を帯びた**電子《でんし》があり，自由に動くことができる。[*1] 金属線を電源につなぐと，図3のように電源から加えられる電圧によって**電子が＋極に引かれ，＋極側に移動する**。これが電流《でんりゅう》の正体で

*1
このような電子を**自由電子《じゆうでんし》**という。

ある(中学2年で学習)。

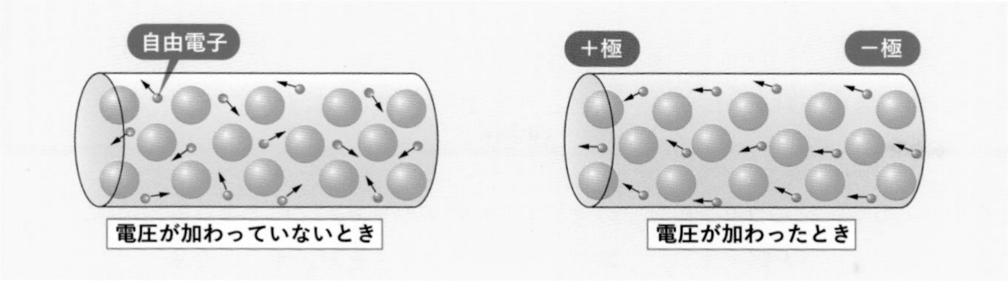

図3　**金属中の電子の移動と電圧**

B 電解質の水溶液を流れる電流

電流の正体が電子の移動である以上，電解質の水溶液に電流が流れているときも，電源の－極から陰極へ電子が移動し続け，陽極から電源の＋極へ電子が移動し続けている。

しかし，電解質の水溶液中には自由に動くことのできる電子はない。回路が切れてしまえば電流は流れないので，電解質の水溶液では何か別のものが電気を運んでいるはずである。

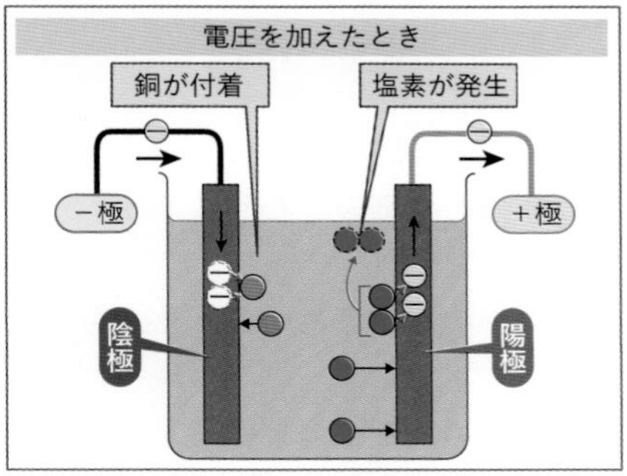

図4　**塩化銅水溶液に電流が流れるしくみ**

電解質の水溶液に電流を流すと，電気分解が起こる。言いかえると，ふつうの電気回路とちがい，電解質の水溶液に入れた**陰極や陽極では，それぞれ化学変化が起きている。**

図4のように，陰極付近では**＋の電気を帯びた粒子**が陰極から**電子**を受けとることで**電気をもたない物質**になり，また，陽極付近では**－の電気を帯びた粒子**が陽極に**電子**を渡すことで**電気をもたない物質**になる化学変化が起こっているのである。

このようなしくみがはたらくことが，水溶液中では電子が自由に移動できないにもかかわらず，電流が流れる理由である。

TRY! 表現力

塩酸中で塩素原子がどのような電気を帯びた粒子になっているかを，電気分解から説明しなさい。

ヒント　塩素は陽極と陰極のどちらへ移動して生じるかを考える。

解答例　塩酸を電気分解すると陽極で塩素が生じることから，塩素原子は－の電気を帯びた粒子になっている。

UNIT 5

イオン

着目 原子は電子を失ったり受けとったりすることで，電気を帯びてイオンになる。

要点
- **原子《げんし》のつくり**　＋の電気をもつ原子核《げんしかく》と－の電気をもつ電子《でんし》があり，全体で電気的に中性。
- **イオン**　原子が電子を失うと陽《よう》イオンに，原子が電子を受けとると陰《いん》イオンになる。
- **電解質《でんかいしつ》の水溶液《すいようえき》中のイオン**　電解質は水溶液中で陽イオンと陰イオンに分かれている。

1 原子のつくり

原子は，図1のように，中心にあって**＋の電気をもつ**原子核《げんしかく》と，そのまわりにあって**－の電気をもつ**いくつかの電子《でんし》からできている。原子核は，電子と同じ個数の**＋の電気をもつ**陽子《ようし》と，**電気をもたない**中性《ちゅうせい》子《し》からできている。電子と陽子が同数で，**陽子1個がもつ＋の電気の量と電子1個がもつ－の電気の量が等しい**ため，**原子は全体として電気を帯びていない**。これを**電気的に中性である**という。

陽子と電子の数は，元素《げんそ》によって決まっている。周《しゅう》期表《きひょう》(➡ p.10)は，元素を陽子の数の順に並べたものである。**中性子の数は，同じ元素でも異なる**ことがあり，このような原子を，同位体《どういたい》という。たとえば，図2のように，水素原子は，ふつう原子核が陽子1個だけ[*1]でできているが，陽子のほかに中性子も1個含《ふく》む水素原子も存在し，**重水素《じゅうすいそ》**とよばれる。[*2]

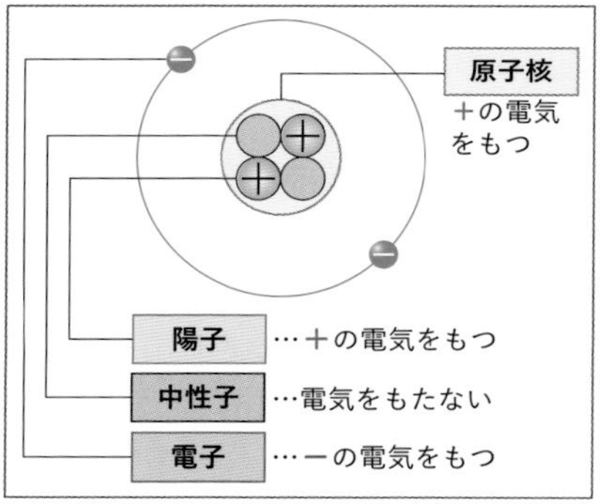

図1　原子をつくる粒子とその性質

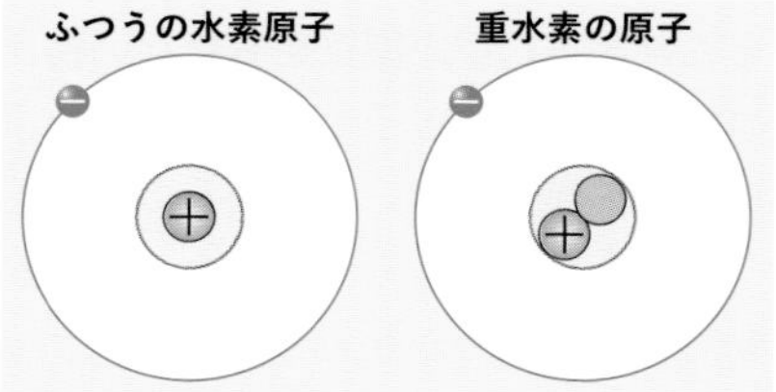

図2　水素の同位体

2 イオン

電気的に中性な原子が，電子を失ったり受けとったりすると，**電気を帯びた粒子《りゅうし》**になる。このような粒子をイオンという。

原子が－の電気をもった電子を失うと，**＋の電気を帯びた**陽《よう》イオンになる(図3)。一方，原子が－の電気をもった電子を受けとると，**－の電気を帯びた**陰《いん》イオンになる(図4)。原子が失ったり受けとったりする電子の数は，元素によって決まっている。

＊1
原子核に中性子を含まないのは，ふつうの水素原子だけである。

＊2
ほかに，陽子1個と中性子2個を含む**三重水素《さんじゅうすいそ》**がある。

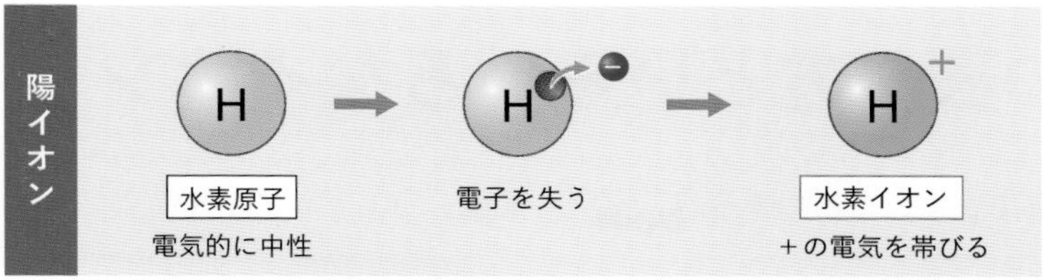

図 3　**原子が陽イオンになるときに起こる変化**

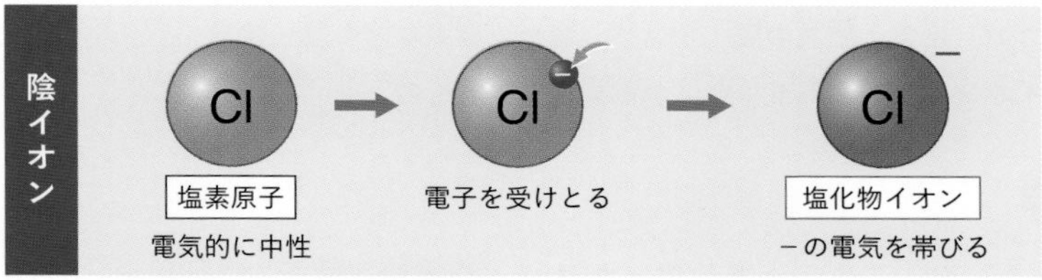

図 4　**原子が陰イオンになるときに起こる変化**

3　電解質の水溶液中のイオン

塩《えん》化《か》銅水溶液《どうすいようえき》に電圧を加えると陰極に銅が付着し，陽極から塩素が発生した(➡ p.14)のは，塩化銅水溶液中で銅原子は陽イオンである**銅《どう》イオン**になり，塩素原子は陰イオンである**塩《えん》化《か》物《ぶつ》イオン**[*3]になっていたからである。

＋の電気を帯びた銅イオンは，陰極に引かれて電子を受けとり銅原子に，－の電気を帯びた塩化物イオンは陽極に引かれて陽極に電子を渡《わた》して塩素原子となって分子をつくり，各電極で生じたのである(**図 5**)。

一方，固体の塩化銅 $CuCl_2$ に電流が流れなかったのは，銅イオン１個と，塩化物イオン２個が電気的に中性になるようにたがいに引き合って規則正しく並び，イオンが自由に動けないためと考えられる。

＊3
塩素のイオンは塩素イオンではなく，**塩化物イオン**という(➡ p.23)。

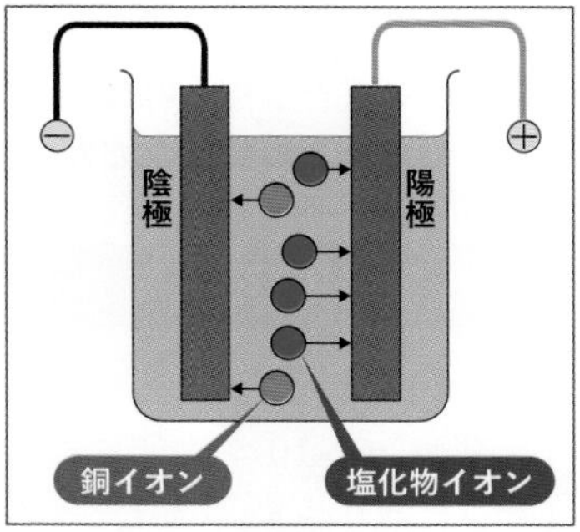

図 5　**塩化銅水溶液中のイオン**

TRY!
表現力

水素原子から，水素イオンがどのようにしてできるかを，「電子」ということばを用いて説明しなさい。

ヒント　電子がもっている電気の種類と，水素イオンが陽イオンか陰イオンかを考える。

解答例　水素原子が(－の電気をもつ)電子を失ってできる。

UNIT 6

イオンの表し方といろいろなイオン

着目 イオンは元素記号で表すことができる。

要点

- **イオンの表し方**　元素記号の右肩《みぎかた》にやりとりした電子の個数と帯びる電気の種類を示す。
- **原子1個からできるイオン**　水素，金属の陽イオンや，塩素，硫黄《いおう》などの陰《いん》イオン。
- **原子が集まってできるイオン**　原子の集まり全体が電気を帯びたもの。

1 イオンの表し方

イオンを表すときは，原子がイオンになるときに**失ったり受けとったりする電子の数と**イオンが帯びている**電気の種類を元素記号の右肩《みぎかた》に書いた**化学式で表す。

銅イオンは，銅原子が電子を2個失ってできる**陽イオン**で，図1のように，銅の元素記号**Cu**の右肩に**失った電子の数2**とイオンが帯びている**電気の種類＋**を書いて表す。

塩化物《えんかぶつ》イオンは，塩素原子が電子を1個受けとってできる**陰《いん》イオン**で，図2のように，塩素の元素記号**Cl**の右肩にイオンが帯びている**電気の種類－**だけを書いて表す。このとき，**受けとった電子の数は1だが，1は書かずに省略する。**

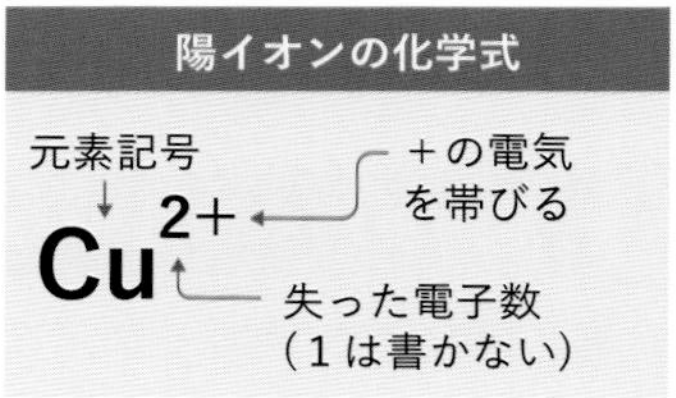

図1　**陽イオンの表し方**

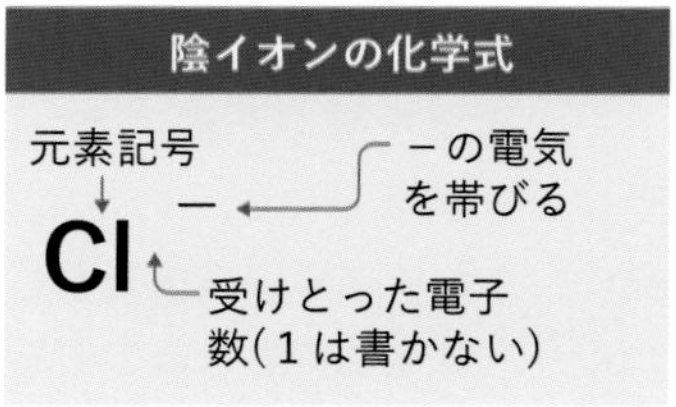

図2　**陰イオンの表し方**

2 原子1個からできるイオン

A 陽イオン

周期表《しゅうきひょう》（➡ p.10）の左側にある水素や金属の原子は電子を失って陽イオンになりやすい（表1，表2）。*1 特に，電子を1個失ってできる陽イオンは，周期表の左端《ひだりはし》1列目の元素が多い。

表1　**電子を1個失ってできる陽イオン**

イオン名	化学式
水素イオン	H^+
ナトリウムイオン	Na^+
カリウムイオン	K^+
銀イオン	Ag^+

表2　**電子を2個失ってできる陽イオン**

イオン名	化学式
マグネシウムイオン	Mg^{2+}
カルシウムイオン	Ca^{2+}
銅イオン	Cu^{2+}
亜鉛《あえん》イオン	Zn^{2+}

*1
アルミニウムイオンは，電子を3個失ってできる陽イオンで，Al^{3+}と表される。

B 陰イオン

周期表の右側にある非金属元素の原子は陰イオンになりやすい。[*2] 原子が電子を 1 個受けとってできる陰イオンは，周期表の右端から 2 列目の元素が多い(表 3)が，おもなものとして塩化物イオン[*3]を覚えておくとよい。また，原子が電子を 2 個受けとってできるおもな陰イオンを表 4 に示した。

表 3　**電子を 1 個受けとってできる陰イオン**

イオン名	化学式
塩化物イオン	Cl^-
フッ化物イオン	F^-

表 4　**電子を 2 個受けとってできる陰イオン**

イオン名	化学式
酸化物イオン	O^{2-}
硫化物《りゅうかぶつ》イオン	S^{2-}

*2
ネオンやアルゴンなどの周期表の右端の列の元素は**貴《き》ガス**とよばれ，イオンになったりほかの物質と結合したりすることがほとんどない。

*3
陰イオンの名前は，○○**化物イオン**や○**酸イオン**というものが多い。

3 原子が集まってできるイオン

イオンには，複数の原子がいくつか集まったもの(原子団《げんしだん》)が，全体として電子を失ったり受けとったりしてできたイオン[*4]がある。このようなイオンは，水溶液中でこれ以上ばらばらになることはなく，1 個のイオンとして移動する。

図 3 の**アンモニウムイオン**(NH_4^+)は，全体として電子を 1 個失ってできる陽イオンである。

図 4 の**水酸化物《すいさんかぶつ》イオン**(OH^-)は，全体として電子を 1 個受けとってできる陰イオンである。また，原子が集まってできるおもな陰イオンを表 5 に示した。

*4
原子団が全体として電気を帯びたものを**多原子《たげんし》イオン**という。原子団はイオンとなることで強く結びついて安定している。

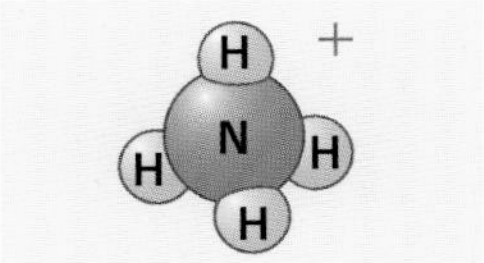

図 3　**アンモニウムイオン**

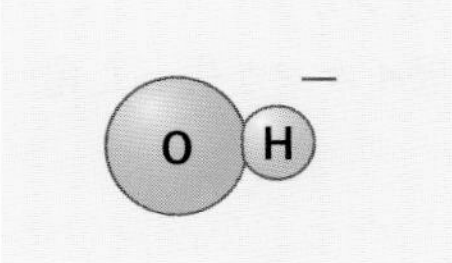

図 4　**水酸化物イオン**

表 5　**原子が集まってできる陰イオン**

イオン名	化学式
水酸化物イオン	OH^-
硝酸《しょうさん》イオン	NO_3^-
炭酸イオン	CO_3^{2-}
硫酸イオン	SO_4^{2-}

TRY! 表現力

陰イオンの化学式で，元素記号の右肩に書いてある数字は何を示しているか説明しなさい。

ヒント　陰イオンは原子がどのようにして電気を帯びたものかを考える。

解答例　原子がイオンになるときに受けとった電子の数を示している。

UNIT 7

電離と電解質・非電解質の水溶液

着目 電解質は水に溶けて陽イオンと陰イオンに電離する。

要点

- **電解質《でんかいしつ》の電離《でんり》** 電解質は水に溶《と》けて陽イオンと陰《いん》イオンに電離する。
- **電離の表し方** 陽イオンが失った電子と陰イオンが受けとった電子の総数が等しくなる。
- **電解質と非電解質の水溶液《すいようえき》** 非電解質の水溶液にはイオンが存在しないため電流が流れない。

1 電離と電解質

固体の電解質《でんかいしつ》は，図1の塩化ナトリウムのモデルのように，陽イオンと陰《いん》イオンが電気的に引き合って結びついている。水に入れると，イオンがばらばらになって水溶液《すいようえき》になる。このようにして，**電解質が水に溶《と》けて，陽イオンと陰イオンに分かれること**を電離《でんり》という。

塩化水素が水に溶けると，分子をつくっている塩素原子と水素原子がばらばらになり，水素原子が塩素原子に電子を渡《わた》して，水素イオンと塩化物イオンに電離する。

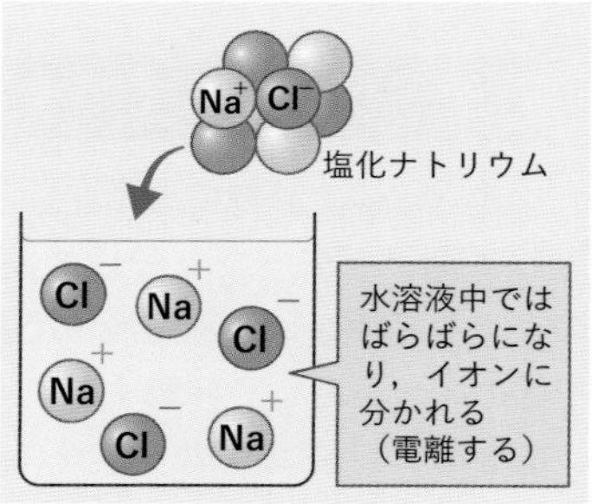

図1 塩化ナトリウムの電離のようす

2 電離の表し方

電離する前の電解質は，電気的に中性になっていて電気を帯びていない。よって，電離したとき，**すべての陰イオンが受けとって余分にもっている電子(－の数)の総数は，すべての陽イオンが失った電子(＋の数)の総数と等しくなっている**はずである。

電離の前後で各元素の原子の数は変わらないから，電解質の**化学式から，**できる**陽イオンと陰イオンの数の比がわかる。**

たとえば，**NaCl**ならNa^{+}とCl^{-}が**1：1**，$CuCl_2$ならCu^{2+}とCl^{-}が**1：2**の数の比で電離する。このとき，銅イオンの失った電子の数を覚えていなくても，Cl^{-} 2個の－の数を考えれば，Cu^{2+}と正しくイオンの化学式を書くことができる。[*1]

図2のそれぞれの式で，電離前後の各原子の数が等しいことと，陽イオンの＋の数の総数と陰イオンの－の数の総数が等しいことを確かめてみよう。

＊1
硝酸《しょうさん》(HNO_3)は，水素イオン(H^{+})と硝酸イオンが1：1の数の比で電離するから，硝酸イオンは，NO_3^{-}となる。**硫酸《りゅうさん》**(H_2SO_4)は，水素イオンと硫酸イオンが2：1の数の比で電離するから，硫酸イオンは，電子を2個受けとったSO_4^{2-}となる。

電解質		陽イオン		陰イオン
塩化水素 HCl 1個 1個	→	水素イオン H^{+}（1個） 1 個	＋	塩化物イオン Cl^{-}（1個） 1 個
塩化ナトリウム $NaCl$ 1個 1個	→	ナトリウムイオン Na^{+}（1個） 1 個	＋	塩化物イオン Cl^{-}（1個） 1個
塩化銅 $CuCl_2$ 1個 2個	→	銅イオン Cu^{2+}（2個） 1 個	＋	塩化物イオン $2Cl^{-}$（1個） 2個
硫酸銅 $CuSO_4$ 1個 1個	→	銅イオン Cu^{2+}（2個） 1 個	＋	硫酸イオン SO_4^{2-}（2個） 1個

図 2　いろいろな電解質の電離を表す式

3 電解質と非電解質の水溶液

電解質は，水に溶けると電離し，水溶液中を自由に動くイオンとなるため，電圧を加えると電流が流れる（図 3）。

また，非電解質は，水に溶けても電離せずに分子のままで，水溶液中にイオンが存在しないため，電圧を加えても回路に電流が流れない（図 4）。

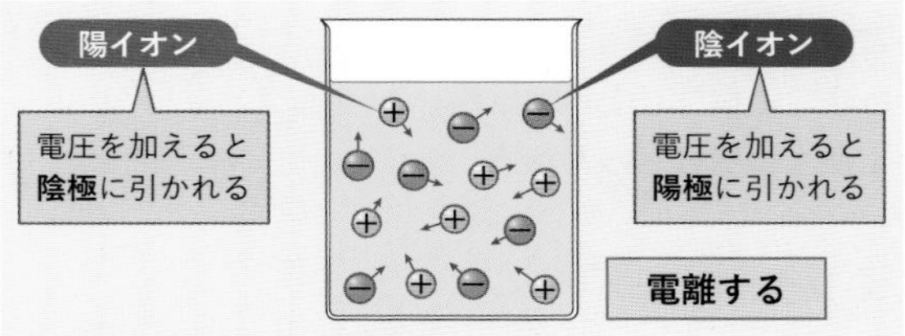

図 3　電解質の水溶液のモデル図

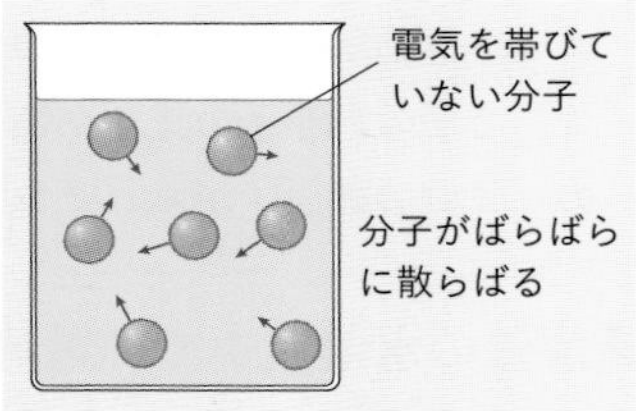

図 4　非電解質の水溶液のモデル図

TRY! 表現力

電解質が電離してできる陰イオンが受けとった電子の総数は，何の総数と等しいか説明しなさい。

ヒント　電離する前の電解質は，＋と－の電気がつり合って電気を帯びていないことから考える。

解答例　電離してできた陽イオンが失った電子の総数と等しい。

定期テスト対策問題

解答 → 別冊 p.2

問1 電解質・非電解質

硫酸《りゅうさん》・食塩・砂糖・水酸化ナトリウム・エタノール・硫酸銅のうちで，非電解質はどれか。正しい組み合わせを，次のア～カから1つ選びなさい。

ア 硫酸と砂糖　**イ** 食塩と砂糖　**ウ** 食塩と水酸化ナトリウム
エ 砂糖とエタノール　**オ** 水酸化ナトリウムとエタノール
カ 水酸化ナトリウムと硫酸銅

問2 イオンの表し方とその意味

次の各問いに答えなさい。

(1) 次の①～⑧のイオンをそれぞれ化学式で表せ。

① 水素イオン　② 塩化物イオン　③ ナトリウムイオン　④ 銀イオン
⑤ 硫酸イオン　⑥ バリウムイオン　⑦ 水酸化物イオン　⑧ 炭酸イオン

(2) 銅イオンはCu^{2+}と表すが，これはどのようなことを表しているか。次の**ア～カ**から正しいものを1つ選び，記号で答えよ。

ア 2個の銅原子がそれぞれ電子を1個ずつ失った状態。
イ 1個の銅原子が電子を2個受けとった状態。
ウ 2個の銅原子の集団が電子を合わせて1個失った状態。
エ 1個の銅原子が電子を2個失った状態。
オ 2個の銅原子の集団が電子を合わせて1個受けとった状態。
カ 2個の銅原子がそれぞれ電子を1個ずつ受けとった状態。

問3 電解質の水溶液中での電離

次の物質を水に溶《と》かして水溶液《すいようえき》にしたとき，どのように電離《でんり》するか。そのようすを表した次の(1)～(6)のそれぞれの□に，適当な化学式を入れなさい。必要があれば係数もつけること。

(1) 水酸化ナトリウム $NaOH \longrightarrow Na^{+} + \square$
(2) 水酸化バリウム $Ba(OH)_2 \longrightarrow Ba^{2+} + \square$
(3) 塩酸 $HCl \longrightarrow \square + Cl^{-}$
(4) 塩化銅 $CuCl_2 \longrightarrow Cu^{2+} + \square$
(5) 硫酸 $H_2SO_4 \longrightarrow \square + SO_4^{2-}$
(6) 硫酸銅 $\square \longrightarrow Cu^{2+} + SO_4^{2-}$

問 4　塩化水素の電離

次の文は，塩酸に電圧をかけた場合に起こる変化について述べたものである。文中の下線部①〜③の用語に適切でないものが１つある。その用語の記号を示し，正しい文にするために適切な用語を書きなさい。

塩酸に電圧を加えると，電流が流れる。これは塩化水素が水に溶けると，①水素イオンと②水酸化物イオンに電離し，これらの電気を帯びたイオンが水溶液中を移動するからである。

塩化水素のように，水に溶かしたとき，その水溶液に電流が流れるようになる物質を③電解質《でんかいしつ》とよんでいる。

問 5　塩化銅水溶液の電気分解

右の図のような装置で，炭素棒A，Bを電極にして，5％の塩化銅水溶液を電気分解したところ，一方の電極から塩素が発生し，他方の電極には銅がくっついた。これについて，次の問いに答えなさい。

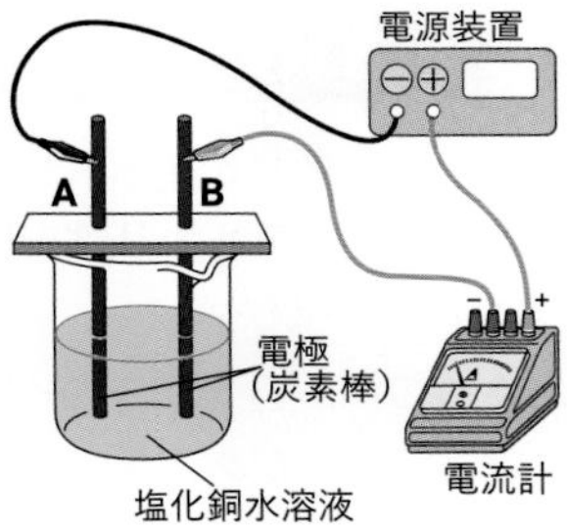

(1)　塩化銅が水溶液中でイオンに分かれたようすを表すモデルとして，正しいのは次の**ア〜エ**のうちどれか。もっとも適当なものを１つ選び，記号で答えよ。ただし，●は銅イオン，○は塩化物《えんかぶつ》イオンを表し，右上の＋や−は帯びている電気を示しているものとする。

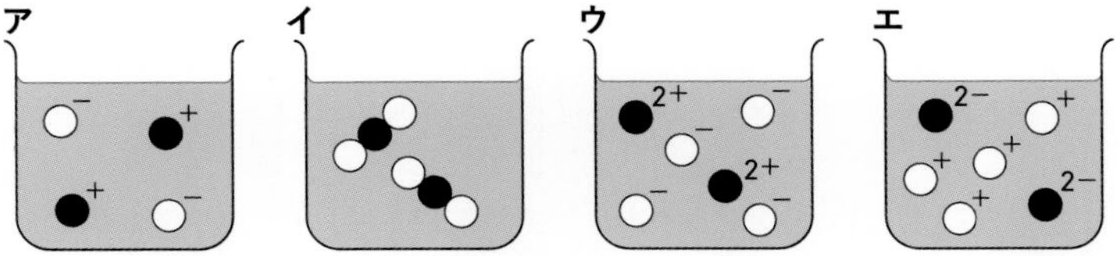

(2)　電圧を加えると，銅イオンと塩化物イオンは，それぞれ図中のどちらの電極に移動するか。**A**，**B**の記号で答えよ。

(3)　塩化銅水溶液は青色をしているが，電気分解が進むと青色がうすくなった。青色がうすくなった理由を次の**ア〜オ**から１つ選び，記号で答えよ。

ア　水溶液中の塩化物イオンが減少するから。
イ　水溶液中の塩化物イオンが増加するから。
ウ　水溶液中の銅イオンが減少するから。
エ　水溶液中の銅イオンが増加するから。
オ　塩化銅は光が当たると色が変わるから。

UNIT 1

酸性・アルカリ性を調べる指示薬

着目 指示薬を使って，液体が酸性かアルカリ性かを調べることができる。

要点

- **BTB溶液《ようえき》** 酸性で黄色，中性で緑色，アルカリ性で青色になる。
- **フェノールフタレイン溶液《ようえき》** 酸性と中性で無色，アルカリ性で赤色になる。
- **pH《ピーエイチ》** 中性が7で，酸性は7より小さく，アルカリ性は7より大きい。

1 水溶液の性質と指示薬

水溶液《すいようえき》を青色と赤色のリトマス紙《し》につけると，その色の変化から，**酸性・中性・アルカリ性**を区別することができる。

リトマス紙以外にも，水溶液の性質を区別する指示薬《しじやく》[*1]として使えるものに，ムラサキキャベツ液[*2]やBTB溶液《ようえき》，フェノールフタレイン溶液《ようえき》などがある(図1)。

＊1
酸性・中性・アルカリ性を区別するのに用いる薬品を，**指示薬**という。

＊2
きざんだ**ムラサキキャベツ**を熱湯に入れてろ過するだけでつくることができる(➡p.46)。

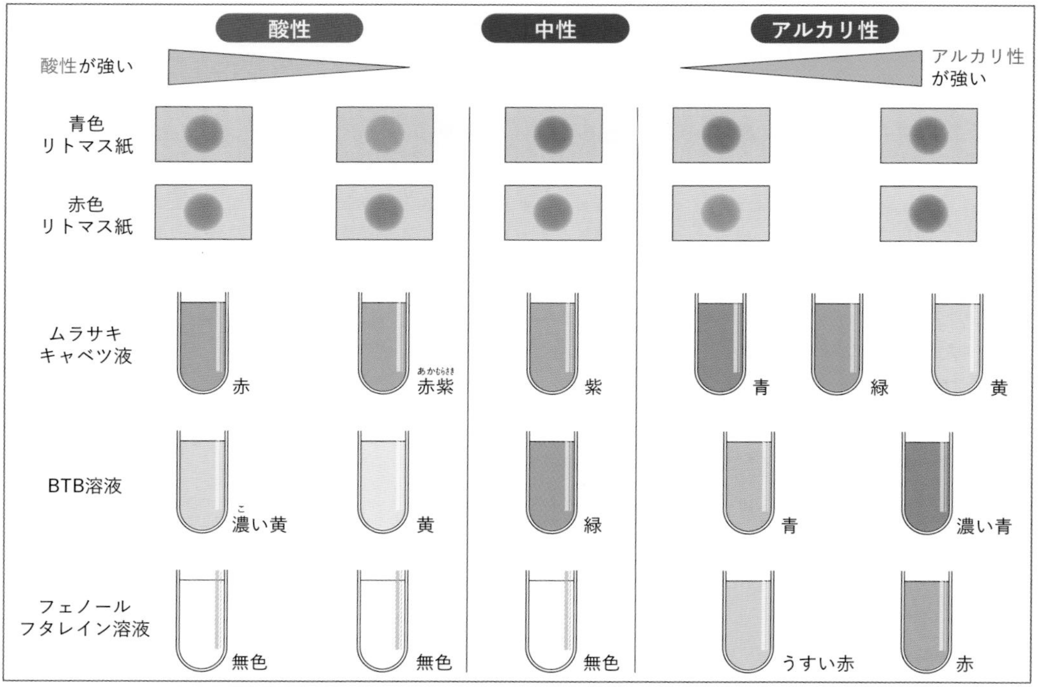

図1 いろいろな指示薬と色の変化

2 酸性・アルカリ性の強さ

A pH

水溶液の**酸性やアルカリ性の強さ**は，**pH**《ピーエイチ》という数値で表す。pHはふつう0～14のどこかで，中性ならpH7である。pHの値が小さいほど酸性が強く，pHの値が大きいほどアルカリ性が強い。

pHは水溶液中に含《ふく》まれる水素イオン*3の濃度から求められ，**水素《すいそ》イオン指数《しすう》**または**水素《すいそ》イオン濃度指数《のうどしすう》**ともいう。水素イオンを多く含むほど，pHの値は小さくなる。

B pHの調べ方

図2の**pH試験紙《しけんし》***4では，酸性またはアルカリ性がどのくらい強いかを，明確な色のちがいで示すことができる。

pH試験紙は，中性のとき緑色である。調べる水溶液が弱い酸性のときは黄色～オレンジ色，強い酸性のときは，赤色になる。また，調べる水溶液が弱いアルカリ性のときは青緑色，強いアルカリ性のときは青色になる。

図3の**pHメーター**という機器では，図4❶のように先端《せんたん》を水溶液にひたしたり，❷のように先端に水溶液をたらしたりすると，その水溶液のpHが数値として表される。pH試験紙よりもpHの値をくわしく調べることができる。

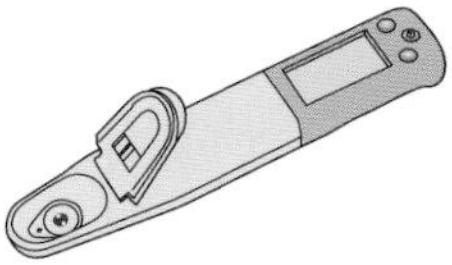

図3　**pHメーター**

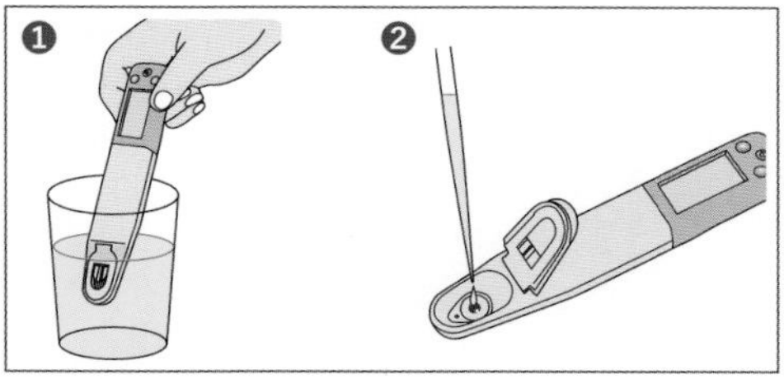

図4　**pHメーターの使い方**

*3
水溶液中に水素イオン(H^+)が多いほど，酸性が強い。くわしくは，**酸とその性質**(➡p.30)で学ぶ。

*4
万能試験紙《ばんのうしけんし》や**万能《ばんのう》pH試験《しけん》紙《し》**ともよばれる。

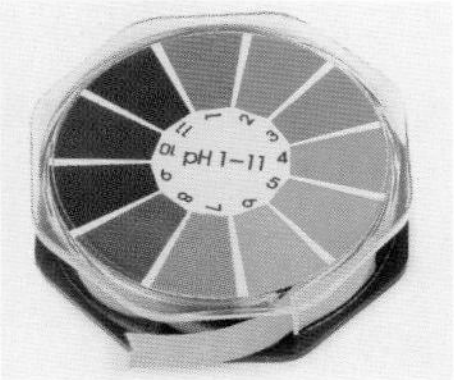

図2　**pH試験紙**

TRY! 表現力

ある水溶液がアルカリ性であることを数値で示すことができるとき，その尺度と数値の範囲を答えなさい。

ヒント　中性のpHの値を考える。

解答例　水溶液のpHが7より大きいとき，その水溶液はアルカリ性である。

UNIT 2

酸とその性質

着目 水溶液にすると電離して水素イオンを生じる物質を酸という。

要点

- **酸性《さんせい》の水溶液《すいようえき》の性質**　青色リトマス紙《し》を赤色，BTB溶液《ようえき》を黄色，pH試験紙《しけんし》を黄色～赤色に変える。マグネシウムを溶《と》かして水素を発生させる。水溶液に電流が流れる。
- **酸性の正体**　酸性の性質を示すもととなるものは水素《すいそ》イオンである。

1 酸性の水溶液の性質

塩酸《えんさん》，硫酸《りゅうさん》，酢酸《さくさん》などの**酸性《さんせい》の水溶液《すいようえき》**は，表1のように，指示薬ごとに決まった色の変化を示す。[*1]

表1　酸性の水溶液が共通して示す色

指示薬	色の変化
青色リトマス紙《し》	青色→**赤色**に変える。
緑色のBTB溶液《ようえき》	緑色→**黄色**に変える。
緑色のpH試験紙《しけんし》	緑色→**黄色**～**赤色**に変える。

＊1
赤色リトマス紙と無色のフェノールフタレイン溶液は酸性では変化しないことも覚えておく。

また，図1のように，**マグネシウム**や**亜鉛《あえん》**，**アルミニウム**などの金《きん》属《ぞく》を酸性の水溶液に入れると，金属は泡《あわ》を出して溶《と》け，水素《すいそ》を発生する。[*2] このとき**酸性の強い**水溶液ほど**激しく水素が発生**する。

さらに，酸性の水溶液は電解質の水溶液であるため，図2のように電圧を加えると，回路に電流が流れる。

＊2
金属なら何でも溶《と》けるというわけではない。
金《きん》や**白金《はっきん》**，**銀《ぎん》**などの金属は**貴金属《ききんぞく》**とよばれ，なかなか化学反応せず，**イオンへのなりやすさ**(➡p.50)も低い。そのなかでも金や白金は，ほとんどの酸に全く溶けない(➡p.58)。

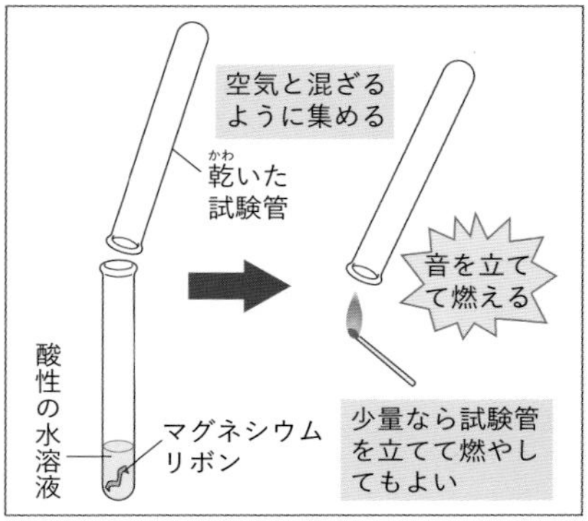

図1　酸性の水溶液と金属の反応

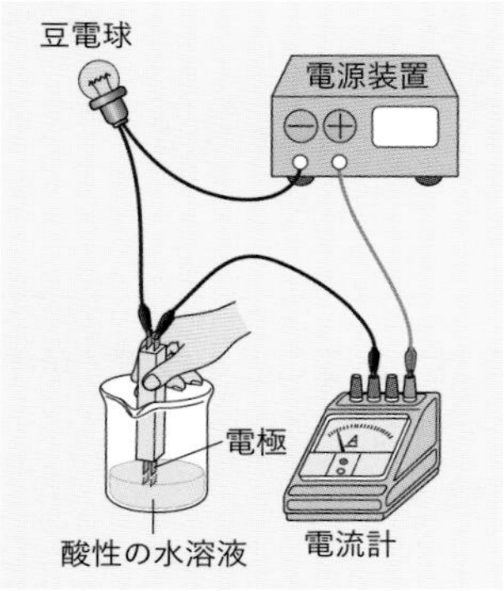

図2　酸性の水溶液に電流を流す実験

2 酸性の正体

図3のように，硝酸《しょうさん》カリウム水溶液をしみ込《こ》ませたろ紙をスライドガラス2枚の上に置き，pH試験紙を重ねて，さらに**うすい塩酸**をしみ込《こ》ませたろ紙を中央にのせて電圧をかけた。すると，pH試験紙の**陰極側《いんきょくがわ》が，赤色に変化**した。

よって，pH試験紙を赤色に変える性質を示すもとになるものは，＋の電気を帯びた陽《よう》イオンであると考えることができる。

また，塩酸，硝酸，硫酸などの酸性の水溶液中に溶けている電解質の電離《でんり》のようすは，図4のように表すことができる。これより，酸性の性質を示すもととなるものは水素《すいそ》イオン(H^+)であるとわかる。

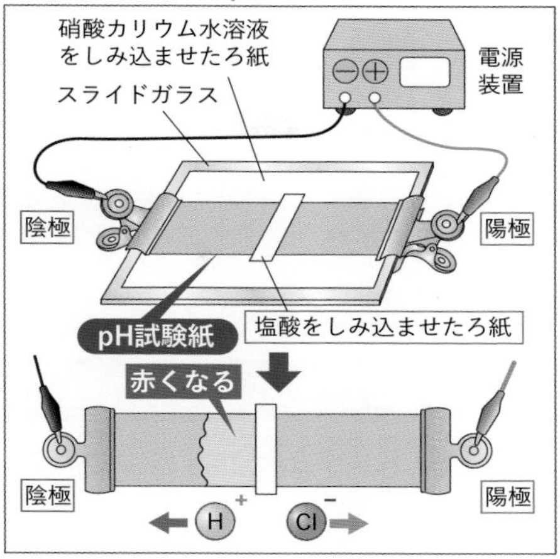

図3　酸性を示すものの正体を確かめる実験

塩化水素	HCl	⟶	H^+	＋	Cl^- 塩化物イオン
硝酸	HNO_3	⟶	H^+	＋	NO_3^- 硝酸イオン
硫酸	H_2SO_4	⟶	$2H^+$ 水素イオン	＋	SO_4^{2-} 硫酸イオン

図4　酸性の水溶液に溶けている電解質の電離

塩化水素や硫酸のように，水溶液にすると電離して水素イオンを生じる化合物を酸《さん》*3という。

酸 ⟶ 水素イオン ＋ 陰イオン

発展

酢酸の電離

酢酸$C_2H_4O_2$は原子の結合する順番からCH_3COOHという式で書かれることが多く，その電離のようすは，次のように表せる。このとき電離してできる水素イオンは1つである。

$$CH_3COOH \longrightarrow H^+ + CH_3COO^-$$

＊3
「酸」という字には**酸《す》っぱい**という意味がある。ミカンの果実や梅干しなどに含《ふく》まれる**クエン酸《さん》**という物質は，酸っぱい味がする。

TRY! 表現力

酸とはどのような物質か，イオンのようすから説明しなさい。

ヒント　酸性の原因となるイオンを用いて説明する。

解答例　水溶液にすると電離して水素イオンを生じる，電解質の化合物である。

UNIT 3

アルカリとその性質

着目 水溶液にすると電離して水酸化物イオンを生じる物質をアルカリという。

要点

- **アルカリ性《せい》の水溶液《すいようえき》の性質** 赤色リトマス紙《し》を青色，BTB溶液《ようえき》を青色，フェノールフタレイン溶液《ようえき》を赤色，pH試験紙《しけんし》を青緑色〜青色に変える。水溶液に電流が流れる。
- **アルカリ性の正体** アルカリ性の性質を示すもととなるものは水酸化物《すいさんかぶつ》イオンである。

1 アルカリ性の水溶液の性質

水酸化《すいさんか》ナトリウム水溶液《すいようえき》や**アンモニア水《すい》**などの**アルカリ性《せい》の水溶液**は，表1のように，指示薬ごとに共通の色を示す。*1

*1
青色リトマス紙はアルカリ性では変化しないことも覚えておく。

表1 アルカリ性の水溶液が共通して示す色

指示薬	色の変化
赤色リトマス紙《し》	赤色→**青色**に変える。
緑色のBTB溶液《ようえき》	緑色→**青色**に変える。
無色の**フェノールフタレイン溶液《ようえき》**	無色→**赤色**に変える。
緑色のpH試験紙《しけんし》	緑色→**青緑色〜青色**に変える。

また，アルカリ性の水溶液に金属を入れても，マグネシウムや鉄など多くの金属では反応が起こらない。さらに，アルカリ性の水溶液は電解質の水溶液であるため，電圧を加えると，回路に電流が流れる。

参考 フェノールフタレイン溶液を用いた実験

炭酸水素《たんさんすいそ》ナトリウムの分解(中学2年で学習)では，炭酸水素ナトリウムと炭酸ナトリウムのちがいをそれぞれの水溶液のアルカリ性の強さで調べる実験でフェノールフタレイン溶液が用いられた(図1)。

また，**アンモニアの噴水実《ふんすいじっ》験《けん》**(中学1年で学習)では，フェノールフタレイン溶液を加えた水にアンモニアが溶け，赤色の噴水となって噴《ふ》き出した(図2)。

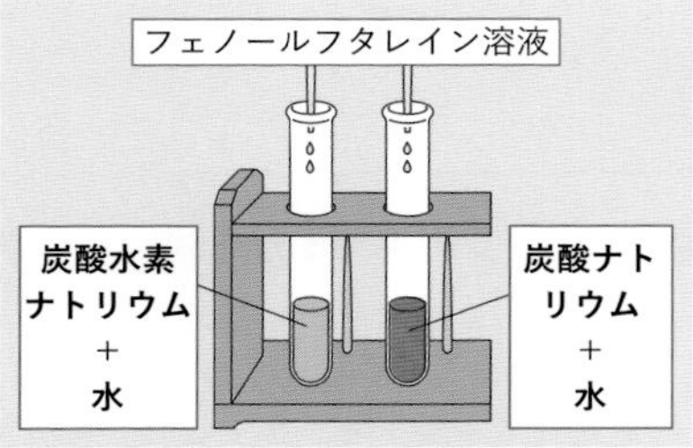

図1 アルカリ性の強さを区別する実験

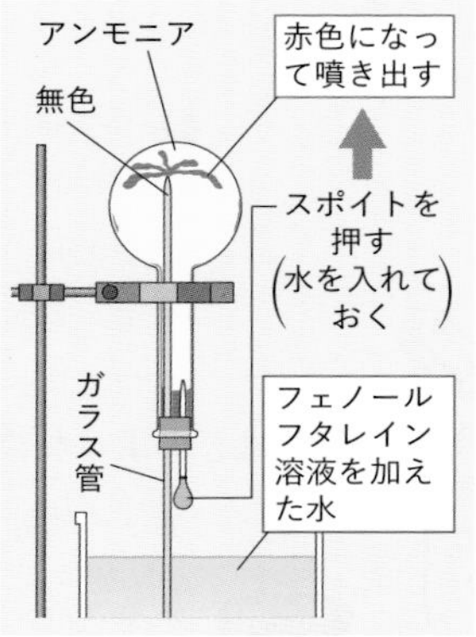

図2 アンモニアの噴水実験

2 アルカリ性の正体

図3のように，硝酸《しょうさん》カリウム水溶液をしみ込《こ》ませたろ紙をスライドガラス2枚の上に置き，pH試験紙を重ねて，さらに**うすい水酸化ナトリウム水溶液**をしみ込《こ》ませたろ紙を中央にのせて電圧をかけた。すると，pH試験紙の**陽極側《ようきょくがわ》が，青色に変化**した。

よって，pH試験紙を青色に変える性質を示すもとになるものは，－の電気を帯びた陰《いん》イオンであると考えることができる。

また，水酸化ナトリウム，水酸化カリウム，水酸化カルシウムなどのアルカリ性の水溶液中に溶けている電解質の電離《でんり》のようすは，それぞれ**図4**のように表すことができる。これより，アルカリ性の性質を示すもととなるものは**水酸化物《すいさんかぶつ》イオン**(OH^-)であるとわかる。

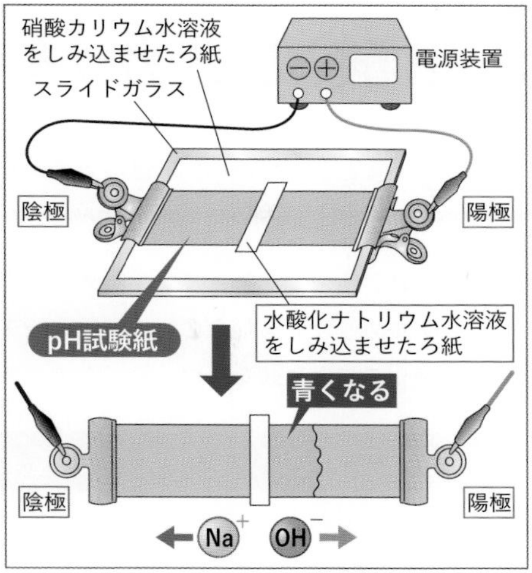

図3　アルカリ性を示すものの正体を確かめる実験

水酸化ナトリウム	$NaOH$	⟶	Na^+ ナトリウムイオン	＋	OH^-
水酸化カリウム	KOH	⟶	K^+ カリウムイオン	＋	OH^-
水酸化カルシウム	$Ca(OH)_2$	⟶	Ca^{2+} カルシウムイオン	＋	$2OH^-$ 水酸化物イオン

図4　アルカリ性の水溶液に溶けている電解質の電離

水酸化ナトリウムや水酸化カルシウムのように，**水溶液にすると電離して水酸化物イオンを生じる化合物**をアルカリ*2という。

アルカリ ⟶ 陽イオン ＋ 水酸化物イオン

発展

アンモニアの電離

アンモニアNH_3は水酸化物イオンを含んでいないが，水に溶けるとアンモニウムイオンNH_4^+と水酸化物イオンをつくる。そのようすは，次のように表せる。

$$NH_3 + H_2O \longrightarrow NH_4^+ + OH^-$$

*2
石けんやふつうの洗剤《せんざい》はアルカリ性である。**強いアルカリにはタンパク質を分解するはたらきがある**ので，実験で扱《あつか》う際には皮膚《ひふ》につかないよう注意する。

TRY! 表現力

アルカリとはどのような物質か，イオンのようすから説明しなさい。

ヒント　アルカリ性の原因となるイオンを用いて説明する。

解答例　水溶液にすると電離して水酸化物イオンを生じる，電解質の化合物である。

UNIT 4

酸とアルカリを混ぜ合わせたときの変化

着目 酸とアルカリを混ぜるとたがいの性質を打ち消し合う。

要点

- **酸にアルカリを加えていく実験**　アルカリを加えるほど酸性の性質が打ち消されていく。
- **アルカリに酸を加えていく実験**　酸を加えるほどアルカリ性の性質が打ち消されていく。
- **変化のあとに残るもの**　酸でもアルカリでもない別の物質が残る。

1 酸にアルカリを加えていく

実験

A 方法・手順

① **うすい塩酸《えんさん》**10mLをビーカーに入れ，**緑色のBTB溶液《ようえき》**を数滴加えて水溶液を**黄色**にする。

② こまごめピペットではかりとった**うすい水酸化《すいさんか》ナトリウム水溶液《すいようえき》**を少量加えてよく混ぜる。色が変化しなければ，同量の水酸化ナトリウム水溶液をさらに加える。

③ ②をくり返し，色の変化を観察する。

B 結果・考察

ビーカーの水溶液の色は黄色から**緑色**に変わり，その後，**青色**になった(図1)。このBTB溶液の色の変化から，塩酸の**酸性が**水酸化ナトリウム水溶液の**アルカリ性で打ち消されて，中性の水溶液ができ**，その後さらにアルカリ性の水溶液を加えたことでアルカリ性を示すようになったことがわかる。

図1　**BTB溶液を加えた塩酸に水酸化ナトリウム水溶液を加える実験**

2 アルカリに酸を加えていく

実験

A 方法・手順

① **うすい水酸化ナトリウム水溶液**10mLをビーカーに入れ，**フェノールフタレイン溶液**を数滴加えて水溶液を**赤色**にする。

② こまごめピペットではかりとった**うすい塩酸**を少しずつ加えてよく混ぜ，赤色に変化がないか，加えるたびによく混ぜて確認する。

③ ②の操作を，水溶液の色が完全に変化するまでくり返す。

図2　**水酸化ナトリウム水溶液に塩酸を加える実験**

B 結果・考察

フェノールフタレイン溶液の色が赤色から無色に変化したことから，水酸化ナトリウム水溶液の**アルカリ性が**塩酸の**酸性で打ち消され，中性の水溶液ができた**ことがわかる。

参考 こまごめピペットの使い方

使うときは，図3のように，**ゴム球《きゅう》**を人差し指と親指で押《お》したりゆるめたりできるように，ガラス管の部分は残りの3本の指で持つ。ガラスでできたピペットの先は細くもろいので，振れてものにぶつからないように，ゴム球だけを持ってはいけない。

液体をはかりとるときは，ゴム球を押してからピペットの先を液体につけ，そのあとゴム球をゆるめて**安全球《あんぜんきゅう》**より下にある目盛りを見ながら少し多めに吸い上げ，液体から出す。

次に，目盛りを見ながらゴム球を軽く押して1滴ずつ落とし，必要な量に調節する。ゴム球に液体が流《なが》れ込《こ》むといたむので，液体を吸い込んだときは，ピペットの先は上に向けないように注意する。

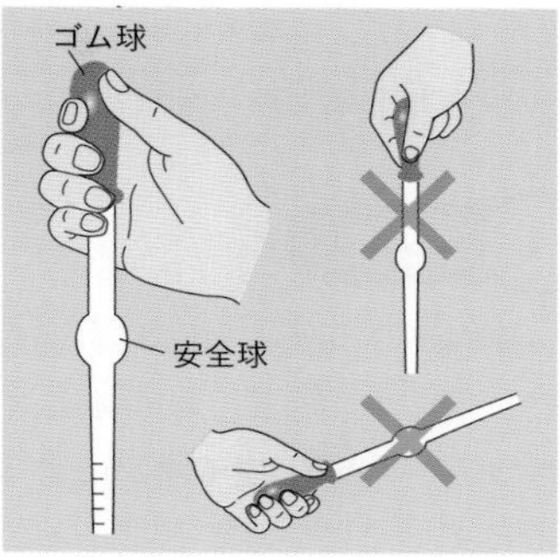

図3　こまごめピペットの使い方

3 変化のあとに残るもの

塩酸と**水酸化ナトリウム水溶液**を混ぜ合わせると，ある量で酸性とアルカリ性の性質がたがいに打ち消し合って，**中性《ちゅうせい》の水溶液**になる。

この水溶液を1滴スライドガラスにとって水を蒸発させると，白色の固体が残る。これを顕微鏡《けんびきょう》で観察すると，図4のような形の結晶《けっしょう》が見られる。

このことから，塩酸と水酸化ナトリウム水溶液が反応すると，**塩化《えんか》ナトリウム**ができることがわかる。

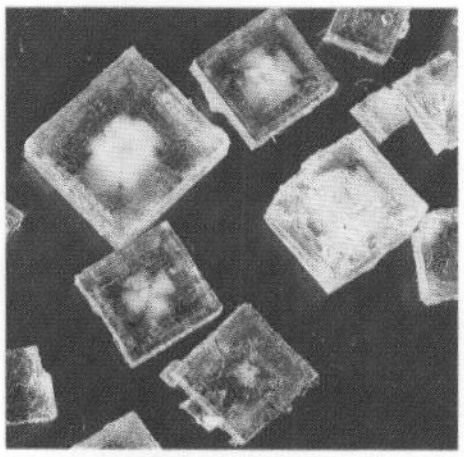

図4　塩酸と水酸化ナトリウム水溶液の反応でできる物質

TRY! 表現力

酸性の水溶液にアルカリ性の水溶液を混ぜていくと，水溶液の性質はどうなっていくか説明しなさい。

ヒント　BTB溶液を加えて黄色にした塩酸に水酸化ナトリウム水溶液を加えていくと，水溶液は緑色になったあと，青色に変化する。

解答例　加えたアルカリ性の水溶液によって，たがいに打ち消された分だけ酸性が弱くなり，中性になる。そのあともさらに加えるとアルカリ性になっていく。

UNIT 5

中和と塩

着目 酸とアルカリを混ぜて中和が起こると，水と塩ができる。

要点

- **中和《ちゅうわ》** 水素《すいそ》イオンと水酸化物《すいさんかぶつ》イオンが1個ずつ結びついて水《みず》となり，酸とアルカリがたがいの性質を打ち消し合う反応。
- **塩《えん》** 酸の陰《いん》イオンとアルカリの陽イオンとが結びついてできた物質。

1 中和

酸性がアルカリ性に打ち消されるとは，図1のように，酸性を示す**水素《すいそ》イオン**が，**水酸化物《すいさんかぶつ》イオン**によってなくなっていくということである。このとき，図2の反応が起こり，水素イオンと水酸化物イオンが同数ずつ反応して水になっていく。そして，水素イオンと水酸化物イオンがどちらもなくなると，中性の水溶液《すいようえき》になる。

図2のように，**水素イオン**と**水酸化物イオン**が結びついて水《みず》となることで**たがいの性質を打ち消し合う反応**を，中和《ちゅうわ》という。

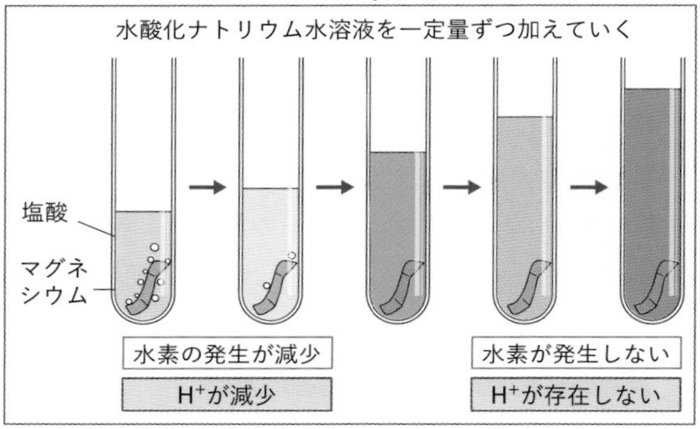

図1 **BTB溶液を加えた塩酸に水酸化ナトリウム水溶液を加えたときの変化**

水素イオン	+	水酸化物イオン	→	水分子
H^+	+	OH^-	→	H_2O

図2 **中和の反応**

2 中和によってできる物質

A 中和で水ができることの確認

実際に水ができているかどうかを，確かめるためには，図3のように，氷酢酸《ひょうさくさん》ともよばれる，水を含まない純粋《じゅんすい》な酢酸を使って実験を行う。

氷酢酸に**青色の塩化《えんか》コバルト**の粉末を少量混ぜ，そこに水酸化《すいさんか》ナトリウムの粒《つぶ》を加えてかき混ぜると，**塩化コバルトが赤色に変化する**。これにより，**中和**によって生じた水を確かめることができる。

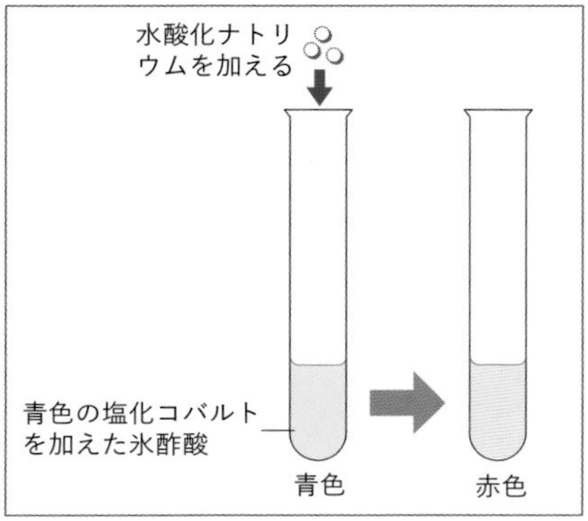

図3 **氷酢酸と水酸化ナトリウムの中和**

B 中和によってできる塩

塩酸と**水酸化ナトリウム水溶液**がそれぞれの性質を完全に打ち消し合って**中性**になったとき，その水溶液の溶質は，**塩化ナトリウム**であった。

図 4 のように，酸の陽イオンである水素イオンとアルカリの陰《いん》イオンである水酸化物イオンで中和の反応が起こる*1 と同時に，酸の陰イオンとアルカリの陽イオンとが結びついて物質ができる。塩化《えんか》ナトリウムのような，**酸の陰イオンとアルカリの陽イオンが結びついてできた物質**を塩《えん》という。

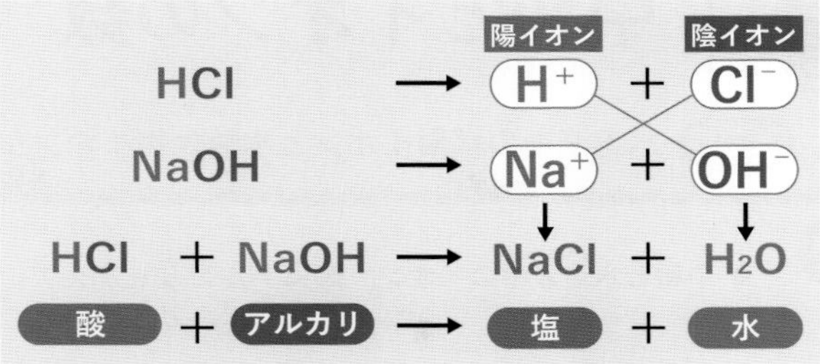

図 4　**塩酸と水酸化ナトリウム水溶液の中和でできる物質**

*1
酸とアルカリの種類に関係なく，中和で共通して起こる反応である。

3 いろいろな中和と塩

中和する酸とアルカリの種類によって，いろいろな種類の塩が生じる(図 5)。

塩化《えんか》ナトリウムや硝酸《しょうさん》カリウムのように**水に溶《と》けやすい塩**は，水を蒸発させるととり出すことができる。

硫酸《りゅうさん》バリウムや炭酸《たんさん》カルシウムなどの**水に溶けにくい塩**は，**ろ過《か》**してとり出すことができる。

酸	+	アルカリ	→	塩	+	水
HCl 塩化水素	+	NaOH 水酸化ナトリウム	→	NaCl 塩化ナトリウム	+	H_2O
HNO_3 硝酸	+	KOH 水酸化カリウム	→	KNO_3 硝酸カリウム	+	H_2O
H_2SO_4 硫酸	+	$Ba(OH)_2$ 水酸化バリウム	→	$BaSO_4$ 硫酸バリウム	+	$2H_2O$
H_2CO_3 炭酸	+	$Ca(OH)_2$ 水酸化カルシウム	→	$CaCO_3$ 炭酸カルシウム	+	$2H_2O$

図 5　**いろいろな中和とできる塩の種類**

発展　水の生じない中和

例外的に，**塩化水素《えんかすいそ》HCl** と**アンモニア NH_3** から**塩化《えんか》アンモニウム NH_4Cl** が生じる反応のように，水が生じない中和もある。

$$HCl + NH_3 \longrightarrow NH_4Cl$$

TRY! 表現力

塩は，酸とアルカリからどのようにできる物質か説明しなさい。

ヒント　酸とアルカリの陽イオン，陰イオンがどのように結びつくかを説明する。

解答例　酸の陰イオンとアルカリの陽イオンとが結びついてできる。

UNIT 6

中和とイオンの数

着目 水溶液中の水素イオンと水酸化物イオンが同数で中和したとき，中性になる。

要点

- **中和と水溶液中《すいようえきちゅう》のイオン** 酸にアルカリを加えていくと中性《ちゅうせい》になるまで中和が起こり続ける。さらにアルカリを加えていくと，水溶液はアルカリ性《せい》を示す。
- **中和とイオンの数** 中和によって，水溶液中の水素《すいそ》イオンと水酸化物《すいさんかぶつ》イオンの数は変化する。

1 中和と水溶液中のイオン

塩酸に水酸化《すいさんか》ナトリウム水溶液《すいようえき》を加えると，$H^+ + OH^- \longrightarrow H_2O$ の反応が起こり，加えた水酸化ナトリウム水溶液の分だけ中和する。このとき，水溶液中に**水素《すいそ》イオン**が残っていると，中和が起こっても水溶液は**酸性《さんせい》**であり，中性にはならない。

図1は，塩酸に一定量ずつ水酸化ナトリウム水溶液を加えていくようすを**イオンのモデル**で表したものである。*1

水溶液が中性になるまでは，加えた**水酸化物《すいさんかぶつ》イオン**の数だけ中和が起こり，酸性の性質が弱くなっていく。そして，加えた水酸化物イオンの総数が，もとの塩酸中の水素イオンの数と同じになるとき，水溶液は**中性《ちゅうせい》**になる。その後，さらに水酸化ナトリウム水溶液を加えていくと，水溶液は**アルカリ性《せい》**の性質が強くなっていく。*2

*1
水溶液中でイオンは均一に散らばって濃《こ》さが一様になっているから，一定体積に含《ふく》まれるイオンの数は一定になる。

*2
水溶液中に水素イオンがないため，中和は起こらない。塩化ナトリウム水溶液に水酸化ナトリウム水溶液を加えていることになる。

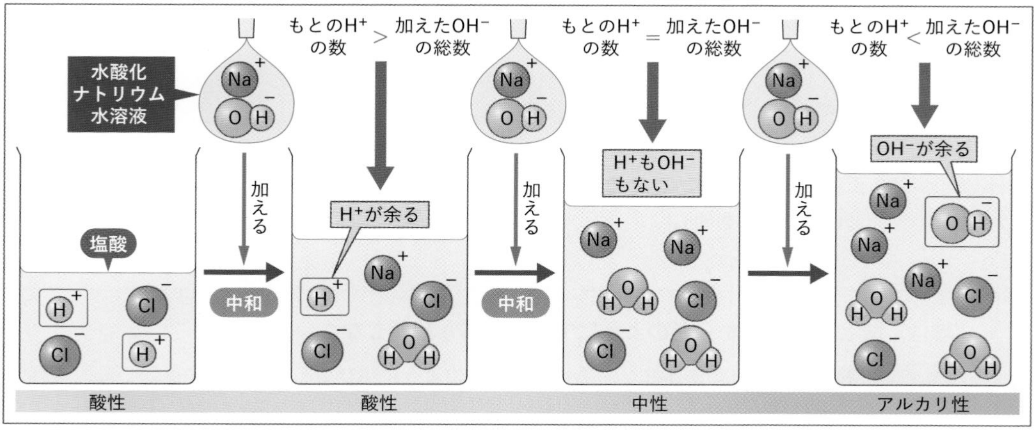

図1 塩酸に水酸化ナトリウム水溶液を加えていったときのイオンのモデル

2 中和とイオンの数の変化

A 酸にアルカリを加えていくとき

酸にアルカリを加えていく場合，イオンの数は次のように変化する。

水素イオンの数は，加えた水酸化物イオンの数だけしだいに減少していき，中性で 0 になる。**水酸化物イオン**の数は，中性になるまでは，加えた数だけ水分子になるため 0 のまま増加せず，中性になったあとは，加えた分だけ増加していく。

また，**酸の陰《いん》イオン**の数は変化せず，加えた**アルカリの陽イオン**の数は，加えた分だけ増加する。ただし，塩《えん》が沈殿《ちんでん》する場合は，酸の陰イオンはしだいに減り，アルカリの陽イオンは水溶液が中性になるまでは増加せず，中性になったあと，加えた分だけ増加する。

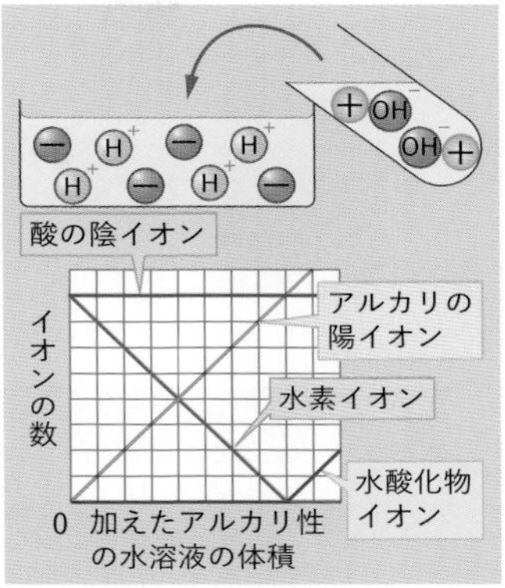

図 2　酸にアルカリを少しずつ加えたときのイオンの数の変化

B アルカリに酸を加えていくとき

アルカリに酸を加えていく場合，イオンの数は次のように変化する。

水酸化物イオンの数は，加えた水素イオンの数だけしだいに減少していき，中性で 0 になる。**水素イオン**の数は，中性になるまでは，加えた数だけ水分子になるため 0 のまま増加せず，中性になったあとは，加えた分だけ増加していく。

また，**アルカリの陽イオン**の数は変化せず，加えた**酸の陰イオン**の数は，加えた分だけ増加する。ただし，塩が沈殿する場合は，アルカリの陽イオンはしだいに減り，酸の陰イオンは水溶液が中性になるまでは増加せず，中性になったあと，加えた分だけ増加する。

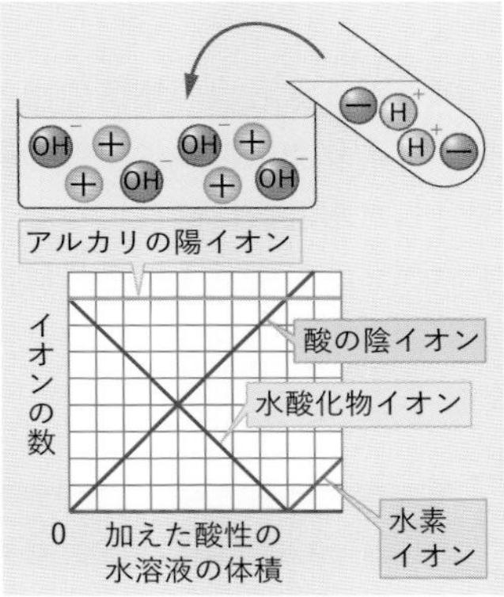

図 3　アルカリに酸を少しずつ加えたときのイオンの数の変化

TRY! 表現力

酸の水溶液にアルカリの水溶液を加えて中性になるのはどのようなときか，イオンのようすから説明しなさい。

ヒント　水素イオンと水酸化物イオンが中和によりなくなったときである。

解答例　加えたアルカリの水溶液中の水酸化物イオンの数が，もとの酸の水溶液中にあった水素イオンの数と等しくなるとき。

UNIT 7

過不足なく中和する酸とアルカリの体積

着目 中性になるときの酸とアルカリの体積の比は一定になる。

要点

- **過不足なく中和するときの水溶液の体積の比**
  酸とアルカリを混ぜて水溶液《すいようえき》を中性にするのに必要なアルカリ性の水溶液の体積は，酸性の水溶液の体積に比例する。

1 過不足なく中和するときの水溶液の体積の比

ある酸性の水溶液《すいようえき》にあるアルカリ性の水溶液を混ぜ合わせて中性になるときの**体積の比**は，図1のように**一定**になる。このように，中性にするのに必要なアルカリ性の水溶液の体積は，酸性の水溶液の体積に**比例**する。

図1で，水溶液の体積の値の組み合わせを表す点が，グラフより**上にあれば**縦軸《たてじく》の酸性の水溶液が余るので，混合した水溶液は**酸性**になる。一方，組み合わせを表す点がグラフより**下にあれば**横軸のアルカリ性の水溶液が余るので，混合した水溶液は**アルカリ性**になるといえる。

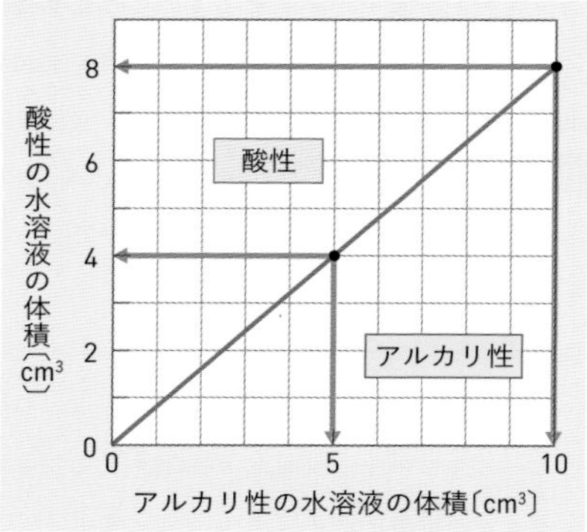

図1 酸性とアルカリ性の水溶液の体積と中和

2 中性にするのに必要な水溶液の体積

5つのビーカーA～Eに，酸性の水溶液をそれぞれ12.0 cm^3入れる。そして，アルカリ性の水溶液をビーカーごとに体積を変えて入れ，よくかき混ぜる。そして，緑色のBTB溶液を数滴加え，混合した水溶液が示す色を調べたとき，表1のようになった場合を考える。

表1 一定量の酸性の水溶液にアルカリ性の水溶液を加えたときの色の変化

ビーカー	A	B	C	D	E
酸性の水溶液の体積〔cm³〕	12.0	12.0	12.0	12.0	12.0
加えたアルカリ性の水溶液の体積〔cm³〕	3.0	6.0	9.0	12.0	15.0
BTB溶液の示す色	黄色	黄色	緑色	青色	青色

表1より，ビーカー**A**，**B**では水溶液の色が**黄色なので酸性**，ビーカー**C**では水溶液の色が**緑色なので中性**，ビーカー**D**，**E**では水溶液の色が**青色なのでアルカリ性**であるとわかる。

酸性のビーカー**A**，**B**やアルカリ性のビーカー**D**，**E**を中性にするためには，酸とアルカリの水溶液の体積比がビーカー**C**と同じになればよい。[*1]

たとえば，ビーカー**A**の水溶液を中性にするのに必要なアルカリ性の水溶液の体積は，ビーカー**C**のアルカリ性の水溶液とビーカー**A**のアルカリ性の水溶液の**体積の差**で求められる。

Cの体積 − **A**の体積 $= 9.0\,\mathrm{cm^3} - 3.0\,\mathrm{cm^3} = 6.0\,\mathrm{cm^3}$

また，ビーカー**E**には，

Eの体積 − **C**の体積 $= 15.0\,\mathrm{cm^3} - 9.0\,\mathrm{cm^3} = 6.0\,\mathrm{cm^3}$

のアルカリ性の水溶液が余っているので，これをビーカー**A**に加えても中性になる。

＊1
この比はそれぞれの物質や濃《のう》度《ど》によって変わるので注意する(➜p.44)。

例題 1　同じ水溶液で過不足なく中和する体積の比

塩酸を$10.0\,\mathrm{cm^3}$ビーカーにとり，水酸化ナトリウム水溶液を$12.0\,\mathrm{cm^3}$加えたところ，塩酸と水酸化ナトリウムが中和して中性となった。これとは別に，同じ塩酸$4.0\,\mathrm{cm^3}$に同じ水酸化ナトリウム水溶液を$6.0\,\mathrm{cm^3}$加えた混合液**A**がある。

(1) 混合液**A**は，酸性・アルカリ性のどちらになっているか。

(2) 混合液**A**を中和して中性にするためには，同じ塩酸と同じ水酸化ナトリウムのどちらをどれだけ加えればよいか。

解き方

一方の水溶液を中性にするのにもう一方がどれだけ必要かを考え，それとの差でどちらが過不足しているかを考える。

(1) 塩酸$10.0\,\mathrm{cm^3}$と水酸化ナトリウム水溶液$12.0\,\mathrm{cm^3}$で中性になるから，その比は$10.0\,\mathrm{cm^3} : 12.0\,\mathrm{cm^3} = 5 : 6$である。混合液**A**には，塩酸$4.0\,\mathrm{cm^3}$と水酸化ナトリウム水溶液$6.0\,\mathrm{cm^3}$が混ざっているので，その比は$4 : 6$。よって塩酸が足りず，**アルカリ性**である。 ……答

(2) アルカリ性の混合液を中和して中性にするので，塩酸を加える。
混合液**A**中の水酸化ナトリウムを中和して中性にするのに必要な塩酸の体積をx〔$\mathrm{cm^3}$〕とおくと，

$x : 6.0\,\mathrm{cm^3} = 5 : 6$　　よって，$x = 5.0\,\mathrm{cm^3}$

いま混合液**A**中にある塩酸は$4.0\,\mathrm{cm^3}$なので，必要な塩酸は

$5.0\,\mathrm{cm^3} - 4.0\,\mathrm{cm^3} = 1.0\,\mathrm{cm^3}$

よって，**同じ塩酸を$1.0\,\mathrm{cm^3}$加えればよい。** ……答

UNIT 8

過不足なく中和するときの沈殿と温度

着目 中和により生じる塩の沈殿や発熱量で，中性になる体積比を知ることができる。

要点

- **沈殿《ちんでん》する塩《えん》の量と中和**　塩が沈殿する場合には，加えた水溶液《すいようえき》と沈殿した塩の質量の関係から，中性になるときの酸とアルカリの体積比がわかる。
- **水溶液の温度と中和**　中和による発熱量は，中性で最大になる。

1 沈殿する塩の量と中和

うすい硫酸《りゅうさん》に一定量ずつ**水酸化《すいさんか》バリウム水溶液《すいようえき》**を加えていくと**中和《ちゅうわ》**して，**塩《えん》**である**硫酸《りゅうさん》バリウム**の沈殿《ちんでん》ができる。*1 図1は，この量の変化をイオンのモデルで表したものである。

中性になるまでは，加えた水酸化バリウム水溶液の体積に**比例**して，バリウムイオン(アルカリの陽イオン)の数だけ**塩がふえていく**。また，**過不足なく中和した**中性の水溶液に水酸化バリウム水溶液を加えても酸の陰《いん》イオンである硫酸イオンがないため**塩はできない**。

一定量の硫酸からできる塩の量は決まっているため，加えた水酸化バリウム水溶液の体積あたりでできる塩の量と，塩がふえずに一定になる量がわかれば，中性にするのに必要な水酸化バリウム水溶液の体積を求めることができる。*2

*1
化学変化によって水溶液中で水に溶けない物質ができると底に沈《しず》む。これを**沈殿**という。

*2
水酸化バリウム水溶液 a〔cm^3〕でできる塩の量が b〔g〕，塩がふえずに一定になる量が x〔g〕のとき，中性にするのに必要な水酸化バリウム水溶液の体積 y〔cm^3〕は，$y=a\times\frac{x}{b}$ で求められる。

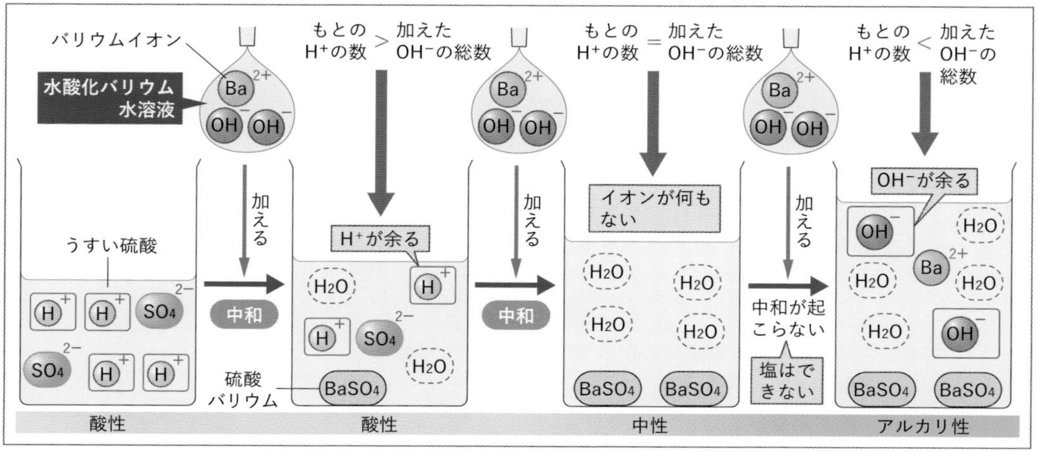

図1　硫酸に水酸化バリウム水溶液を加えていったときに起こる変化

図1で，中性になったとき，混合液中にはイオンが何もない状態である。このため，混合液にステンレス電極を入れて電圧をかけても，混合液に電流は流れない。*3

*3
塩が沈殿する場合，中和が起こっている間は混合液のイオンの数が減少し，流れる電流は小さくなる。中和が起こらないと，加えた分だけイオンの数が増加し，電流は大きくなる。

2 水溶液の温度と中和

中和の反応は**発熱反応**《はつねつはんのう》である。図2左のように，一定量の酸性の水溶液を入れて，一定量ずつアルカリ性の水溶液を加えてよく混ぜて，温度をはかると，図2右のグラフのような結果となる。アルカリ性の水溶液を加えるたびに，**$H^+ + OH^- \longrightarrow H_2O$** の中和が起こって熱が発生する。

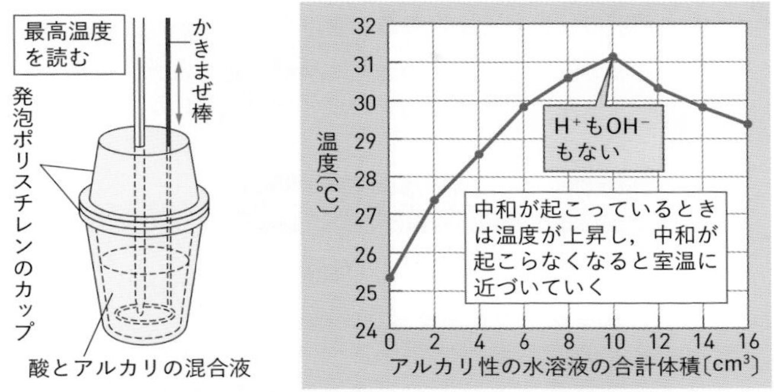

図2　中和による発熱量の測定法(左)と中和による混合液の温度の変化(右)

過不足なく中和するとき，結びつくH^+とOH^-の数が最大になるため，中和によって出る熱量が最大になり，温度がもっとも高くなる。

例題 2　一定量のアルカリと過不足なく中和する酸の量と沈殿する塩の量

5つのビーカーに水酸化バリウム水溶液を40cm³ずつとり，うすい硫酸を表のように加えてよく混ぜたところ，それぞれ表のように沈殿ができた。

うすい硫酸の体積〔cm³〕	10	20	30	40	50
沈殿の質量〔g〕	0.25	0.50	0.75	0.85	0.85

(1) うすい硫酸を40cm³加えた混合液に緑色のBTB溶液をたらすと，混合液は何色になるか。
(2) 水酸化バリウム水溶液40cm³を中性にするのに必要なうすい硫酸は何cm³か。

解き方

うすい硫酸がすべて中和すれば，10cm³あたり何gの沈殿ができるか考える。

(1) 表より，硫酸10cm³を加えたとき沈殿が0.25gできるから，硫酸40cm³がすべて中和すると，沈殿は$0.25\text{g} \times \dfrac{40\text{cm}^3}{10\text{cm}^3} = 1.00\text{g}$できるはずである。表より，できた沈殿は0.85gなので硫酸が余っており，酸性になっているので，BTB溶液をたらすと**黄色**になる。……㊟

(2) 水酸化バリウム水溶液40cm³を過不足なく中和するうすい硫酸の体積は，

$$10\text{cm}^3 \times \frac{0.85\text{g}}{0.25\text{g}} = \mathbf{34cm^3}$$ ……答

UNIT 9

水溶液の体積や濃度とイオンの数

着目 水溶液の体積や濃度を2倍にすると，イオンの数も2倍になる。

要点

- **水溶液《すいようえき》の体積とイオンの数**　濃度《のうど》が一定のとき，水溶液中のイオンの数は体積に比例する。
- **水溶液の濃度とイオンの数**　体積が一定のとき，水溶液中のイオンの数は濃度に比例する。濃度が2分の1倍になると体積あたりのイオンの数も2分の1倍になる。

1 水溶液の体積とイオンの数

濃度《のうど》が一定の酸性の水溶液《すいようえき》で，体積を2倍にすると，水溶液中の水素イオンの数はどうなるかを考えてみよう。

酸性の水溶液1 cm^3 中に含《ふく》まれている水素イオンの数は決まっているから，たとえば体積を5 cm^3 から10 cm^3 へと2倍にすると，含まれる水素イオンの数も2倍になる(図1)。つまり，水溶液中に含まれる水素イオンの数は，水溶液の**体積に比例する**。

よって，体積を2倍にした酸性の水溶液を完全に中和するとき，水酸化物イオンの数も，もとの数より2倍必要なので，アルカリ性の水溶液の体積も2倍必要になる。

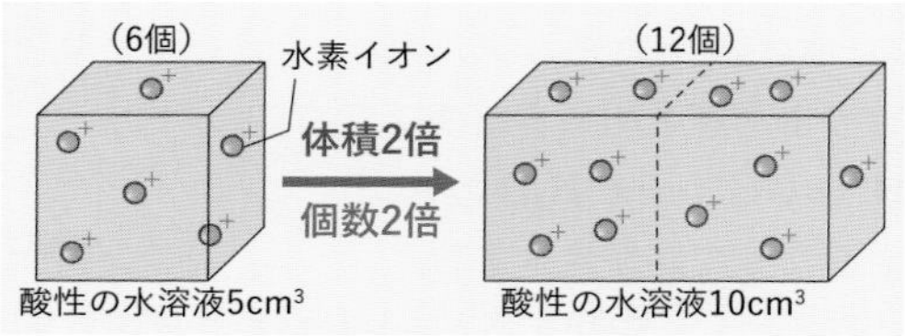

図1　**水溶液の体積の増加とイオンの数**

2 水溶液の濃度とイオンの数

A 濃度が2倍になるとき

体積が一定の酸性の水溶液で，濃度を2倍にすると，水溶液中の水素イオンの数はどうなるかを考えてみよう。

酸性の水溶液の濃度を2倍にすると，含まれる水素イオンの数も2倍になる(図2)。つまり，水溶液中に含まれる水素イオンの数は，水溶液の**濃度に比例する**。よって，これを完全に中和するのに必要な水酸化物イオンの数も2倍になり，アルカリ性の水溶液の体積も2倍必要になる。

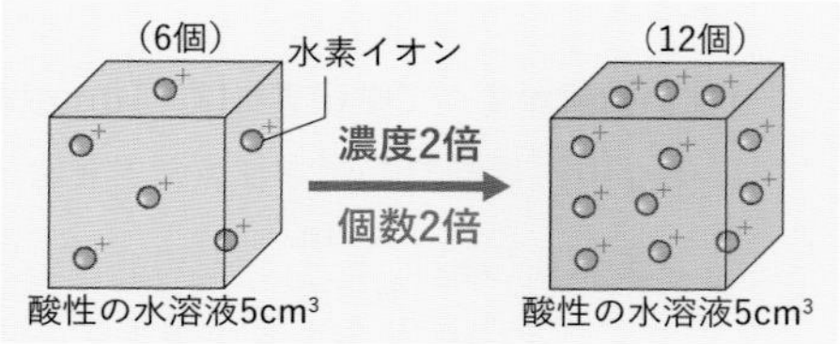

図2　**水溶液の濃度とイオンの数**

B 濃度が 2 分の 1 倍になるとき

体積が一定の酸性の水溶液で，濃度を $\frac{1}{2}$ 倍にしたときの水素イオンの数を考えてみよう。*1

酸の濃度が $\frac{1}{2}$ 倍になると，含まれる水素イオンの数も $\frac{1}{2}$ 倍になる(図 3)。よって，これを完全に中和するのに必要なアルカリ性の水溶液の体積も $\frac{1}{2}$ 倍になる。

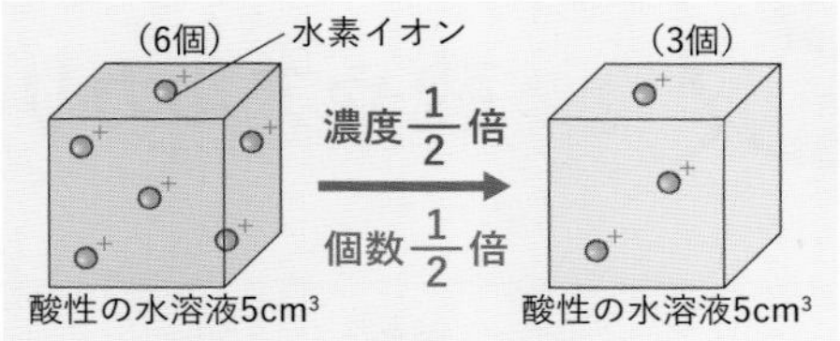

図 3　**水溶液の濃度とイオンの数**

*1
水溶液をうすめて濃度を $\frac{1}{2}$ 倍，$\frac{1}{3}$ 倍，…にすることを「2 倍，3 倍，…にうすめる」という。

例題 3　一定量の酸性の水溶液を中性にするアルカリ性の水溶液の量と酸の濃さ

濃度が異なる 10 cm³ の塩酸 **A**～**C** に，濃度が同じ水酸化ナトリウム水溶液を表のように加えてよく混ぜたところ，それぞれ中性になった。

塩酸	A	B	C
加えた水酸化ナトリウム水溶液の体積〔cm³〕	6	12	3

(1) 塩酸 **A** と同じ濃度になるのは，塩酸 **B** と **C** のどちらを水で 2 倍の体積にうすめたときか。
(2) 塩酸 **A**～**C** をよく混ぜ合わせてからメスシリンダーで 10 cm³ はかりとった。この塩酸を中性にするには，水酸化ナトリウム水溶液が何 cm³ 必要か。
(3) 水酸化ナトリウム水溶液 10 cm³ から水を蒸発させて 5 cm³ に濃縮した。塩酸 **B** を 3 倍にうすめて 10 cm³ はかりとった水溶液を中性にするためには，濃縮した水酸化ナトリウム水溶液が何 cm³ 必要か。

解き方

塩酸中の水素イオンの数の比を考える。

(1) 表より，塩酸 **B** に含まれている水素イオンの数は塩酸 **A** の 2 倍，塩酸 **C** に含まれている水素イオンの数は塩酸 **A** の $\frac{1}{2}$ 倍である。よって，塩酸 **B** を水で 2 倍にうすめると，塩酸 **A** と同じ濃度になる。　㊟答 **B**

(2) 混ぜ合わせた塩酸 30 cm³ を中性にするのに必要な水酸化ナトリウム水溶液の体積は，表より，$6\,\mathrm{cm^3} + 12\,\mathrm{cm^3} + 3\,\mathrm{cm^3} = 21\,\mathrm{cm^3}$ である。よって，$21\,\mathrm{cm^3} \times \frac{10\,\mathrm{cm^3}}{30\,\mathrm{cm^3}} = \mathbf{7\,cm^3}$ ……答

(3) 塩酸 **B** の $\frac{1}{3}$ 倍の濃度の塩酸 10 cm³ を中性にするのに必要なもとの水酸化ナトリウム水溶液は $12\,\mathrm{cm^3} \times \frac{1}{3} = 4\,\mathrm{cm^3}$ である。濃縮した水酸化ナトリウム水溶液の濃度は，もとの 2 倍になっているので，必要な水酸化ナトリウム水溶液は $4\,\mathrm{cm^3} \times \frac{1}{2} = \mathbf{2\,cm^3}$ ……答

特集

酸やアルカリを使った食品づくり

● ムラサキキャベツで焼きそばをつくると…

ムラサキキャベツ(図1)は**赤《あか》キャベツ**ともよばれ，その名の通り赤紫色《あかむらさきいろ》をしたキャベツである。味はふつうのキャベツとそんなに変わらないが，いろどりが良いので，サラダなどに使われることが多い野菜である。

図1　**ムラサキキャベツ**

このムラサキキャベツを使って**焼《や》きそば**をつくると，焼きそばの麺《めん》は紫色ではなく緑色に色づく。さらに，緑色になった麺にレモン汁をかけると，麺は桃色《ももいろ》に変わる。

● ムラサキキャベツは天然の指示薬

ムラサキキャベツをしぼった液は，何もしなければ**紫色**をしている。しかし，煮汁《にじる》に**酸性《さんせい》**の溶液を加えていくと，**桃色**，**赤色**と変化していく。同じように，**アルカリ性《せい》**の溶液を加えていくと，**青色**，**緑色**，**黄色**と変化していく(図2)。

レモン汁《じる》をかけたときに桃色に変化したのは，レモン汁には**クエン酸《さん》**という酸性の物質が含《ふく》まれているからである。

このような色の変化は，ムラサキキャベツに含まれる**アントシアニン**という色素の色の変化によって起こる。

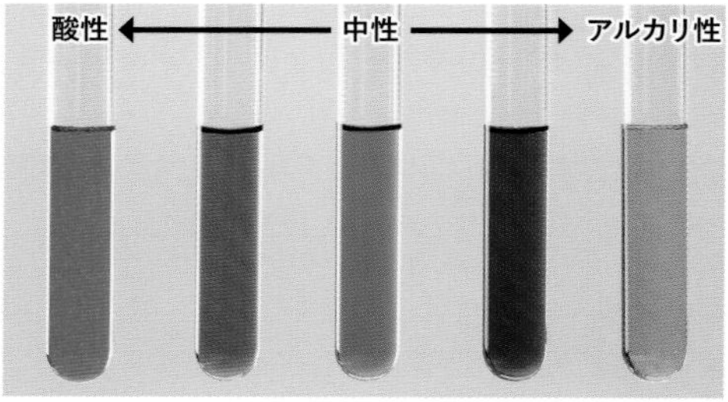

図2　**ムラサキキャベツ液の色の変化**

液の性質によって色が変わるため，リトマス紙やBTB溶液のように，天然の指示薬《しじやく》(➡ p.28)としても使うことができる。

● アルカリ性が麺のコシをうみ出す

焼きそばの麺とムラサキキャベツ液で緑色になるということは，麺がアルカリ性であるということになる。

焼きそばやラーメンに使われる**中華麺《ちゅうかめん》**の主原料は，うどんやそうめんと同じ小麦粉であるが，大きくちがうところがある。中華麺をつくる際に，かん水《すい》とよばれるアルカリ性の水溶液が使われていることである。

小麦粉の中には，**グルテン**というタンパク質

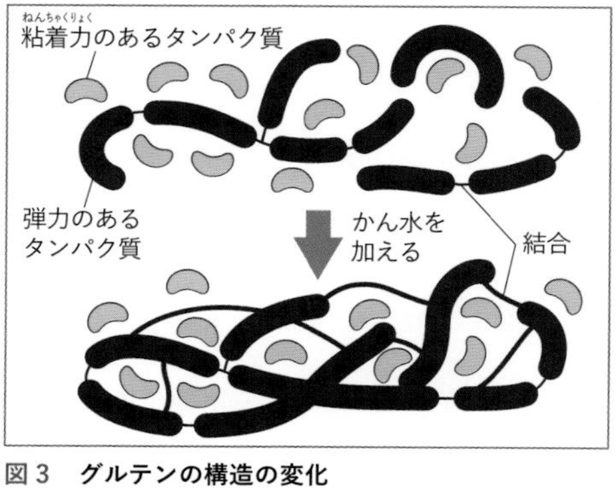

図3　**グルテンの構造の変化**

が含まれている。かん水を加えると，アルカリ性によってグルテンどうしの結びつきが複雑になる。すると麺の弾力《だんりょく》が強まり，中華麺に特有の**コシ**がうまれるのである(図3)。

このように，身近な食品のなかにも，酸やアルカリによる物質の変化を利用してつくられたものは多い。

● 酸がマドレーヌの味を整える

マドレーヌは，貝殻《かいがら》の形をした焼《や》き菓子《がし》である。その断面を見てみるとよくわかるが，マドレーヌには**無数《むすう》の穴《あな》**があいている。この穴がやわらかい食感をうみ出しているのである。

マドレーヌを焼くときに使う**ベーキングパウダー**には，図4のような成分が入っている。

名　　称	食品添加物　一剤式合成膨脹剤
成分重量	炭酸水素ナトリウム25%、グルコノデルタラクトン25%、第一リン酸カルシウム13%、酸性ピロリン酸ナトリウム10%、リンゴ酸3%、*d*ー酒石酸水素カリウム2%、ステアリン酸カルシウム0.5%、食品素材21.5%
内 容 量	30g(10g×3袋)
賞味期限	底面に記載

図4　**ベーキングパウダーの原材料表示**

このうち，主成分は炭酸水素《たんさんすいそ》ナトリウム(**重《じゅう》そう**) $NaHCO_3$である。

中学2年でも学習したように，炭酸水素ナトリウムを加熱すると，**熱分解《ねつぶんかい》**によって**二酸化《にさんか》炭素《たんそ》** CO_2と**水《みず》** H_2O，そして**炭酸《たんさん》ナトリウム** Na_2CO_3が発生する。

$$2NaHCO_3 \longrightarrow CO_2 + H_2O + Na_2CO_3$$

発生した二酸化炭素が膨張《ぼうちょう》することで泡《あわ》となり，穴をつくり出すのである。

このとき発生する炭酸ナトリウムには独特の苦みがあり，生地に味が残ってしまう。

そこで，あらかじめ**リンゴ酸《さん》**や**酒石酸《しゅせきさん》**などの酸を加えておくことで，反応をうながすだけでなく，アルカリ性の炭酸ナトリウムを中和するような効果が現れ，苦みをなくすのである。

● 缶詰のミカンにうす皮がついていない理由

ふだん食べているミカンは，1つの果実の中に**うす皮《かわ》**で包まれた房《ふさ》がいくつもあり，その中に果肉が入っている。

しかし，ミカンのシロップ漬《づ》けの缶詰《かんづめ》に入っているのは房の形をした果肉だけで，うす皮はついていない(図5)。

図5　**ミカンのシロップ漬け**

もちろん，ひとつひとつ手作業でうす皮を外しているわけではない。実は，**塩酸《えんさん》** HClを使ってうす皮を溶《と》かし，とり除いているのである。

つくり方は以下の要領である。まず機械でミカンの皮をむき，房をばらばらにする。次に，うすい塩酸に数十分間ひたしてうす皮を溶かし，中の果肉だけにする。

このままでは塩酸が残ったままなので，うすい**水酸化《すいさんか》ナトリウム** NaOH **水溶液《すいようえき》**に数十分間ひたし，付着した塩酸を中和して**塩化《えんか》ナトリウム**(食塩《しょくえん》) NaClと**水《みず》** H_2Oに変化させる。

$$HCl + NaOH \longrightarrow NaCl + H_2O$$

水で丁寧《ていねい》にすすいだあと，塩酸や水酸化ナトリウムが残っていないことを検査したうえでシロップといっしょに缶詰にされ，出荷される。

なお，食品工場で使われている塩酸や水酸化ナトリウムは，食用に認可された，不純物の少ないもので，処理されたミカンも出荷前にしっかりと安全を確認している。そのため，塩酸や水酸化ナトリウムが手に入ったとしても，簡単にまねをしてはいけない。

定期テスト対策問題

解答 ➡ 別冊p.2

問1 酸とアルカリの定義

次の各問いに答えなさい。

(1) 次の文の［　　］に，酸またはアルカリの語を入れて，文章を完成させよ。

水に溶《と》けて水素イオンH^+を生じる化合物のことを［ ① ］といい，水に溶けて水酸化物イオンOH^-を生じる化合物のことを［ ② ］という。

(2) 次の**ア**～**キ**は，酸やアルカリの水溶液《すいようえき》の一般的《いっぱんてき》な性質を書いたものである。これらのうち，酸の水溶液に一般的な性質を書いた文をすべて選び，記号で答えよ。

ア 赤色リトマス紙を青色に変える。　**イ** 緑色にしたBTB溶液を黄色に変える。

ウ 亜鉛《あえん》などの金属と反応して水素を発生する。　**エ** 青色リトマス紙を赤色に変える。

オ 電流が流れる。　**カ** 電流が流れない。

キ フェノールフタレイン溶液を赤色に変える。

(3) 水溶液がアルカリ性を示す物質の電離《でんり》を表しているのは，次の**ア**～**エ**のうちどれか。1つ選び，記号で答えよ。

ア $HCl \longrightarrow H^+ + Cl^-$　**イ** $NaCl \longrightarrow Na^+ + Cl^-$

ウ $H_2SO_4 \longrightarrow 2H^+ + SO_4^{2-}$　**エ** $NaOH \longrightarrow Na^+ + OH^-$

問2 イオンの移動

下の図のように，硝酸《しょうさん》カリウム水溶液をしみ込《こ》ませたろ紙上に，青色・赤色リトマス紙をそれぞれ2枚ずつ置き，中央に，別の水溶液をしみ込ませたろ紙を置いて電流を流し，4枚(A～D)のリトマス紙の色の変化を調べた。次の問いに答えなさい。

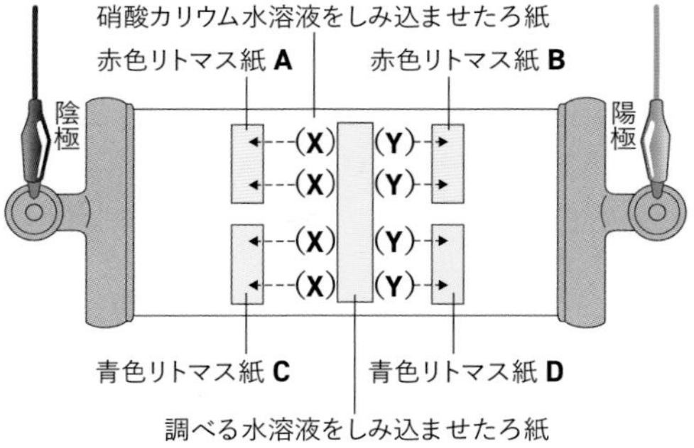

(1) 右の図の(**Y**)は，陽イオン・陰《いん》イオンのどちらを示しているか。

(2) 中央に硫酸をしみ込ませたろ紙を置いたとき，色の変化があるのは，**A**～**D**のどのリトマス紙か。

(3) (2)の場合，(**X**)，(**Y**)はそれぞれ何イオンを表しているか。化学式で答えよ。

(4) 中央に，水酸化ナトリウム水溶液をしみ込ませたろ紙を置いたとき，色の変化があるのは，**A**～**D**のどのリトマス紙か。

(5) (4)の場合，(**X**)，(**Y**)にあてはまるイオンを化学式で答えよ。

問 3 水酸化バリウムと硫酸の反応

ビーカーに入れた水酸化バリウムの水溶液50cm^{3}にうすい硫酸を1cm^{3}ずつ加え，そのつどよくかきまぜ，一定の電圧を加えて，流れる電流の大きさを測定した。右のグラフは，その結果を表したものである。この実験について，次の問いに答えなさい。

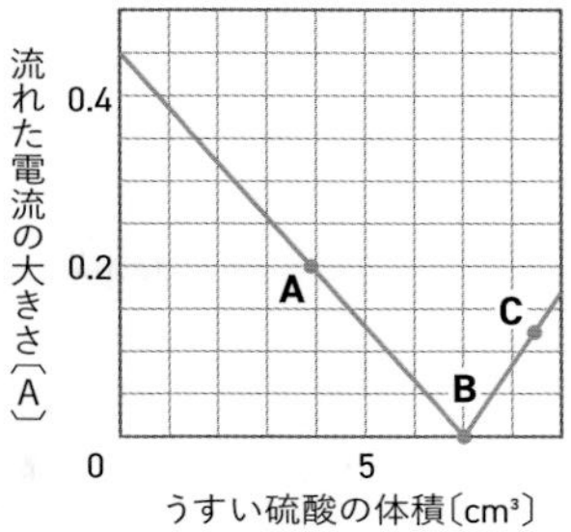

(1)　グラフの点**A**のとき，ビーカーの水溶液の性質は次の**ア**～**ウ**のどれか。1つ選び，その記号を書け。

ア　酸性　　**イ**　アルカリ性　　**ウ**　中性

(2)　グラフの点**A**で，ビーカーの水溶液の中に数多く存在するイオンを，次の**ア**～**エ**から1つ選び，その記号を書け。

ア　Ba^{2+}とH^+　　**イ**　Ba^{2+}とOH^-　　**ウ**　H^+とSO_4^{2-}　　**エ**　OH^-とSO_4^{2-}

(3)　グラフの点**B**では，電流の大きさが0になっている。これは何を示しているか。次の**ア**～**エ**から1つ選び，その記号を書け。

ア　水溶液が完全に電離《でんり》した。　　**イ**　水溶液の電気分解が始まった。

ウ　水溶液の中和が始まった。　　**エ**　水溶液の中和が終わった。

(4)　グラフの点**C**で，ビーカーの水溶液の中にもっとも多く存在するイオンは何か。その名前とイオンの化学式を書け。

問 4 塩酸と水酸化ナトリウムの反応

5つのビーカーに同じ濃度《のうど》の塩酸をそれぞれ20cm^{3}ずつ入れ，さらに全部にBTB溶液を2，3滴《てき》加えた。そして，これらの塩酸に下の表に示した体積の水酸化ナトリウム水溶液(濃度一定)を加えた。このようにしてつくったA～Eの水溶液について，次の問いに答えなさい。

溶液	A	B	C	D	E
加えたNaOH水溶液〔cm^3〕	0	12	24	36	48
水溶液の色		黄	緑	青	

(1)　**A**は水酸化ナトリウム水溶液を加えていない水溶液である。溶液の色は何色か。

(2)　**A**～**E**のなかで，酸とアルカリがちょうど中和して中性になっているものが1つある。それはどれか。**A**～**E**の記号で答えよ。

(3)　**C**の水溶液中に含まれていると考えられるイオンをすべて化学式で答えよ。

UNIT 1

金属のイオンへのなりやすさ

着目 マグネシウム，亜鉛，銅のイオンへのなりやすさは Mg > Zn > Cu。

要点

- **塩酸《えんさん》に溶《と》ける金属とイオン**　イオンになりやすい金属は塩酸に溶けるが，銅は溶けない。
- **金属を含む塩の水溶液に溶ける金属**　イオンになりやすい金属は，なりにくい金属の陽イオンが存在する水溶液に溶ける。

1 塩酸に溶ける金属とイオン

塩酸《えんさん》などの**酸《さん》の水溶液《すいようえき》**に**亜鉛《あえん》**の板を入れると，**水《すい》素《そ》**を発生させながら**溶《と》ける**。このとき，図1のように，亜鉛板の表面では，塩酸中の陽イオンである**水《すい》素《そ》イオン**が金属の原子から**電子《でんし》を受けとって水素原《すいそげん》子《し》**になり，**電子を放出した金属の原子**は**陽《よう》イオンになって溶け出す**化学変化が起こっている。亜鉛のかわりにマグネシウムでも同様の反応が起こる。

しかし，塩酸に**銅《どう》**を入れても反応しない。このことから，マグネシウムや亜鉛は陽イオンになりやすく，銅は陽イオンになりにくい金属であるといえる。

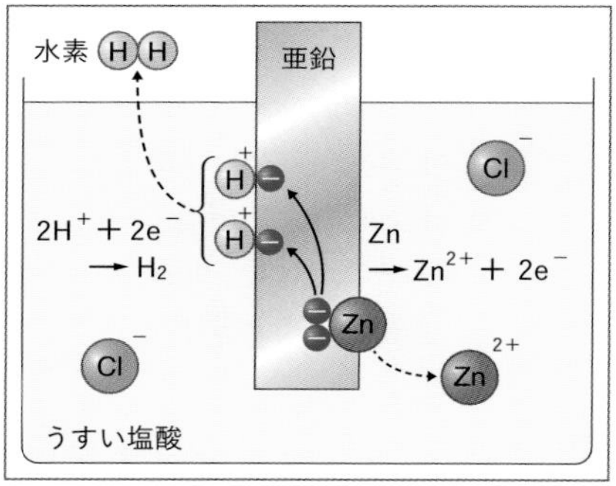

図1　塩酸に亜鉛を入れたときの変化のようす
化学反応式中の e^- は電子を表す（➡ p.54）。

2 金属のイオンへのなりやすさ

マグネシウム，**亜鉛**，**銅**について，陽イオンへのなりやすさを次の実験で調べることができる。

図2のように，マイクロプレートに，硫酸《りゅうさん》マグネシウム $MgSO_4$ 水溶液，硫酸亜鉛 $ZnSO_4$ 水溶液，硫酸銅 $CuSO_4$ 水溶液を入れ，それぞれの水溶液にマグネシウム板，亜鉛板，銅板を入れたところ，表1のような結果となった。

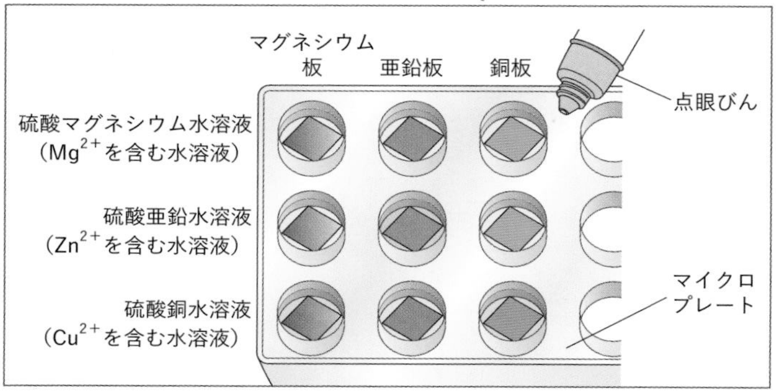

図2　金属の陽イオンへのなりやすさを調べる実験

この結果から，イオンになりやすい金属はなりにくい金属の陽イオンが存在する水溶液に溶け，なりにくい金属が表面に付着することがわかった。

硫酸マグネシウム水溶液には，亜鉛も銅も溶けなかったことから，3つの金属のうち，**マグネシウムがもっとも陽イオンになりやすい**ことがわかる。

亜鉛のほうが銅よりも陽イオンになりやすいことと合わせて考えると，**銅がもっとも陽イオンになりにくい**ことがわかる。つまり，マグネシウム，亜鉛，銅の陽イオンへのなりやすさを不等号を使ってまとめると，**Mg > Zn > Cu**となる。

マグネシウム板を硫酸亜鉛水溶液に入れたときのようすを図3のようにモデル図で表した。マグネシウム原子が電子を2個失ってマグネシウムイオンMg^{2+}となり水溶液中に溶け出す。また，亜鉛イオンZn^{2+}は電子を2個受けとって，亜鉛原子となり表面に付着する。

表1　金属イオンを含む水溶液中の金属板の変化

金属板 ＼ 溶液中の陽イオン	Mg	Zn	Cu
Mg^{2+}	溶けない	溶けない	溶けない
Zn^{2+}	溶けて亜鉛が付着	溶けない	溶けない
Cu^{2+}	溶けて銅が付着	溶けて銅が付着	溶けない

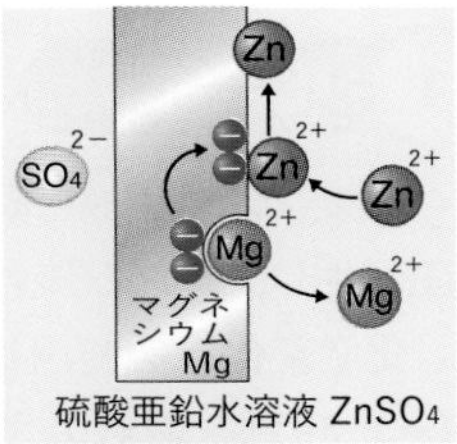

図3　マグネシウムと硫酸亜鉛水溶液の反応のようす

発展　イオン化傾向

金属の陽イオンへのなりやすさを**イオン化《か》傾向《けいこう》**という（➡ p.58）。

K《カリウム》 > Ca《カルシウム》 > Na《ナトリウム》 > Mg《マグネシウム》 > Al《アルミニウム》 > Zn《亜鉛》 > Fe《鉄》 > (H)《水素》 > Cu《銅》 > Ag《銀》 > Au《金》

銅は，塩酸や硫酸マグネシウム水溶液，硫酸亜鉛水溶液には溶けないが，硝酸銀水溶液《しょうさんぎんすいようえき》には図4のように溶けて，銅イオンによる水溶液の青色がしだいに濃《こ》くなり，水溶液中の銀イオンが銀原子になって樹状の結晶《けっしょう》ができていく。このことから，銅は銀より陽イオンになりやすいことがわかる。

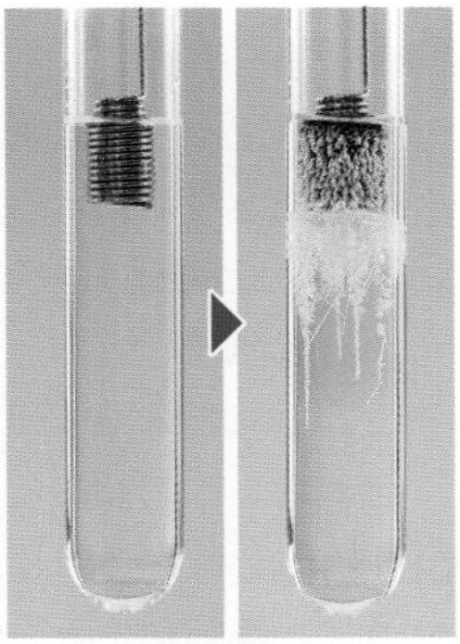

図4　銅と硝酸銀水溶液の反応

TRY! 表現力

金属Aが金属Bの陽イオンを含む水溶液に溶けるとき，金属Aと金属Bのイオンへのなりやすさを，電子のやりとりも合わせて説明しなさい。

ヒント　イオンになりやすい金属が電子を放出する。

解答例　金属Aは電子を放出して陽イオンとなって溶けるので，金属Bよりイオンになりやすい。

UNIT 2

化学電池

着目 電解質の水溶液と 2 種類の金属で，電流をとり出せる。

要点

- **化学電池《かがくでんち》** 化学変化《かがくへんか》によって化学《かがく》エネルギーを電気《でんき》エネルギーに変えるしくみ。
- **金属板と電解質水溶液の電池** 2 種類の金属を電解質《でんかいしつ》の水溶液《すいようえき》に入れて，導線でつなぐと，電流が流れる。

1 化学電池

レモンに亜鉛板《あえんばん》と銅板《どうばん》を入れて導線でつなぐと，電圧が生じ，電流が流れる(図 1)。

化学変化《かがくへんか》 *1 を利用して，物質がもつ**化学《かがく》エネルギー**(→p.291)**を電気《でんき》エネルギー**(→p.290)**に変えるしくみ**を，化学電池《かがくでんち》または電池《でんち》という。

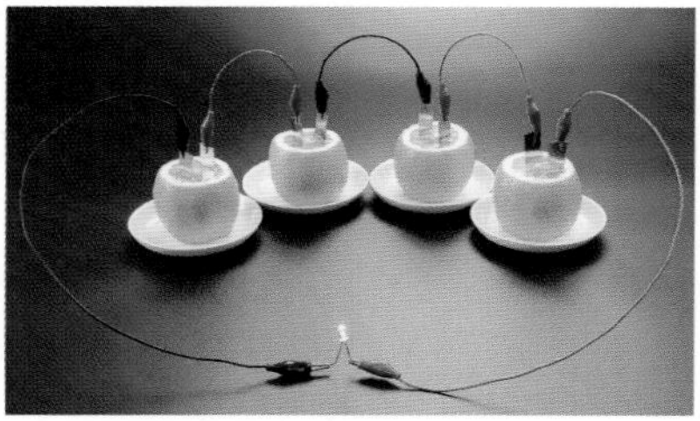

図 1 レモンを用いた化学電池

*1
原子がイオンや電子をやりとりする化学変化が起こる。

2 金属板と水溶液から電流をとり出す

実験

A 方法・手順

① 金属板として**亜鉛板**と**銅板**，水溶液として**うすい塩酸《えんさん》**と**砂糖水《さとうみず》**を用意する。

② 2 枚の金属板と水溶液を選び，図 2 のような回路をつくって電流が流れるか流れないかを調べる。

③ 金属板の組み合わせや水溶液を変え，電流が流れるか流れないかを調べる。

B 結果・考察

① **うすい塩酸**に，**亜鉛板**と**銅板**を入れると，電流が流れた。

② **うすい塩酸**に，**同じ種類の金属**を入れると，電流が流れなかった。

③ **砂糖水**には，**亜鉛板**と**銅板**を入れても，**同じ種類の金属**を入れても，電流が流れなかった。

よって，塩酸などの**電解質《でんかいしつ》の水溶液《すいようえき》に異なる 2 種類の金属を入れる**と，金属の間に電圧が生じて電流をとり出すことができることがわかる。

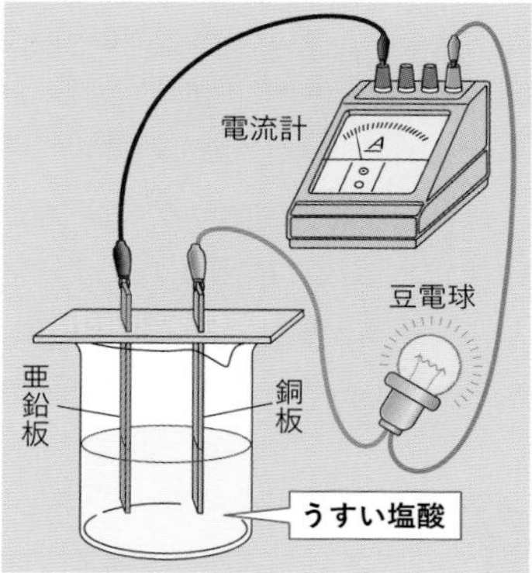

図 2 金属板と水溶液から電流をとり出す実験

参考 電池の発明

イタリアの生物学者**ガルバーニ**は，カエルを鉄の柵《さく》にぶら下げ，そのあしにしんちゅう*2の針金を引っかけると，カエルのあしがけいれんすることを発見した。しんちゅうと鉄が電極，そしてカエル自身の体液が電解質の水溶液となった電池ができ，その電流がカエルのあしを刺激《しげき》したのだが，ガルバーニはそのことに気づかなかった。

ガルバーニの実験をヒントに，電池をつくりあげたのが，同じイタリアの物理学者**ボルタ**である。彼は，電気を起こすには2種類の金属と電解質水溶液があればよいことを探りあて，1800年に銅・亜鉛・食塩水を使った図3のような装置(**ボルタの電堆《でんたい》**)を発表し，電池の発明者となった。

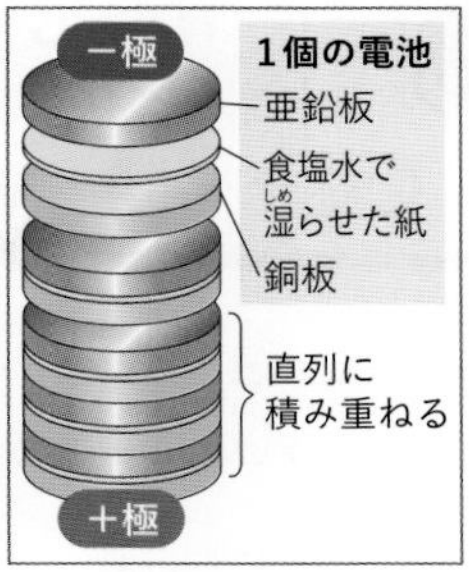

図3 **ボルタの電堆**

＊2
しんちゅう(真鍮《しんちゅう》)は銅と亜鉛の合金で5円硬貨《こうか》や金管楽器などに使われる。

3 身近なものでつくる電池

図4のように，**木炭《もくたん》(備長炭《びんちょうたん》)**に濃《こ》い食塩水をしみ込《こ》ませたろ紙を巻き，その外側にろ紙よりも幅《はば》のせまい**アルミニウムはく**を巻いて導線でつなぐと，電流が流れる。この電池は，図2の電池よりも長時間電流を流し続けることができる。また，電流を流し続けたあとのアルミニウムはくは，ぼろぼろになる。*3

＊3
この電池では，1種類の金属しか使われていないが，木炭に吸着された空気中の酸素が金属極板のかわりをしていると考えられている。

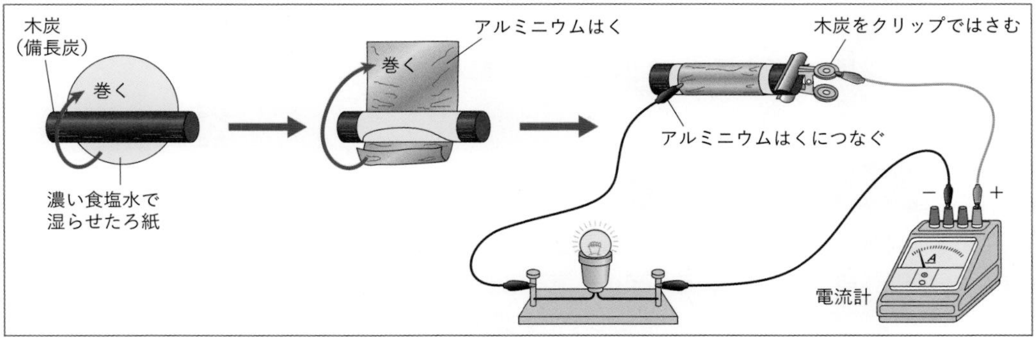

図4 **備長炭電池**

TRY! 表現力

金属板と水溶液を用いて電池をつくるときに必要な条件を，できるだけ簡単に説明しなさい。

ヒント 2枚の金属板を使用する。

解答例 電解質の水溶液に異なる2種類の金属板を入れて導線でつなぐこと。

UNIT 3

電池のしくみ

着目 ダニエル電池は，亜鉛板が－極，銅板が＋極になり，長時間電流をとり出せる。

要点

- **ダニエル電池《でんち》**　亜鉛板《あえんばん》を硫酸亜鉛水溶液《りゅうさんあえんすいようえき》に，銅板《どうばん》を硫酸銅水溶液に入れて，導線をつなぐ。
- **ダニエル電池のしくみ**　－極では，亜鉛原子が電子を放出して亜鉛イオンとなり，＋極では，銅イオンが電子を受けとって銅原子となる。

1 ダニエル電池

金属板と水溶液から電流をとり出す実験(➡ p.52)でつくった電池は，すぐに電圧が低下してしまい，短時間しかはたらかないという短所があった。この短所を解消し，長時間電流をとり出すことができるようにしたのが，1836年にイギリスの化学者**ダニエル**[*1]が発明した**ダニエル電池《でんち》**である。

ダニエル電池は，図1のように，**亜鉛板《あえんばん》**を**硫酸亜鉛《りゅうさんあえん》水溶液《すいようえき》**に，**銅板**を**硫酸銅水溶液**に入れ，2つの水溶液の間を**セロハン膜《まく》**や**素焼《すや》き板**でしきり，2つの金属板を導線でつないでつくる。

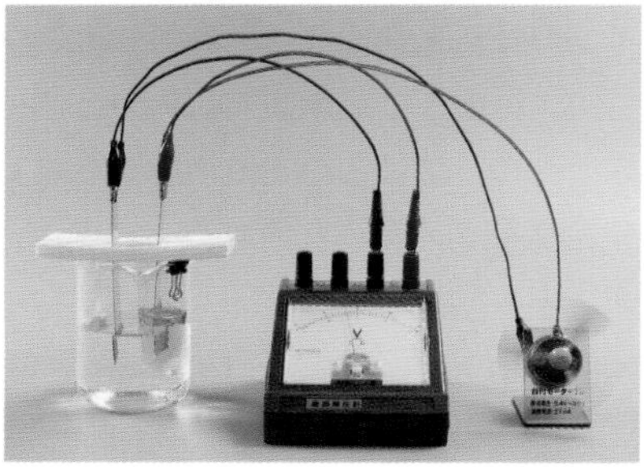

図1　**ダニエル電池**

*1
ジョン・フレデリック・ダニエルは19世紀イギリスの化学者。はじめて安定的に電流をとり出せる電池をつくったほか，湿度計《しつどけい》を発明した。

2 ダニエル電池のしくみ

ダニエル電池に使われる亜鉛と銅では，亜鉛のほうが陽イオンになりやすいため，図2のように，亜鉛板が－極，銅板が＋極になる。

－極側《きょくがわ》では，**亜鉛原子《あえんげんし》**が電子を放出して，**亜鉛イオンZn^{2+}**となって溶《と》け出《だ》す。放出された電子は銅板へ移動する。[*2]

[－極]	Zn	$\longrightarrow$	Zn^{2+}	＋	$2e^-$ [*3]
	亜鉛		亜鉛イオン		電子

＋極側では，硫酸銅水溶液中の**銅《どう》イオンCu^{2+}**が電子を受けとり，**銅原子《どうげんし》**となって，銅板に付着する。[*2]

[＋極]	Cu^{2+}	＋	$2e^-$	$\longrightarrow$	Cu
	銅イオン		電子		銅

*2
全体の反応は，
$Zn + Cu^{2+} \longrightarrow Zn^{2+} + Cu$
と表せる。

*3
電子は，英語で電子という意味のelectronの頭文字をとって，e^-という記号で表す。

電解質の水溶液中では，常に陽イオンの＋の電気の量と陰イオンの－の電気の量が等しくなって，全体として**電気的に中性**が保たれる。このため，陽イオンである**亜鉛イオンZn^{2+}**がふえる**－極側**に，陰イオンである**硫酸イオンSO_4^{2-}**が硫酸銅水溶液から移動し，*4陽イオンである**銅イオンCu^{2+}**の減少とつり合いがとれるようになっている。

また，＋極側で**銅イオンCu^{2+}**が減った分だけ，硫酸亜鉛水溶液から余った**亜鉛イオンZn^{2+}**が**＋極側**に移動してくるようになる。

*4
硫酸銅水溶液が濃《こ》く，硫酸亜鉛水溶液がうすいほど長く電池として使うことができる。

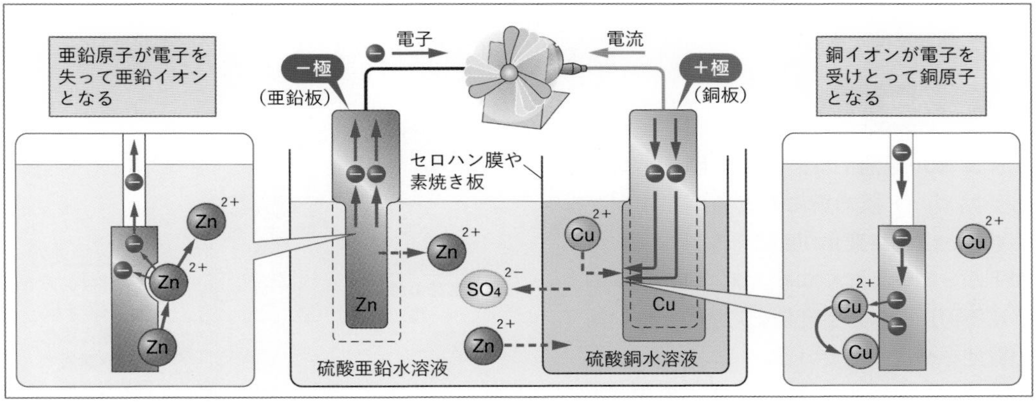

図2　**ダニエル電池のしくみ**

参考　セロハン膜や素焼き板のはたらき

セロハン膜や素焼き板は，硫酸亜鉛水溶液と硫酸銅水溶液が混ざるのを防ぐ一方で，小さな穴があいているため，亜鉛イオンや硫酸イオンは通すことができる。

セロハン膜や素焼き板がないと，水溶液中の銅イオンが亜鉛板と直接反応して電子を受け渡してしまうため，電流が流れない。

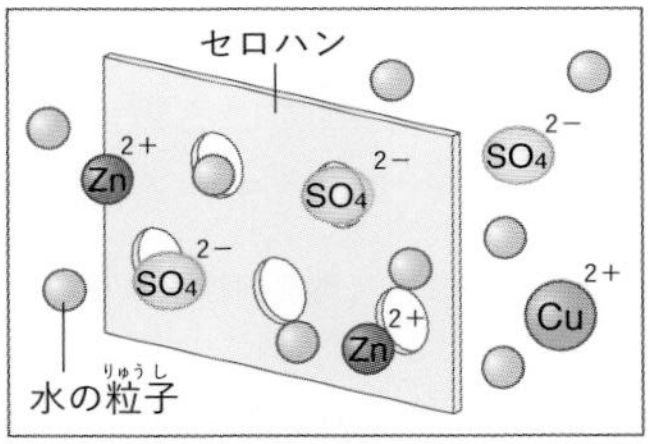

図3　**セロハン膜や素焼き板のしくみ**

TRY!
表現力

ダニエル電池で2つの水溶液をしきるのにセロハン膜を使う理由を説明しなさい。

ヒント　セロハン膜には目に見えない小さな穴があいている。

解答例　2つの水溶液が混ざって銅イオンが－極の亜鉛板から直接電子を受けとってしまうのを防ぐとともに，亜鉛イオンや硫酸イオンは自由に移動できるようにして水溶液中の陰イオンと陽イオンのつり合いを保つため。

UNIT 4

いろいろな電池

着目 電池には一次電池とくり返し使える二次電池がある。

要点

- **一次電池《いちじでんち》** 使用して一度電圧が下がるともとにもどせず，くり返し使えない電池。
- **二次電池《にじでんち》** 使用して電圧が下がっても，充電するとくり返し使える電池。
- **燃料電池《ねんりょうでんち》** 電気分解の逆反応で電流をとり出す電池。水素を使うものは自動車に使われる。

1 一次電池

ダニエル電池《でんち》では，－極で陽イオンになる亜鉛《あえん》や，＋極で銅にもどる銅イオンがなくなると，化学変化が起こらなくなり，電圧が下がって使えなくなる。ダニエル電池のように不可逆的《ふかぎゃくてき》な化学変化を応用した使い捨ての電池を**一次電池《いちじでんち》**という。

市販の一次電池には，もっとも歴史が古くよく使われている**図1**の**マンガン乾電池《かんでんち》**のほかに，現在では**表1**のようなさまざまな特徴《とくちょう》をもった多くの種類の電池が開発されて，用途に合わせて使い分けられている。

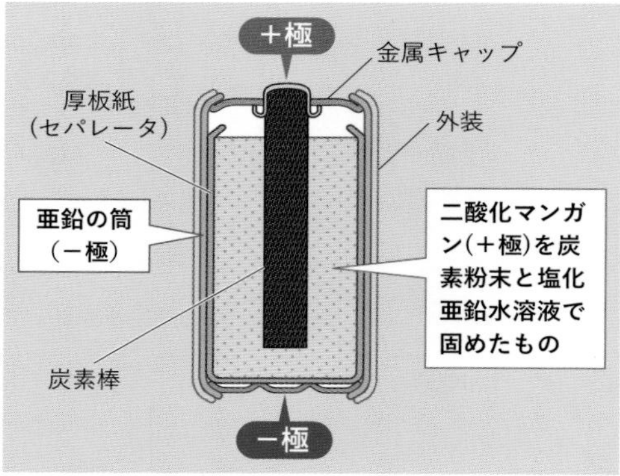

図1 マンガン乾電池のしくみ

日常で使われている電池では，電解質の水溶液をのり状に固め，とり扱《あつか》いしやすく，また液漏《えきも》れなどが起こりにくいようにしている。

＊1
空気亜鉛電池は，亜鉛が空気中の酸素によって酸化する反応をもとに電流をとり出す，一種の**燃料電池《ねんりょうでんち》**である。

表1 おもな一次電池の種類と性能・用途

種類	マンガン乾電池	アルカリマンガン乾電池（アルカリ乾電池）	酸化銀電池	リチウム電池	空気亜鉛電池《くうきあえんでんち》＊1（空気電池）
おもな形	円筒形《えんとうけい》 直方体形	円筒形 直方体形	ボタン形	円筒形 ボタン形	ボタン形
特徴	安価で，小さな電流を長期間流すことができる。	比較的《ひかくてき》大きな電流を安定的に流すことができる。	小型で，非常に安定した電力を流す。比較的高価。	電圧が高く，長期間保管しても自然放電しにくい。	小型で寿命が長いが，低温では性能が落ちる。
おもな用途	かけ時計 リモコン	LEDライト 自動車模型	うで時計 医療機器《いりょうきき》	小型電子機器 ガスメーター	補聴器《ほちょうき》 非常用電源

2 二次電池

使い捨ての一次電池に対して，外部から逆向きに強制的に電流を流して充電《じゅうでん》するとくり返し使える，表2のような電池を，二《に》次電池《じでんち》(蓄電池《ちくでんち》)という。

充電とは，**電気エネルギーを再び化学エネルギーにすること**であるといえる。

表2　二次電池の種類と性能・用途

種類	鉛蓄電池《なまりちくでんち》	リチウムイオン電池	ニッケル水素電池
おもな形	直方体形	円筒形 直方体形	円筒形 直方体形
特徴	安価で高電圧が得られるが，液体の硫酸《りゅうさん》を使うのでとり扱いにくい。	小型化が可能で，軽量でたくさんの電力をためることができる。	電圧がアルカリマンガン乾電池に近く，乾電池対応の機器を動かせる。
おもな用途	自動車 非常用電源	携帯電話《けいたいでんわ》 携帯型ゲーム機	(乾電池形二次電池)

3 燃料電池

白金《はっきん》めっき*2 した電極をとりつけた簡易電気分解装置を使い，水に水酸化ナトリウムを加えてしばらく電気分解する。そのあと電源装置をはずし，図2のように，電極に電子オルゴールをつなぐと，電流が流れて音が出る。

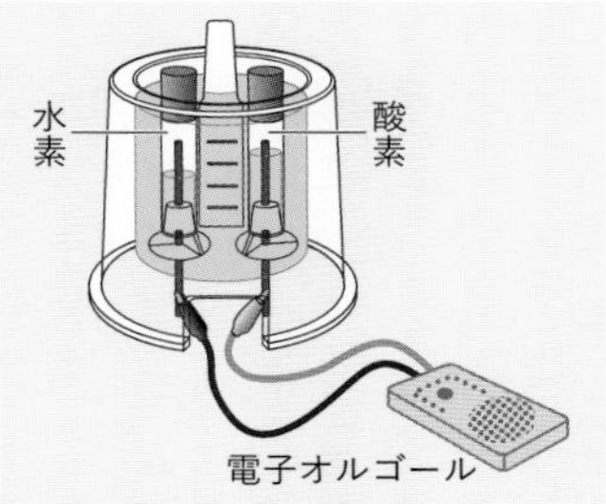

図2　簡単なつくりの燃料電池

このように，電気分解と逆の化学変化で，化学エネルギーから電気エネルギーを直接とり出す装置を，燃料電池《ねんりょうでんち》という。ただ燃料電池とだけいう場合，水素を使うものをさすことが多い。

水素を燃料とする燃料電池では，図3のように，水素と酸素から水ができるだけなので，排気《はいき》による環境への悪影響が少ないと考えられている。このような燃料電池は，**家庭用の電源**や**燃料電池自動車《ねんりょうでんちじどうしゃ》**などに利用されており，さらなる開発が進められている(➡ p.303)。

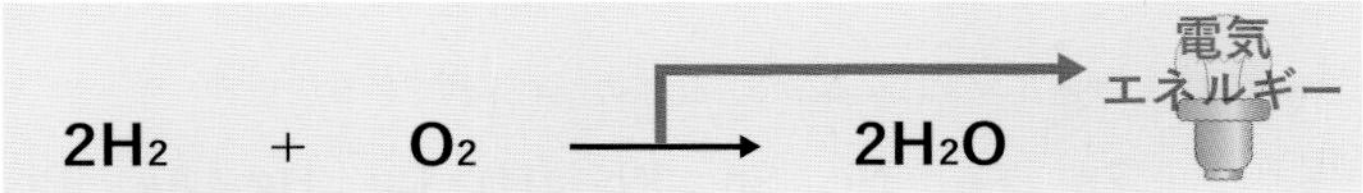

図3　燃料電池で起こる化学変化とエネルギー

*2
白金は金属の一種で，一般に「プラチナ」とよばれることも多い。燃料電池の反応を助けるはたらきがあるが，この反応で白金そのものは変化しない。

TRY! 表現力

二次電池での充電を，エネルギーの変換で説明しなさい。

ヒント　電池が，何エネルギーから何エネルギーへ変換する装置かを考える。

解答例　二次電池に電流を流し，電気エネルギーを再び利用できる化学エネルギーにすること。

特集

金属のイオン化傾向とさび

● イオン化傾向の大きい金属は酸化されやすい

金属のイオンへのなりやすさ(➡ p.50)で，亜鉛《あえん》は塩酸に溶《と》けるが銅は塩酸に溶けないなど，金属はその種類によって，陽イオンへのなりやすさがちがうことを学んだ。この**金属のイオンへのなりやすさ**を**イオン化傾向《かけいこう》**という。

亜鉛や銅以外の金属では，イオン化傾向はどのようになっているのだろうか。おもな金属を**イオン化傾向の大きいものから順に並べたもの**を**イオン化列《かれつ》**という。イオン化傾向の大きい金属と小さい金属では，空気中での反応や，水や酸との反応にちがいが見られる(**表1**)。

たとえば，イオン化傾向の大きい**リチウム**Li，**カリウム**K，**カルシウム**Ca，**ナトリウム**Naは，乾燥《かんそう》した空気中で速《すみ》やかに酸化し，常温で水と反応して水素を発生する(**図1**)。これらの金属は，**酸化されやすく，ほかの物質と反応しやすい**。そのため，単体で存在することは少なく，塩化ナトリウムNaClや炭酸カルシウムCa(OH)$_2$など，**化合物の状態で存在することが多い**。

図1　水と反応するナトリウム
ナトリウムは空気や水と反応するため灯油中で保存する。

一方，イオン化傾向の小さい**金《きん》**Auや**銀《ぎん》**Ag，**白金《はっきん》**Ptは，**空気中では酸化されない**。金や銀が装飾品《そうしょくひん》や高額《こうがく》貨幣《かへい》に用いられることが多いのは，これらの金属がさびずに美しい輝《かがや》きを保ち続けることができるからである。これらの空気中でさびない金属を，**貴金属《ききんぞく》**という。

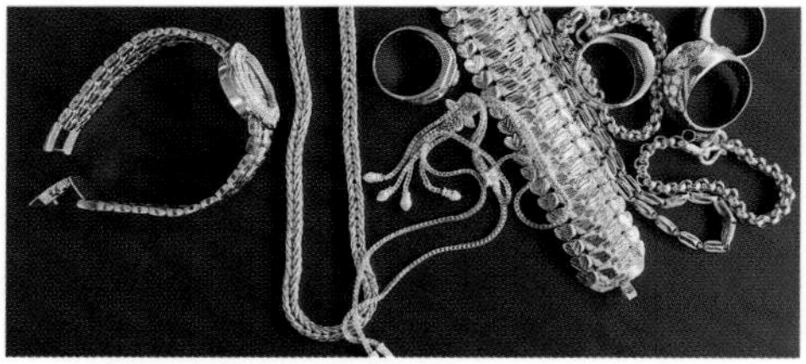

図2　貴金属を用いた装飾品

表1　金属のイオン化傾向と反応(水素は金属ではないが陽イオンになるので，比較《ひかく》のため入れてある)

イオン化列	Li リチウム	K カリウム	Ca カルシウム	Na ナトリウム	Mg マグネシウム	Al アルミニウム	Zn 亜鉛	Fe 鉄	Ni ニッケル	Sn スズ	Pb 鉛	(H) 水素	Cu 銅	Hg 水銀	Ag 銀	Pt 白金	Au 金
イオン化傾向	㊅ ←																→ ㊉小
空気との反応	常温で速やかに酸化される				常温で除々《じょじょ》に酸化される・酸化物の被膜《ひまく》を生じる									酸化されない			
水との反応	常温で反応				熱水と反応	高温の水蒸気と反応			反応しない								
酸との反応	塩酸や希硫酸《きりゅうさん》と反応して水素を発生												硝酸や熱濃硫酸と反応			王水と反応	

塩酸や硫酸《りゅうさん》などの酸とも反応せず，反応性がきわめて小さい金でも溶かすことのできる酸が，王水《おうすい》である。濃塩酸《のうえんさん》と濃硝酸《のうしょうさん》の混合溶液である王水は，金や白金も溶かすことのできる，非常に酸化力《さんかりょく》の強い酸である。

図 3　王水と金の反応

● 鉄のさびを防ぐ工夫とイオン化傾向

鉄《てつ》は，酸化物や硫黄《いおう》との化合物として多くの岩石に含《ふく》まれていることから，古代から現在までもっとも多く利用される金属である。しかし，イオン化傾向が比較的大きいため，さびやすいという欠点もある。

金属がさびるのを防ぐために，金属の表面を別の金属でおおう，めっきという方法がある。

鉄 Feの鋼板《こうばん》に**スズ** Snをめっきしたものを，ブリキという。スズは鉄よりもイオン化傾向が小さく，**酸化されにくいため，鉄の表面をおおうことで，内部の鉄をさびにくくする**ことができるのである。しかし，ブリキの表面に傷がついて鉄が露出《ろしゅつ》すると，スズよりも鉄が先に酸化されてしまい，すぐにさびてしまう。

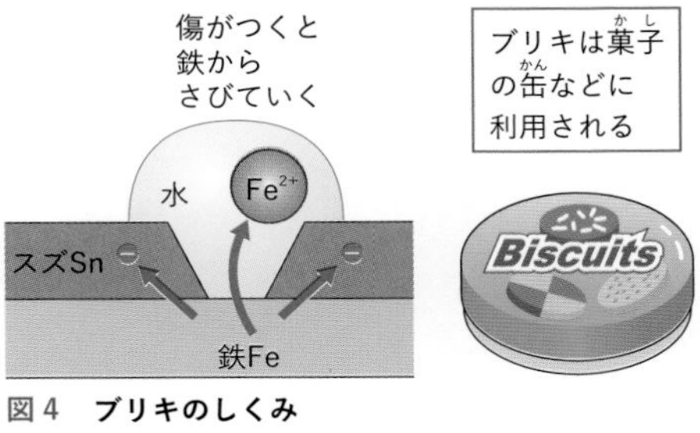

図 4　ブリキのしくみ

一方，鉄Feの表面に亜鉛Znをめっきしたものをトタンという。亜鉛は鉄よりもイオン化傾向が大きいため，**酸化されやすいが，酸化されることで被膜をつくり，内部の鉄をさびにくくする**ことができる。また，トタンの表面に傷がついても，鉄よりも亜鉛が先に酸化されるため，鉄の腐食《ふしょく》が進みにくい。

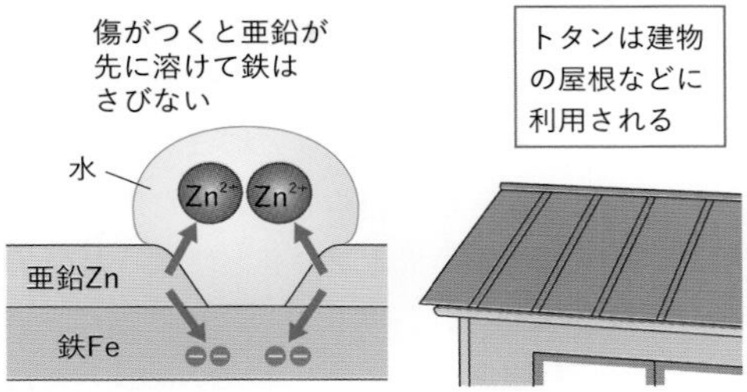

図 5　トタンのしくみ

めっきのほかにも，金属を別の金属などととかし合わせて合金《ごうきん》とすることで，さびにくくする方法がある。**鉄に，クロム** Cr，**ニッケル** Niなどを混ぜ合わせたステンレス鋼《こう》は，さびにくいのが特徴《とくちょう》で，スプーンなどの食器や流し台などの家庭器具，大きいものは工場のパイプや鉄道車両など，幅広《はばひろ》く利用されている。

図 6　ステンレス製品

定期テスト対策問題

解答 → 別冊p.3

問1 イオンへのなりやすさ

3つのビーカーA～Cのそれぞれいずれかに，硫酸《りゅうさん》亜《あ》鉛《えん》水《すい》溶液《ようえき》，硫酸銅水溶液，硫酸マグネシウム水溶液が入っている。金属板を使って，ビーカーA～Cの中の水溶液がどれなのかを調べる実験について，次の問いに答えなさい。

(1) ビーカーAの液体を3つの試験管にとり，それぞれに亜鉛板，銅板，マグネシウム板を入れたところ，マグネシウム板は溶け，亜鉛板と銅板に変化はなかった。ビーカーAの液体は何か。

(2) ビーカーBに亜鉛板を入れたところ，亜鉛板は溶けた。このことから，ビーカーBの水溶液に含まれる陽イオンのもとになった原子はどのような性質をもっているといえるか，簡単に説明せよ。

(3) 硫酸銅水溶液にマグネシウム板を入れると，マグネシウム板は溶ける。このとき，硫酸銅水溶液にはどのような変化が見られるか。

問2 電池のしくみ

右図のようにセロハン膜《まく》の窓をつけた仕切り板でビーカーを区切り，区切ったそれぞれの空間をA，Bとした。空間Aに硫酸亜鉛水溶液，空間Bに硫酸銅水溶液を入れ，さらにAには亜鉛板，Bには銅板を入れた。亜鉛板と銅板をそれぞれ豆電球につながる導線につないだところ，豆電球が点灯した。これについて，次の問いに答えなさい。

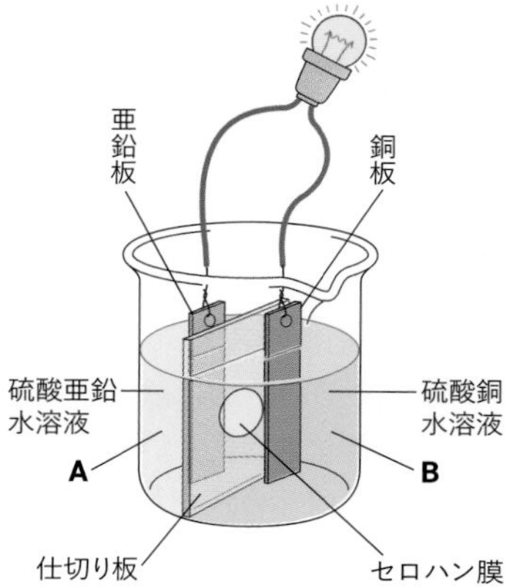

(1) イオンとなって水溶液中に溶け出たのは亜鉛と銅のどちらか。

(2) 豆電球がついたのは導線中を電子が移動したからである。電子が移動した向きは，亜鉛板から銅板，銅板から亜鉛板のどちらか。

(3) 豆電球がついたときの電圧をはかるために電圧計をとりつけたい。電圧計の＋端子《たんし》をどちらの極板に接続したらよいか。

(4) この実験で起こることについて，正しいものを次の**ア～オ**から1つ選べ。

ア セロハン膜を通って硫酸イオンがAからBへ移動する。
イ Bの水溶液はだんだん色が濃くなっていく。
ウ Aの亜鉛板に銅が付着していく。
エ Aの水溶液の体積がふえ，Bの水溶液の体積が減っていく。
オ Bの銅板から導線を通ってAの亜鉛板へ電流が流れる。

2章

生命の連続性

UNIT 1

植物の根の成長

着目 植物の根は，先端近くで細胞分裂が起こり，細胞が大きくなることでのびる。

要点

- **植物の根の成長**　植物の根は，先端《せんたん》近くがのびていく。
- **生物の成長**　細胞分裂《さいぼうぶんれつ》によって細胞の数がふえ，分裂した細胞が大きくなることで，生物は成長している。

1 植物の根の成長

発芽したソラマメの根に，油性のペンで等間隔《とうかんかく》に印をつけ，図1のようにピンでスポンジにとめてビーカーに入れる。このとき，乾燥《かんそう》を防ぐため少量の水を入れておく。そして，根ののびるようすを1日ごとに観察すると，図2のように，根の先端《せんたん》に近い所がさかんにのびているが，根もとに近い所はほとんどのびていないことがわかる。

また，図3の実験のように，タマネギの根全体を赤く染色したあと水につけておくと，根の先端《せんたん》近くにだけ色のついていない部分ができる。

このように，植物の根は，根全体が一様にのびるのではなく，根の先端近くがのびていく。

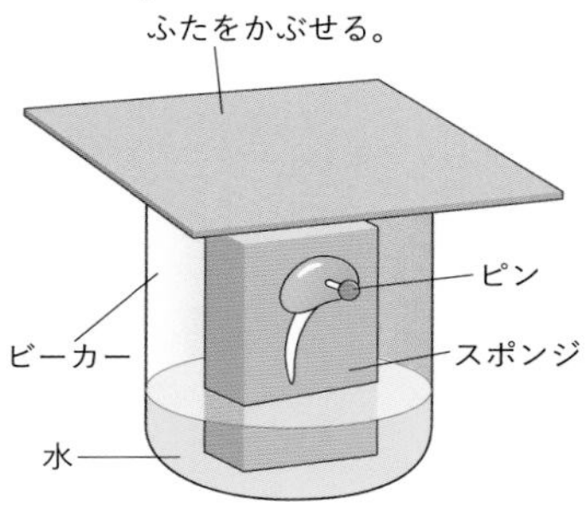

図1　根ののび方を調べる実験

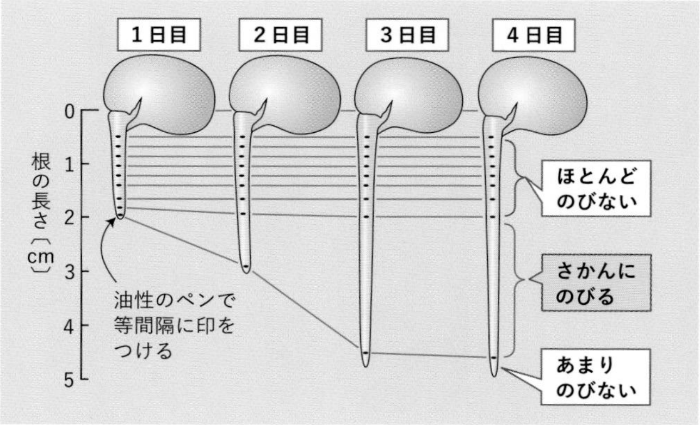

図2　ソラマメの根ののび方

図3　タマネギの根ののび方を調べる実験
色がついていない部分は染色した後新しくできた部分である。

2 生物の成長

A 成長する根の細胞と細胞分裂

ソラマメの根を顕微鏡《けんびきょう》で観察すると，図 4 のように根の先端の**根冠**《こんかん》*1 よりも少し上の**A**の部分の細胞《さいぼう》は小さくて数が多いが，**B**→**C**と根もとに進むにつれて，細胞が大きくなっていることがわかる。細胞には核《かく》があるが，**A**の部分では，ひものようなものが見られる細胞もある。

Aの部分は**成長点**《せいちょうてん》とよばれ，1 つの細胞が 2 つに分かれる変化が起こっている。この細胞の変化を**細胞分裂**《さいぼうぶんれつ》という。ひものようなものは，細胞分裂をしている細胞に現れる。

B 生物が成長するしくみ

根がのびるのは，成長点で細胞分裂が起こって細胞の数がふえ，それぞれの細胞が大きくなるからである(図 5)。このように，**細胞分裂**によって**細胞の数がふえ**，分裂した**細胞が大きくなる**ことで，生物は**成長**している。

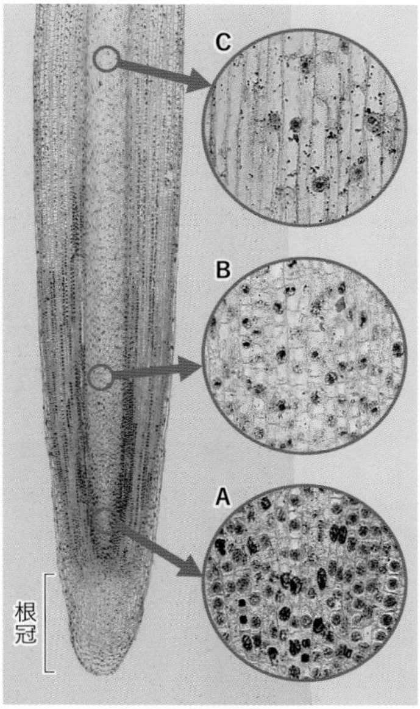

図 4　**根の先端の細胞のようす**

*1
根冠は根の先端を保護するはたらきがある。

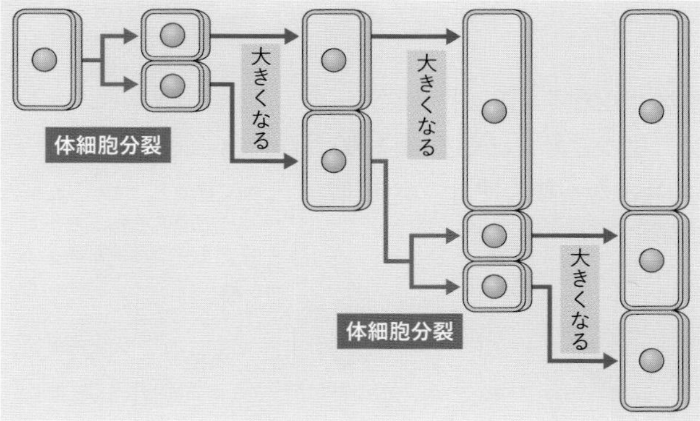

図 5　**根がのびるしくみ**
分裂後の細胞は，分裂後，一方はもとの大きさになって分裂をくり返し，もう一方はさらに大きくなっていく。

TRY!
表現力

植物の根がのびていくしくみについて，「細胞の数」ということばを用いて説明しなさい。

ヒント　細胞の数がふえるためにどのようなことが起こるかを答える。また，根がのびていくには，細胞がふえるだけではなく，もう 1 つの変化も答える。

解答例　根の先端近くで細胞分裂が起こって細胞の数がふえ，それぞれの細胞が大きくなることで，根がのびていく。

UNIT 2

植物の細胞分裂の観察

着目 根の先端近くでは分裂中の細胞が，離れた部分では大きくなった細胞が見られる。

要点

- **細胞分裂《さいぼうぶんれつ》の観察**　細胞どうしの重なりをなくすようにプレパラートをつくる。
- **根の細胞の観察**　根の先端《せんたん》近くの部分では，染色体《せんしょくたい》が見られる分裂中の細胞や小さな分裂直後の細胞が，先端から離《はな》れた部分では，大きくなった細胞が観察できる。

1 細胞分裂のようすを調べる　観察

A 方法・手順

細胞《さいぼう》どうしが重ならず，1個1個を観察できるように，次のような手順で行う（図1）。

① タマネギの根の先端《せんたん》近くの部分と，先端から離《はな》れた部分を，それぞれ約5mm切りとる（図1❶）。

② 60°Cにあたためたうすい塩酸*1に①の断片を2～3分間つけたあと，水洗いする（図1❷）。

③ ②の断片をスライドガラスにのせ，酢酸《さくさん》オルセイン溶液《ようえき》や酢酸カーミン溶液などの染色液を1，2滴《てき》加え，*2柄《え》つき針《ばり》でほぐす（図1❸）。

④ カバーガラスをかけてろ紙をかぶせ，真上から軽く押《お》しつぶす（図1❹）。*3このプレパラートを顕微鏡《けんびきょう》で観察する。

*1
塩酸は，となり合う細胞の細胞壁《さいぼうへき》どうしを結びつける物質を溶《と》かして細胞を1個ずつばらばらにする。

*2
核《かく》は無色透明《むしょくとうめい》で見えにくいので染色液で染めて観察する。酢酸オルセイン溶液では赤紫色《あかむらさきいろ》，酢酸カーミン溶液では赤色，酢酸ダーリア溶液では青紫色に染まる。

*3
強く押すと，すべったりカバーガラスを割ったりしてけがをする危険がある。

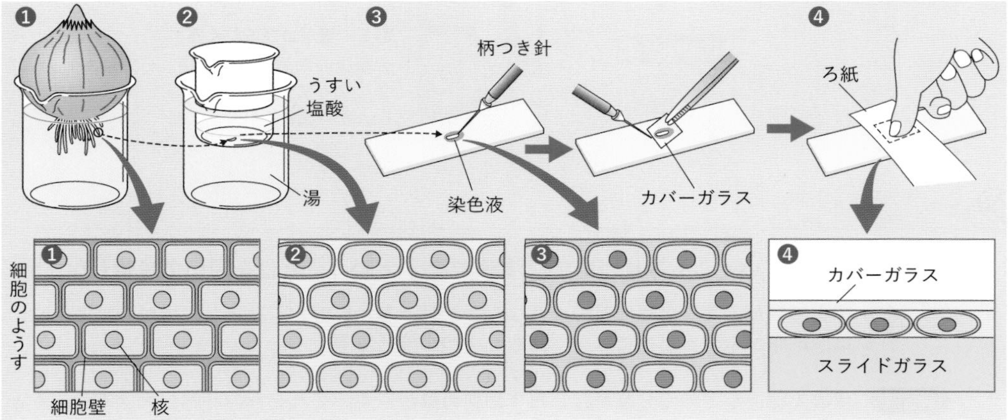

図1　**タマネギの根の細胞分裂の観察**

Ⓑ 結果・考察

① 根の先端近くの部分では，図２のように，２つくっついている小さい細胞や，核のかわりにひものようなものが見られる細胞が観察できる。このひも状のものを**染色体**《せんしょくたい》という。*4

② 根の先端から離れた部分では，図３のように，細胞の大きさが大きく，ほぼ同じ大きさである。また，染色体が見られる細胞はない。
➡細胞分裂《さいぼうぶんれつ》は先端近くの成長点で起きており，成長点から離れた所では，分裂した細胞が大きくなっているため。

*4
通常の細胞では，核の中に細長い染色体が分散している(➡p.88)が，細胞分裂を行う時期になると，染色体は太く短くなり顕微鏡で観察できるようになる。

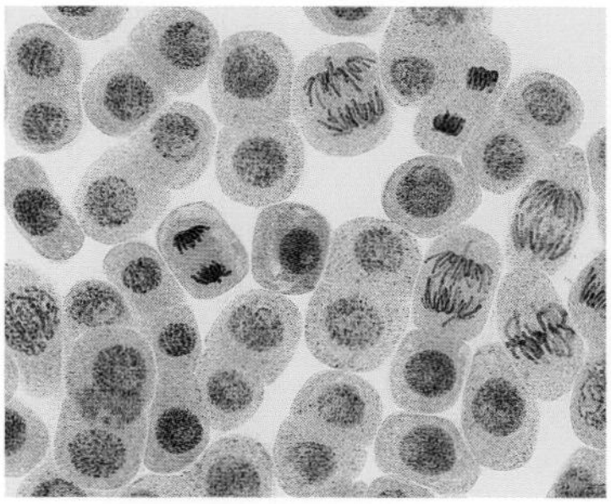

図２　根の先端近くの細胞
染色体をもつ細胞や，分裂中や分裂直後の小さな細胞が見られる。

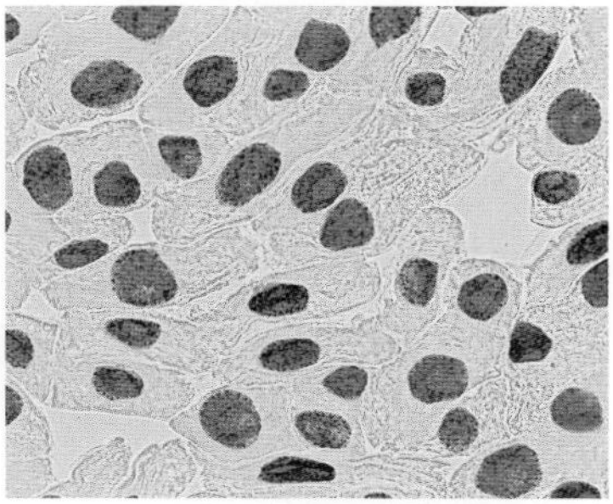

図３　根の先端から離れた部分の細胞
細胞の大きさはほぼ同じで，染色体や分裂している細胞は見られない。

参考　染色体の数

染色体の数は，生物の種類によって決まっている。ヒトのからだの細胞１個には46本の染色体がある。

生物名	染色体の数	生物名	染色体の数
ソラマメ	12本	アマガエル	24本
エンドウ	14本	ヒト	46本
タマネギ	16本	ウシ	60本
イチョウ	24本	フナ	100本

TRY! 表現力

根の細胞の観察では，切りとった根の先端をうすい塩酸で処理してから，上から押しつぶす。これらの操作を行う目的を説明しなさい。

ヒント　塩酸には，どのようなはたらきがあるか，根を押しつぶさないと，顕微鏡でどのように見えるのかを考える。

解答例　細胞１個１個をばらばらにして，細胞どうしの重なりをなくすため。

UNIT 3

細胞分裂のしかた

着目 体細胞分裂では，核の分裂のあとに，細胞質の分裂が起こる。

要点

- **体細胞分裂《たいさいぼうぶんれつ》**　体細胞で起こる細胞分裂で，染色体《せんしょくたい》が分かれた後，2つの細胞に分裂する。
- **染色体の複製**　細胞分裂の前には染色体が複製されて，同じ染色体が2本ずつになる。
- **細胞質の分裂のしかた**　植物の細胞ではしきりができ，動物の細胞では外側からくびれる。

1 体細胞分裂

多《た》細胞生物《さいぼうせいぶつ》の細胞は，からだをつくる体細胞《たいさいぼう》と，子孫を残すための特別な細胞である生殖細胞《せいしょくさいぼう》(➡ p.70)に分けられる。

ソラマメやタマネギの根の先端《せんたん》で観察されたような，体細胞で起こる細胞分裂を体細胞分裂《たいさいぼうぶんれつ》という。[*1]

＊1
細胞分裂には，体細胞分裂のほかに，生殖細胞をつくるときに起こる**減数分裂《げんすうぶんれつ》**がある(➡ p.80)。本書では特にことわらない場合，細胞分裂と書くときは体細胞分裂をさす。

2 細胞分裂の過程

細胞分裂は，次に説明するような過程で進む。このとき核《かく》に含《ふく》まれていた染色体が新しい細胞に2等分されるが，染色体《せんしょくたい》は細胞分裂の前に複製されているため，1つの細胞に含まれる染色体の数はもとの細胞と同じになる。

① 細胞分裂前に核の中で染色体が複製されているため，染色体は2本ずつくっついた状態で現れる。
② 核の形が消え，太くなった染色体が見えてくる(図1❶，図2❷)。
③ 染色体が細胞の中央で規則正しく並ぶ(図1❷，図2❸)。
④ 2本ずつくっついていた染色体は，縦に2つに分かれ，それぞれが細胞の両端に移動する(図1❸，図2❹)。
⑤ 両端に移動した染色体は新しい核になる(図1❹，図2❺)。
⑥ 植物の細胞の場合，核と核の間にしきりができ，細胞質が分かれて，2つの新しい細胞ができる(図2❻)。動物の細胞の場合は，植物の細胞のようなしきりができるわけではなく，図3のように細胞膜《さいぼうまく》が外側からくびれて細胞質が分かれ，2つの新しい細胞ができる。

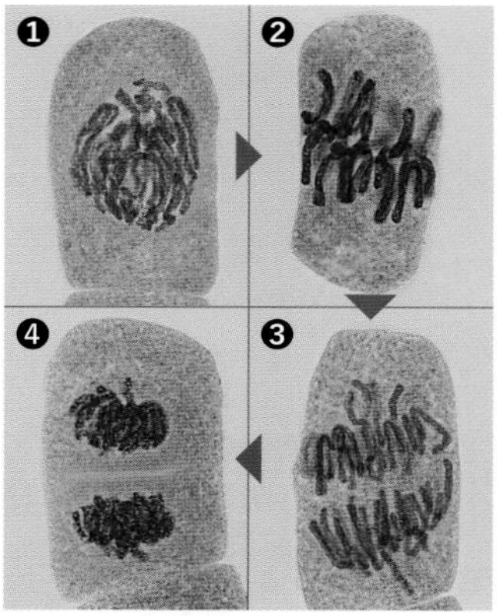

図1　核の分裂(植物の細胞)

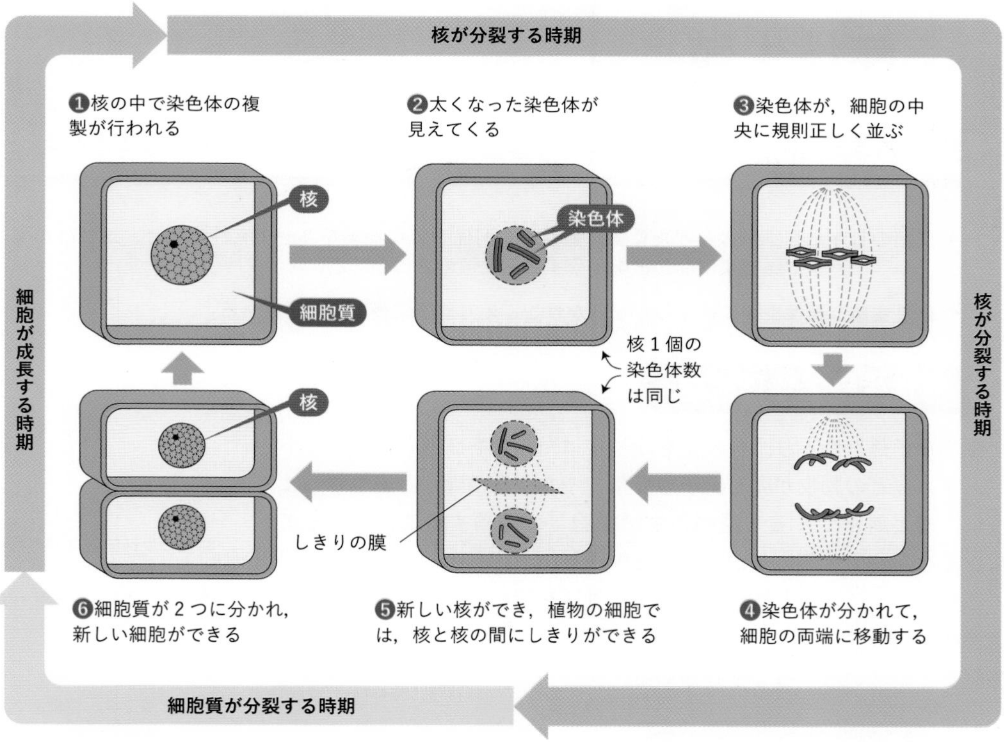

図2　**植物の細胞の細胞分裂のようす（模式図）**

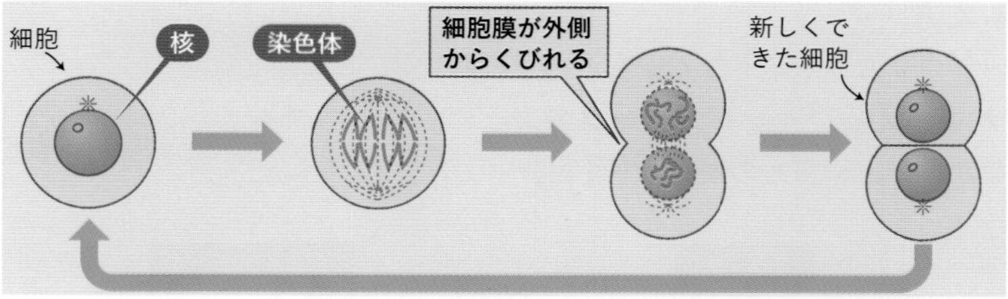

図3　**動物の細胞の細胞分裂のようす（模式図）**

TRY! 表現力

体細胞分裂では染色体が新しい2つの細胞に均等に分かれていくが，分裂後の細胞に含まれる染色体の数はもとの細胞と同じである。その理由を説明しなさい。

ヒント　分裂後に染色体の数が半減しないためには，分裂前にどんなことが起こればよいか。

解答例　細胞分裂の前に染色体の複製が起こり，染色体の数が2倍になるから。

UNIT 4

無性生殖

着目 無性生殖は，雌と雄が関係しない生殖のしかたで，分裂や栄養生殖などがある。

要点

- **生殖《せいしょく》のしかた** 生殖のしかたには，雌《めす》と雄《おす》が関係してなかまをふやす有性生殖《ゆうせいせいしょく》と，雌と雄が関係せずになかまをふやす無性生殖《むせいせいしょく》の 2 つがある。
- **無性生殖** 無性生殖にはからだが分かれるふえ方や，栄養《えいよう》生殖などがある。

1 有性生殖と無性生殖

生物が子孫をつくり，なかまをふやすはたらきを生殖《せいしょく》という。ヒトやメダカなどの動物が卵と精子の受精でできた受精卵から誕生するように，雌《めす》と雄《おす》がつくる 2 種類の**生殖細胞《せいしょくさいぼう》**[*1]が受精することによってなかまをふやす生殖のしかたを有性生殖《ゆうせいせいしょく》という。

これに対して，雌と雄が関係せず，受精を行わずになかまをふやす生殖のしかたもあり，これを無性生殖《むせいせいしょく》という。[*2]無性生殖には，次にあげるようないろいろな種類がある。

2 いろいろな無性生殖

Ⓐ からだが分かれるふえ方

ミカヅキモ・アメーバ・ゾウリムシ・ミドリムシなどの単細胞生物は，からだが 2 つに分かれてふえる。[*3]イソギンチャクのように，動物にもからだが分かれてなかまをふやすものがある（図 1）。

*1
動物の生殖細胞は卵と精子，植物の生殖細胞は卵細胞と精細胞である（→ p.70, 74）。

*2
無性生殖では，体細胞が分裂する**体細胞分裂《たいさいぼうぶんれつ》**（→ p.66）が起こる。

*3
このようなふえ方を**分裂《ぶんれつ》**という。

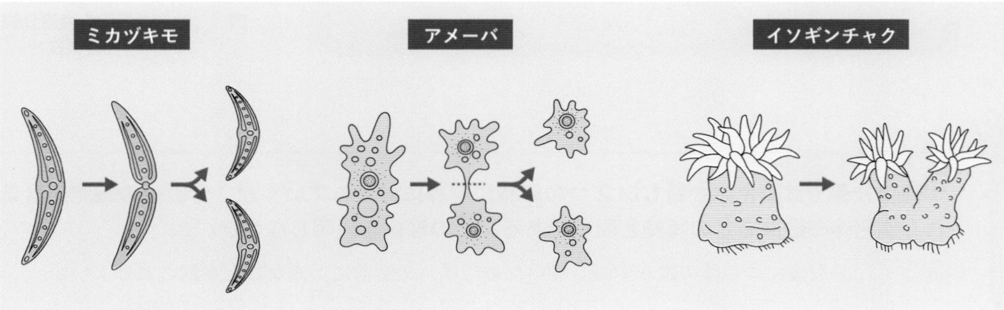

図 1 からだが分かれる無性生殖

B からだから芽が出るふえ方

酵母《こうぼ》，ヒドラ*4などの生物は，からだの一部に芽のようなふくらみができて，大小に分かれてふえる（図 2）。*5

*4
酵母は単細胞の菌類《きんるい》，ヒドラは淡水《たんすい》で生活する動物である。

*5
このようなふえ方を**出芽《しゅつが》**という。

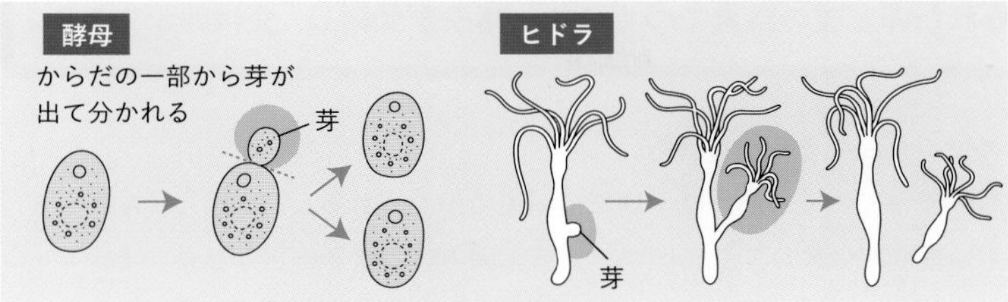

図 2　**からだから新しい小さな個体ができる無性生殖**

C 栄養生殖

ジャガイモなどの植物は，根・茎《くき》・葉*6からも新しい個体ができる。このふえ方を**栄養生殖《えいようせいしょく》**という。植物の枝を土にさし新しい個体を育てる**さし木《き》**は栄養生殖を利用したものである。

*6
ジャガイモのいもは茎，サツマイモのいもは根が栄養分をたくわえたものである。

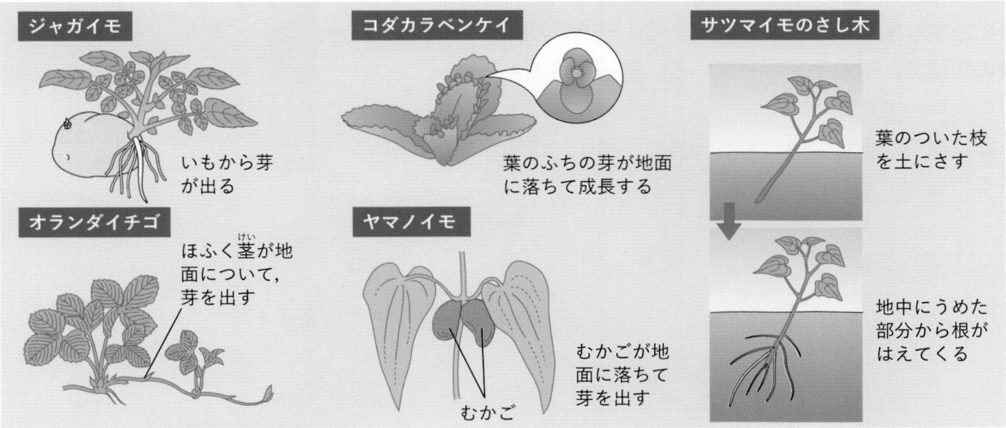

図 3　**いろいろな植物の栄養生殖**

TRY!
表現力

生殖は，無性生殖と有性生殖に分けられる。無性生殖は，有性生殖とどのようなちがいがある生殖方法か，説明しなさい。

ヒント　有性生殖は雌と雄が関係する生殖である。

解答例　無性生殖は，雌と雄が関係せず，受精を行わずになかまをふやす生殖のしかたである。

UNIT 5

動物の有性生殖

着目 雌の卵巣でつくられた卵と雄の精巣でつくられた精子が受精し，受精卵ができる。

要点

- **生殖細胞《せいしょくさいぼう》**　子を残すためにつくられる特別な細胞。
- **動物の生殖細胞**　卵《らん》は雌《めす》の卵巣《らんそう》でつくられ，精子《せいし》は雄《おす》の精巣《せいそう》でつくられる。
- **動物の受精**　2 種類の生殖細胞が合体して受精卵ができる。卵の核《かく》と精子の核が合体する。

1 動物の生殖細胞

動物は卵《らん》と精子《せいし》が受精《じゅせい》することによって新しい個体がつくられる**有性生殖《ゆうせいせいしょく》**によってふえていく。**卵**や**精子**のような，**子を残すためにつくられる特別な細胞《さいぼう》**を生殖細胞《せいしょくさいぼう》という。

卵は**球形をした大形の 1 個の細胞**で，その中に成長するために必要な栄養分をたくわえている。一方，精子は，**細長い 1 個の細胞で，べん毛《もう》をもっている**。精子はべん毛を使って水などの液体の中を泳ぐ。

卵は雌《めす》のからだの中にある卵巣《らんそう》で，**精子**は雄《おす》のからだの中にある精巣《せいそう》でつくられる（図 2）。

図 1　ヒキガエルの産卵
雄は，後ろから雌にしがみつき，雌がうんだ卵に精子をかける。

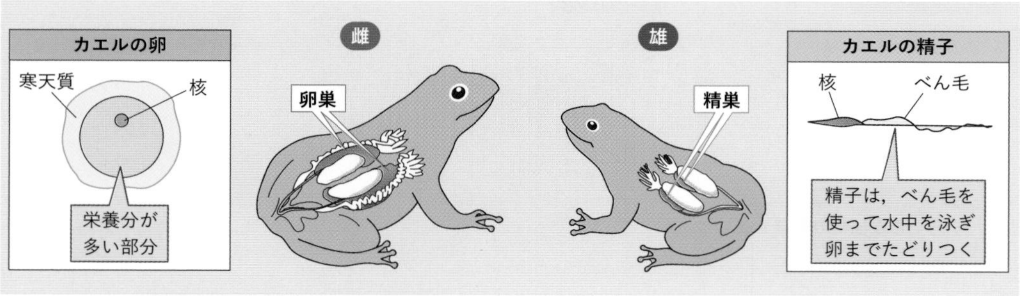

図 2　カエルの雌と雄のからだのつくりと生殖細胞
ヒキガエルの卵の直径は約2mm，精子の長さは約0.05mm。

2 動物の受精

メダカやカエル，ウニでは，雌が水中に卵をうむと，雄は多数の精子を放出する。この精子は卵に向かって水中を泳ぎ，卵にたどりつくと，そのうちの1つの精子だけが卵の中に入る。そして，精子の核《かく》と卵の核が合体する。このように2種類の**生殖細胞が結合し**，それぞれの**核が合体して1個の細胞となること**を受精という。また，**受精してできた1個の新しい細胞**を受精卵《じゅせいらん》という。

雌（卵巣） ⟶ 卵
雄（精巣） ⟶ 精子
卵・精子 ⟶ 受精（核どうしが合体） ⟶ 受精卵

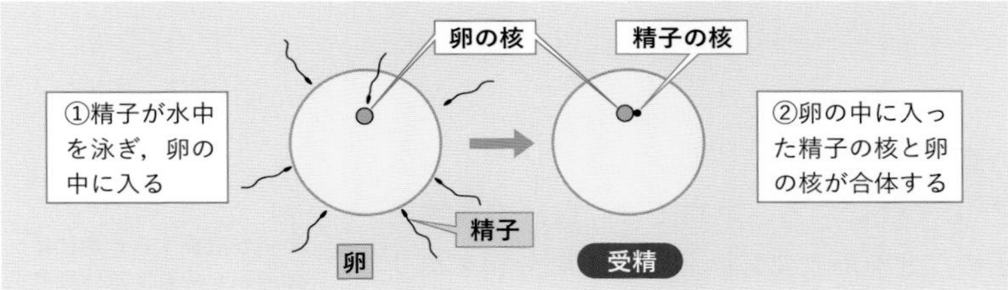

図3　動物の受精
1つの精子が受精すると，ほかの精子は卵に入れなくなる。

無性生殖ではもとの個体と全く同じ特徴《とくちょう》をもつ新しい個体ができるが，有性生殖では母親と父親の遺伝子を半分ずつ受けついだ子ができるため，親と異なる特徴をもつ子ができる場合もある（➡ p.81）

参考　受精のしかた

受精のしかたには，体外受精と体内受精とがある。

❶ **体外受精**　図1のように，雌が卵を体外にうみ出すと同時に，雄が卵に精子をかけ，受精が起こる。このような受精を体外受精という。ふつう，両生類や魚類などの水中にすむ動物は，体外受精を行う。

❷ **体内受精**　交尾《こうび》*1によって雄が雌の体内に精子を注入し，雌の体内で受精が起こる。このように体内で起こる受精を体内受精という。ふつう，哺乳類《ほにゅうるい》や鳥類，は虫類などの陸上にすむ動物は，体内受精を行う。

*1
雄が雌の体内に精子を送り込むときに，からだの一部をつなぎ合わせることを**交尾**という。
図1のように産卵の際に雄が雌にだきつく行動は抱接《ほうせつ》といって交尾ではない。

TRY! 表現力

カエルの受精卵は，どのようにしてできるか。雌と雄の生殖細胞をつくる器官にふれて説明しなさい。

ヒント　カエルの雌と雄の生殖細胞をつくる器官は卵巣と精巣である。

解答例　雌の卵巣でつくられた卵の核と，雄の精巣でつくられた精子の核が合体することで，受精卵ができる。

UNIT 6

動物の発生

着目 動物の受精卵は，細胞分裂をくり返して胚となり，成体へと変化していく。

要点

- **動物の受精卵《じゅせいらん》の変化** 受精卵は，細胞分裂《さいぼうぶんれつ》をくり返して，多数の細胞が集まった胚《はい》になる。
- **動物の発生《はっせい》** 受精卵は，細胞分裂をくり返して胚となり，さらに細胞分裂をくり返して，組織や器官が形成され，やがて成体へと変化していく。

1 動物の発生

A 受精卵から成体への変化

動物の受精卵《じゅせいらん》は，分裂《ぶんれつ》*1して胚《はい》になる。動物では，自分で食物をとり始める前までの間の子のことを胚とよぶ。胚は，細胞分裂をくり返して細胞の数をふやし，やがて組織や器官が形成され，その生物に特有のからだとなる。このように，**受精卵が細胞分裂をくり返して胚となり，成体《せいたい》*2へと変化する過程**を発生《はっせい》という。

B ウニの発生

バフンウニの雌《めす》から卵《らん》を，雄《おす》から精子《せいし》を採取して海水中で受精させると，受精卵《じゅせいらん》が得られる。この受精卵はやがて図1のように海水中で細胞分裂をくり返しながら，形が変化し，やがて成体となる。

ウニには，胚と成体の間で形態が大きく異なる時期があり，この時期を**幼生《ようせい》**という。発生にともなうからだの大きな変化を**変態《へんたい》**という。

*1
生物が成長するときには，体細胞《たいさいぼう》が分裂する体細胞分裂(➡p.66)が起こる。

*2
生殖が可能な個体を**成体**という。

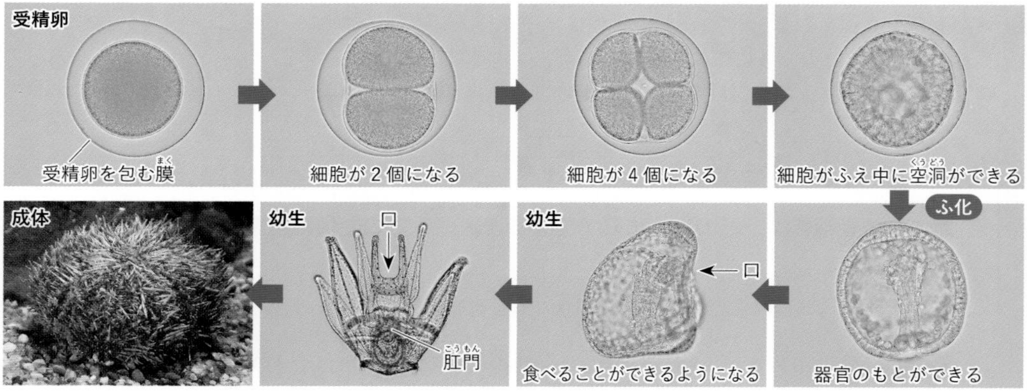

図1 バフンウニの発生

C カエルの発生

カエルの卵と精子が受精すると受精卵になる。カエルの受精卵には白っぽい部分と黒っぽい部分があり，黒っぽい部分を上にしている。[*3] この受精卵を淡水《たんすい》中に置いておくと，図2のように細胞分裂をくり返して細胞の数がふえ，さまざまな組織や器官が形成されていく。

胚の発生が進むと，胚がのびて頭と尾《お》となる部分ができて，だるま状になり，やがて「おたまじゃくし」とよばれる幼生となる。おたまじゃくしは変態を行い，陸上で生活できる成体のカエルとなる。

＊3
卵は，栄養分となる卵黄を含《ふく》んでいる。カエルの卵の卵黄は，白っぽい部分に多く分布している。

図2 **ヒキガエルの発生**

TRY! 表現力

動物の受精卵はどのような過程を通して成体へと変化するか，説明しなさい。

ヒント 1個の細胞の受精卵が多細胞の成体へ変化するために起こる必要がある現象と，受精卵と成体の間にある卵の中の栄養分で育つ時期について説明する。

解答例 動物の受精卵は，細胞分裂をくり返して胚となり，さらに細胞分裂をくり返して，組織や器官が形成され，やがて成体へと変化する。

UNIT 7

被子植物の受精と発生

着目 花粉管の中の精細胞と胚珠の中の卵細胞が受精して受精卵ができ，胚になる。

要点

- **被子植物《ひししょくぶつ》の受精卵** めしべの胚珠《はいしゅ》の中にある卵細胞《らんさいぼう》と，花粉管の中にある精細胞《せいさいぼう》の核《かく》が合体して受精卵ができる。
- **被子植物の発生《はっせい》** 受精卵は，細胞分裂《さいぼうぶんれつ》をくり返して胚《はい》になり，胚珠全体は種子になる。

1 被子植物の生殖細胞

被子植物《ひししょくぶつ》の生殖細胞《せいしょくさいぼう》には，卵細胞《らんさいぼう》と精細胞《せいさいぼう》があり，これらが動物の卵と精子にあたる。

卵細胞は，**めしべの胚珠《はいしゅ》の中**に1個つくられる。**精細胞**は，花粉管《かふんかん》**という管の中**で見られ，精子とちがってべん毛はもっていない。

花粉管を観察するときは，図1のように砂糖水や寒天などの上に花粉をまく。一定時間後，これを顕微鏡《けんびきょう》で観察すると，花粉から花粉管がのびている。花粉管の中には2個の**精細胞**が入っている。

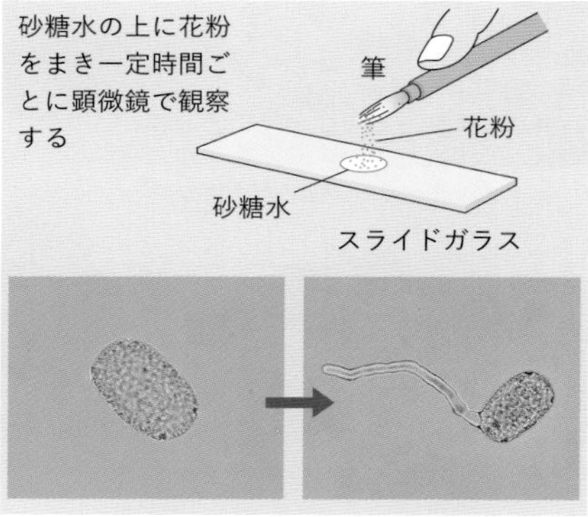

図1 花粉管の観察

2 被子植物の受精と発生

A 被子植物の受粉と受精

被子植物の受粉と受精は，次の順に起こる。

① おしべのやくでつくられた花粉は，めしべの先端《せんたん》の**柱頭《ちゅうとう》**につく。このことを受粉《じゅふん》という(図2❶)。

② 受粉後，図2❷のように，花粉から子房《しぼう》の中の胚珠に向かって花粉管がのびていく。精細胞は，花粉管の中を胚珠に向かって移動する。

③ 花粉管が胚珠に達すると，**精細胞の核《かく》が胚珠の中の卵細胞の核と合体する。**[*1] これを受精《じゅせい》といい，受精した卵を受精卵《じゅせいらん》という。

花粉 → （花粉管） → 精細胞 ┐
胚珠 ──────────→ 卵細胞 ┘ 受精 → 受精卵

*1
花粉管の中には2個の精細胞があるが，このうちの1個が卵細胞と受精する。もう1個の精細胞は，胚珠の中央細胞という細胞と受精し，細胞分裂をくり返して胚乳になる。

B 被子植物の発生

胚珠の中にできた受精卵は，細胞分裂《さいぼうぶんれつ》をくり返して胚《はい》になり，胚を含《ふく》む胚珠全体は種子《しゅし》になる*2（図2❸）。種子が発芽すると，胚は成長し，やがて親と同じような植物体になる。このように，受精卵が成長していく過程を発生《はっせい》という。

*2
中学1年で学習したように，胚珠を包む子房は，成長して果実になる。

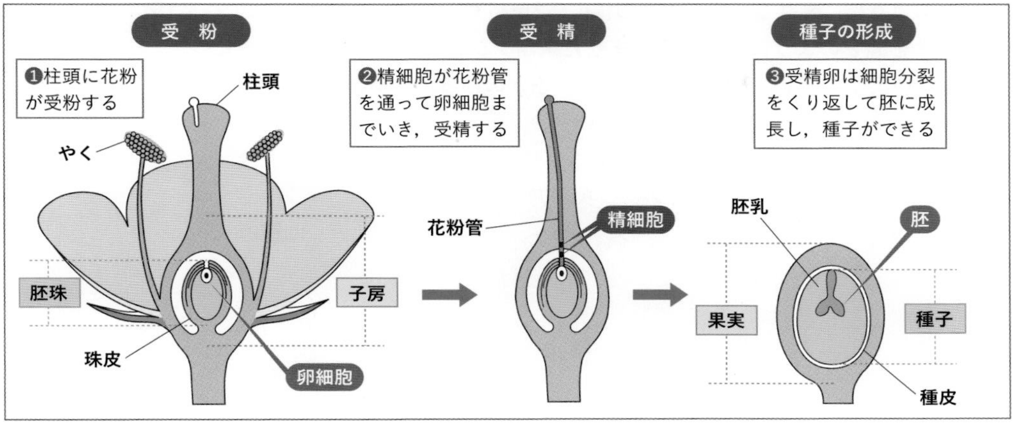

図2　種子植物の受精と発生
胚珠の皮（珠皮《しゅひ》）は種皮となる。胚乳には，種子の発芽に必要な栄養分がたくわえられている。

参考　ナズナの胚のつくり

被子植物の種子には栄養分を胚乳にたくわえるもののほかに，ナズナなどのように胚乳はあまり発達せず栄養分を**子葉**《しよう》にたくわえるものもある。

胚は，子葉のほか，発芽後に芽になる**幼芽**《ようが》，発芽後に茎《くき》になる**胚軸**《はいじく》，発芽後に根になる**幼根**《ようこん》といった部分からなる。

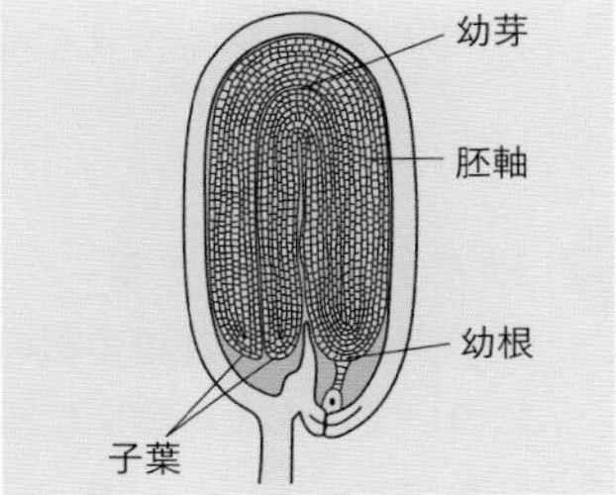

図3　ナズナの種子の中の胚のようす

TRY! 表現力

被子植物の受精卵ができるしくみを受粉から説明しなさい。

ヒント　被子植物の生殖細胞である精細胞は胚珠の中にある卵細胞まで移動して受精する。

解答例　受粉後，花粉から胚珠に向かって花粉管がのびる。花粉管が胚珠に達すると，その中を移動してきた精細胞の核が胚珠の中の卵細胞の核と合体して受精卵ができる。

定期テスト対策問題

解答 ➡ 別冊 p.3

問 1 植物の根の成長

図1のように，発芽したソラマメの根に，2mm間隔《かんかく》で印をつけた。このソラマメを図2のように水をしみ込《こ》ませたスポンジにピンでとめた。さらに乾《かわ》かないようにびんに入れてふたをして，根がのびるようすを観察した。この実験について，次の問いに答えなさい。

図1

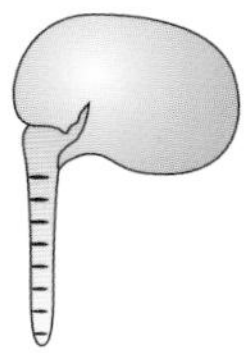

(1) 4日後，根がのびていた。このとき，根につけた印はどのようになっているか。もっとも適当なものを，次の**ア**～**エ**から1つ選べ。

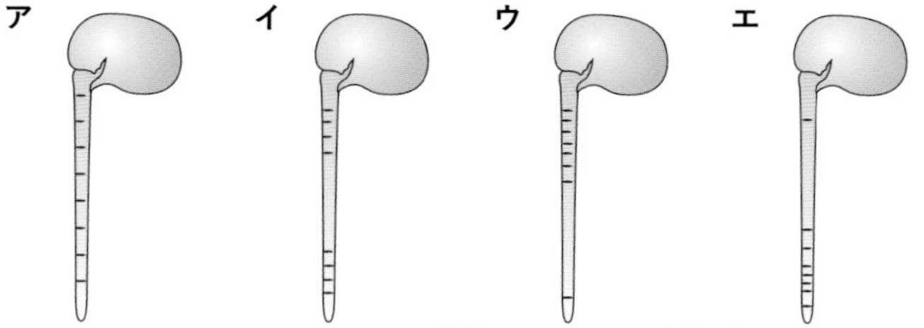

図2

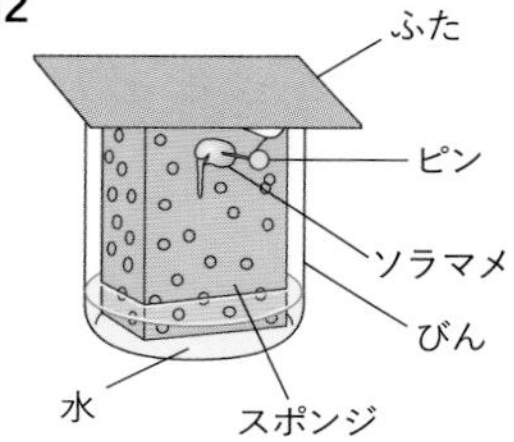

(2) 図3は，ソラマメの根の先端《せんたん》のようすを模式的《もしきてき》に表したものである。細胞分裂《さいぼうぶんれつ》がもっともさかんに行われている部分はどこか。図3の**ア**～**エ**から1つ選べ。

図3

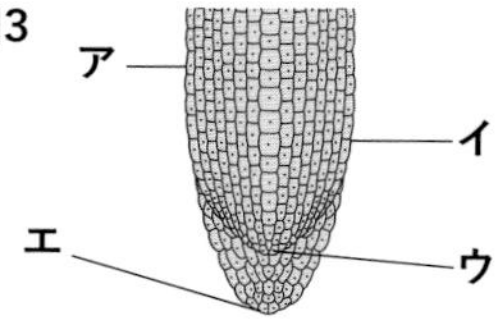

問 2 細胞分裂のようす

次の図は，ある植物の根の先端近くの細胞が分裂する各段階を模式的に示したものである。これについて，あとの問いに答えなさい。

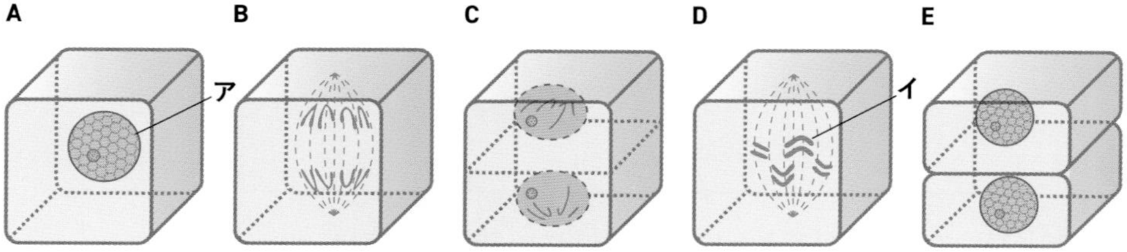

(1) **A**～**E**を細胞分裂の順に並べかえよ。ただし，**A**が最初にくるものとする。

(2) 図中の**ア**，**イ**の名前をそれぞれ答えよ。

(3) **ア**，**イ**を観察しやすくするために用いられる染色液《せんしょくえき》は何か。1つ答えよ。

問 3 生物のふえ方

右の図は，ヤマノイモのむかごを表している。むかごは，種子ではないが，地面に落ちて芽を出す。次の問いに答えなさい。

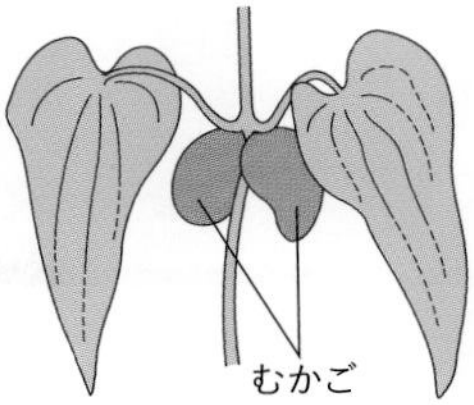

(1) ヤマノイモやアメーバのふえ方のように，雌雄《しゆう》に関係なく，受《じゅ》精《せい》せずになかまをふやすふえ方を何というか。

(2) (1)のうち，ヤマノイモのむかごのように植物が種子ではなくからだの一部から新しい個体をつくるふえ方を何というか。

(3) (2)のふえ方をする植物を，次の**ア**～**エ**から1つ選べ。

ア ヒマワリ　**イ** アサガオ　**ウ** ジャガイモ　**エ** アブラナ

(4) (2)の方法のほかにも，受精せずになかまをふやす方法がある。次の①，②の方法でなかまをふやすものを，あとの**ア**～**エ**からそれぞれ1つずつ選べ。

① からだが2つに分裂してふえる。

② からだの一部に突起《とっき》(芽)ができて，大小に分かれてふえる。

ア カタツムリ　**イ** ヒドラ　**ウ** ミドリムシ　**エ** ダンゴムシ

問 4 動物の受精と発生

次の文の[　　]の中に入る適当な語句を答えなさい。ただし，同じ番号の[　　]には同じ語句が入る。

多くの動物には雌雄の区別があり，雌《めす》のからだにある[①]では卵《らん》がつくられ，雄《おす》のからだにある[②]では[③]がつくられる。そして，[③]が泳いで卵の所までくると，[③]の[④]が卵の中に入り，卵の[④]と合体し，受精が起こる。受精によってできた受精卵は，[⑤]によって細胞の数をふやし，やがて[⑥]になる。[⑥]はさらに[⑤]をくり返し，組織や器官がつくられて，その後，個体となる。

問 5 被子植物の受精と発生

右の図は，被子植物《ひししょくぶつ》の種子をつくるしくみを表したものである。これについて，次の問いに答えなさい。

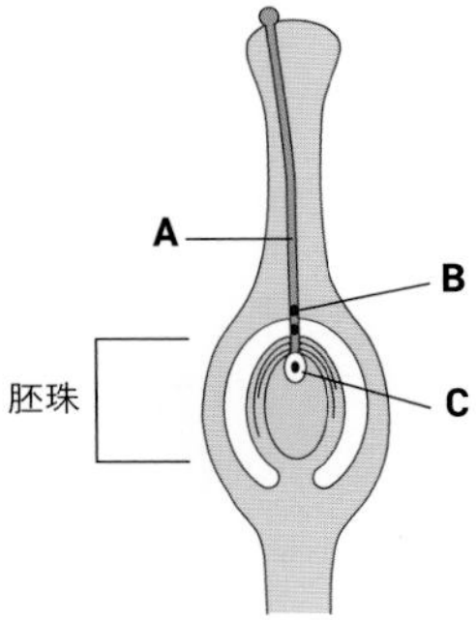

(1) 花粉がめしべの柱頭につくことを何というか。

(2) 花粉からのびた管である**A**，**A**の中を移動している細胞**B**，胚《はい》珠《しゅ》の中にある細胞**C**をそれぞれ何というか。

(3) **B**の核と**C**の核が合体することを何というか。

(4) (3)が行われると，**C**は分裂をくり返して何になるか。次の**ア**～**オ**から1つ選べ。

ア 胚《はい》　**イ** 種子　**ウ** 果実　**エ** 子房《しぼう》

UNIT 1

遺伝

着目 遺伝子が親から子へ伝えられることにより，形質が親から子へ受けつがれる。

要点

- **遺伝《いでん》**　親のもつ形質《けいしつ》が子に受けつがれていくことを遺伝という。
- **遺伝と遺伝子《いでんし》**　遺伝は，遺伝子が親から子へと伝えられることによって行われる。
- **減数分裂《げんすうぶんれつ》**　生殖細胞《せいしょくさいぼう》がつくられるときに起こる細胞分裂で，染色体《せんしょくたい》の数が半分になる。

1 遺伝

A 遺伝

それぞれの生物には種類によって異なる特徴《とくちょう》や，同じ種類の生物でも個体によって異なる特徴がある。植物の花の形や色，動物の毛の色などの，**生物の形や性質の特徴**を**形質《けいしつ》**という。また，親のもつ形質が，子やそれ以後の世代に受けつがれていくことを**遺伝《いでん》**という。

無性生殖《むせいせいしょく》(➡ p.68)では，新しくできる子は親と全く同じ形質をもつが，有性生殖《ゆうせいせいしょく》を行う生物の遺伝では，親の形質が子に現れたり現れなかったりする場合がある(図1)。このようなことが起こるしくみは，p.82～87で学習する。

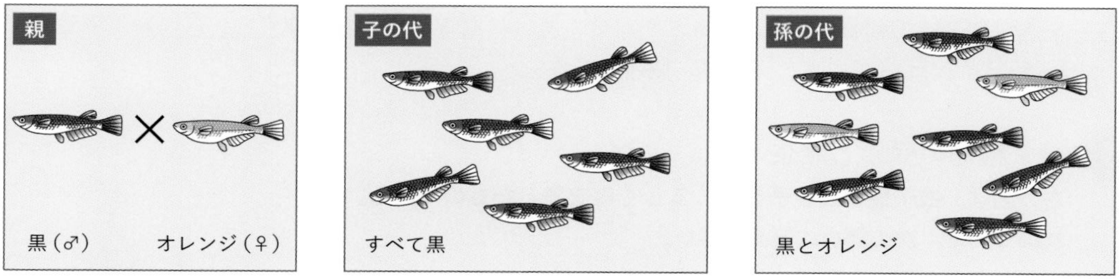

図1　**メダカの遺伝の例**

B 遺伝子

遺伝するそれぞれの形質のもとになるものを**遺伝子《いでんし》**という。遺伝子は，細胞《さいぼう》の核《かく》の中にある**染色体《せんしょくたい》**に含《ふく》まれている(図2)。

遺伝は，遺伝子が親から子へと伝えられることによって行われる。

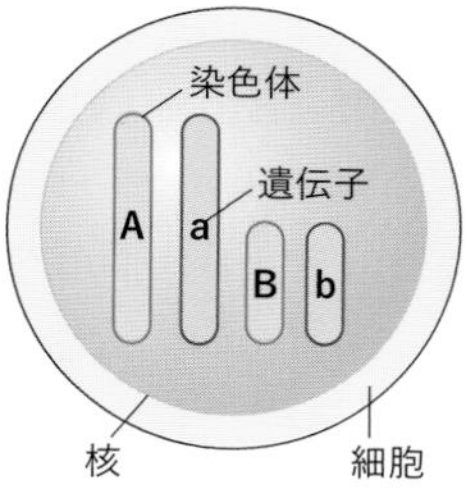

図2　**細胞の中の染色体と遺伝子**
遺伝子は，ふつう，アルファベットで表す。

2 減数分裂と染色体

被子植物《ひししょくぶつ》の卵細胞《らんさいぼう》や精細胞，動物の卵《らん》や精子などのように，有性生殖を行うときに受精して受精卵をつくる細胞を**生殖細胞**《せいしょくさいぼう》という。

生殖細胞がつくられるときに，それぞれの核に含まれる**染色体の数が，もとの細胞（体細胞《たいさいぼう》）の染色体の数の半分になる特別な細胞分裂**が起こる。このような細胞分裂を**減数分裂**《げんすうぶんれつ》*1という。

減数分裂によってできた生殖細胞が受精して受精卵ができる。このため，子の細胞（受精卵）は，両親の染色体を半分ずつ受けつぎ，染色体の数は，親の体細胞と同じになる。

*1
減数分裂では，染色体の数がもとの細胞の半分になるので，細胞1個に含まれるDNA（➡ p.88）の量も半分になる。

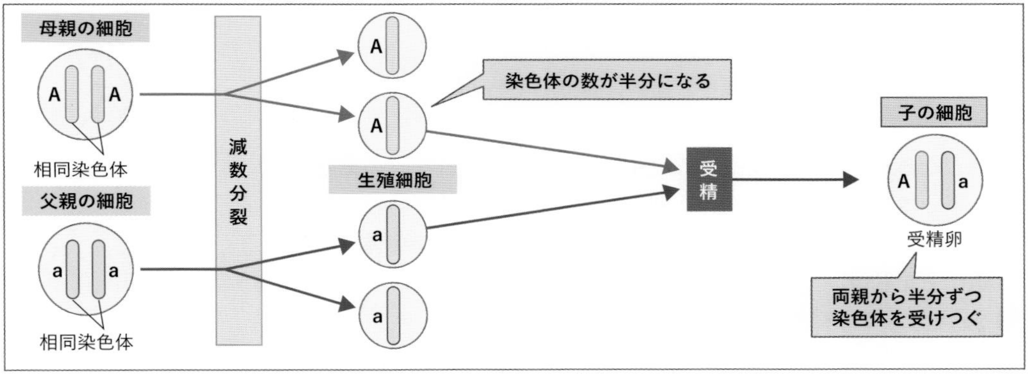

図3　減数分裂と受精による，親から子への染色体の伝わり方

細胞の核には形や長さが同じ染色体が対《つい》で存在していて，この対となる染色体を**相同染色体**《そうどうせんしょくたい》という。減数分裂によってできた生殖細胞はそれぞれの相同染色体の組から1本ずつの染色体をもとの細胞から受けつぐ。たとえばタマネギの体細胞は8組の相同染色体からなる16本の染色体をもち，減数分裂によってできた生殖細胞の染色体は8本である。

TRY! 表現力

減数分裂は，どのような細胞分裂か。どのような場合に起こる分裂かということと，分裂後の細胞に含まれる染色体の数に着目して説明しなさい。

ヒント　体細胞分裂と減数分裂では，分裂後の細胞に含まれる染色体の数が異なる。

解答例　減数分裂は，卵細胞や精細胞（卵や精子）などの生殖細胞をつくるときに行われる細胞分裂で，分裂後の細胞の染色体の数が，もとの細胞の半分になる。

UNIT 2

遺伝子の受けつぎ方

着目 無性生殖と有性生殖では，遺伝子の伝わり方が異なるため形質の現れ方がちがう。

要点

- **無性生殖《むせいせいしょく》と遺伝**　無性生殖でできた子は，親と同じ遺伝子《いでんし》をもつので，親と同じ形質《けいしつ》が現れる。
- **有性生殖《ゆうせいせいしょく》と遺伝**　有性生殖でできた子は，両親の遺伝子を半分ずつ受けつぐので，親と異なる形質が現れることがある。

1 体細胞分裂と減数分裂の特徴

Ⓐ 体細胞分裂の特徴

① 植物や動物のからだをつくる細胞《さいぼう》(体細胞《たいさいぼう》)で行われる細胞分裂《さいぼうぶんれつ》である。

② 対《つい》となる染色体《せんしょくたい》が 2 つにふえ，分裂するときにそれぞれの細胞に 2 等分されるので，分裂後の細胞の染色体の数は分裂前と同じになる。また，**分裂後の細胞は，分裂前の細胞と同じ染色体，同じ遺伝子をもつ。**

Ⓑ 減数分裂の特徴

① 減数分裂《げんすうぶんれつ》は**生殖細胞《せいしょくさいぼう》**[1]をつくるときに行われる細胞分裂である。

② 対となる染色体が生殖細胞にそれぞれ分かれて入るので，**分裂後の細胞の染色体の数が半分になる。**これによって**遺伝子もそれぞれの生殖細胞に分かれて入る。**

*1
被子植物の卵細胞や精細胞，動物の卵や精子などを**生殖細胞**という。

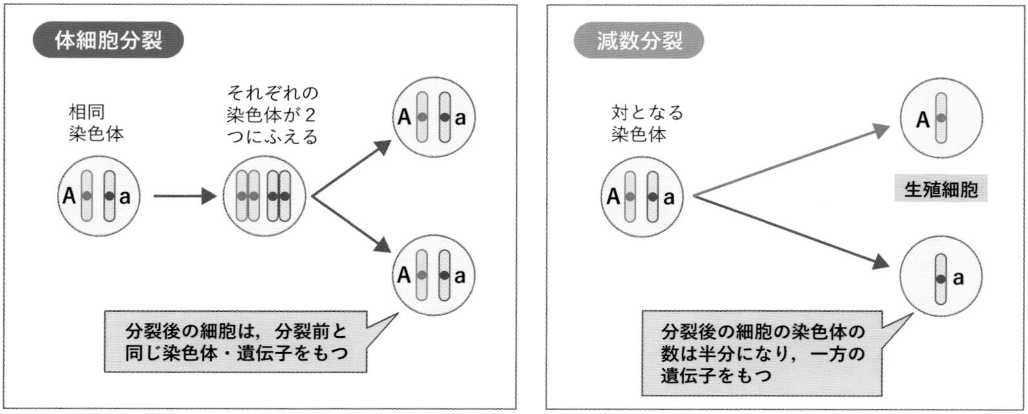

図 1　体細胞分裂と減数分裂による染色体と遺伝子の移動のようす

2 無性生殖と有性生殖の遺伝

A 無性生殖と遺伝

無《む》**性生殖**《せいせいしょく》では，体細胞分裂によって子ができるので，子は親と同じ染色体を受けつぎ，**親と全く同じ遺伝子をもつ**。このため，無性生殖によってできた子には，親の形質と同じ形質が現れる。*2

B 有性生殖と遺伝

有性生殖《ゆうせいせいしょく》では減数分裂によって生殖細胞がつくられ，受精によって受精卵(子)ができるので，子は**母親の遺伝子をもった染色体と父親の遺伝子をもった染色体を半分ずつ受けつぐ**。このため，有性生殖によってできた子には，親の形質と異なる形質が現れることがある。

*2
同じ遺伝子をもつ生物の集団を**クローン**という。無性生殖では，子は，親の遺伝子から複製された全く同じ遺伝子をもつので，親と子はクローンである。クローンの個体どうしには，同じ形質が現れる。

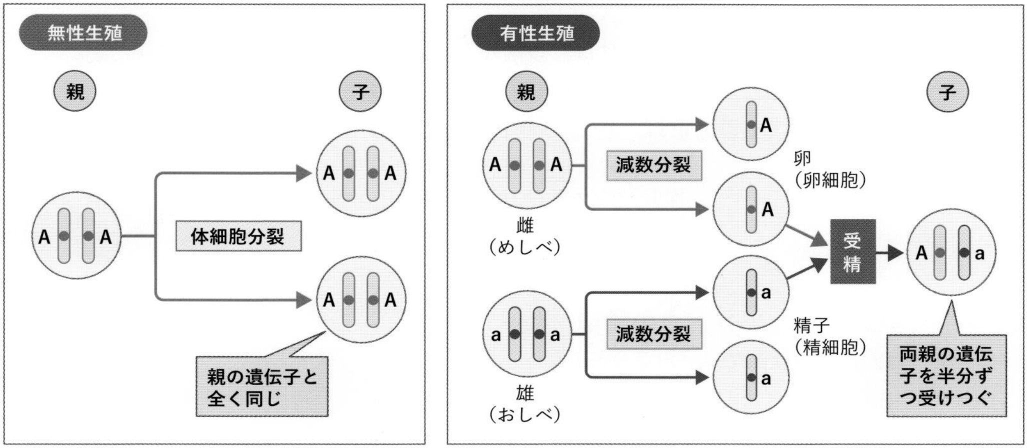

図 2　無性生殖と有性生殖の遺伝
親と子のもつ染色体と遺伝子に注目すると，無性生殖では親と子で染色体と遺伝子が同じで，有性生殖では親と子で染色体と遺伝子がちがっていることがわかる。

TRY! 判断力

味のよいジャガイモのいもをふやすときは，種子をまいてふやす方法と，いもを植えてふやす方法のどちらがよいか。その理由も答えなさい。

ヒント　無性生殖と有性生殖でふやすと，それぞれ新しくできたジャガイモにはいもの味はどう遺伝するか。

解答例　いもを植えてふやす方法がよい。この方法は無性生殖であり，無性生殖では，親と子の遺伝子が同じとなり，子のいもには親と同じ形質が現れるから。

UNIT 3

顕性形質と潜性形質

着目 対立形質をもつ純系どうしをかけ合わせると，子には顕性形質だけが現れる。

要点

- **メンデル** エンドウをかけ合わせる実験を行い，遺伝《いでん》の規則性を明らかにした。
- **顕性形質《けんせいけいしつ》** 対立形質《たいりつけいしつ》をもつ純系《じゅんけい》どうしを親としてかけ合わせたとき，子には一方の決まった形質だけが現れる。このとき現れるほうが顕性形質，現れないほうが潜性形質《せんせいけいしつ》。

1 メンデルの実験

A メンデル

親と子が似るといった**遺伝《いでん》**のしかたには，以前から規則性があると考えられてきた。19世紀，オーストリアのメンデルは，エンドウの7種類の形質に着目して実験を重ね，遺伝の規則性を明らかにした。

図1 **メンデル**
ブリュン(現在のチェコ共和国のブルノ)の司祭で遺伝学者。修道院の庭でエンドウを栽培《さいばい》し研究を行った。

B 実験に用いられたエンドウの特徴

エンドウは，自然の状態では，自家受粉《じかじゅふん》(同じ個体の間で受粉すること)を行う。親，子，孫と何世代も自家受粉をしても，同じ形質が現れる場合，これらを純系《じゅんけい》という。

エンドウの種子の形には，丸としわがあり，1つの種子には丸かしわのどちらかの形質だけが現れる。このように，同時に現れない対《つい》となる形質を対立形質《たいりつけいしつ》という。

C メンデルの実験

メンデルは，エンドウの純系と純系をかけ合わせる実験を行った。

丸い種子をつくる純系としわの種子をつくる純系をまいて育て，さいた花をかけ合わせると，**子はすべて丸い種子になった。**

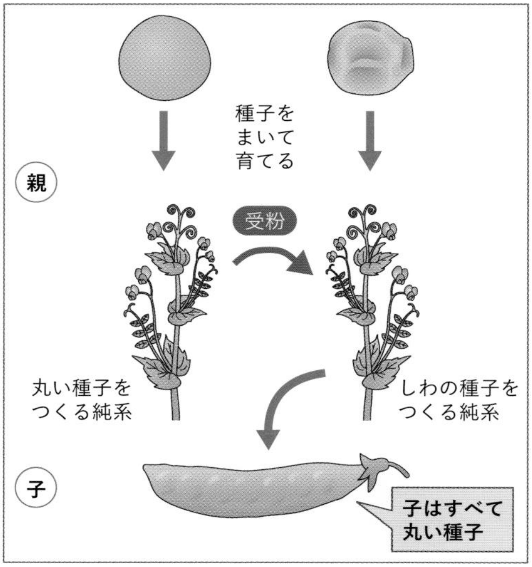

図2 **エンドウの種子の形の遺伝**

D 顕性形質と潜性形質

対立形質をもつ純系どうしを親としてかけ合わせたとき，図2のように，子にはどちらか一方の決まった形質だけが現れる。このとき，丸い種子のように子に現れた形質を**顕性形質**《けんせいけいしつ》，しわの種子のように子に現れなかった形質を**潜性形質**《せんせいけいしつ》とよぶ。[*1]

*1
以前は顕性のことを「優性」，潜性のことを「劣性《れっせい》」とよんでいた。形質が優れていたり劣《おと》っていたりするという意味にまちがえられるため改められた。

参考 メンデルが行った実験の結果

メンデルは，エンドウの種子の形のほかに，さまざまな対立形質についても，純系どうしをかけ合わせる実験を行った。この結果が図3である。子に現れた形質が顕性形質，現れなかった形質が潜性形質である。

たとえば，子葉の色では黄，種皮の色では灰色，熟したさやの形ではふくれが顕性形質である。

形質	親	子	孫 顕性	孫 潜性
種子の形	丸 × しわ	丸	丸 5474	しわ 1850
子葉の色	黄 × 緑	黄	黄 6022	緑 2001
種皮の色	灰色 × 白色	灰色	灰色 705	白色 224
熟したさやの形	ふくれ × くびれ	ふくれ	ふくれ 299	くびれ 82
未熟なさやの色	緑 × 黄	緑	緑 428	黄 152
花の位置	腋生《えきせい》 × 頂生	腋生	腋生 651	頂生 207
茎《くき》の高さ	高 × 低	高	高 787	低 277

図3 メンデルが行った実験の結果
孫の代の数字はうまれた個体数。これについては，**子から孫への遺伝子の伝わり方**(➡ p.86)で解説する。

TRY! 表現力

メンデルが発見した遺伝の規則性における顕性形質とは，どのような形質か。「純系」ということばを用いて説明しなさい。

ヒント 「どのような」といっても問われているのは形質の特徴ではなく遺伝における現れ方である。潜性形質とどうちがうかということから考える。

解答例 対立形質のうち純系どうしをかけ合わせたときに子に現れるほうの形質。

UNIT 4

分離の法則

着目 分離の法則とは，対になっている親の遺伝子が一方の生殖細胞に入ること。

要点

- **メンデルの実験の考え方**　分離《ぶんり》の法則《ほうそく》などの遺伝の規則性は，遺伝子《いでんし》を用いて説明できる。
- **分離の法則**　対《つい》になっている親の遺伝子は，生殖細胞《せいしょくさいぼう》(卵細胞や精細胞)ができる減数分裂《げんすうぶんれつ》のときに，分かれて別々《べつべつ》の生殖細胞に入る。

1 遺伝子を用いたメンデルの実験の考え方

図1のように，対立形質《たいりつけいしつ》をもつ純系《じゅんけい》どうしを親としてかけ合わせると，子には顕性形質《けんせいけいしつ》だけが現れる。このことは，遺伝子を用いて説明することができる。

① 顕性形質である「丸」を現す遺伝子をA，潜性形質《せんせいけいしつ》である「しわ」を現す遺伝子をaとする。

② 形質を現す遺伝子は対《つい》で存在しているため，丸い種子をつくる純系の遺伝子はAA，しわの種子をつくる純系の遺伝子はaaという組み合わせで表す(図2)。

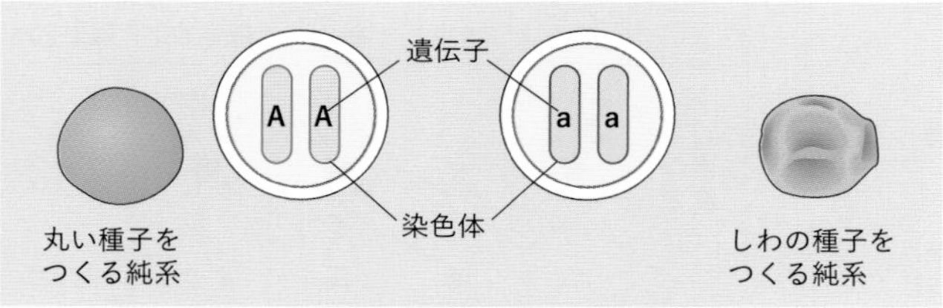

図2　丸い種子としわの種子の純系の遺伝子の組み合わせ

③ 対になっている親の遺伝子は，生殖細胞《せいしょくさいぼう》(卵細胞と精細胞)ができる減数分裂《げんすうぶんれつ》のときに，分かれて別々《べつべつ》の生殖細胞に入る(図3)。
このことを**分離《ぶんり》の法則《ほうそく》**という。

④ 生殖細胞どうしが，図4のように受精すると，子の遺伝子の組み合わせは，すべてAaとなる。

⑤ Aaの組み合わせをもつ個体では，Aの遺伝子の種子が丸くなる形質が現れ，aの遺伝子の種子がしわになる形質は

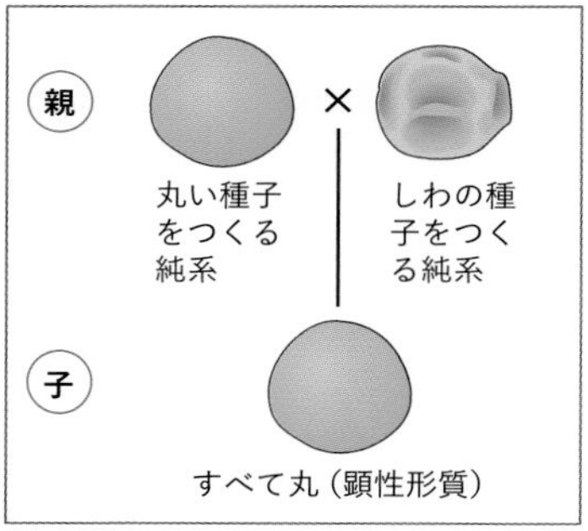

図1　エンドウの種子の形の遺伝

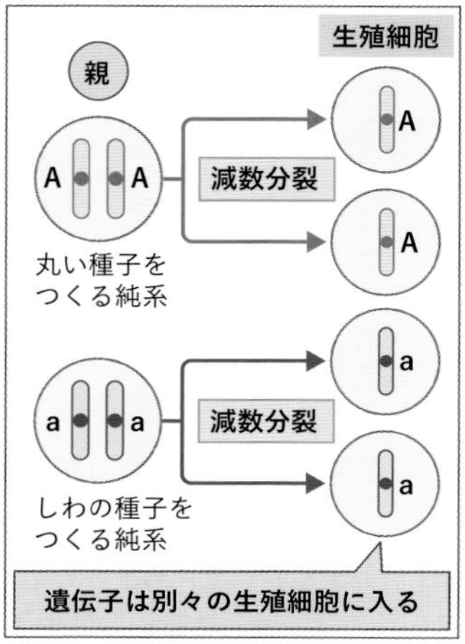

図3　分離の法則の考え方

現れないため,*1 子はすべて丸い種子になると考えられる。

*1 丸い種子が顕性形質，しわの種子が潜性形質である。

参考 遺伝子の書き方

遺伝子を記号で表すとき，ふつう，顕性形質を現す遺伝子をアルファベットの大文字で，潜性形質を現す遺伝子を小文字で表す。また，顕性形質と潜性形質を現す遺伝子の両方をもつ場合，Aaのように顕性形質を表す遺伝子を先に書く。

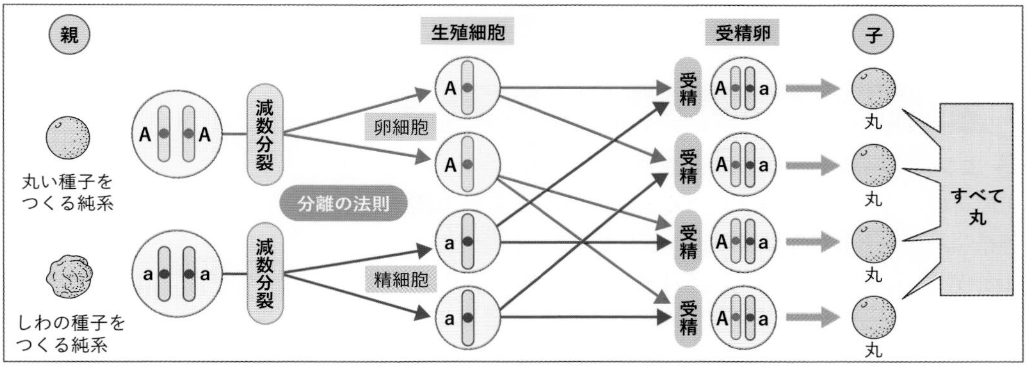

図4　丸い種子としわの種子の純系をかけ合わせたときの親から子への遺伝子の伝わり方

参考 子の遺伝子の組み合わせの求め方

子の遺伝子の組み合わせを求めるときは，表を用いるとわかりやすい。

たとえば，顕性形質を表す遺伝子をA，潜性形質を表す遺伝子をaとしたとき，AAとaaの個体どうしをかけ合わせたときの子の遺伝子の組み合わせは，図5のようになる。

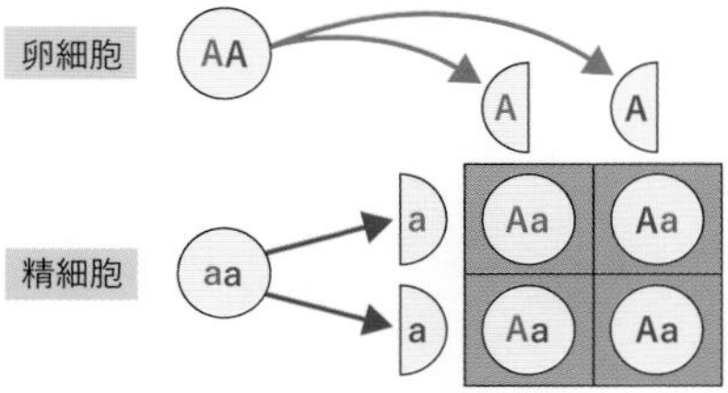

図5　子の遺伝子の組み合わせの求め方

TRY! 表現力

メンデルが発見した分離の法則とは，どのようなものか。「生殖細胞」ということばを用いて説明しなさい。

ヒント　親の遺伝子が，生殖細胞ができるときの細胞分裂でどのように移っていくかを答える。

解答例　対になっている親の遺伝子が，生殖細胞ができる減数分裂のときに，分かれて別々の生殖細胞に入ること。

UNIT 5

子から孫への遺伝子の伝わり方

着目 子の丸い種子(Aa)を自家受粉させると，孫では丸：しわ＝3：1となる。

要点

- **エンドウの種子の形の子から孫への遺伝**　子の丸い種子(Aa)をまいて育て，自家受粉させると，孫の遺伝子《いでんし》の組み合わせの数の割合は，AA：Aa：aa＝1：2：1になり，丸い種子としわの種子の数の割合が3：1となる。

1 遺伝子を用いたメンデルの実験の考え方

A エンドウの種子の形の子や孫への遺伝

図1のように，**丸い種子をつくる純系《じゅんけい》(AA)としわの種子をつくる純系(aa)を親としてかけ合わせると，**生殖細胞《せいしょくさいぼう》(卵細胞《らんさいぼう》と精細胞)の遺伝子(Aとa)が対《つい》になるため，**子はすべて丸い種子(Aa)になる。**[*1]

子の丸い種子(Aa)をまいて育て，自家受粉させると，孫では，丸い種子としわの種子の数の割合がおよそ3：1となる。

子には丸い種子だけが現れていたにもかかわらず，孫にしわの種子が現れたのはなぜだろうか。このことも，**遺伝子《いでんし》**を用いて説明することができる。

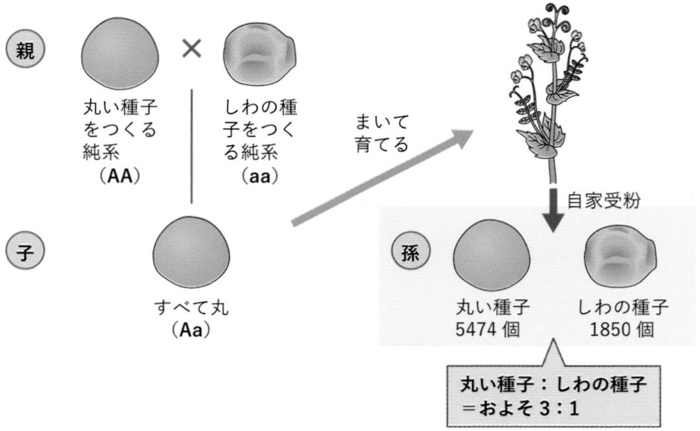

図1　丸い種子としわの種子の子や孫への遺伝
丸い種子の5474個としわの種子の1850個は，メンデルが行った実験の結果を示している(➡p.83)。

＊1
対になっている親の遺伝子は，生殖細胞(卵細胞と精細胞)ができる減数分裂《げんすうぶんれつ》のときに，分かれて別々《べつべつ》の生殖細胞に入る(**分離《ぶんり》の法則《ほうそく》**➡p.84)。Aaの組み合わせをもつ個体では，顕性形質《けんせいけいしつ》が現れる(➡p.83)。

B 子から孫への遺伝について，遺伝子を用いた考え方

① 対になっている子の遺伝子(Aa)は，生殖細胞(卵細胞と精細胞)ができる減数分裂のときに，分かれて別々の生殖細胞に入る(図 2)。

② 生殖細胞どうしが，図 3 のように受精すると，孫の遺伝子の組み合わせは，AA，Aa，aa の 3 通りとなり，その数の割合は，AA：Aa：aa＝1：2：1 になる。

③ AA と Aa の組み合わせをもつ個体では，A の遺伝子の種子を丸くする形質が現れる。一方，aa の組み合わせをもつ個体では，a の遺伝子の種子をしわにする形質が現れる。このため，**孫**では，**丸い種子：しわの種子**＝(1＋2)：1＝**3：1** となると考えられる。

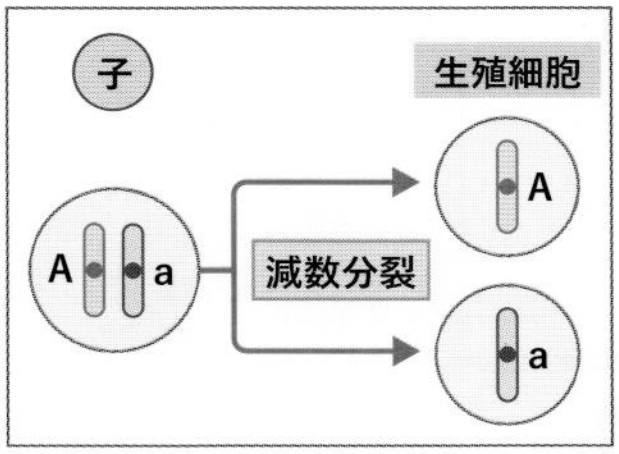

図 2　Aa をもつ子の生殖細胞のでき方

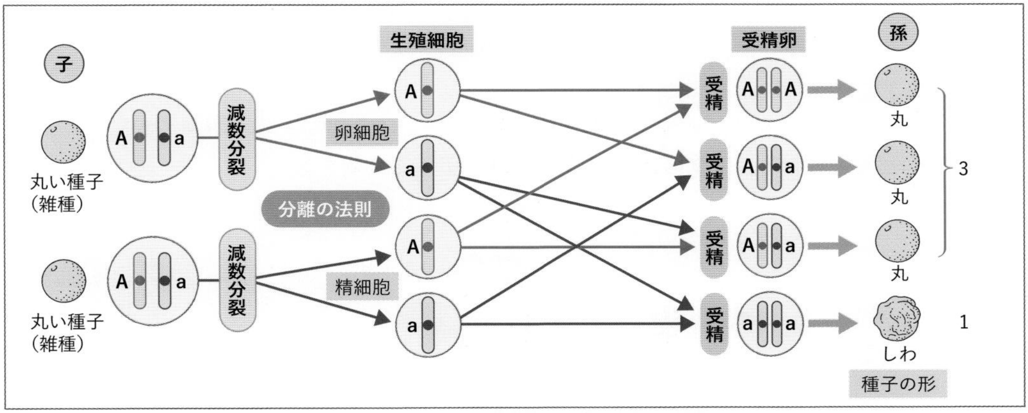

図 3　丸い種子としわの種子の純系を親としてかけ合わせたときの子から孫への遺伝子の伝わり方
AA と Aa は丸い種子，aa はしわの種子になる。

例題 1　子から孫への遺伝

赤い花の純系と白い花の純系のマツバボタンを交配すると，子には赤い花だけが現れる。この子どうしを自家受粉させた孫の代の，赤い花の個体数：白い花の個体数という比を求めよ。

解き方

顕性形質の遺伝子を 1 つ以上もつと，顕性形質が現れる。

純系どうしを交配したときに赤い花だけが現れるので，赤い花が顕性形質，白い花が潜性性質である。赤い花を現す遺伝子を A，白い花を現す遺伝子を a とすると，孫の代の遺伝子の組み合わせの割合は，AA：Aa：aa＝1：2：1 となる。このうち，AA と Aa が赤い花，aa が白い花を現すので，赤い花の個体数：白い花の個体数＝**3：1**　……㊢

UNIT 6

遺伝子の本体

着目 遺伝子の本体はDNAという物質で，不変ではなく，まれに変化することがある。

要点

- **遺伝子《いでんし》の本体** 遺伝子は，DNAという物質からできている。
- **遺伝子の変化** DNAは，通常は変化しないが，まれに変化することがある。
- **遺伝子組換え《いでんしくみか》** 細胞《さいぼう》の中に別の生物の遺伝子を導入して，形質を変化させることができる。

1 遺伝子の本体

ヒトの細胞《さいぼう》には核《かく》があり，核の中には染色体《せんしょくたい》が存在している。この染色体には，遺伝子《いでんし》が含《ふく》まれており，**遺伝子の本体**はDNA*1という物質からできている(図1)。

DNAは，ヒトだけでなく，地球上のすべての生物がもっていて，親から子へと伝えられる。生物のからだは，DNAが伝える情報をもとにつくられている。

*1
DNAは，デオキシリボ核酸(**D**eoxyribo**n**ucleic **a**cid)の略称《りゃくしょう》である。

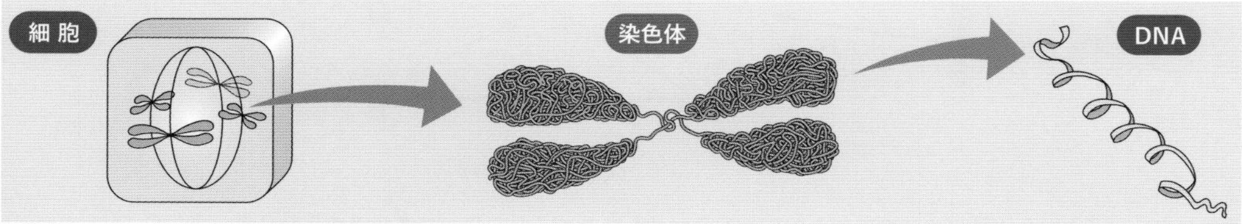

図1 細胞内の染色体とDNA
染色体は，通常は核の中で分散しているが，細胞分裂《さいぼうぶんれつ》のときに太くなり，顕微鏡《けんびきょう》で見ることができるようになる。

発展 DNAの構造

DNAは，太さは100万分の2mm程度で，2本の長い鎖《くさり》状の物質が対《つい》になったらせん状になっていることから，**二重《にじゅう》らせん構造《こうぞう》**とよばれる。このDNAの構造は，1953年にアメリカのワトソンとイギリス出身のクリックによって提唱された。DNAの二重らせん構造では，**塩基《えんき》**という構成要素が並んでいる。DNAの塩基は，**A**(アデニン)，**T**(チミン)，**G**(グアニン)，**C**(シトシン)という4種類があり，この並び方が遺伝子として意味をもつ。二重らせんを形づくる中でAはTと，GはCとたがいに結びついている。このようなDNAの構造はすべての生物に共通している。

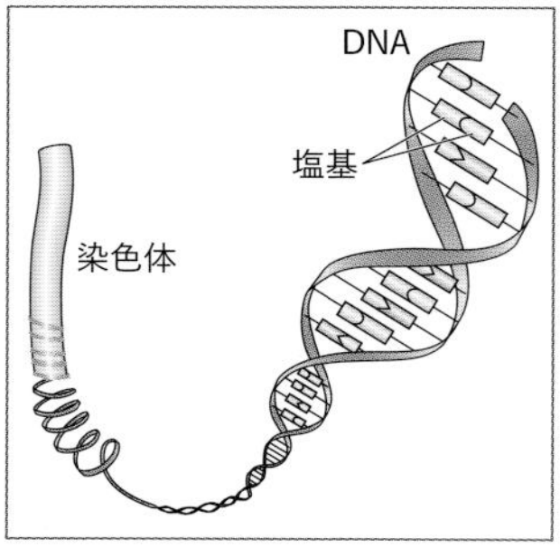

図2 DNAの構造

2 遺伝子の変化

遺伝子の本体であるDNAは，通常は変化しないが，不変なものではなく，まれに変化することがある。*2 生殖細胞で変化したDNAが子に伝えられると，子に現れる形質が変わることがある。

3 DNAや遺伝子の科学技術への応用

ある生物の細胞に別の生物の遺伝子を導入することなどにより，生物の遺伝子を変化させることを，**遺伝子組換え**《いでんしくみか》という。遺伝子組換えなどの遺伝子を操作する技術は，さまざまな分野で利用されている。

A 農業への応用

遺伝子を操作して品種改良を行えば，より早く高い確率で目的とする形質をもつ品種をつくり出すことができる。*3 たとえば，乾燥《かんそう》した土地でも育つ作物，気温の低い気候でも育つ作物，大きく育つ野菜や大きな種子を多くつくる穀物《こくもつ》をつくり出すことができれば，作物の収穫《しゅうかく》量をふやすことができる。

B 医療への応用

病気の原因や薬の効き目とかかわりのある遺伝子を調べることで，新しい医薬品や治療法《ちりょうほう》の開発，および個人に合った個別の医療が可能になる。また，ヒトのもつインスリン(糖尿病の治療に使われる)の遺伝子を微生物に入れてインスリンを生産することも行われている。

C 遺伝子組換えと幹細胞

遺伝子組換えによる品種改良は，遺伝子を導入した細胞を個体まで育てる必要がある。植物は1個の体細胞から分裂して個体まで育つことができるが，動物はふつうの体細胞は器官や個体に育たないので，iPS細胞(➡ p.90)などの**幹細胞**《かんさいぼう》の研究が進められている。

*2
DNAや染色体が変化することを**突然変異**《とつぜんへんい》という。突然変異は，病気や新しい品種がうまれる原因となるほか，**進化**(➡ p.94)が起こる一因でもある。

*3
従来の品種改良では，よい形質をもつ個体どうしを選んでかけ合わせていた。この方法では目的の品種を得るまでに何代にもわたってくり返す必要があった。

図3　青色の花弁をもつバラ
従来の品種改良では青いバラの花をつくることはできなかったが，ほかの植物の遺伝子をバラに導入することで，青いバラの花をさかせることに成功した。

TRY! 表現力

遺伝子組換えによる品種改良によって，従来の品種改良よりも短期間で目的の品種を得ることができるようになった。その理由を説明しなさい。

ヒント　従来の品種改良はどのように行われ，遺伝子組換えの品種改良とどうちがうか。

解答例　従来の品種改良では個体どうしをかけ合わせるので，子の形質は育つまでわからず，その代で目的の形質が得られるとは限らないが，遺伝子組換えによる品種改良では，はたらきのわかっている遺伝子をうまれる個体に直接導入させるから。

特集

「万能細胞」iPS細胞

● 発生運命が決まっている細胞は，その方向を変更することはできない

生物のからだはすべて**細胞《さいぼう》**からできている。私たちヒトのからだは成人で約37兆個，200種類以上の細胞でできているが，これは，1個の**受精卵《じゅせいらん》**がもとになってできたものである。受精卵は**細胞分裂《さいぼうぶんれつ》**をくり返して**胚《はい》**となる。その後，胚の中のある細胞は皮膚《ひふ》の細胞に，別の細胞は骨の細胞に…と変化していく(図1)。

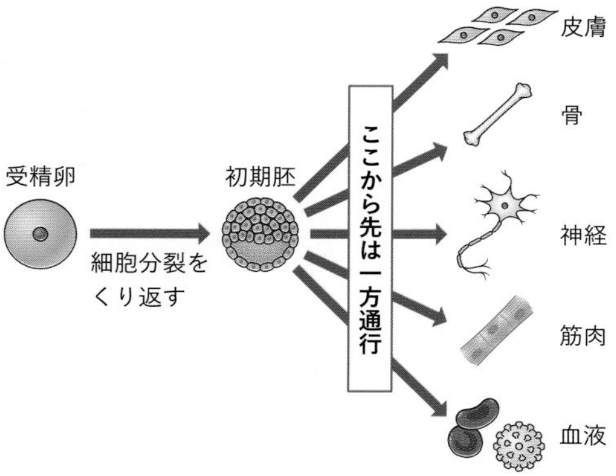

図1　発生と細胞の分化

植物の根の先端には細胞分裂をくり返す部分があり新しい細胞をつくり続けている(➡ p.63)。ヒトのからだにも細胞分裂をくり返して皮膚の細胞をつくり続ける真皮《しんぴ》の細胞や，赤血球などをつくり続ける骨髄《こつずい》の細胞などがあり，このような細胞を**幹細胞《かんさいぼう》**という。しかし，**一度特定の役割をもつ細胞になると，ほかの細胞に変化し直すことはできない**。何の細胞になるかという可能性を**発生運命《はっせいうんめい》**といい，発生運命が決まっている細胞は，それを変更《へんこう》してほかの細胞になることはない。

● 医療で切望された「万能細胞」

病気や大きなけがで内臓(臓器)を手術でとり除かなければならないとき，かわりの臓器が必要になる。もっとも有効な治療方法《ちりょうほうほう》として**臓器《ぞうき》移植《いしょく》**が行われてきたが，他人の臓器をうばうことになるので提供者が脳死者などに限定され，なかなか移植を受けることができなかったり，**免疫《めんえき》**のはたらきが他人の細胞を排除《はいじょ》しようとする**拒絶反応《きょぜつはんのう》**が大きな問題となってきた。

人のからだから臓器をとり出すのではなく，臓器をつくることができたら大きな問題が解消される。そのために，どんな細胞にでも分化できる細胞をつくり出すことができたら…。こんな多くの人の夢を実現させたものが，**山中伸弥博《やまなかしんやはく》士《し》**らがはじめて作製に成功した**iPS細胞《さいぼう》**(**人工多能性幹細胞《じんこうたのうせいかんさいぼう》**)である。

図2　山中伸弥博士

● 山中伸弥博士がつくり出した「万能細胞」iPS細胞

2006年，山中博士らは，マウス(ハツカネズミ)の皮膚細胞の発生運命をリセット(**初期化《しょきか》**)して，どんな細胞にでもなり得る可能性(**多能性《たのうせい》**)をもつ細胞，いわゆる万能細胞をつくり出すことに成功し，**iPS細胞**と名づけた。その翌年には，ヒトの皮膚細胞からもiPS細胞をつくることにも成功した。この功績《こうせき》から，2012年にノーベル生理学・医学賞を受賞した。

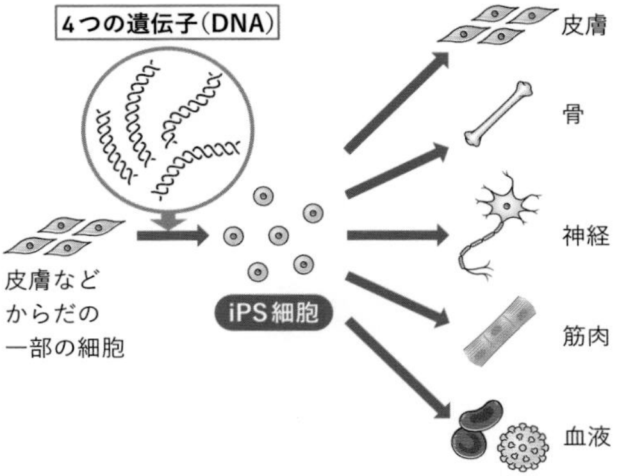

図3　**iPS細胞**

特定の遺伝子(DNAの断片)を別のDNAに組《く》み込《こ》む技術を**遺伝子《いでんし》組換《くみか》え技術《ぎじゅつ》**という。iPS細胞は，皮膚細胞などの**体細胞《たいさいぼう》**をとり出して，遺伝子組換え技術で**初期化に必要な4つの遺伝子を導入し**，特別な条件の下で培養《ばいよう》することでつくられた細胞である。

● 2万の遺伝子のなかから見つけ出された4つの遺伝子

山中博士らは，マウスやヒトがもつ約2万個という膨大《ぼうだい》な数の遺伝子のなかから，初期化に必要な遺伝子として細胞の発生に関係する遺伝子に候補《こうほ》を絞《しぼ》った。あるとき，皮膚の培養細胞に24個の候補遺伝子をまとめて導入すると，多能性をもつ細胞ができた。

この24個の遺伝子のうち，どの遺伝子の組み合わせが初期化に必要なのかを特定する必要がある。しかし，2個の遺伝子の場合でも24×23＝552通りの実験が必要となり，3個以上必要ならその組み合わせはさらに膨大となる。しかし，実験を担当していた高橋和利《たかはしかずとし》博士の発案により，24個の候補遺伝子から1つ除いた23個を導入する24通りの実験で必要な遺伝子を絞《しぼ》り込《こ》み(図4)，最終的に4個の遺伝子を特定した。山中博士らはさらに実験をくり返して慎重《しんちょう》に検証を重ね，世紀の発見を成しとげた。

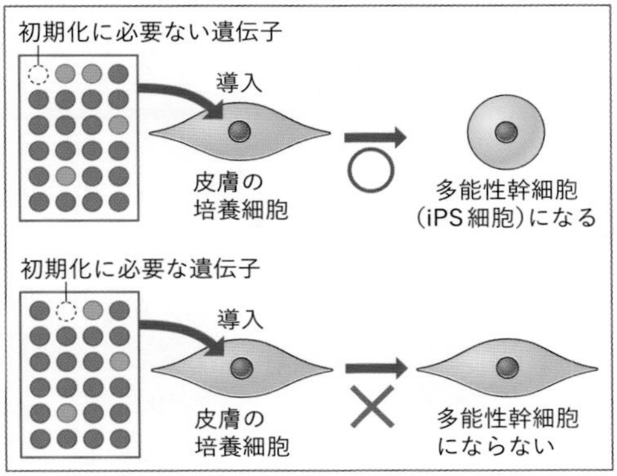

図4　**必要な遺伝子を絞り込んだ実験**

● 医療の現場でiPS細胞を用いた治療方法が研究開発されている

2014年，日本のチームが世界ではじめて目の病気の患者《かんじゃ》の皮膚組織からつくったiPS細胞で網膜《もうまく》を分化させて移植する手術を行った。

iPS細胞からつくった組織や器官は，患者自身の細胞を用いたいわば**オーダーメイドの治療《ちりょう》**(**テーラーメイド治療《ちりょう》**)ができるため，提供者として他人に負担をかける必要がなく，さらに**拒絶反応が生じない**という利点がある。

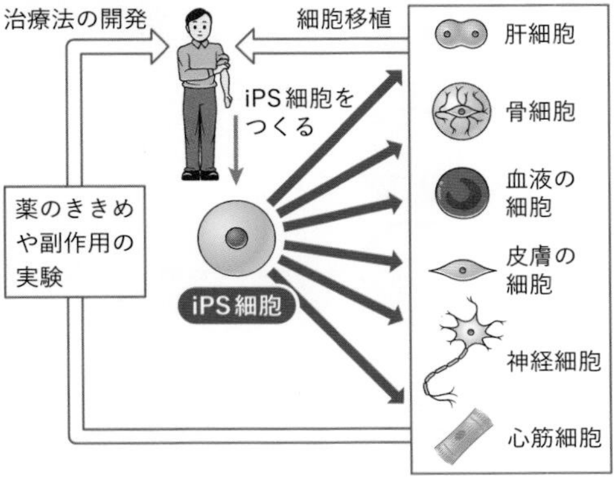

図5　**オーダーメイドの治療のイメージ**

iPS細胞を用いて目のレンズ，神経，心臓，血液，肝臓などの細胞をつくる研究が進められている。また，治療法や創薬《そうやく》(新しい薬の開発)の研究などにも用いられている。

定期テスト対策問題

解答 → 別冊p.4

問1 生殖と細胞

右の図は，新しい生命ができるしくみを示したものである。これについて，次の問いに答えなさい。

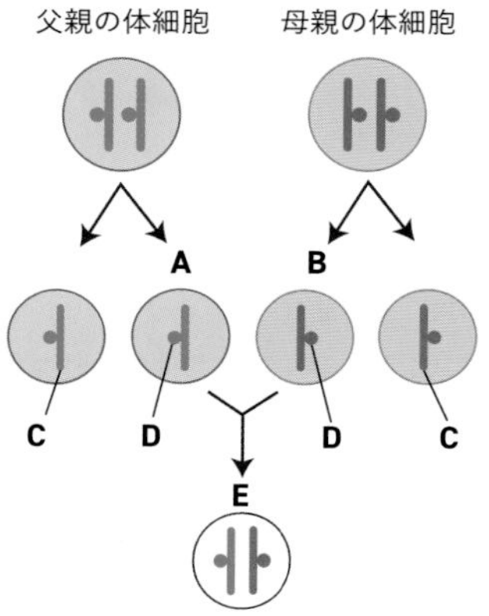

(1) 親がもつ形質が子に伝わることを何というか。

(2) 図の**A**と**B**は，父親と母親がつくった生殖《せいしょく》細胞《さいぼう》を表している。それぞれ何というか。ただし，この生物は動物である。

(3) **A**や**B**をつくる細胞《さいぼう》分裂《ぶんれつ》を何というか。

(4) **C**は細胞の核《かく》の中に見られるひも状のものである。これを何というか。

(5) **D**は**C**の中に含《ふく》まれ，親の形質を子に伝えるものである。これを漢字３文字で何というか。

(6) **E**は**A**と**B**が合体してできた細胞である。これを何というか。

問2 無性生殖と有性生殖における遺伝の比較

次の問いに答えなさい。

(1) ①無性生殖と②有性生殖における核の中の染色体の変化を表しているものを，次の**ア**～**エ**からそれぞれ１つずつ選べ。

ア

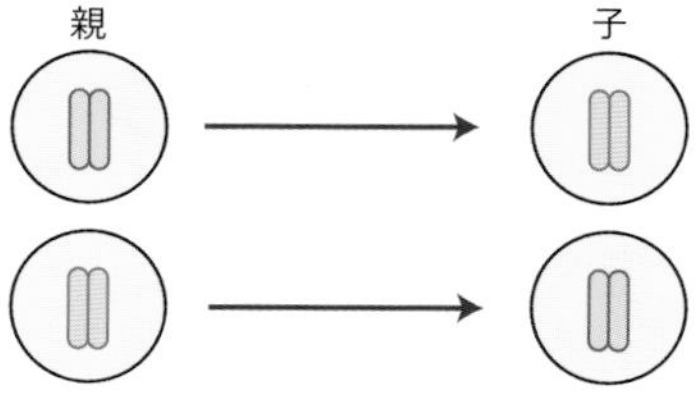

イ

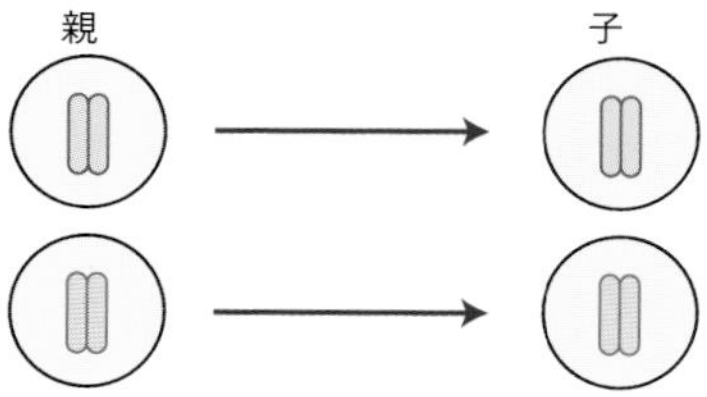

ウ

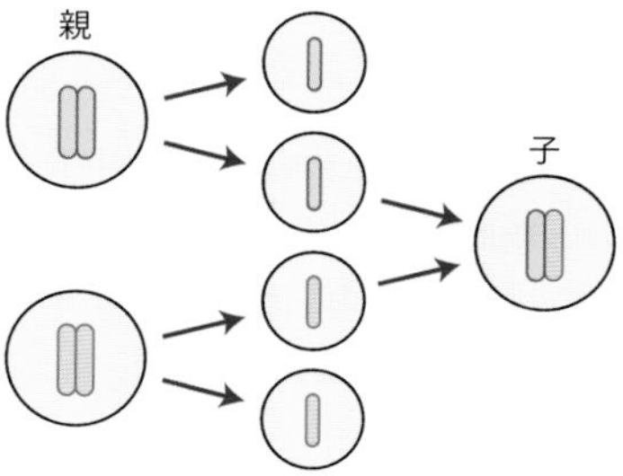

エ

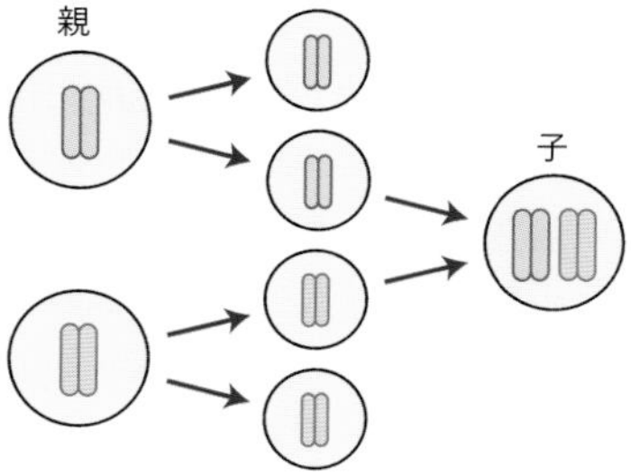

(2)　次の①～⑥のそれぞれについて，無性生殖の特徴《とくちょう》を説明したものには**A**，有性生殖の特徴を示したものには**B**と答えよ。

①　体細胞分裂だけによって子ができる。
②　減数分裂によって生殖細胞がつくられる。
③　子が，両親の遺伝子《いでんし》を半分ずつ受けつぐ。
④　子が，親と全く同じ遺伝子を受けつぐ。
⑤　子には，親の形質《けいしつ》と異なる形質が現れることがある。
⑥　子には，いつも親の形質と全く同じ形質が現れる。

問 3　遺伝のしくみ

エンドウの種子の形の遺伝について，次の文を読んで，あとの問いに答えなさい。

何代にもわたって丸い種子をつくり続けている個体としわのある種子をつくり続けている個体をかけ合わせたところ，その子である種子はすべて丸い個体となった。

さらに，この種子をまき，成長した個体どうしをかけ合わせて種子をつくらせたところ，孫にあたる種子は丸いものとしわのあるものとがまざっていた。

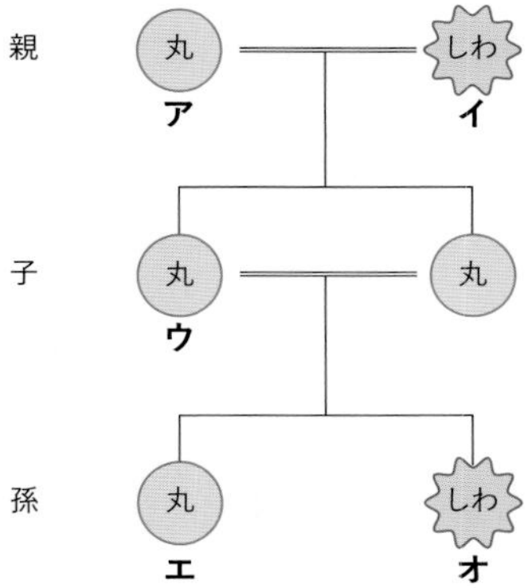

(1)　エンドウの種子の形について，顕性形質《けんせいけいしつ》は丸としわのどちらか。

(2)　丸を現す遺伝子を**A**，しわを現す遺伝子を**a**とすると，右の図の**ア**～**オ**はどのような遺伝子の組み合わせをもつか。複数考えられるものについてはすべて書け。

(3)　孫の丸としわは，どのような比で現れるか。簡単な整数比で答えよ。

問 4　遺伝子の本体

右の図は，遺伝子の本体である物質の構造を模式的に表したものである。次の問いに答えなさい。

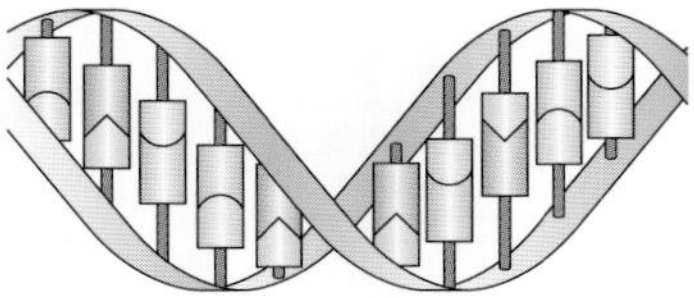

(1)　図のような，二重らせん状になった遺伝子の本体である物質の名前を，アルファベット3文字で答えよ。

(2)　遺伝子は細胞の核の中に存在する。細胞分裂のときに顕微鏡《けんびきょう》で見ることができる(1)を含んだひも状のつくりを何というか。

(3)　(1)を人為的《じんいてき》に操作することによってどのようなことができるか。現在可能になっている内容を，次の**ア**～**エ**からすべて選べ。

ア　害虫に強い品種の植物をつくりだせる。　**イ**　死んだ動物を生き返らせることができる。
ウ　青いバラをさかせることができる。　**エ**　新しい医薬品を開発することに役立つ。

UNIT 1

生物の歴史

着目 地球上の生物は，長い時間をかけて進化し，現在のような多様な種類になった。

要点

- **生物の進化《しんか》** 生物は長い年月を経て世代を重ねていく間に変化していく。
- **生物の移り変わり** 地球上の生物は地球上に約38億年前に出現し，さまざまな種類に分かれていった。

1 生物の移り変わり

生物の形質は遺伝子を通じて親から子へ受けつがれていくが，遺伝子はまれに変化することがある。生物は長い年月を経て世代を重ねる間に変化していく。この変化を**進化《しんか》**という。

地球が誕生《たんじょう》したのは約46億年前と考えられている。最初の生物が約38億年前に誕生すると，その後，さまざまな生物が出現し，あるものは絶滅《ぜつめつ》してきた(図1)。現在見られる生物はその生き残りである。

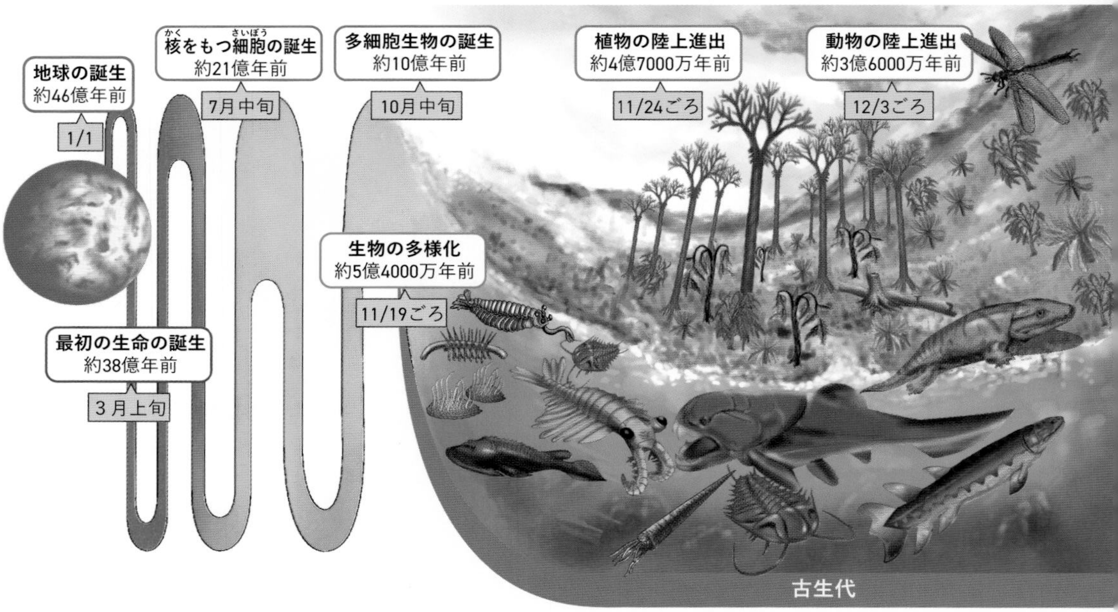

図1 **地球上の生物の移り変わり** 図中の日付は，地球の歴史を1年と考えた場合のおよその日付

TRY!
表現力

チョウの幼虫は脱皮《だっぴ》してさなぎになり，その後，成虫に変化する。この変化を進化とはよばないことについて，理由を簡単に説明しなさい。

ヒント　変態は１つの個体の一生で見られる変化であるのに対して，進化はどのような変化か。

解答例　進化は世代を重ねていく間に生物の形質が変化していくことであり，１つの個体が成長する際に見られる変化ではないから。

UNIT 2

化石と生物の進化

着目 化石から生物の進化の過程を知ることができる。

要点

- **化石《かせき》を含《ふく》む地層の年代**　生物が生活していた年代や出現した年代がわかる。
- **連続的な特徴《とくちょう》をもつ化石**　生物のからだがどのように変化したかが推測できる。
- **中間的な特徴をもつ化石**　2つのグループの近さや進化の道すじを示す証拠《しょうこ》となる。

1 化石からわかること

A 生息した年代・出現した年代

化石《かせき》を含《ふく》む**地層ができた年代**から，その生物が生きていた年代がわかる。脊椎動物《せきついどうぶつ》の化石は，いろいろな年代の地層から発見されているが，魚類の化石がもっとも古い年代の地層から発見されている。魚類の次には，両生類→は虫類→哺乳類《ほにゅうるい》→鳥類の順に，古い年代の地層から発見されている(図1)。

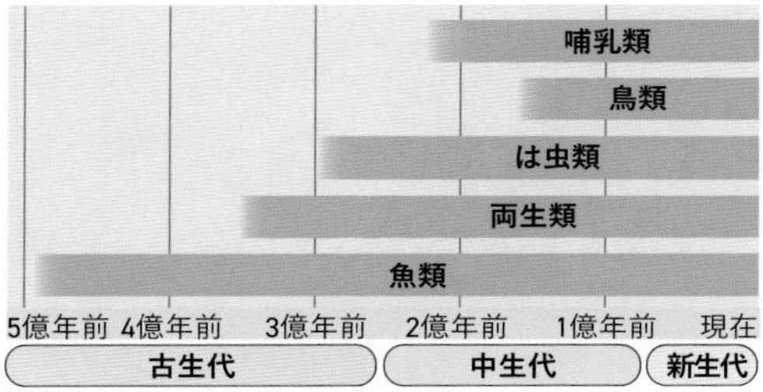

図1　脊椎動物の化石が発見される年代

B 連続的なちがいを示す化石と進化の道すじ

生物の化石を比べることで，**生物のからだ**や，**生活場所**，**食物**などがどのように変化したのかを推測することができる。

肺をもつ魚類のユーステノプテロンと原始的な両生類のイクチオステガの化石の特徴《とくちょう》から，魚類のひれが発達してあしになり，水中から陸上へと進出していったことが推測される(図2)。

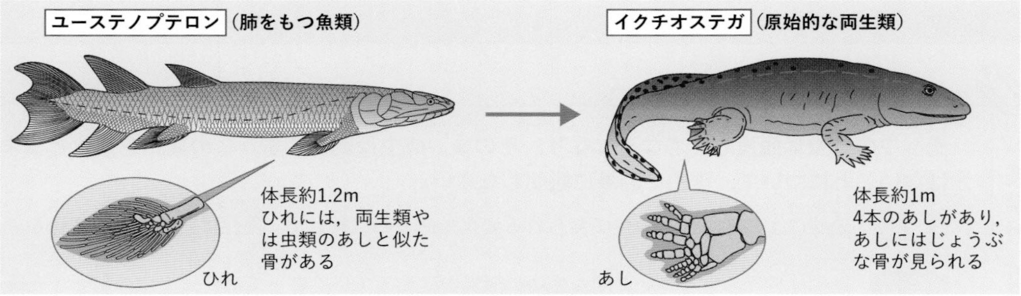

図2　ユーステノプテロンとイクチオステガのひれとあしの骨格の比較《ひかく》
ユーステノプテロンは約3億8500万年前，イクチオステガは約3億6000万年前の地層から化石が発見された。

C 中間的な特徴をもつ生物の化石

2つのグループの**中間的な特徴をもつ生物の化石**は，進化の道すじをたどる重要な証拠となる。**シソチョウ(始祖鳥《しそちょう》)**は，ドイツ南部の約1億5000万年前(中生代の中ごろ)の地層から化石として見つかった動物で(図3)，は虫類と鳥類の両方の特徴をもっている(図4)。

❶ は虫類としての特徴

① 口に歯がある。
② 翼《つばさ》の中ほどに3本のつめがある。
③ 骨がある長い尾《お》(尾骨《びこつ》)をもつ。

❷ 鳥類としての特徴

① 前あしが翼になっている。
② 全身が羽毛でおおわれている。
③ 翼を動かすための筋肉がつく骨(胸骨《きょうこつ》)が発達している。

図3　シソチョウの化石
大きさは現在のハトと同じくらいだった。

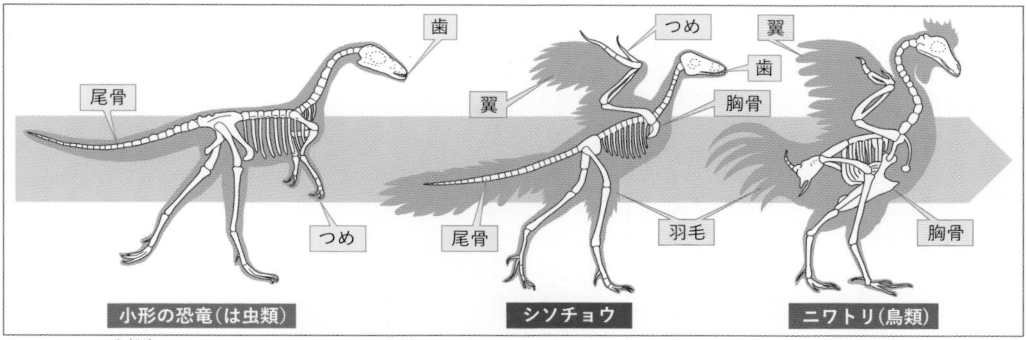

図4　小形の恐竜《きょうりゅう》，シソチョウ，ニワトリの比較《ひかく》
それぞれの動物の大きさは異なるが，ここでは同じくらいの大きさで示している。

TRY! 表現力

シソチョウの化石が，鳥類がは虫類から進化してきたことを示す証拠《しょうこ》とされるのはなぜか。それぞれのからだの特徴に着目して，説明しなさい。

ヒント　2つのグループの中間的な特徴をもつ生物の存在は，一方のグループからもう一方のグループの生物に進化する過程を示していると考えられる。

解答例　シソチョウには，歯がある，翼の先につめがある，骨がある尾をもつなどのは虫類の特徴と，前あしが翼になっている，羽毛でおおわれているなどの鳥類の特徴をもつから。

UNIT 3

現存の生物と進化の証拠

着目 現存する生物の特徴や器官を比べることで進化の過程を知ることができる。

要点

- **中間的な特徴《とくちょう》をもつ生物**　２つのグループの近さや進化の道すじを示す証拠《しょうこ》となる。
- **生《い》きている化石《かせき》**　ハイギョなど，大昔の生物に近い生物の特徴を，現在まで保っている生物。
- **相同器官《そうどうきかん》**　形やはたらきが異なっても共通の祖先から進化した生物どうしは基本構造が共通。

1 中間的な特徴をもつ生物

シソチョウやユーステノプテロンの化石のように，今生きている生物が異なるグループの特徴《とくちょう》を合わせもつことも進化の痕跡《こんせき》と考えられる。たとえばオーストラリア大陸に生息する**カモノハシ**(図１)[*1]や**ハリモグラ**(図２)[*2]は，体表が毛でおおわれ，子を母乳で育てる哺乳類《ほにゅうるい》である[*3]が，卵生《らんせい》であるなどのは虫類の特徴ももっている。

図１　**カモノハシ**

図２　**ハリモグラ**

＊1
水辺に生息する。カモのようなくちばしや水かきのあるあしなど鳥類のような特徴ももつ。

＊2
口先から舌を出してアリやシロアリを食べる。１度に１個の卵をうみ，うまれた子を育てる。

＊3
カモノハシやハリモグラには乳首《ちくび》がないので，子は乳《にゅう》せん(乳腺《にゅうせん》)から体表にしみ出した母乳をなめて育つ。

2 生きている化石

大昔の生物に近い生物の特徴を，現在まで保っている生物を，生《い》きている化石《かせき》という。生きている化石には，ハイギョ(肺魚)，シーラカンス，オウムガイ，カブトガニ，メタセコイアなどがある。

Ⓐ ハイギョ

ハイギョは，えらのほかに肺をもち，肺呼吸ができる魚類である。約４億年前の地層から化石が発見されているが，現在もほぼ同じ姿で淡水《たんすい》に生息している。

図３　**レピドシレン(ミナミアメリカハイギョ)**

Ⓑ シーラカンス

数千万年前に絶滅《ぜつめつ》したと考えられていた魚類であるが，1938年にインド洋のアフリカ沖深海で発見された**シーラカンス**のからだは，約４億年前の祖先の特徴《とくちょう》を保っている。現在のおもな魚類のひれには細いすじ(鰭条《きじょう》)しかないが，シーラカンスの胸びれや腹びれにはあしと似た骨格があり(図５左)，はじめて水中から陸に上がった魚類のなかまの子孫と考えられている。また，シーラカンスは遺伝子《いでんし》(➡ p.88)を比べても両生類の祖先に近いことが示されている。

図４　**現存するシーラカンス(ラティメリア・カルムナエ)**

3 相同器官

ヒトのうで，鳥の翼《つばさ》，クジラの胸びれなど，脊椎動物《せきついどうぶつ》の前あしは，形やはたらきはちがっていても，骨格の基本的なつくりがよく似ている(図５)。このように，現在の形やはたらきがちがっていても，もとは同じ器官であったと考えられるからだの部分を**相同器官《そうどうきかん》***4という。相同器官は，共通の祖先から進化してきた証拠と考えられている。

*4
相同器官には，ヘビやクジラの後ろあしのように，ほとんど消失して痕跡《こんせき》だけが残っているものもある。これを**痕跡器官《こんせききかん》**という。

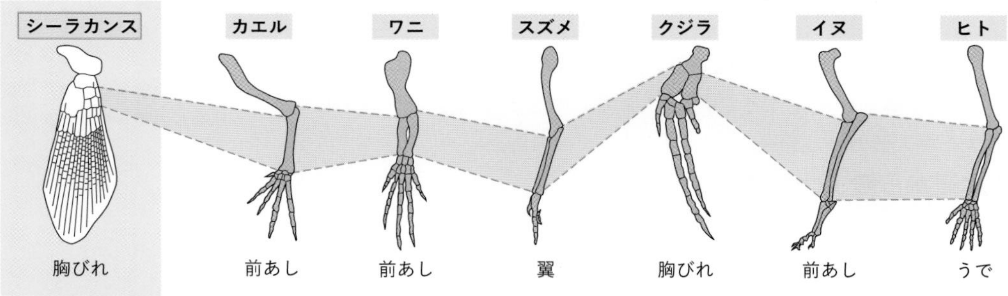

図５　**脊椎動物の前あしの骨格**

シーラカンスとクジラの胸びれは泳ぐ，カエルとワニ，イヌの前あしは歩く，スズメの翼は飛ぶ，ヒトのうでは手でつかむはたらきがあるが，どれも骨格の基本的なつくりが共通した相同器官である。

TRY! 表現力

相同器官とはどのようなものか，生物の例を挙げて説明しなさい。

ヒント　姿の異なる２つの動物に共通するからだの部分を考える。

解答例　クジラの胸びれとヒトのうでのように，現在の形やはたらきがちがっていても，もとは同じ器官であったと考えられるからだの部分を相同器官という。

UNIT 4

脊椎動物の進化と生活場所の拡大

着目 脊椎動物は水中に現れ，陸上の乾燥に耐えられるように進化してきた。

要点

- **脊椎動物《せきついどうぶつ》の化石** 魚類《ぎょるい》→両生類《りょうせいるい》→は虫類《ちゅうるい》→哺乳《ほにゅう》類→鳥類《ちょうるい》の順に古い年代の地層から発見。
- **脊椎動物の進化** 最初に水中生活をする魚類が現れたが，陸上の環境に耐《た》えられるように，両生類からは虫類や哺乳類，その後は虫類から鳥類が進化してきた。

1 脊椎動物の進化

A 脊椎動物の出現から水辺への進出

もっとも古い脊椎動物《せきついどうぶつ》の化石が約 5 億年前の地層から見つかっている魚類《ぎょるい》の化石である(➡ p.96)ことから，地球上で最初の脊椎動物は**魚類**であったと考えられている。*1 この原始的な魚類はミロクンミンギアとよばれ，海で水中生活していた(図 1)。

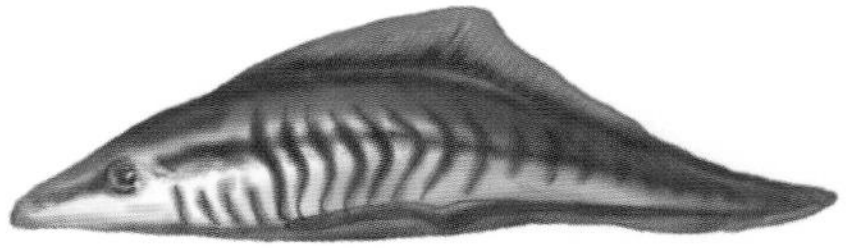

図 1 ミロクンミンギアの復元図
古生代《こせいだい》初期の海中に生息していた。

魚類のあるものは，えら呼吸から肺呼吸をすることで空気中の酸素をとり入れて生きられるようになり，ひれがあしに変化することで，水辺で生活する**両生類《りょうせいるい》**へ進化した(イクチオステガ➡ p.96)。

B 水辺から陸上への進出

両生類は，水中に殻《から》のない卵をうみ，子は水中生活をするため，水辺から離《はな》れて生活することができない。陸上で生活するためには，地上の乾燥《かんそう》や温度変化に耐《た》えるつくりが必要になる。両生類のあるものは，殻のある卵を陸上にうみ，体表がうろこになることで，陸上の乾燥に耐えられる**は虫類《ちゅうるい》**へと進化した。は虫類は発達したあしで陸上で生活範囲《せいかつはんい》を広げていった。そしては虫類と同様に陸上生活に適したからだのつくりをもつ**哺乳類《ほにゅうるい》**も出現した。*2

さらに，は虫類のあるものは，体温を一定に保つことができる羽毛をもつ**鳥類《ちょうるい》**へと進化した。

このように，脊椎動物は陸上の乾燥や温度変化に耐えられるように進化し，*3 内陸の地域へ進出していったと考えられている。

*1
魚類が出現する前は，三葉虫などの無脊椎動物が繁栄《はんえい》していた。

*2
クジラなどの水中で生活する哺乳類は，陸上に進出した哺乳類のなかまから再び水中生活に適したからだに進化したものと考えられている。

*3
まわりの温度の変化にともなって体温が変化する動物を**変温動物《へんおんどうぶつ》**，鳥類や哺乳類のように体温を一定に保つことができる動物を**恒温動《こうおんどう》物《ぶつ》**という。

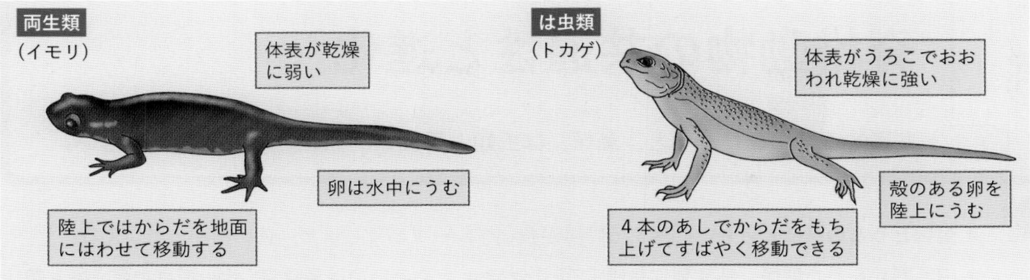

図２　両生類とは虫類のからだの特徴

水中でからだを支える必要のない魚類から進化した両生類は，陸上で自分のからだを支えてすばやく移動するからだのつくりをもたない。これに対しては虫類は，乾燥に耐えられる体表や卵をもつようになったほか，移動に適した発達したあしをもつ。

2　脊椎動物の進化と地質年代

地質年代は脊椎動物が出現したころから古い順に大きく古生代，中生代《ちゅうせいだい》，新生代《しんせいだい》の３つに分けられている。

古生代は約５億4000万年前～２億5000万年前の期間で，最初の魚類が出現し，その後，両生類が陸上進出を果たした。

その次の**中生代**はは虫類が発展をとげ，陸上では恐竜《きょうりゅう》など，海中でも首長竜などの大形のは虫類が繁栄《はんえい》した時代である。約6600万年前の中生代の終わりにはこれらのは虫類はほとんどが絶滅《ぜつめつ》し，現在のは虫類の祖先のみが生き残った。

約6600万年前から現代までの，哺乳類が陸上で繁栄している地質年代を**新生代**という。中生代よりも気候が寒冷化し，は虫類よりも体温を保つしくみをもつ哺乳類や鳥類が生き残りやすく，より広い生活範囲をもちやすい環境《かんきょう》となっている。

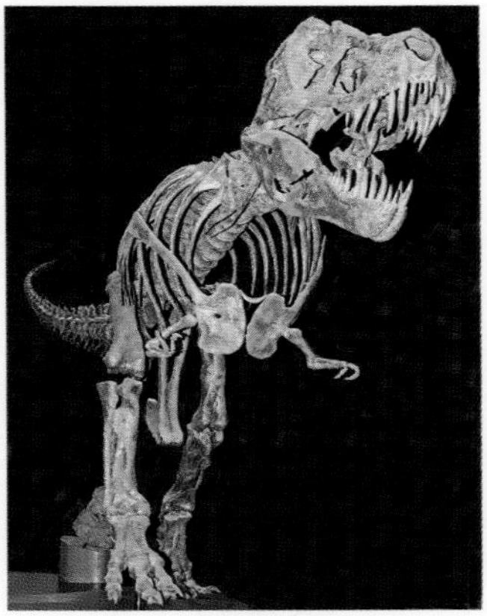

図３　恐竜（ティラノサウルス）の化石

TRY!　表現力

脊椎動物の５つのなかまは，どのような順で進化したか。陸上，水辺，水中という生活場所との関連から説明しなさい。

ヒント　最初に地球上に現れた脊椎動物は何で，その動物は生活する環境《かんきょう》をどのように広げていったか。

解答例　最初に現れた脊椎動物は，水中で生活する魚類である。次に，水辺で生活をする両生類が魚類から進化した。その後，両生類から陸上での生活に適したからだをもつは虫類や哺乳類が進化し，その後は虫類から鳥類が進化した。

UNIT 5

脊椎動物の共通性と進化

着目 共通する特徴を比べると，鳥類，は虫類，両生類，魚類の順で哺乳類に近い。

要点

- **生物どうしの特徴《とくちょう》と近さ**　共通する特徴が多いグループどうしほど，近いなかまといえる。
- **哺乳《ほにゅう》類から見た関係**　哺乳類に共通する特徴がもっとも多いのは鳥類で，次いでは虫類，両生類，魚類の順で多く，これは陸上生活に適している順番ともいえる。

1 脊椎動物のグループどうしの関係

A 脊椎動物のグループどうしの近さ

表1は，それぞれの脊椎動物《せきついどうぶつ》がもつ特徴《とくちょう》を●または○で，その特徴を一時期だけもつ場合は△で示したものである。各グループの間で共通する特徴がいくつあるかを数えると，表2のような数になる。

この数が大きい組み合わせほど近いなかまといえる。魚類からみると両生類がもっとも近く，は虫類，鳥類，哺乳類《ほにゅうるい》の順で遠くなっていくことになる。この順番は隣《となり》どうしのグループが近い並びでもある。

表1　脊椎動物の特徴

特徴		魚類	両生類	は虫類	鳥類	哺乳類
脊椎をもつ		○	○	○	○	○
移動のための器官	●ひれ　○あし	●	○	○	○	○
呼吸器官	●えら　○肺	●	△	○	○	○
子のうまれ方	●卵生　○胎生《たいせい》	●	●	●	●	○
体温	●変温　○恒温《こうおん》	●	●	●	○	○

●どうしと○どうしを1，△と他の印は0.5と数え，該当《がいとう》する欄《らん》に数を入れる。

	魚類	両生類	は虫類	鳥類
哺乳類	1	2.5	3	4
鳥類	2	3.5	4	
は虫類	3	4.5		
両生類	3.5			

表2　脊椎動物の共通する特徴の数

哺乳類において，共通する特徴がもっとも少ないのは魚類である。このことから，哺乳類は脊椎動物のなかで魚類との共通の祖先ともっとも早く分かれたと考えられる。

B 脊椎動物のグループの特徴と陸上進出

表 1 で比べた特徴を，さらに水中の生活に適しているか，陸上の生活に適しているかで比べてまとめると，**図 1** のようになる。これは，魚類→両生類→は虫類→鳥類・哺乳類の順で，水中から離《はな》れて陸上生活をするのに適した形質《けいしつ》になっていることを示している。

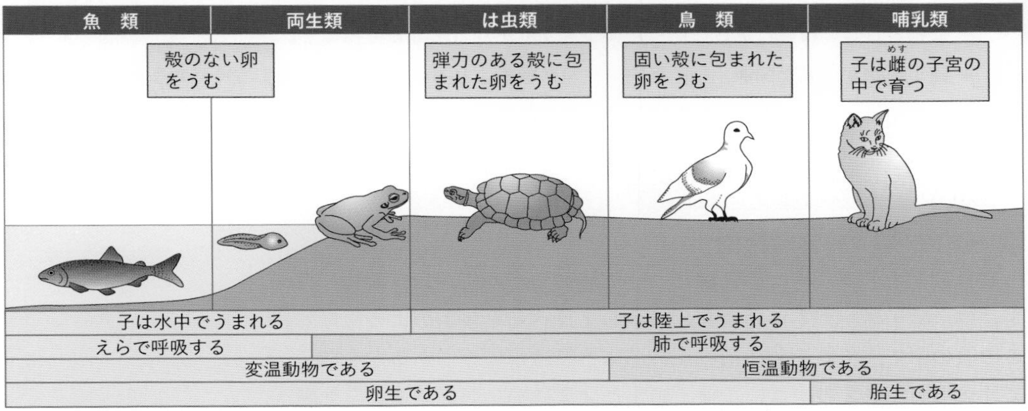

図 1　**脊椎動物の特徴と生活場所**

発展　系統樹

生物が共通の祖先から進化して別々のなかまに分かれていく道すじを木が枝分かれしていくように示した表記法を**系統樹《けいとうじゅ》**という。

図 2 は脊椎動物が水中生活をする魚類から両生類へ，さらに陸上生活をするは虫類，鳥類，哺乳類へと進化したことを示す系統樹である。系統樹の枝分かれは，**表 1** のようにからだの特徴の共通性を比べてつくるほか，近年は生物がもつ遺伝子《いでんし》(➜ p.88)を比べてつくることが多い。

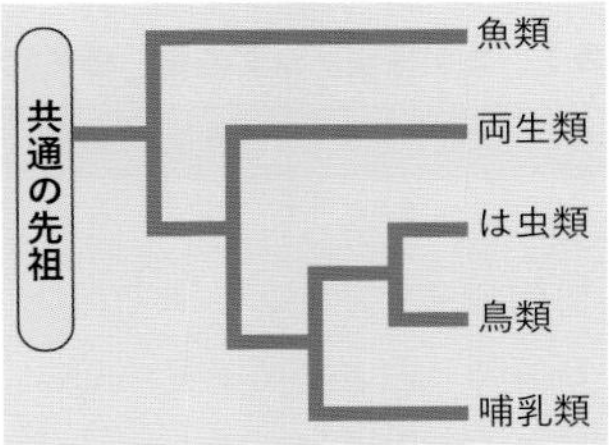

図 2　**脊椎動物の系統樹の例**

TRY! 表現力

魚類は，哺乳類よりも，両生類に近いグループであると考えられている。その理由を，体温の変化や子のうまれ方に着目して，説明しなさい。

ヒント　魚類，両生類，哺乳類の体温の変化や子のうまれ方を比べ，共通性について考える。

解答例　魚類と両生類は変温動物で卵生であるが，哺乳類は恒温動物で胎生である。このように魚類は，哺乳類よりも，両生類と共通する特徴が多いから。

UNIT 6

植物の共通性と進化

着目 種子植物は，コケ植物よりも，シダ植物に近いなかまである。

要点

- **植物どうしの特徴《とくちょう》と近さ**　からだのつくりや生殖《せいしょく》方法などの特徴を比べて求める。
- **種子植物から見た関係**　種子植物は，コケ植物よりもシダ植物と共通する特徴が多いことから，シダ植物に近いなかまといえる。

1 植物の共通点と多様性

A 植物のグループの特徴

脊椎《せきつい》動物の各グループの特徴《とくちょう》について比べたように，コケ植物，シダ植物，種子植物がもつ特徴を○で示して比べると**表1**のようになる。この表の中で，それぞれの植物が共通する特徴がいくつあるかを数えて比べると，**表2**のように，種子植物とシダ植物，シダ植物とコケ植物の組み合わせで共通点が3で多く，種子植物とコケ植物は共通点が少ないことがわかる。

表1　コケ植物，シダ植物，種子植物の特徴

特徴	コケ植物	シダ植物	種子植物
光合成を行う*1	○	○	○
日陰《ひかげ》で湿《しめ》りけのある所で育つ	○	○	
日当たりのよい所で育つ			○
維管束《いかんそく》がある		○	○
根・茎《くき》・葉の区別がある		○	○
胞子《ほうし》でふえる	○	○	
種子でふえる			○

*1
コケ植物，シダ植物，種子植物は，葉緑体をもち，光合成を行う。

○の数を数え，該当《がいとう》する欄《らん》に記入する

表2　コケ植物，シダ植物，種子植物の共通する特徴の数

	コケ植物	シダ植物
種子植物	1	3
シダ植物	3	

B 植物の特徴と生活場所の関係

コケ植物，シダ植物，種子植物を，生活場所，からだのつくり，ふえ方などの特徴について比べると**図1**のようになる。根が発達していると湿りけの少ない場所でも地中から水を吸い上げて生活でき，維管束が発達していると茎や葉を上に広げることができる。このことから，コケ植物よりもシダ植物のほうが，シダ植物よりさらに種子植物のほうが日当たりのよい場所での生活に適していることがわかる。

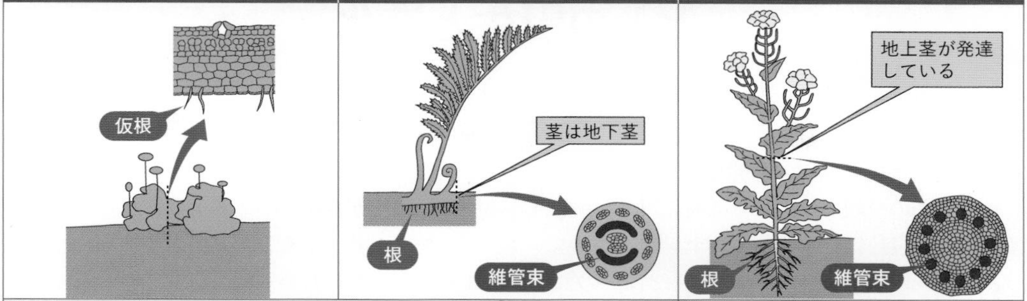

コケ植物	シダ植物	種子植物
日陰で，湿りけのある所でよく育つ*2		日当たりのよい湿りけの少ない所でも育つ
維管束がない	維管束がある	
根・茎・葉の区別がない	根・茎・葉の区別がある	
体表から水を吸収する	根から水を吸収する	
胞子でふえる		種子でふえる

図1　**コケ植物，シダ植物，種子植物の特徴と生活場所**

*2
シダ植物のなかにはスギナなどのように日当たりのよい所でよく育つものもある。

参考　植物の進化の道すじ

最古の陸上植物は約4億年前の地層から見つかっている。この化石から最初の陸上植物はコケ植物で，水中で光合成を行う藻類《そうるい》から進化したと考えられている。その後，維管束をもつシダ植物が進化し，さらに陸上生活に適した裸子植物《らししょくぶつ》，そして被子植物《ひししょくぶつ》へと進化したと考えられている。

図2　**植物の進化の道すじ**

TRY! 表現力

コケ植物とシダ植物のうち，植物のなかまとして種子植物により近いのはどちらか。その理由を含めて答えなさい。

ヒント　種子植物・コケ植物・シダ植物の特徴を比べるとき，からだのどのつくりに着目すればよいか。

解答例　シダ植物。維管束と根・茎・葉の区別は種子植物とシダ植物にはあるがコケ植物にはないなど，種子植物は，コケ植物よりもシダ植物と共通する特徴が多いため。

特集

ヒトの誕生と進化

● 樹上生活に適応して発達した霊長類

生物学での分類では，ヒトは哺乳類《ほにゅうるい》のなかの霊長類《れいちょうるい》(霊長目《れいちょうもく》)に分類され，ニホンザルやリスザル，チンパンジーやゴリラと同じグループに属する。霊長類は，ネズミのような外見をした原始的な哺乳類から，**樹上生活《じゅじょうせいかつ》**に適したからだをもつさまざまな種類に進化してきた。樹上生活に適したからだの特徴《とくちょう》として，**発達した目**や，木の枝などをつかむことができる**器用な手と動く範囲《はんい》の広いうで**などがある。

● 直立二足歩行とヒトの誕生

ヒトの祖先は，熱帯雨林《ねったいうりん》などの森林のなかで，樹上と地上との両方を行き来しながら生活をしていたが，**樹上生活から地上生活へと移行し，**生活範囲を広げていった。

ヒトとそれ以外の霊長類を区別する大きな特徴として直立二足歩行《ちょくりつにそくほこう》があげられる。ヒトにもっとも近いなかまであるチンパンジーやゴリラ，オランウータンなどの類人猿《るいじんえん》も，前あしが長く，完全な二足歩行はできない(**図1**)。

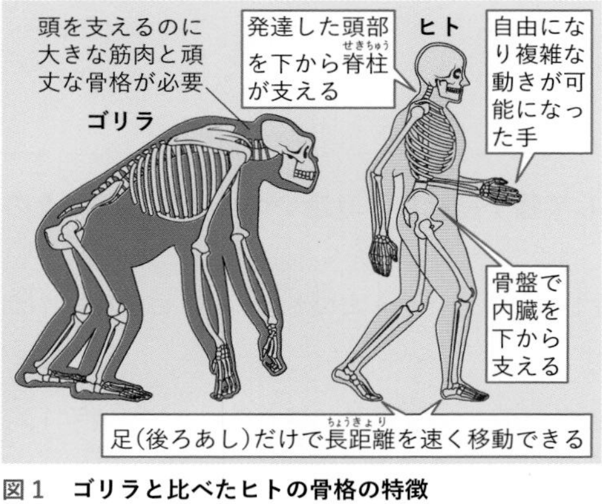

図1　ゴリラと比べたヒトの骨格の特徴

直立二足歩行に適したからだをもつヒトの祖先は，両手が自由に使えるようになり，複雑な道具をつくり，使うことができるようになった。また，頭がからだの前についていると頭の重みを支えるために首から背中にかけて頑丈《がんじょう》になる必要があるが，頭がからだの真上に位置するようになったことで頭が重くなっても支えやすくなり，**脳容積が大きくなり，知能が発達**した。

● 化石人類の4段階
―猿人・原人・旧人・新人

過去の人類のことを化石人類《かせきじんるい》といい，大きく次の4つの段階に分けられる。

最初に現れた人類は700万年前に出現したサヘラントロプス・チャデンシスや420万年前ごろから出現したアウストラロピテクスなどの猿《えん》人《じん》とよばれるなかまで，首や骨盤《こつばん》(腰《こし》の骨格)のつくりから直立二足歩行を行っていたことがわかっている。猿人はからだが小柄《こがら》で，脳容積も小さかった。これらの猿人は，東アフリカや南アフリカで化石が多数発見されている。

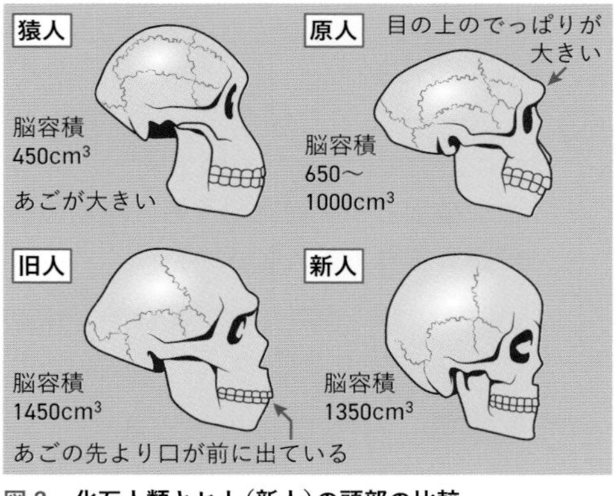

図2　化石人類とヒト(新人)の頭部の比較

次に現れたのはホモ・ハビリスやホモ・エレクトスなどの**原人**《げんじん》とよばれるなかまで，およそ250万年前に出現。猿人と比べてうでは短く，脳容積も大きくなった。原人は形の整った石器や火を使い，狩《か》りをよく行っていた。

約30万年前に出現した**ホモ・ネアンデルターレンシス**は，おもにヨーロッパや中近東で繁栄《はんえい》した人類で，**旧人**《きゅうじん》とよばれる。骨格は頑丈《がんじょう》で，脳容積も現在のヒトと同じくらい発達。装飾《そうしょく》品や埋葬《まいそう》などの高度な文化をもっていた。

現在のヒトは**学名**《がくめい》（1種《しゅ》の生物に1つずつ定められた世界共通の名前）を**ホモ・サピエンス**（*Homo sapiens*）という1種類の動物であるが，人類の進化のなかではホモ・サピエンスは**新人**《しんじん》とよばれる。

● 人類は猿人→原人→旧人→新人と一直線に進化したのではない

人類の進化を表す絵として，図3のようなものがよく使われている。

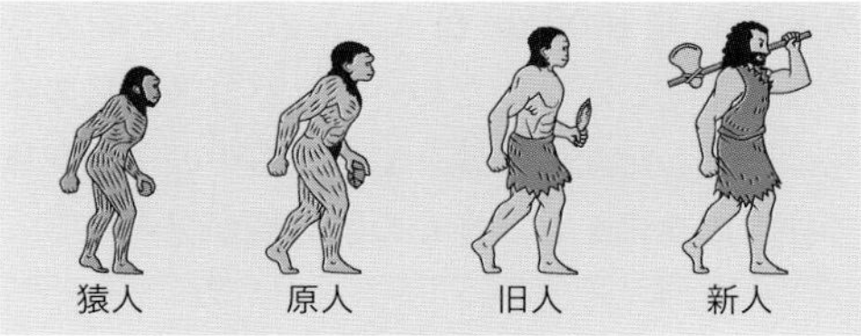

図3　よくある「人類進化の図」

これを見ると，猿人から原人へ，原人から旧人へと，現在のヒトまで一直線に進化し，順番に入れかわってきたように感じられてしまうが，実際には数多くの種の化石人類が出現し，異なる種が同じ時期や同じ地域に重なって存在したこともあったことがわかっている（図4）。

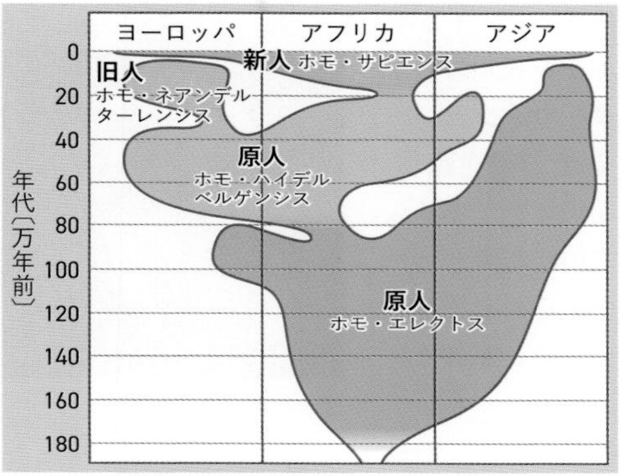

図4　人類の進化と分布の変遷

アジアにも分布を広げ北京原人《ペキンげんじん》やジャワ原人の名で知られているホモ・エレクトスや，ヨーロッパで繁栄したホモ・ネアンデルターレンシスは今に残る子孫を残すことなく絶滅《ぜつめつ》している。

つまり，私たち現在のヒトは，世界各地に広がった原人や旧人から進化したのではなく，約20万年前にアフリカで出現し，全世界へと広がったホモ・サピエンスの子孫である（図5）。

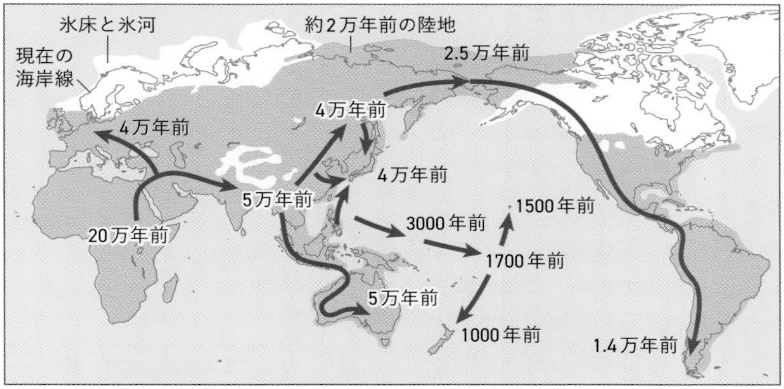

図5　ホモ・サピエンスの分布の広がり

特集

ダーウィンとガラパゴス諸島

● 社会に衝撃を与えたダーウィンの進化説

チャールズ・ダーウィンといえば，「進化論」を唱《とな》えたイギリスの科学者として，その名を聞いたことがある人も多いかもしれない。

図1　ダーウィン

19世紀，ヨーロッパの社会において，すべての生物は創造主である神によってつくられたもので，時とともに変化することは決してないものとされていた。しかし生物が異なる種から変化して今の姿になったとする進化の考えはこれを否定することになる。ダーウィンの著作『**種《しゅ》の起源《きげん》**』は大きな論争を巻き起こし，ヒトは神が自分の姿に似せてつくった特別なものであると考えていた人々《ひとびと》には反発を受けた。

● 進化論を考えるきっかけとなった5年間の航海

ダーウィンが『種の起源』を著《あらわ》したのは1859年，彼が50歳《さい》のときであるが，そのヒントとなる最初のきっかけを得たのは，1831年，22歳の若さで博物学者として参加したイギリス海軍の帆船《はんせん》**ビーグル号《ごう》**による調査探検によってであった。5年におよぶ航海でビーグル号は南アメリカおよび太平洋地域，インド洋などを調査した。その航海のなか，ダーウィンは各地の地質や動植物を調査する機会に恵《めぐ》まれた。この航海の経験によって，科学的な探究の方法を身につけ，地球の歴史のなかで大地が変化してきたように生物も変化すること，つまり進化が起こったと考えるようになった。1839年に航海の発見やできごとをつづった『ビーグル号航海記』を発表したあとも，世界のさまざまな生物に見られる進化の証拠《しょうこ》となる特徴《とくちょう》やちがいを検証し，進化を否定する考えや現象についても丹念《たんねん》に検討を重ねていった。その成果をまとめた著作が『種の起源』である。

● ガラパゴス諸島と独特な生物たち

ガラパゴス諸島《しょとう》はビーグル号の航海のなかでダーウィンが訪れた場所の1つで，太平洋の赤道下，エクアドル領の島々《しまじま》である。南アメリカ大陸の約1000km西にあり，大陸と陸続きになったことがないため，ガラパゴス諸島の生物は飛来したか海を渡《わた》ってきたものの子孫だけで独自の進化をし，多くの固有種が見られる。

図2　ガラパゴス諸島の位置と島々

図3　ガラパゴス諸島固有の動物

ガラパゴス諸島のおもな動物には，ガラパゴス諸島の名前の由来ともなった**ガラパゴスゾウガメ**（galápagoはスペイン語でゾウガメの意味），サボテンが主食の**ガラパゴスリクイグアナ**と海《かい》藻《そう》が主食の**ウミイグアナ**や，**ガラパゴスコバネウ**，**ガラパゴスペンギン**などがあげられる。

● ダーウィンは環境に適応した個体が生き残るという自然選択説を考えた

ガラパゴス諸島の動植物が特徴的《とくちょうてき》なのは，ほかの地域にいない固有の種がいるというだけでなく，それぞれの島ごとに異なる固有の動物や植物が多数存在することである。島によって生育する植物が異なり，その植物をえさとするのに適した形質をもつ動物がそれぞれの島で独自の進化をとげて分布する。たとえばガラパゴスゾウガメは草本《そうほん》（いわゆる草）の多い島ではドーム型の甲《こう》らをもつなかまが分布し，サボテンや低木の多い島では鞍型《くらがた》の甲らをもつなかまが分布する。

図4　ガラパゴスゾウガメの甲らの変化

ガラパゴス諸島に13種生息する**ダーウィンフィンチ**というスズメくらいの大きさの鳥類は，たがいにとても近縁《きんえん》であるが，くちばしの形が大きく異なっている。これは食べ物のとり方のちがいに対応していて，次の4つに大きく分けることができる。

図5　ガラパゴス諸島のフィンチのくちばし

同じ種の生物でも形や性質が少しずつ異なる。ある環境《かんきょう》において生き残りやすさや繁殖《はんしょく》しやすさが異なる場合，**その環境に適したものが多く生き残り**，遺伝で**その特徴をもつ子孫を多く残していく**。これをくり返すことで進化が起こり，新しい種がうまれるというのが，ダーウィンの考えた進化の**自然選択説**《しぜんせんたくせつ》である。

TEST

定期テスト対策問題

解答 → 別冊p.4

問1 脊椎動物のなかまとしての関係

次の文と表を読み，あとの問いに答えなさい。

　脊椎動物《せきついどうぶつ》である魚類・両生類・は虫類・鳥類・哺乳類《ほにゅうるい》の関係について調べるために，次の**A**～**D**について，それぞれ共通点が何個ずつあるのか調べ，右の表にまとめた。ただし，呼吸のしかたで，両生類は幼生と成体で呼吸方法が異なるので，えら呼吸のなかまとの共通点を0.5，肺呼吸のなかまとの共通点も0.5とする。

	魚類	両生類	は虫類	鳥類
哺乳類	0	①	2	3
鳥類	1	1.5	②	
は虫類	③	2.5		
両生類	3.5			

A　子(卵)を水中にうむか，陸上にうむか。
B　えらで呼吸するか，肺で呼吸するか。
C　皮膚《ひふ》が毛や羽毛でおおわれているか，おおわれていないか。
D　卵生か，胎生《たいせい》か。

(1)　表の①～③にあてはまる数をそれぞれ答えよ。
(2)　なかまとして魚類ともっとも近いと考えられるのは何類か。
(3)　なかまとして鳥類ともっとも遠いと考えられるのは何類か。

問2 シソチョウの化石

右の図は，化石をもとにして復元したシソチョウの想像図である。これについて説明した次の文を読んで，あとの問いに答えなさい。

　シソチョウは，は虫類と鳥類の両方の特徴《とくちょう》をもち，は虫類から鳥類への進化を示す生物であると考えられている。また，**ア**～**オ**は，化石からわかるシソチョウの特徴について示したものである。

ア　翼《つばさ》がある。　　**イ**　翼につめがある。
ウ　くちばしに歯がある。　**エ**　羽毛でおおわれている。
オ　尾骨《びこつ》があり，長い尾《お》をもっている。

(1)　シソチョウとは虫類で共通する特徴を上の**ア**～**オ**からすべて選び，記号で答えよ。
(2)　シソチョウと鳥類で共通する特徴を上の**ア**～**オ**からすべて選び，記号で答えよ。
(3)　シソチョウの化石が発見されたのは次の**ア**～**エ**のどの年代の地層か。1つ選び，記号で答えよ。
ア　約35億年前　**イ**　約1億5000万年前　**ウ**　約1500万年前　**エ**　約300万年前

3章

運動とエネルギー

UNIT 1

同じ向きの2力の合成

着目 同じ向きの2力の合力は，大きさは2力の大きさの和，向きは2力と同じ向き。

要点

- **合力《ごうりょく》**　物体にはたらいているいくつかの力と同じはたらきをする1つの力を合力という。
- **力《ちから》の合成《ごうせい》**　2つ以上の力の合力を求めることを力の合成という。
- **同じ向きの2力の合成**　同じ向きの2力の合力の大きさは2力の大きさの和，向きは2力と同じ。

1 力の合成

図1のように，1つの物体に同時にいくつかの力がはたらいても，物体は1方向にしか運動しないから，これら複数の力のはたらきは，1つの力にまとめて考えることができる。

このように1つの物体にいくつかの力が同時にはたらいているとき，それらすべての力と同じはたらきをする1つの力を，それらの力の**合力《ごうりょく》**という。また，いくつかの力の合力を求めることを**力《ちから》の合成《ごうせい》**という。

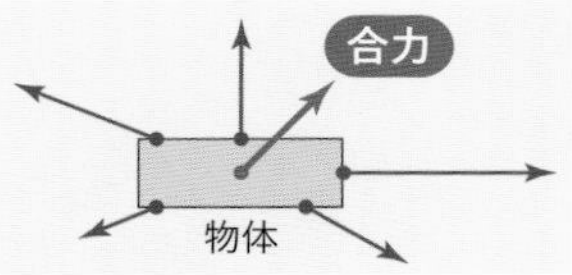

図1　**力の合成**

2 同じ向きの2力の合力を調べる　実験

A 方法・手順

① 図2のように，ばねに2本の糸をつけ，それぞれに**ばねばかり**[*1]をつけて，同じ向きに適当な力で引いてばねをのばす。このときのばねののびと，それぞれのばねばかりの示す値を記録しておく。

② 1本の糸をつけたばねばかりを引いて，①と同じ長さになるようにばねをのばし，そのときのばねばかりの示す値を記録する。

③ 力の大きさを変えながら①，②をくり返し，どうなるかを調べる。

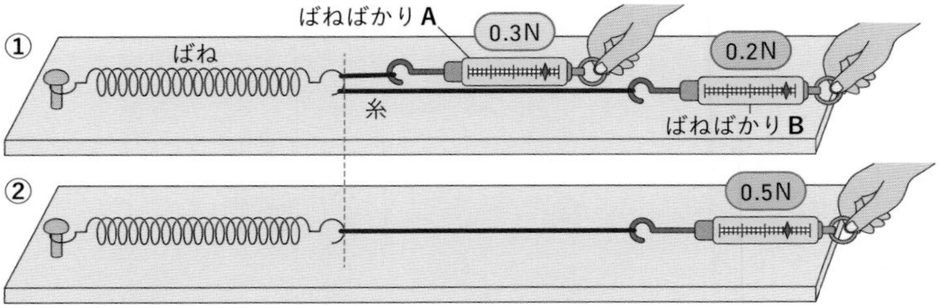

図2　**同じ向きの2力の合力を調べる実験**

*1
目盛りがNで表されている**ニュートンばねばかり**を使うとよい。また，ばねばかりに力を加えないときの値が**0**になるよう，調整をしておく必要があることに注意。

B 結果・考察

結果は次のようになる。

①	ばねばかりA	0.3N	0.3N	0.1N	0.2N	0.5N
	ばねばかりB	0.2N	0.5N	0.6N	0.3N	0.3N
②のばねばかり		0.5N	0.8N	0.7N	0.5N	0.8N

この実験から，**一直線上で同じ向きにはたらく 2 力の大きさは，2 力の大きさの和に等しい**ことがわかる。また，合力の向きは，もとの 2 力の向きと同じである。

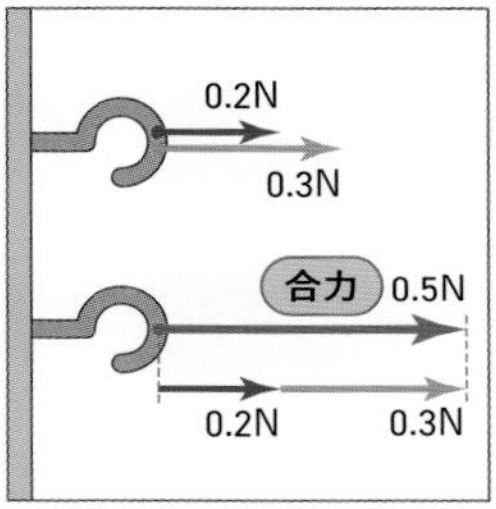

図 3　**同じ向きの 2 力の合力**

参考　力の矢印を使った同じ向きの 2 力の合成

図 2 のばねを引く力を**力《ちから》の矢《や》印《じるし》**(➡ p.117)で表すと，図 3 のようになる。この図からわかるように，同じ向きの 2 力の合力を力の矢印で表すと，矢印の先端《せんたん》の位置は 2 つの力の矢印をつぎたしたものの先端と同じになる。

例題 1　同じ向きの 2 力の合力

右の図のように，同じ種類のばね**A**～**C**に力を加えて，ばねを引いた。ばねばかり(1)，ばねばかり(2)の示す値を求めなさい。

ただし，ばね**A**とばね**B**ののびは等しく，ばね**C**ののびはばね**A**やばね**B**の $\frac{1}{2}$ 倍だったものとする。

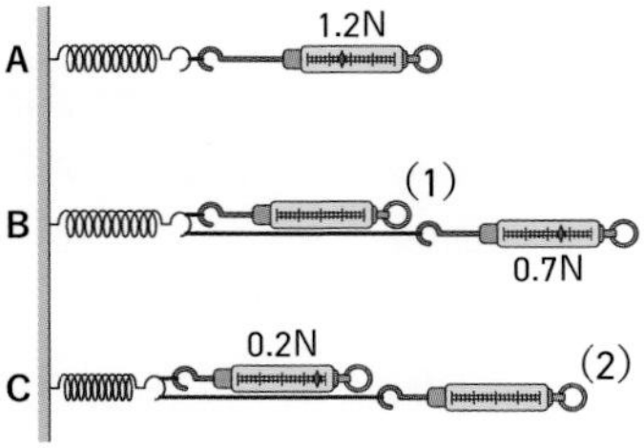

解き方

ばねののびはばねにはたらく力の大きさに比例する。

ばね**A**～**C**の種類が同じで，ばね**A**とばね**B**ののびが等しいので，ばね**A**とばね**B**には同じ大きさの力が加わっている。ばね**A**に加わっている力は1.2Nなので，ばね**B**に加わる力も1.2Nである。よって，ばねばかり(1)がばねを引く力の大きさは，

1.2N－0.7N＝**0.5N**　……㊟

ばね**C**はのびがばね**A**，**B**の $\frac{1}{2}$ 倍なので，ばね**C**にはばね**A**，**B**に加わる力の $\frac{1}{2}$ 倍の力が加わっている。ばね**A**に加わっている力は1.2Nなので，ばね**C**に加わる力は　1.2N × $\frac{1}{2}$ ＝0.6N

よって，ばねばかり(2)がばねを引く力の大きさは，

0.6N－0.2N＝**0.4N**　……㊟

UNIT 2

反対向きの 2 力の合成

着目 反対向きの 2 力の合力の大きさと向きは 2 力をさしひきした結果決まる。

要点

- **反対向きの 2 力の合成**　反対向きの 2 力も 1 つの力に合成することができる。
- **合力《ごうりょく》の大きさ**　反対向きの 2 力の合力の大きさは 2 力の大きさの差に等しい。
- **合力の向き**　反対向きの 2 力の合力の向きは大きいほうの力と同じ。

1 反対向きの 2 力の合成

綱《つな》引《ひ》きで図 1 のように，1 つの物体の片側に右向きで強い力，もう片側に左向きで弱い力を同時に加えると，物体は強いほうの力の向きである右向きに動く。このような場合の**合力《ごうりょく》**の大きさを調べてみよう。

図 1　**綱引きで綱にはたらく力**

2 反対向きの 2 力の合力を調べる

実験

A 方法・手順

① ばねに糸をつけ，糸の先に輪をつける。図 2 のように，この輪を両方からばねばかりで引っぱりながら，ばねを引きのばす。全体が静止したら，ばねののびと両方のばねばかりの読みを記録する。

② 次に，1 つのばねばかりで輪を引いて，ばねを①と同じ長さまでのばし，ばねばかりの示す値を記録する。

③ ばねの向きや力の大きさを変えながら①，②をくり返し，どうなるか調べる。

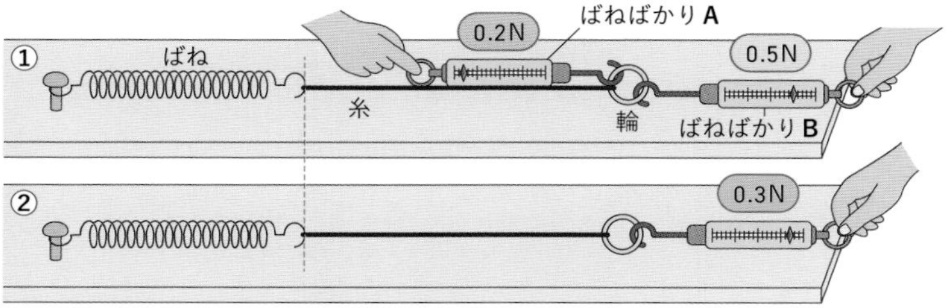

図 2　**反対向きの 2 力の合力を調べる実験**

B 結果・考察

結果は次のようになる。

①	**ばねばかりA**	左向きに 0.2 N	左向きに 0.3 N	左向きに 0.6 N	左向きに 1.0 N	左向きに 0.3 N
	ばねばかりB	右向きに 0.5 N	右向きに 0.5 N	右向きに 0.3 N	右向きに 0.1 N	右向きに 0.3 N
②のばねばかり		右向きに 0.3 N	右向きに 0.2 N	左向きに 0.3 N	左向きに 0.9 N	どちらにも 0.0 N

この実験から，**一直線上で反対向きにはたらく２力**の合力の大きさは，**２力の大きさの差に等しく**なり，合力の向きは，２力のうちの**大きいほうの力の向きと同じ**である。また，２力の大きさが等しいとき，力はつり合うので合力は０となる。[*1]

＊1
同一直線上の２力の合成は，数学の**正負の数のたし算**と同じように考えることもできる。

参考　力の矢印を使った反対向きの２力の合成

図２のばねを引く力を力の矢印で表すと，図３のようになる。この図からわかるように，反対向きの２力の合力は，長いほうの矢印の先端《せんたん》の位置から短いほうの矢印をかき，作用点からその先端までの矢印をかけば求めることができる。

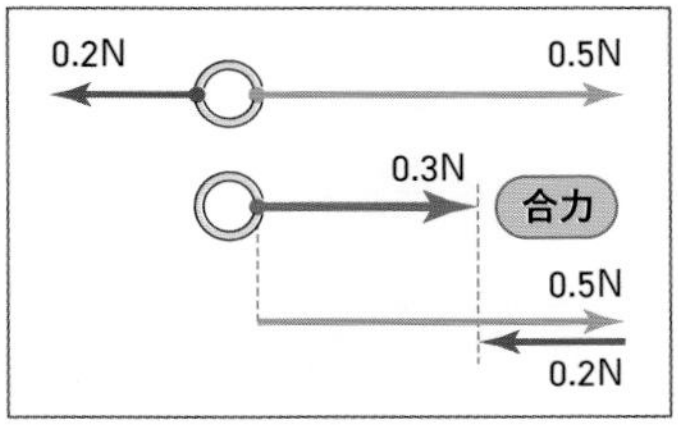

図３　**反対向きの２力の合力**

例題 2　反対向きの２力の合力

右の図のように，物体の左右方向に２力がはたらくとき，２力の合力の向きと大きさを求めなさい。

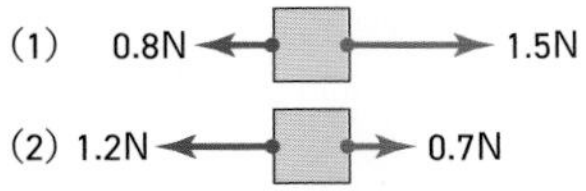

解き方

反対向きの２力を合成すると，合力の大きさは２力の大きさの差に等しく，向きは大きいほうの力と同じ向きになる。

(1) ２力の大きさの差は，

$1.5\,\mathrm{N} - 0.8\,\mathrm{N} = 0.7\,\mathrm{N}$

右向きの力のほうが大きいので，合力は**右向きに 0.7 N の力**となる。……答

(2) ２力の大きさの差は，

$1.2\,\mathrm{N} - 0.7\,\mathrm{N} = 0.5\,\mathrm{N}$

左向きの力のほうが大きいので，合力は**左向きに 0.5 N の力**となる。……答

UNIT 3

角度をもってはたらく 2 力の合成

着目 合力は 2 力を表す矢印を 2 辺とする平行四辺形の対角線をかいて求める。

要点

- **角度をもってはたらく 2 力の合成**　角度のついた 2 力も 1 つの力に合成することができる。
- **合力《ごうりょく》の大きさと向き**　もとの 2 力を力の矢印で表し，それを 2 辺とする平行四辺形《へいこうしへんけい》をつくる。できた平行四辺形の対角線が合力の力の矢印となる。

1 角度をもってはたらく 2 力の合成

図 1 は，アーチェリーの矢を放つ直前である。矢には弓のつるの方向にそれぞれ 2 つの力がはたらいているが，矢の飛んで行く向きは，この 2 つの力の**合力《ごうりょく》**の向きである。

一直線上にない 2 力の合力は，単純なたし算やひき算で求めることはできない。

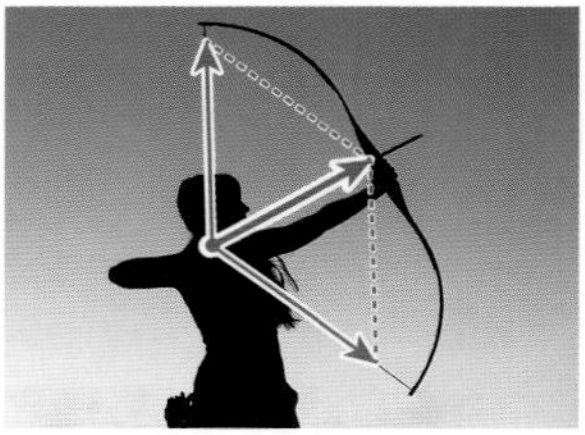

図 1　**矢にはたらく力の向きと矢が飛ぶ向き**

2 角度をもってはたらく 2 力の合力を調べる　実験

A 方法・手順

① 図 2 のように，紙をはった板にばねの一端《いったん》を固定し，他端に 2 本の糸をつけて，それぞれにばねばかり A，B をつける。*1

② ばねばかり A，B を別々《べつべつ》の方向に引いて，そのときのばねばかりの示す値と糸の方向，ばねの先端の位置を紙の上に記録する。

③ 次に，同じばねを 1 つのばねばかりを使って②と同じところまでのばし，そのときにばねばかりの示す値と糸の方向を紙の上に記録する。

＊1
図 3 のように，ばねのかわりに**クランプつき滑車《かっしゃ》**におもりをつり下げてもよい。この場合は，条件を変えても同じおもりの重さで引かれるので，力の調整をする必要がない。

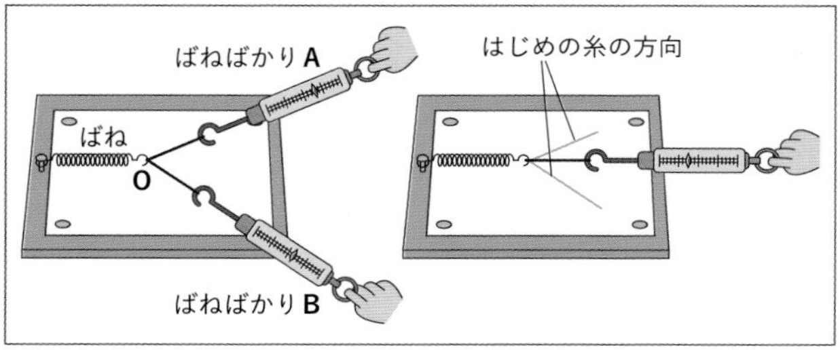

図 2　**角度をもってはたらく 2 力の合力を調べる実験**

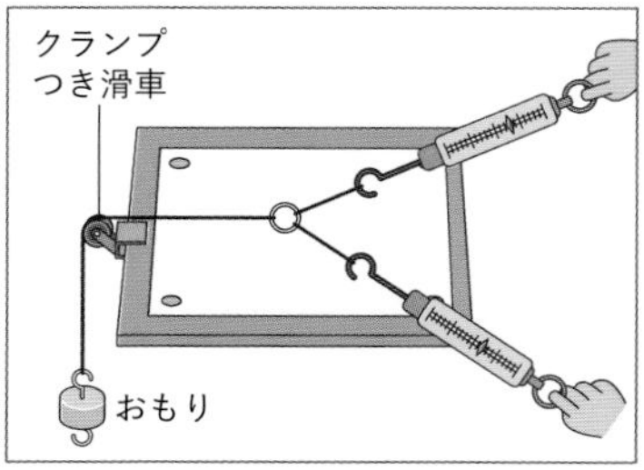

図 3　**クランプつき滑車を使った実験**

Ⓑ 結果・考察

それぞれの糸の方向に，ばねばかり**A**，**B**の示す値に比例した長さの矢印をかき，さらに3つの矢印の先端どうしを結んで線を引くと，図4のような**平行四辺形**《へいこうしへんけい》ができる。

この実験から，2つの力がちがう方向にはたらいたとき，その合力の矢印は，もとの2つの力を表す矢印を2辺とする平行四辺形の対角線で表されることがわかる。

この関係を，**力**《ちから》**の平行四辺形**《へいこうしへんけい》**の法則**《ほうそく》という。平行四辺形の作図方法については，p.119の参考で解説している。

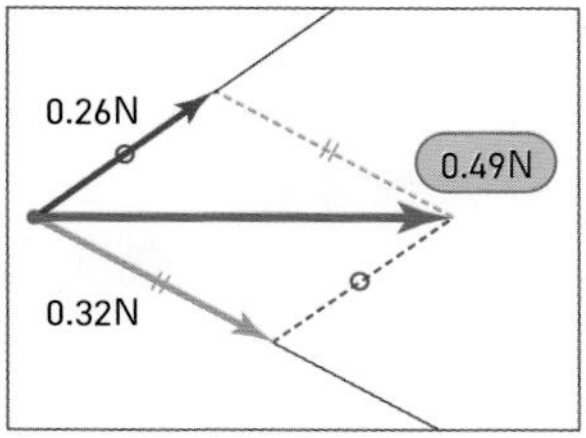

図4　角度をもってはたらく2力の合成

参考　力の矢印

①**力のはたらく点**（**作用点**《さようてん》），②**力の向き**，③**力の大きさ**によって物体の運動のようすが変わる。この3つを**力**《ちから》**の3要素**《ようそ》という。

図5のように作用点から力の向きにのびるような矢印をかき，その長さで力の大きさを表すことにすれば，力の3要素をいちどに示すことができる。このような矢印を，**力**《ちから》**の矢印**《やじるし》という。

力の矢印の長さは，つごうのよいように自分で決めればよい。たとえば0.5Nを10cmにしたいなら，1cmを0.05Nとすると決める。このとき，1つの図の中では，何Nを1cmにするか統一しておく必要がある。

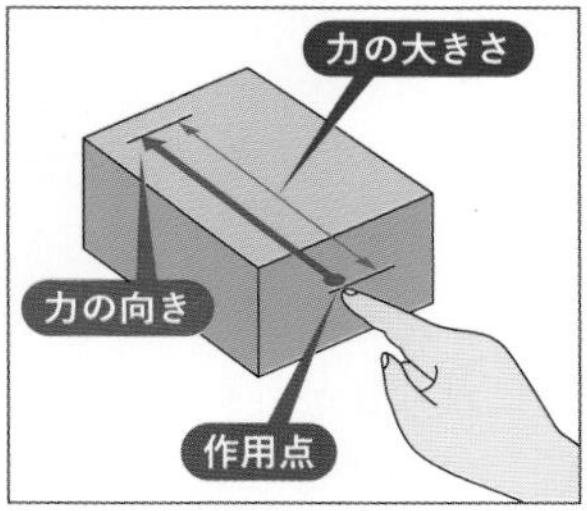

図5　力の3要素

例題 3　角度をもってはたらく2力の合力

右の図のように，角度のついた2力がはたらいている。それぞれの2力の合力の大きさと向きを図にかきなさい。

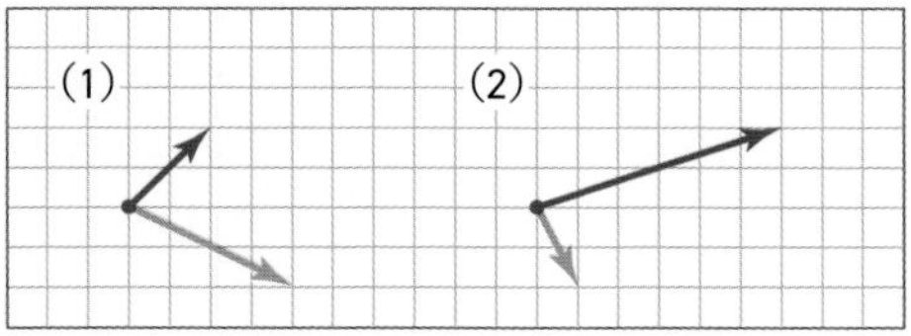

解き方

合力は，2つの力を表す矢印を2辺とする平行四辺形の対角線で表される。

2力の矢印を2辺とする平行四辺形をかく。そしてこの平行四辺形の対角線に矢印をかく。このとき，2力の矢印の根もとに，合力の矢印の根もとがくるようにする。

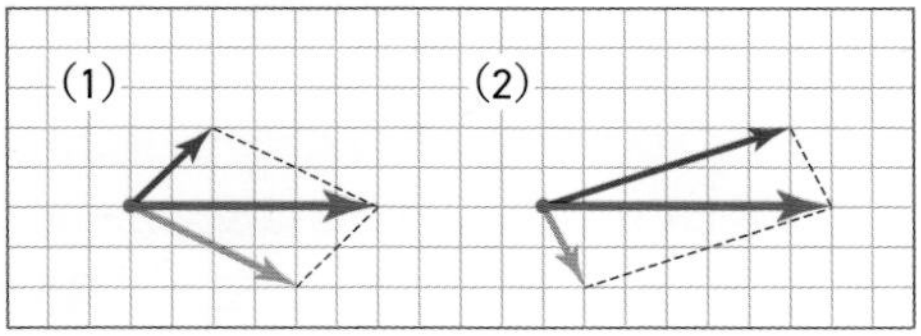

UNIT 4

3 力のつり合い

着目 3 力がつり合うとき，2 力の合力は残りの 1 つの力とつり合う。

要点

- **力のつり合《あ》い**　物体に複数の力がはたらいていても物体が動かないとき，物体にはたらく力はつり合っている。
- **3 力のつり合いと合力**　3 力がつり合っているとき，2 力の合力と残りの力がつり合っている。

1　3 力のつり合い

A 力のつり合い

1 つの物体に複数の力がはたらいても物体が動かないとき，物体にはたらいている力は**つり合《あ》っている**という。*1

図 1 で静止しているとき，リングをばねが引く力（F_0 とする）と，リングをばねばかり **A** が引く力（F_1 とする）と，リングをばねばかり **B** が引く力（F_2 とする）がつり合っている。

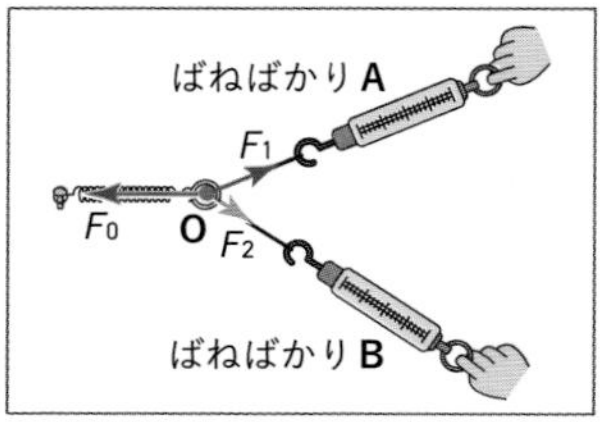

図 1　**3 力のつり合い**

*1
物体が**等《とう》速《そく》直《ちょく》線《せん》運《うん》動《どう》**をしているときも，はたらく力はつり合っている（➡p.148）。

B 3 力のつり合いと合力

3 つの力がつり合っているとき，**そのうちの 2 つの力の合力は，残りの 1 つの力とつり合っている**（大きさが等しく，向きは反対になっている）。図 2 ❶では，作用点 **O** をばねが引く力 F_0 が，点 **O** をばねばかり **A** が引く力 F_1 と作用点 **O** をばねばかり **B** が引く力 F_2 の合力 F_0' とつり合っている。

このとき，図 2 ❷のように，力 F_0 と力 F_1 の合力 F_2' は力 F_2 とつり合っているといえるし，❸のように力 F_0 と力 F_2 の合力 F_1' は力 F_1 とつり合っているともいえる。3 つの力がつり合っているとき，このような関係が必ず成立する。

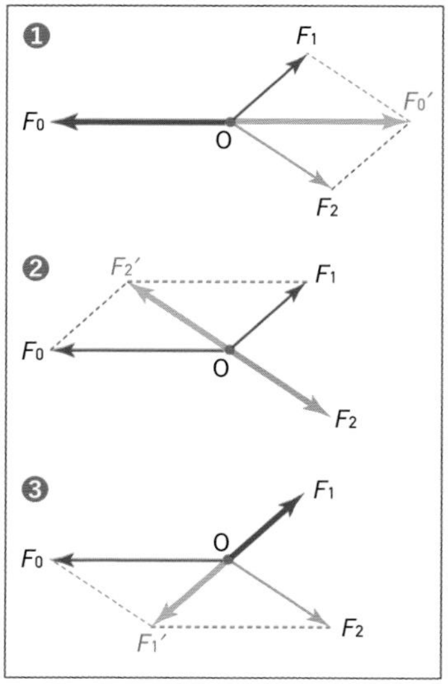

図 2　**3 力のつり合いと合力**

2　3 力のつり合いを調べる

3 つの力がつり合っているかどうかを調べるには，いずれか **2 つの力の合力が残りの力と同一直線上にあるか，矢印の長さは等しいか，矢印の向きは反対か**を確認する。

2 つの力の合力は，図 3 のように三角定規を使ったり，方眼を利用したりして**平行《へいこう》四《し》辺形《へんけい》**を作図して求める。

参考　合力の作図

三角定規を使った方法

① 三角定規の一辺を力**OB**の向きに合わせ，定規を三角定規の一辺に合わせる

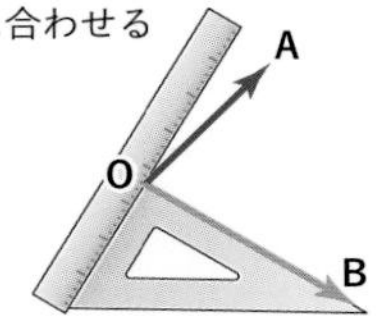

② 定規にそって三角定規を動かし，点**A**を通る直線を引く

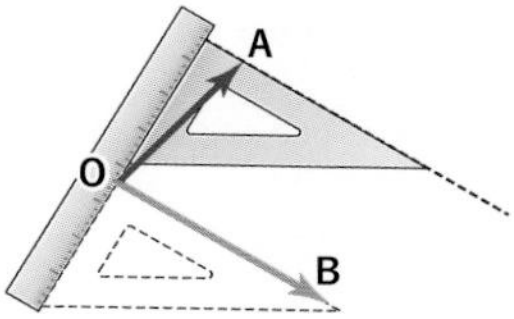

③ ①, ②と同様に，点**B**を通って直線**OA**に平行な直線を引き，交点を点**F**として，**OF**に矢印を引く

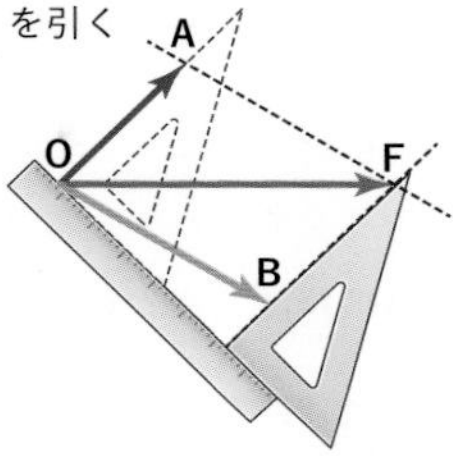

方眼を使った方法

① 力**OB**に重なる直線を引き，方眼を使ってその向きを読みとる

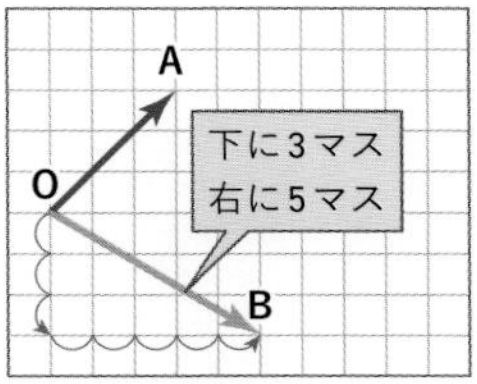

② 点**A**を通り，①で読みとった方向に平行な直線を引く

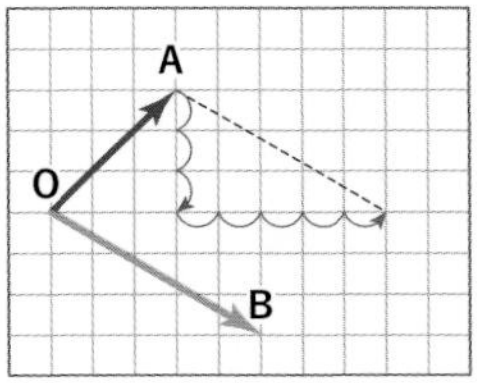

③ ①, ②と同様に点**B**を通り直線**OA**に平行な直線を引き，交点を点**F**として，**OF**に矢印を引く

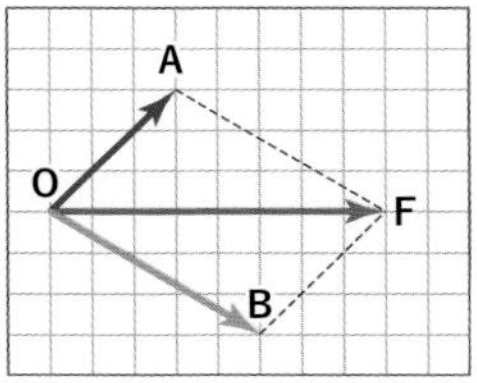

図3　**合力の作図**

例題 4　3力のつり合い

右の図のように，3つの力がはたらいている。このとき，3つの力はつり合っているかどうかを作図して答えなさい。

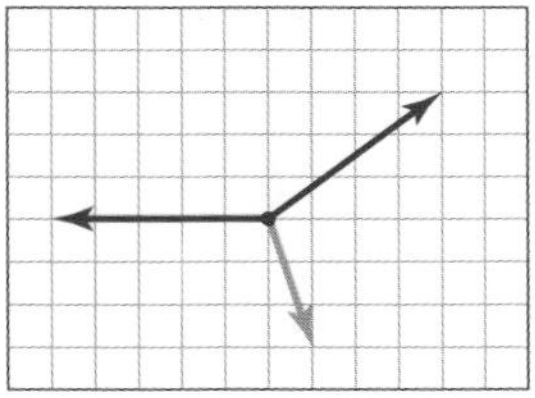

解き方

方向のちがう2力の合力は，2つの力を表す矢印を2辺とする平行四辺形の対角線で表される。

2つの力の合力を作図すると，右の図の赤い矢印になる。残りの力の矢印と赤い矢印は同一直線上にあり，長さが等しく，向きが反対となるので，**3つの力はつり合っている。** ……答

2つの力の合力は，どの2つの力の組み合わせでもよい。

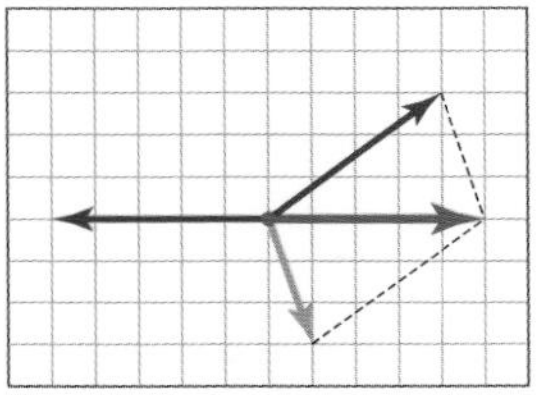

UNIT 5

力の分解

着目 もとの力の矢印を対角線とする平行四辺形の対角線をはさむ 2 辺が分力になる。

要点

- **力の分解《ぶんかい》** 1 つの力を，合力がそれと同じはたらきをする 2 つ以上の力に分けること。
- **分力《ぶんりょく》** 分解された力をそれぞれ分力という。
- **分力の作図** もとの力の矢印を対角線とする平行四辺形の 2 辺が分力を表す矢印になる。

1 力の分解

図 1 ❶のように，1 つの荷物を 2 人の人が，それぞれF_1，F_2の力で引っぱって支えているとする。F_1とF_2の合力Fは，荷物の重さWとつり合っている。

あるいは図 1 ❷のように，1 人が力Fを加えて荷物を支えることもできる。❶のときも❷のときも，荷物を支えていることには変わりはない。このとき，F_1とF_2はFを 2 つの力に分解《ぶんかい》したものと考えることができる。分解されたそれぞれの力を分力《ぶんりょく》という。

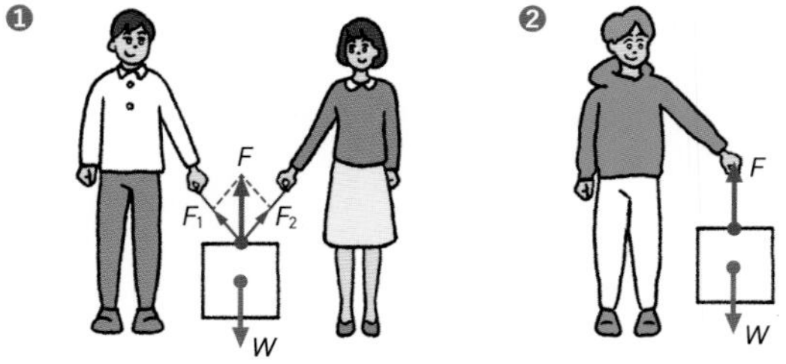

図 1 2 人で荷物を持つ場合と 1 人で持つ場合の力

2 力の分解のやり方

もとの力の矢印を対角線とする平行四辺形をつくると**対角線をはさむ 2 辺が分力を表す矢印になる。**

力を分解する方向が決まれば，右ページの参考のように作図することができる。ところが，同じ対角線をもつ平行四辺形は，図 2 に示すように無数にあるので，力を分解する方向が決まらなければ分力は 1 つに決まらない。

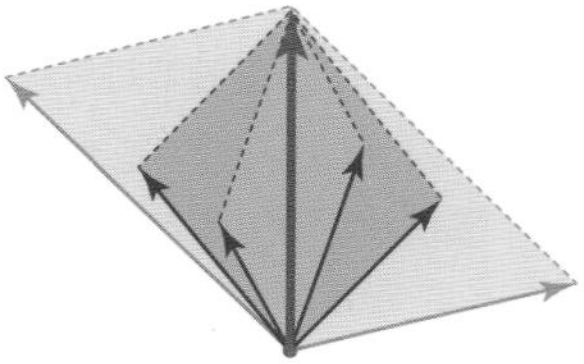

図 2 力の分解のいろいろなやり方

参考　分力の作図

① 力OFを分解する方向を決め，直線OP，OQを引く。

② 点Fを通り，OQ，OPに平行な直線を引いて，それぞれOP，OQとの交点A，Bを求める。

③ 点Oから点A，点Oから点Bに向かう矢印を引くと，OA，OBが分力になる。

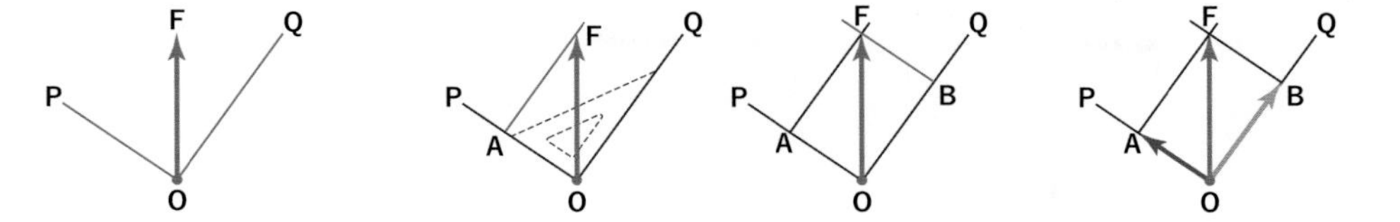

図3　**分力の作図**

参考　三平方の定理

直角三角形の3辺の長さを図4のように a, b, c とすると，

$$a^2+b^2=c^2$$

という関係が成立する。これを**三平方《さんへいほう》の定理《ていり》**という。

ある力を垂直な関係にある2つの方向に分解するとき，平行四辺形は長方形になる。長方形を対角線で切ると直角三角形になるので，この場合はもとの力の大きさと1つの分力の大きさがわかれば，三平方の定理を使った計算で残りの分力の大きさを求めることができる。

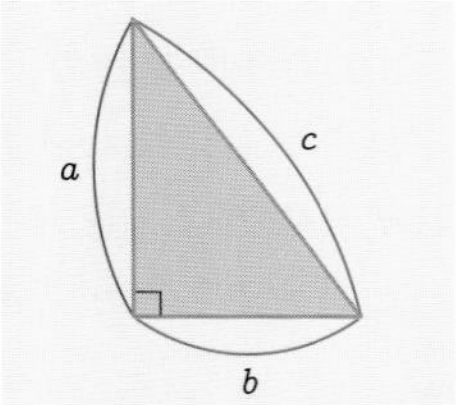

図4　**直角三角形の3辺の長さ**

例題5　分力の求め方

右の図の力OAをOX方向，OY方向の2つの分力に分解し，分力を矢印でかき込《こ》みなさい。

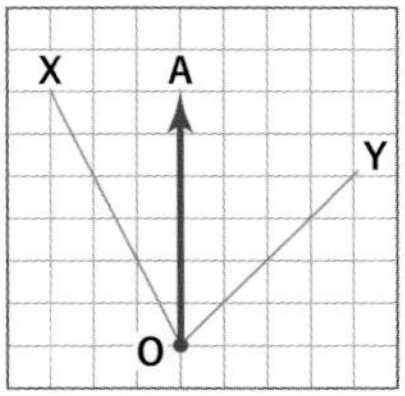

解き方

点Aを通りOX，OYに平行な線を引く。OX，OYとの交点が分力の矢印の先になる。

点Aを通りOYと平行な線を引き，OXとの交点を点Bとする。点Oから点Bに矢印をかく。同様に点Aを通りOXと平行な線を引き，OYとの交点を点Cとする。点Oから点Cに矢印をかく。
OB，OCが分力を示す矢印になる。

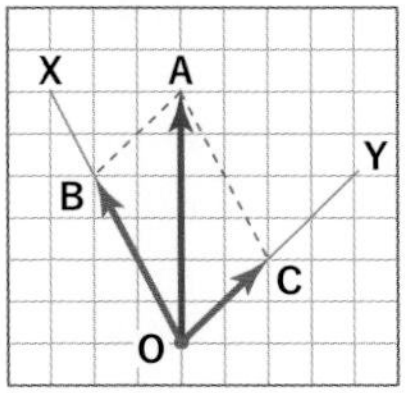

UNIT 6

2本のひもでつるす場合の分力

着目 ひもの傾きによって分力の大きさが変わる。

要点

- **ひもの傾《かたむ》きが等しいときの分力**　2つの分力の大きさは等しくなる。2本のひもと分力とのなす角が大きくなるほど，分力の大きさは大きくなる。
- **ひもの傾きが異なるときの分力**　もとの力となす角が小さいほうのひもに大きな力が加わる。

1　2本のひもでつるしたときの分力

p.120の図1❶のように，物体を2本のひもでつるしたとき，それぞれのひもに加わる力の大きさについて調べてみよう。このとき，それぞれの力は，重力とつり合う上向きの力を，ひもの方向に分解した力と考えることができる。

Ⓐ 2本のひもの傾きが等しいときの分力

2本のひもの傾《かたむ》きが等しいときは，図1のように，平行四辺形が対角線に関して対称《たいしょう》になるので，2つの分力の大きさは等しくなる。

分力の大きさは，もとの力と分力とのなす角の大きさによって，3つの場合に分けて考えることができる。

❶ もとの力と分力とのなす角が60°のとき

平行四辺形が2つの正三角形を合わせた形になるので，分力はどちらももとの力と同じ大きさである(図1❶)。[*1]

❷ もとの力と分力とのなす角が60°より小さいとき

分力はもとの力より小さい。もとの力と分力とのなす角が小さくなるほど，分力は小さくなる(図1❷)。

❸ もとの力と分力とのなす角が60°より大きいとき

分力はもとの力より大きい。**もとの力と分力とのなす角が大きくなるほど分力は大きくなる**(図1❸)。

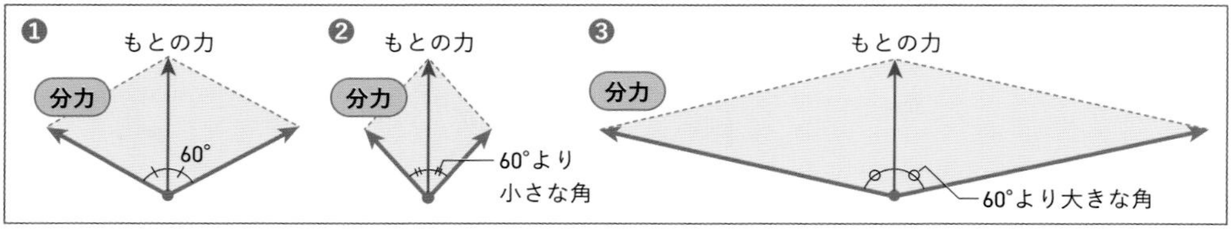

図1　2本のひもの傾きが等しいときの分力

＊1
力の分解では30°，45°，60°という角度がよく出るので，図2の三角形の辺の比を覚えておくとよい。

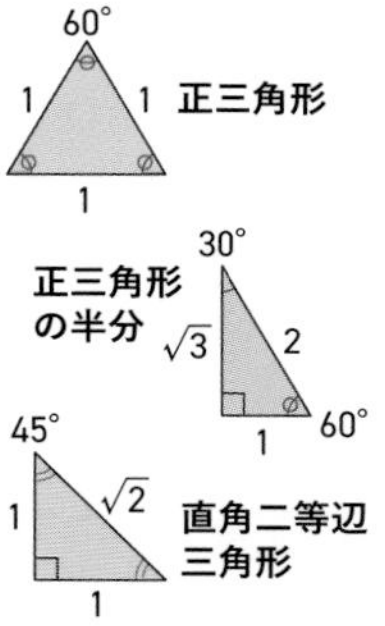

図2　特別な三角形の辺

B 2本のひもの傾きが異なるときの分力

2本のひもの傾きが異なるときには，図3のように，必ずもとの力とのなす角が小さいほうのひもに大きな力が加わる。

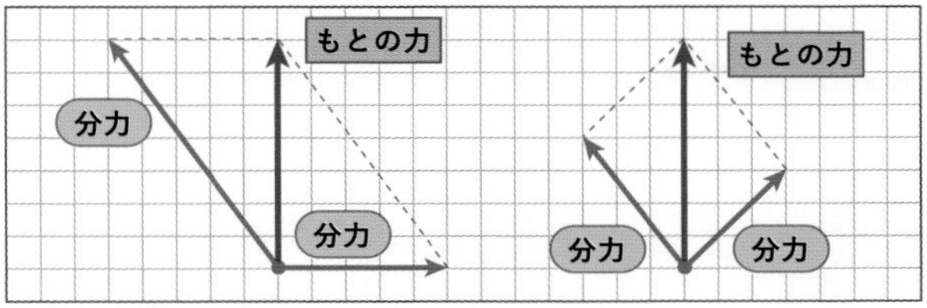

図3　**2本のひもの傾きが異なるときの分力**

参考　分力の大きさの求め方

図4のように，もとの力**OA**を対角線とする平行四辺形がかけたら，分力**OB**，**OC**の大きさを求めることができる。

力の大きさと力の矢印の長さは比例しているので，図4のようにもとの力の大きさをそれぞれ**OA**がa〔N〕，**OB**がx〔N〕，**OC**がy〔N〕とすると，

$$x = a \times \frac{\mathrm{OB}}{\mathrm{OA}},\quad y = a \times \frac{\mathrm{OC}}{\mathrm{OA}}$$

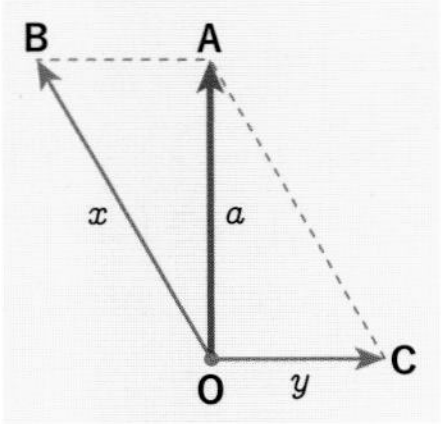

図4　**分力の求め方**

例題 6　特別な三角形を使った分力の求め方

右の図の力**OA**を**OX**方向，**OY**方向の2つの分力に分解する。このとき，次の問いに答えなさい。

(1) **OX**方向の分力と**OY**方向の分力では，どちらが大きいか。

(2) 力**OA**が1.8N，∠**AOX**＝30°，∠**AOY**＝60°のとき，**OY**方向の分力の大きさは何Nになるか。

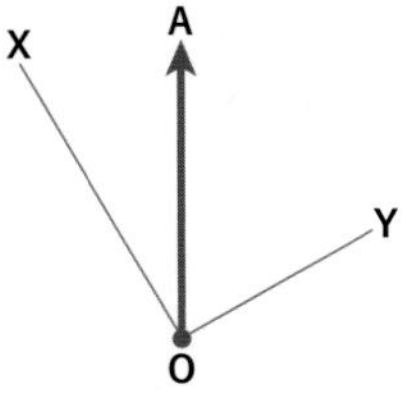

解き方

内角が30°，60°，90°の直角三角形の辺の長さの比を使って求める。

(1) もとの力と**OX**方向のなす角のほうが，**OY**方向のなす角よりも小さいので，分力が大きいのは，**OX方向の分力**である。……答

(2) 内角が30°，60°，90°の直角三角形の辺の長さの比は右の図のようになる。斜辺**OA**が1.8Nなので，**OY**方向の分力は，

$$1.8\,\mathrm{N} \times \frac{1}{2} = \mathbf{0.9\,N}$$ ……答

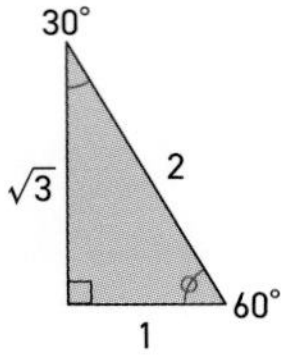

UNIT 7

斜面上の物体にはたらく力

着目 斜面上の物体は重力を斜面方向とそれに垂直な方向に分解して考える。

要点

- **斜面《しゃめん》に垂直な方向の分力**　斜面上の物体では，斜面の垂直抗力《すいちょくこうりょく》とつり合っていると考える。
- **斜面にそった方向の分力**　斜面上に静止した物体では，斜面にそって上向きにはたらく力とつり合っていると考える。

1 斜面上の物体にはたらく力

A 斜面上の物体にはたらく力

図1のように，斜面上《しゃめんじょう》に**力学台車《りきがくだいしゃ》**[*1]を置くと，台車は斜面にそって下向きに運動する。このことから，台車には力がはたらいていることがわかる。

台車が動かないようにするには，斜面にそって上向きに引く必要がある。このときの力のつり合いについて考える。

斜面上の物体にはたらく力を考えるときは，図2のように，物体にはたらく重力**OW**を斜面にそった方向の分力**OA**と斜面に垂直な方向の分力**OB**とに分解して考えるとわかりやすい。

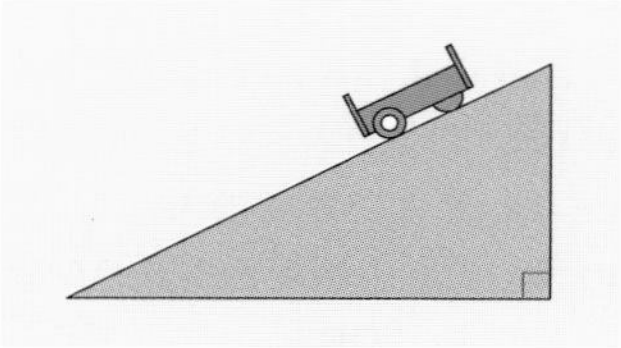

図1　**斜面上に置いた力学台車**

＊1
力学台車は，力学の実験に使うための台車である。力学台車の車輪の回転にかかる摩擦力《まさつりょく》は非常に小さく，床《ゆか》からの摩擦力《まさつりょく》も考えなくてよい。

B 斜面に垂直な方向の力のつり合い

重力の斜面に垂直な方向の分力OBは，物体を斜面に押《お》しつけるはたらきをする。一方斜面は物体を押し返す**垂直抗力《すいちょくこうりょく》ON**を物体にはたらかせる。

斜面上の物体は，ふつうは斜面から離《はな》れたり，斜面にめり込《こ》んだりはしない。つまり，斜面に垂直な方向には動かない。よって，2つの力**OB**と**ON**は常につり合っていると考えてよい。

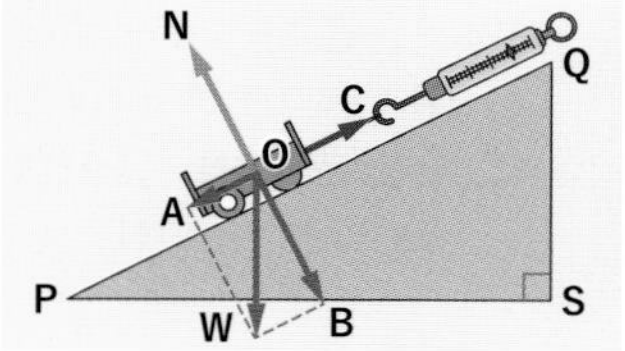

図2　**斜面上に置いた力学台車にはたらく重力の分解**

C 斜面にそった方向の力のつり合い

重力の斜面にそった方向の分力OAは，物体を斜面にそって下向きに動かそうとするはたらきをする。ここで，**斜面にそった上向きの力OC**を外から加えるとき，**OA**と**OC**は反対向きなので，反対向きの2力の合力(➡p.114)として考えることができる。

2力の大きさが等しければ，物体の受ける力はつり合う。[*2]

力**OA**のほうが大きければ，物体は斜面下向きの合力を受け，力**OC**のほうが大きければ，物体は斜面上向きの合力を受ける。

＊2
逆に，物体が静止しているとき，2つの力は必ずつり合っている。

2 斜面の傾きとはたらく力の関係を調べる　実験

A 方法・手順

① 図3のように，斜面の角度を変えられる装置の上に力学台車を乗せ，ばねばかりで上から固定し，ばねばかりの示す値を記録する。

② 斜面の角度を変えながら，①をくり返す。*3

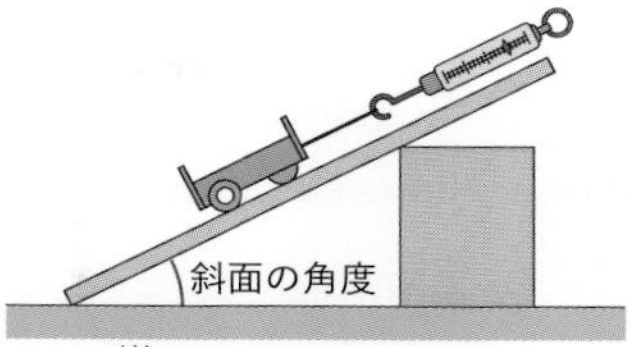

図3　傾《かたむ》きを変化させる実験

*3
角度を変えるごとに，ばねばかりが台車をつるさないときに0を示すよう，**調節《ちょうせつ》ねじ**を使って調整する。

B 結果・考察

表1　斜面の傾きとはたらく力の関係を調べる実験の結果

斜面の角度	0°	30°	45°	60°	90°
ばねばかりの示す値	0.0 N	2.5 N	3.5 N	4.3 N	5.0 N

表1のように，斜面の傾きが大きくなっていくほど，ばねばかりの示す値が大きくなっていく。この力と重力の斜面にそった方向の分力がつり合っているので，斜面の傾きが大きくなるほど，重力の斜面にそった方向の分力は大きくなることがわかる。

この関係は，図4のように作図しても求めることができる。この図から，斜面の傾きが大きくなるほど，重力**OW**の斜面に垂直な方向の分力**OB**は小さくなっていくこともわかる。

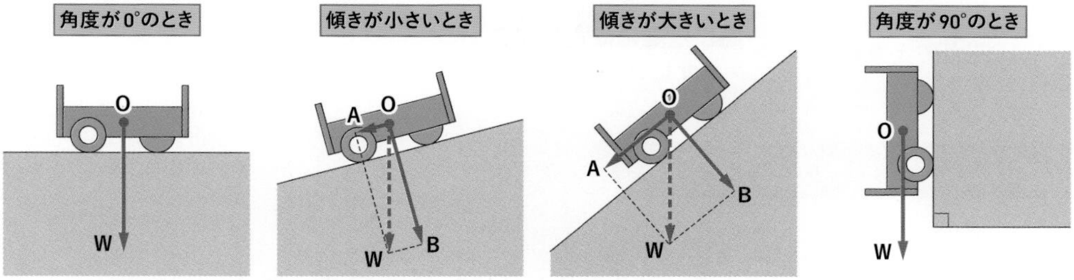

図4　斜面上にある物体にはたらく重力の分解

TRY! 思考力

摩擦のある斜面上に本を置いたところ，本は静止した。このまま斜面の傾きを小さくしていったとき，本にはたらく摩擦力の大きさはどうなるか。理由とともに答えなさい。

ヒント　静止している物体にはたらく力はつり合っている。

解答例　静止しているので，重力の斜面にそった方向の分力と摩擦力はつり合っている。角度を小さくすると重力の斜面にそった方向の分力が小さくなるので，摩擦力も小さくなる。

UNIT 8

水圧のはたらき

着目 水圧はあらゆる向きにはたらき，水の深さが深くなるほど大きくなる。

要点

- **水圧《すいあつ》** 水中の物体が水から受ける圧力《あつりょく》を水圧という。
- **水圧のはたらき** 水圧はあらゆる向きにはたらき，同じ深さではたらく水圧の大きさは等しい。また，水の深さが深くなるほど大きくなる。

1 水圧

面にはたらく力を**圧力《あつりょく》**という。図1のように，手にポリエチレンの袋《ふくろ》をかぶせて水の中に入れると，袋が手にぴったりとはりつくのは，袋が水から圧力を受けて押《お》されるからである。

このように，水の中に入れた物体の表面は，水から圧力を受ける。**水が物体におよぼす圧力**を水圧《すいあつ》という。

圧力の大きさは，**単位面積あたりの力の大きさ**で表される。多くの場合，圧力の単位には**パスカル**(記号**Pa**)を使う。圧力の大きさは，次の式で求めることができる。*1

$$\text{圧力の大きさ〔Pa〕} = \frac{\text{面に垂直にはたらく力〔N〕}}{\text{力がはたらく面積〔m}^2\text{〕}}$$

図1 **水圧のはたらき**

*1
圧力をPaで計算するときには，力をN，面積をm^2で表さないといけないことに注意する。
なお1hPa(ヘクトパスカル)＝100Paであるが，hPaは気圧《きあつ》以外にはあまり使われない。

2 水圧のはたらき方を調べる 実験

A 方法・手順

① 透明《とうめい》なプラスチックの円筒《えんとう》に，空気が出入りできるような**パイプ**をつなぎ，円筒の両側に**ゴム膜《まく》**をはる。

② 円筒を水中に沈めて，円筒の向きを変えながら，ゴム膜のへこみ方のちがいを調べる。

③ 円筒を沈《しず》める水の深さを変えながら，ゴム膜のへこみ方のちがいを調べる。

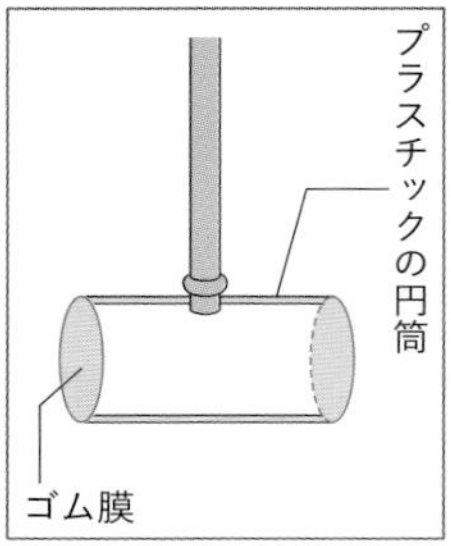

図2 **水圧のはたらき方を調べる実験に使うパイプ**

B 結果・考察

水圧が大きいところでは，ゴム膜が大きくへこむので，ゴム膜のへこみ方で水圧の大小を調べることができる。

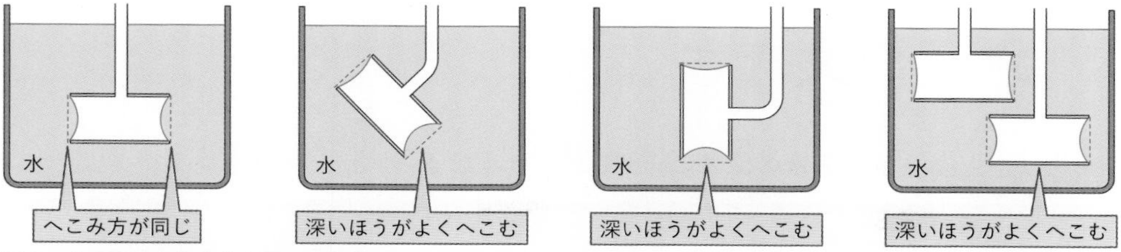

図 3　**水圧のはたらき方を調べる実験**

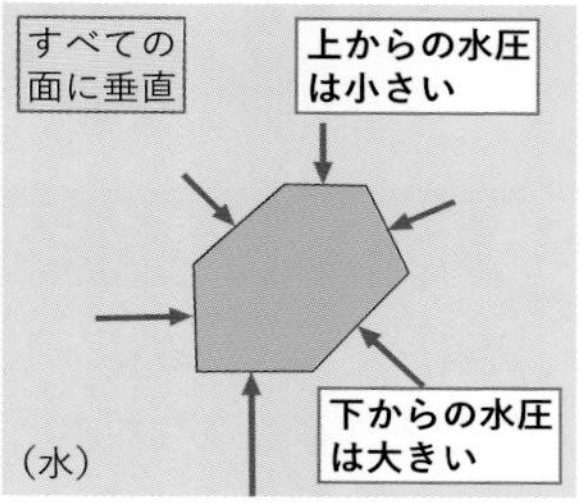

図 4　**水圧のはたらく向き**

① 円筒を横向き，斜《なな》め，縦向きにしたとき，いずれも，円筒の両側のゴム膜がへこむ。このことから，水中ではあらゆる向きに水圧がはたらくことがわかる。

② 円筒を横向きにしたとき，左右のゴム膜のへこみ方が等しい。このことから，同じ深さではたらく水圧の大きさは等しいことがわかる。

③ 横向きにして深さを変えたとき，深いときほどゴム膜は大きくへこむ。斜めや縦向きにしたときも，深い所にあるゴム膜のほうが大きくへこむ。これらのことから，水圧は水の深さが深い所ほど大きいことがわかる。

C 水圧のはたらく向きと大きさ

気圧（**大気圧**《たいきあつ》）と同じように，水圧も下向きだけでなく，あらゆる向きにはたらく。もう少しくわしく見ると，図 4 のように，水の中に物体を入れたとき，物体の水にふれている面はすべて，**その面に対して垂直な向きに水圧を受けている**。

また，**水圧は深い所ほど大きくなる**。このことは，図 5 のように側面にいくつかの穴をあけた容器に水を入れたとき，下の穴から噴《ふ》き出《だ》す水の勢いのほうが強いことからも確かめられる。

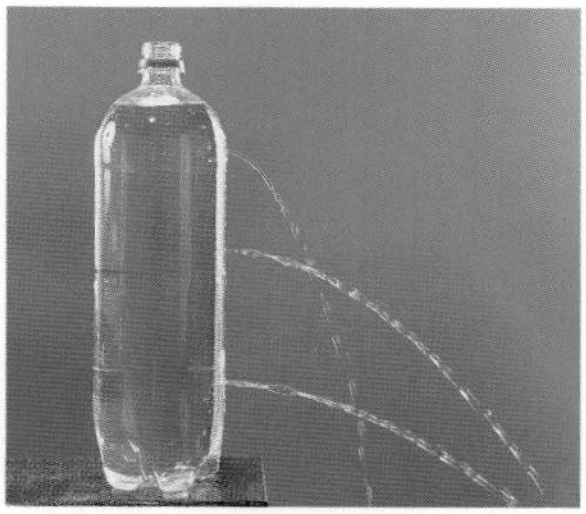

図 5　**水圧によって噴き出す水**

TRY! 思考力

家庭用の水槽《すいそう》に使われているガラス板やアクリル板は厚さ 1 ～3mm程度だが，水族館の大きな水槽に使われているアクリル板には厚さ 60cmのものもある。その理由を答えなさい。

ヒント　厚いアクリル板ほど大きな水圧に耐《た》えることができる。

解答例　水深が深くなる水槽は，それによって大きくなる水圧によってアクリル板が割れないように厚くじょうぶにする必要があるため。

UNIT 9

水圧の大きさ

着目 水圧の大きさは，水の深さに比例して大きくなる

要点

- **水圧《すいあつ》の原因**　水の重さによって，水中の物体は水から圧力（水圧）を受ける。
- **水圧の大きさ**　水圧は，水の深さが1m深くなると10000Paずつふえる。
- **水圧の計算**　水圧をPaで計算する場合，力をN，面積をm^2に換算《かんさん》しておく。

1 水圧の大きさと水の深さ

容器に水を入れると，下のほうの水は，その上にある水の重さによって押《お》される。これが**水圧《すいあつ》**の原因である。[*1]

図1のように，深いプールの中に深さ6mまで水を入れる。プールの底の面積$1\,\mathrm{m}^2$の部分を考えると，その上には，

$$1\,\mathrm{m}^2 \times 6\,\mathrm{m} = 6\,\mathrm{m}^3$$

の水が乗っている。

$6\,\mathrm{m}^3$の水の質量は6000kgなので，その重さは約60000Nである。よって，プールの底$1\,\mathrm{m}^2$あたり約60000Nの力で押されていることになる。

つまり，プールの深さ6mのところの物体が受ける水圧はおよそ60000Paである。深いところになるほど，深さに比例して$1\,\mathrm{m}^2$の面の上に乗る水の重さも大きくなっていくので，**水圧は深さに比例して大きくなる**ことになる。

同様に計算していくと，水圧は，深さが1m深くなるにつれて約10000Paずつ大きくなることがわかる。[*2]

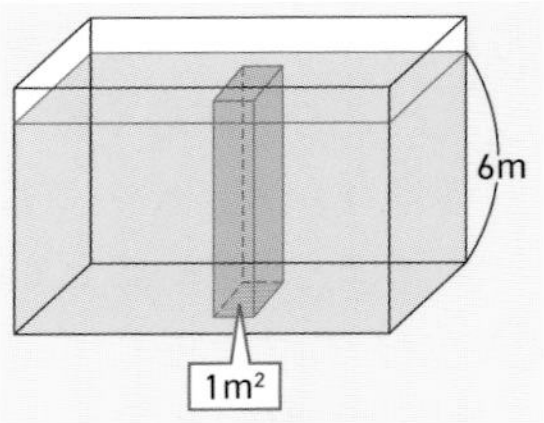

図1　**水圧の考え方**

2 圧力を求めるときの単位

水圧のはたらき（➜ p.126）でも扱《あつか》ったように，圧力を**Pa**で計算する場合には，あらかじめ面にはたらく力の大きさの単位を**N**，面の面積の単位をm^2に換算《かんさん》しておく必要がある。

$$\mathbf{1\,m^2 = 10000\,cm^2 = 1000000\,mm^2}$$

また，水$1\,\mathrm{cm}^3$＝1mLの質量はおよそ1gなので，水$1\,\mathrm{m}^3$の質量が1000kg（1トン）になる[*3]ことを押さえておくとよい。

＊1
気圧《きあつ》（**大気圧《たいきあつ》**）も，水圧と似たように上空にある大気の重さによって生じる圧力である。

＊2
1気圧はおよそ1000hPa＝100000Paなので，水深が1m深くなるにつれて約0.1気圧ずつ水圧が大きくなっていく。
地球上の海でもっとも深い**マリアナ海溝《かいこう》**では，水深が10000mを超《こ》えているので，1000気圧以上になる。

＊3
$1\,\mathrm{m}^3 = 1000\,\mathrm{L} = 1000000\,\mathrm{cm}^3$なので，$1\,\mathrm{m}^3$の水の質量は，1000000g＝1000kg＝1トンとなる。

発展　いろいろな液体中の圧力

水以外の液体の中に物体を入れたときにも，同じように圧力が生じる。

液体からの圧力の大きさは，その液体にはたらく重力の大きさで決まる。**表1** のように，液体によって密度が異なり，密度が大きい液体中では圧力は大きくなる。たとえば，エタノール中では水中の0.79倍，水銀中では水中の13.55倍の圧力がはたらく。

表1　いろいろな液体の密度
(20°Cの値)

物質	密度〔g/cm^3〕
水	1.00
エタノール	0.79
硫酸《りゅうさん》	1.83
水銀	13.55
海水	1.01～1.05

例題 7　水の深さと水圧の大きさの関係

断面積12 cm^2の円筒《えんとう》がある。この円筒を縦にし，図のように，下端《かたん》に質量200 g，面積22 cm^2で厚さが無視できる円板をあてがい，深さ40 cmのところまで沈《しず》めて手を離《はな》しても，円板は落ちなかった。これについて，次の問いに答えなさい。水1 m^3の質量は1000 kgとし，100 gの物体にはたらく重力の大きさを1.0 Nとする。

(1)　円板が水圧によって押されている合力の大きさを求めよ。

(2)　円筒の上から砂を少しずつ入れていくと，入れた砂の重さが何Nより大きくなったとき，円板が円筒から離れて落ちるか。

(3)　もとの状態にもどし，円筒をゆっくり引き上げていくと，円板の深さが何cmより浅くなったとき，円板が円筒から離れて落ちるか。答えは小数第2位を四捨五入して小数第1位まで求めよ。

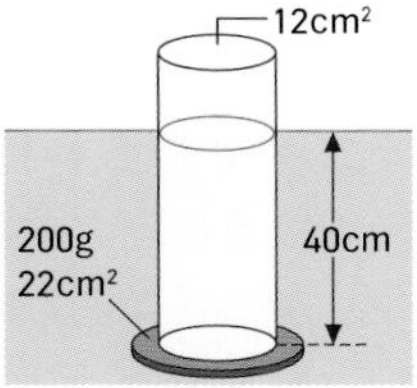

解き方

手を離しても円板が落ちないのは，円板が水圧で支えられているからである。

(1)　水1 m^3の質量が1000 kgなので，その重さは10000 Nである。よって，水深が1 m深くなるごとに水圧の大きさは10000 Paずつ大きくなるので，深さ40 cm＝0.4 mでの水圧は4000 Paである。
円板の面積は22 cm^2であるが，円筒に接していない部分には，円板の上からも同じ大きさの水圧がはたらくので，円筒に接している部分について考えればよい。
円筒の断面積は12 cm^2＝0.0012 m^2であるから，円板が水圧によって押されている合力は，
$4000\,\mathrm{Pa}\times 0.0012\,\mathrm{m}^2 = \mathbf{4.8\,N}$ ……答

(2)　(1)より，砂と円板の重さの合計が4.8 Nより大きくなると，円板は落ちる。
円板の重さは2.0 Nなので，加えた砂の重さは，
$4.8\,\mathrm{N} - 2.0\,\mathrm{N} = \mathbf{2.8\,N}$ ……答

(3)　円筒を引き上げていくと，円板にはたらく水圧が小さくなっていく。水圧によって押される力が円板の重さより小さくなると，円板が落ちる。このときの水圧をx〔Pa〕とすると，
$x\times 0.0012\,\mathrm{m}^2 = 2.0\,\mathrm{N}$　これを解くと，　$x = 1666.\cdots\,\mathrm{Pa}$
よって，このときの円板の深さは**16.7 cm**である。 ……答

UNIT 10

浮力

着目 浮力は深さで変化せず，水中にある物体の体積が大きいほど大きい。

要点

- **浮力《ふりょく》** 水中の物体には水圧の差によって，上向きの力がはたらく。これを浮力という。
- **浮力の大きさ** 浮力の大きさは深さによって変わらない。物体の水中にある部分の体積が大きいほど浮力は大きい。

1 浮力

A 浮力

水の中に沈《しず》めた木片から手を離《はな》すと，木片は浮《う》かぶ。このことから，水の中に物体を入れると，物体に上向きの力がはたらくことがわかる。

このような，水中の物体にはたらく上向きの力を浮力《ふりょく》という。

B 浮力が生じるわけ

図1のように，水中の物体にはすべての面に垂直に水圧がはたらいている。物体の側面にはたらく水圧は，左右で打ち消し合うので，物体におよぼす合力は0となる。

一方，物体の上面にはたらく下向きの水圧より，下面にはたらく上向きの水圧のほうが大きくなるので，この**水圧の差**によって，物体には上向きの合力がはたらくことになる。これが浮力[*1]である。

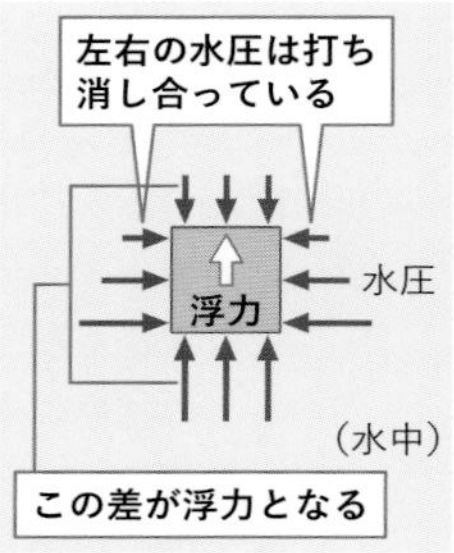

図1 浮力が生じるわけ

*1
同じように，空気中の物体にも空気からの浮力がはたらく。空気よりも軽い**ヘリウム**を入れた風船が上にのぼっていくのは，空気による浮力が風船の重さよりも大きくなるからである。

2 浮力の大きさを調べる実験

A 方法・手順

① 図2のように，ばねばかりに5Nの物体をつるして，物体を少しずつ水中に沈めていき，ばねばかりの示す値を調べる。

② 物体がすべて水中にあるとき，深さが変わるとばねばかりの示す値がどうなるか調べる。

B 結果・考察

① 物体の一部を水中に沈めていくと，ばねばかりの示す値は5Nから少しずつ小さくなった。このことから，**物体の水中にある部分の体積が大きいほど浮力は大きい**ことがわかる。

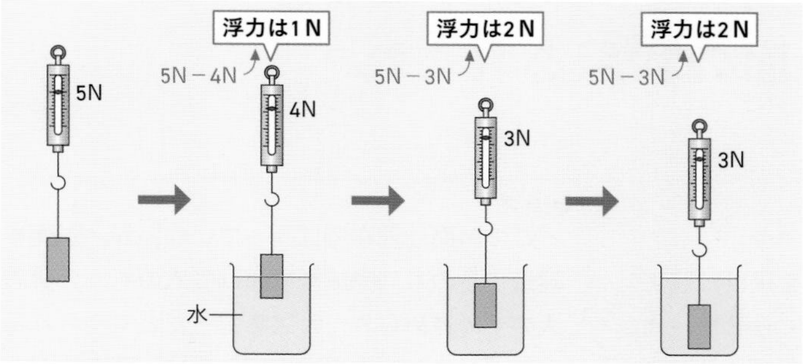

図2　**浮力の大きさを調べる実験**

② 物体がすべて水中にあるとき，深さが変わってもばねばかりの示す値は常に3Nで変化しなかった。このことから，物体がすべて水中にあるときは，浮力の大きさは深さによって変わらない。

C 水面に浮かんだ物体にはたらく浮力

物体の一部だけが水中にあるとき，物体の上面には水圧がはたらかず，下面だけが上向きの水圧による力を受ける。よって，下面の水深が深くなるほど，浮力は大きくなっていくのである。

最終的にその物体にはたらいている重力と浮力がつり合うところで，物体は上にも下にも動かなくなる(図3)。

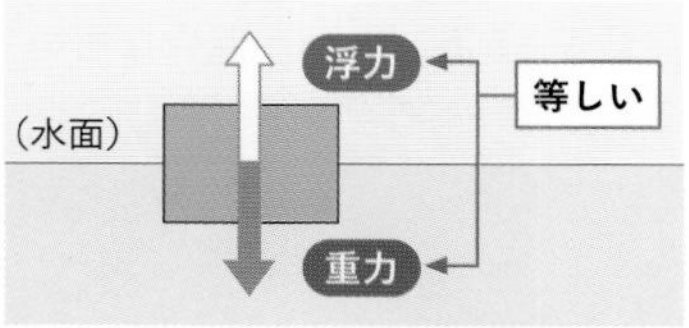

図3　**水面に浮いている物体にはたらく重力**

発展　アルキメデスの原理

上下の水圧をもとに計算すると，浮力の大きさは物体が押しのけた液体の重さと等しくなることがわかる。これを**アルキメデスの原理《げんり》***2という。図2の実験では物体をすべて水中に沈めたとき押しのけた水の重さがおよそ2Nであり，2Nの重さの水は約200 cm^{3}なので，物体の体積が約200 cm^{3}であったことになる。

*2
アルキメデスは古代ギリシャのシラクサ(現在のイタリア・シチリア島)の科学者。**てこの原理《げんり》**(➡ p.164)を研究したほか，数学でも多くの業績を残している。

TRY! 思考力

鉄のかたまりを水に入れると沈んでしまうのに，鉄でできた船が水面に浮くのはなぜか，簡単に説明しなさい。

ヒント　水面に浮かんだ物体の受ける浮力は，下面が受ける水圧による力である。

解答例　船は中が空洞《くうどう》なので下面の面積が大きく，水圧によって上向きに受ける力が大きくなる。このため全体が水中に沈む前に重力と浮力がつり合うから。

特集

斜面の利用あれこれ

● 古代の大土木工事

古代の権力者たちは，自分の名を後世に残すため，やたらと大きな建造物をつくらせた。代表的なものはエジプトのピラミッドであり，日本にも大仙《だいせん》古墳《こふん》に代表される**古墳《こふん》**などがある。

エジプトにあるピラミッドで最大なものは，クフ王のものとされている。形は正四角錐《せいしかくすい》，底面の1辺230m，建設当時の高さ147m，積み上げた石の数は200万個以上，石1個の平均の質量が2.5トンという巨大《きょだい》なものである。

図1　**クフ王のピラミッド**

● 斜面を使って巨石を積み上げた

現在のような土木機械のない古代に，どのようにしてあれほど大きなものをつくったかが謎《なぞ》とされていたが，図2のように**斜面《しゃめん》を使って巨石を1個ずつ運び上げた**という説がある。

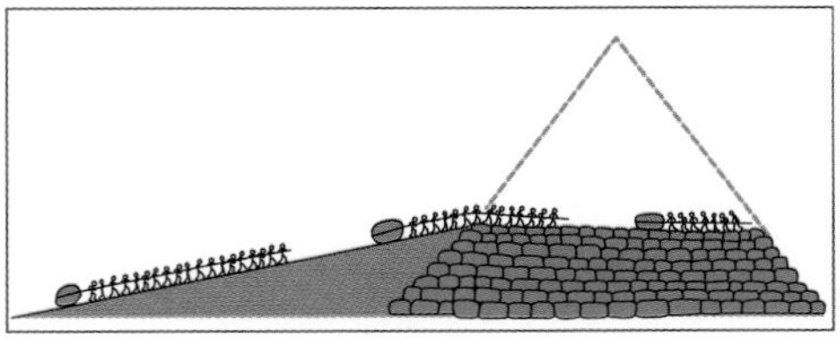

図2　**斜面を利用したピラミッドの建造**

この斜面は現在では残っていないが，斜面を建造するのも，完成後に運び去るのも，大勢の人の手で進められた大工事だったと考えられる。

斜面上で物体を引き上げる力は，摩擦力《まさつりょく》がなければ，図3のように，**物体にはたらく重力の斜面に平行な分力とつり合う力**でよいため，物体の重さよりも小さな力ですむ。

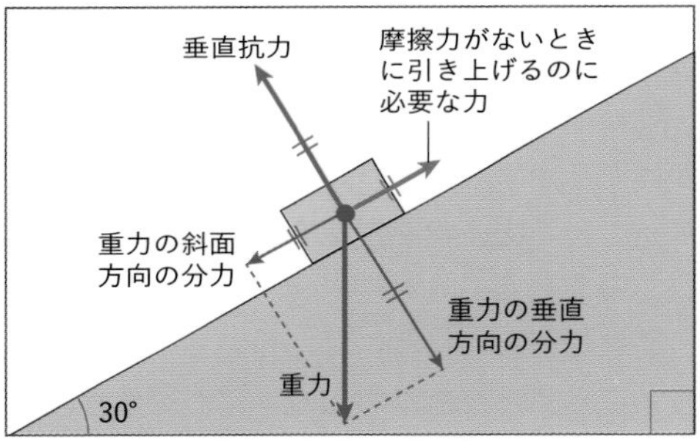

図3　**斜面上の物体にはたらく重力の分解**

そのため，ころやそりなど**摩擦力を小さくする工夫**がなされていたと考えられている。

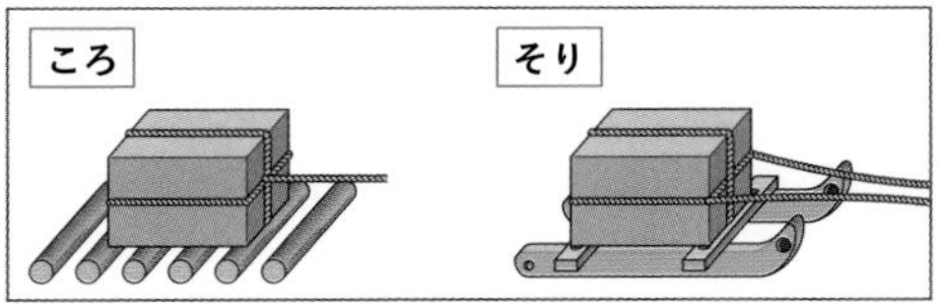

図4　**摩擦力を小さくする工夫**

● 岩をも割るくさびも斜面の利用

「**くさびを打《う》ち込《こ》む**」という言葉がある。まとまっているものを二分する，固く結びついているものを引《ひ》き離《はな》すという意味である。

くさびというのは，**断面が細長い三角形をした道具**である。これをすきまに打ち込むと，すきまを押《お》し広《ひろ》げるので，昔から岩石を割ったり，部品を固定したりするのに用いられてきた。

図5　**丸太を割るくさび**

すきまを押し広げる力は，それぞれの**斜面に垂直な向きの分力《ぶんりょく》なので**，図6のように**上から加えた力よりもはるかに大きな力になる。**

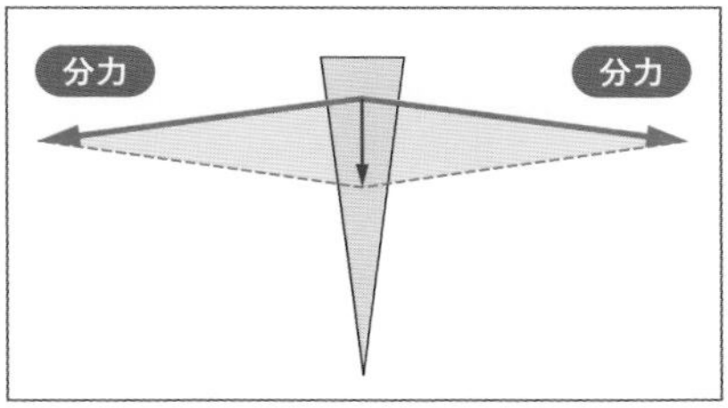

図6　**くさびを上から押す力の分解**

包丁《ほうちょう》などの刃物《はもの》も同じしくみで，上から押す小さな力を，左右に押し分ける大きな力に分解することで，かたい物でも切ることができる。

● くさびは固定にも役立つ

くさびはものを割るときに使われるだけではない。逆に，固定するときにも使われている。

図7のように，縦向きの**柱《はしら》**に，横向きに**はり**を差し込んで固定したいとき，柱とはりの間にくさび形の木材を差し込む方法がある。

図7　**はりを固定するくさび**

くさびをすき間に打ち込むと，図6のように面に垂直な向きに対して，大きな力をあたえる。そのため，木材は大きな力によってたわむ。

たわんだ木材は，もとにもどろうとして大きな**弾性力《だんせいりょく》**をうみ出す。これによって，面どうしに大きな力が加わることになる。

物体を面に強く押しつければ動きにくくなるように，摩擦力の最大値は垂直抗力の大きさによって決まる。**横から加えた力よりもはるかに大きな垂直抗力がはたらくので，そのぶん大きな摩擦力で固定されることになるのである。**

● ねじはくさびの応用

斜面やくさびのはたらきを応用したものが，ねじである。ねじをしめたり，木ねじを木材にねじ込んだりするとき，図6のしくみでねじ山が通るすき間をこじ開けて進む。

それと同時に，長い斜面を使って小さな力で物を持ち上げるように，ねじを回転させる小さな力で大きな力をはたらかせている(図8)。

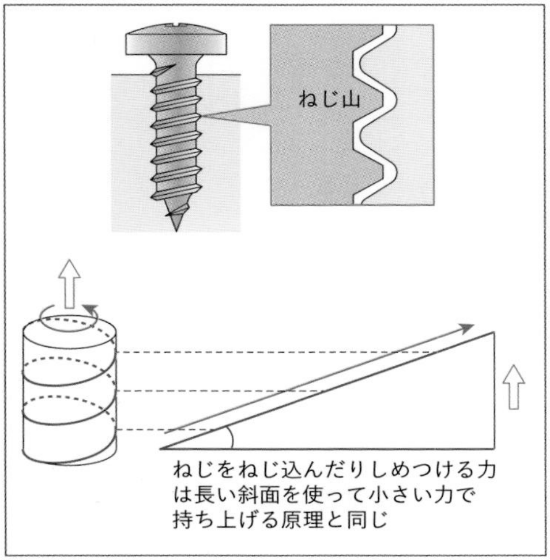

図8　**ねじのつくりとしくみ**

ねじ込まれた後のねじは，多数のくさびがかみ合う状態となる。これによって，くぎで固定するよりもはるかにぬけにくくなるのである。

定期テスト対策問題

解答 ➡ 別冊p.5

問 1 力の合成

下の図のように，物体に２つずつ力がはたらいている。それぞれの合力を矢印で図中にかき込《こ》みなさい。

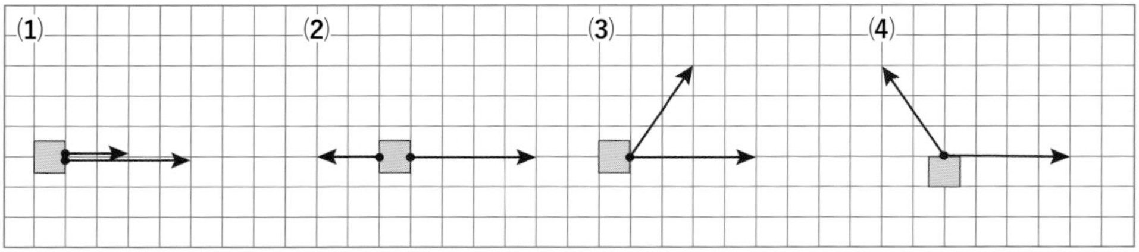

問 2 力の分解

下の図に矢印で示した力を，点線で示した方向の２力に分解し，分力を矢印でかき込みなさい。

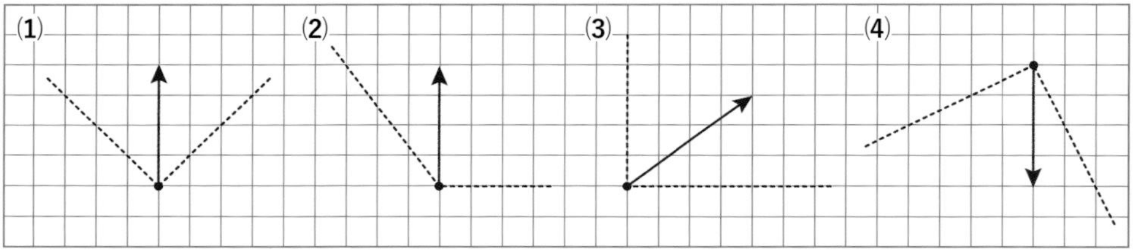

問 3 ３力のつり合い

重さが0.6Nのおもりを糸でつり下げ，水平方向の力Fを加えると，右の図のように糸が傾《かたむ》いて，つり合った。これについて，問いに答えなさい。

(1) おもりにはたらく重力と水平方向に加えた力Fとの合力は，どんな向きにはたらいているか。

(2) おもりにはたらく重力を矢印で図中にかき込め。

(3) 糸がおもりを引く力を矢印で図中にかき込め。ただし，糸がおもりを引く力の作用点はおもりの中心にあるものとする。

(4) 水平方向に加えられた力Fの大きさはいくらか。

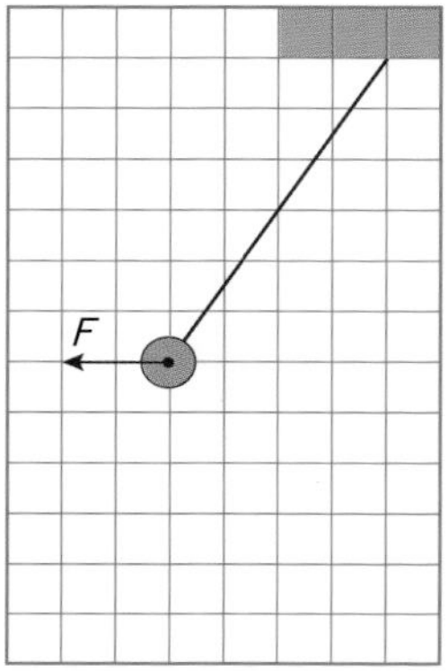

問 4 なめらかな斜面上の物体のつり合い

2個のおもりA，Bを糸でつなぎ，なめらかな斜面《しゃめん》の上端《じょうたん》にとりつけた滑車《かっしゃ》に下の図のようにかけた。これについて問いに答えなさい。

(1) 右の図にはおもりAにはたらく重力を示す矢印がかいてある。この力を斜面にそった方向と斜面に垂直な方向の２つの力に分解し，それぞれの分力を矢印で図中にかき込め。

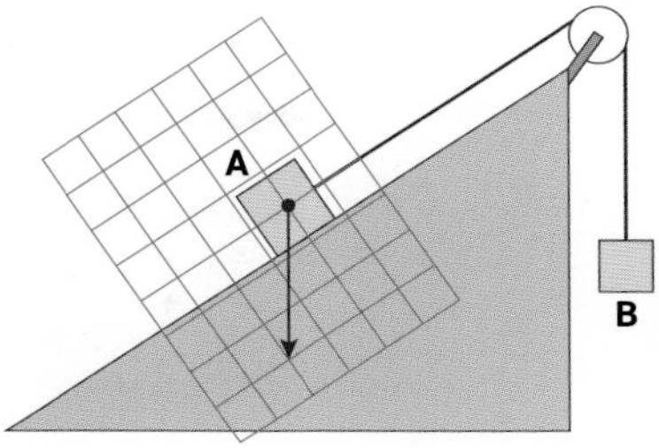

(2) 右の図の方眼の１目盛りは1Nを示している。これをもとに，次の問いに答えよ。

① A，Bがつり合っているとき，Bにはたらく重力の大きさはいくらか。

② 斜面がおもりAに加える垂直抗力《すいちょくこうりょく》の大きさはいくらか。

③ Aの重さは何Nか。必要なら$\sqrt{13}=3.61$として，小数で答えよ。

問 5 水圧

うすいゴム膜《まく》をはったプラスチックの円筒《えんとう》を水に沈《しず》めた。水圧によるゴム膜のようすの変化として適当なものを，次のア〜カから２つ選びなさい。

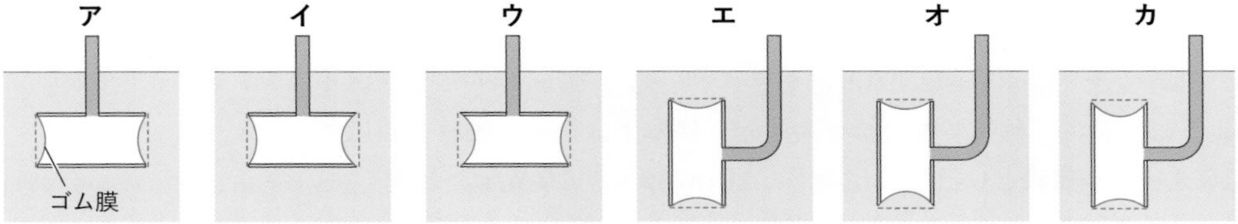

問 6 浮力

右の図Aのように，重さが2Nの物体をばねばかりにつるして，一部を水の中に入れたところ，ばねばかりが1.5Nを示した。これについて，次の各問いに答えなさい。

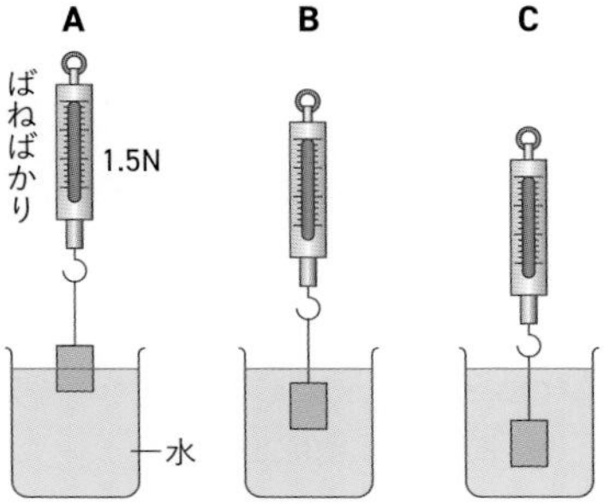

(1) Aのとき，物体にはたらいている重力と浮力《ふりょく》の大きさは，それぞれ何Nか。

(2) Bのように，物体をすべて水の中に入れると，物体にはたらいている重力と浮力の大きさは，Aのときと比べて，それぞれどうなっているか。

(3) Cのように，Bより少し物体を下げたとき，物体にはたらいている重力と浮力の大きさは，Bのときと比べて，それぞれどうなっているか。

UNIT 1

平均の速さと瞬間の速さ

着目 速さには，平均の速さと瞬間の速さがある。

要点

- **平均《へいきん》の速《はや》さ**　ある程度長い時間の移動距離《きょり》と時間を使って求めた速さ。大まかな運動について知るときに用いる。
- **瞬間《しゅんかん》の速《はや》さ**　非常に短い時間について求めた速さ。細かい変化を知るときに用いる。

1 速さ

A 速さの表し方

物体の運動を表すのに大切な要素は速《はや》さと運動《うんどう》の向《む》きである。ここでは，まず速さの表し方から学習しよう。

速い物体は遅《おそ》い物体よりも同じ時間に遠くまで移動する。そのため，速さを表す方法として，1秒間とか1時間とかの決まった時間あたりに移動した距離《きょり》を用いることができる。

B 速さの単位

日常生活では1秒間に10m進む速さを「秒速10メートル」というように，頭に「秒速」をつけて表すが，理科では後ろに**毎秒《まいびょう》**をつけて**10メートル毎秒**というように表し，**10m/秒**[*1]や**10m/s**[*2]と書く。

たとえば**1センチメートル毎秒(cm/s，cm/秒)**は1秒間に1cm移動する速さ，**1メートル毎秒(m/s，m/秒)**は1秒間に1m移動する速さ，**1キロメートル毎時(km/h，km/時)**は1時間に1km移動する速さである。

参考　速さの単位の換算

速さにはいろいろな単位が使われるので，スムーズに換算《かんさん》できるようにしておこう。長さと時間を分けて計算するほうが間違えにくい。

① **cm/s**と**m/s**のとの換算では，1m＝100cmの関係を使う。

　例 25cm/s＝0.25m/s

② **m/s**と**km/h**との換算では，1km＝1000m，1h＝60×60s＝3600sの関係を使う。

　例 10.4m/s[*3]＝(10.4×3600) m/h＝37440m/h　約37.4km/h

　20.8km/h[*4]＝20800m/h＝(20800÷3600) m/s　約5.78m/s

図1　**スピードメーター**

＊1
速さの単位は，m/sのように，長さの単位/時間の単位というかたちをしている。/は**わり算《ざん》**を表していて，m/sという単位は，「長さ(m)を時間(s)で割った」という意味になる。

＊2
時間の単位は英語の頭文字で表すこともできる。
① s…秒(second)
② min…分(minute)
③ h…時間(hour)

＊3
100m走世界記録のおよその平均の速さである。

＊4
フルマラソン世界記録のおよその平均の速さである。

C 速さの求め方

台車が100cm離《はな》れた2点間を走るのに4秒かかったとすれば，1秒あたりに進む距離は，100cm÷4s＝25cm/sであるから，この台車の速さは25cm/sといえる。このように，速さは次の式で求められる。

$$\text{速さ}〔\text{m/s}〕=\frac{\text{移動距離}〔\text{m}〕}{\text{移動にかかった時間}〔\text{s}〕}$$

2 平均の速さと瞬間の速さ

A 平均の速さ

電車の速さを求めるのに一番簡単なのは，駅から駅までの距離を，駅間の移動にかかった時間でわる方法である。これは，途中《とちゅう》の速さの変化を無視して，全体の平均をとった速さといえる。[*5]

このように，ある範囲《はんい》で移動した距離を移動するのにかかった時間で割って求めた速さを，**平均《へいきん》の速《はや》さ**という。

B 瞬間の速さ

電車が1つの駅から次の駅まで走る間，最初は速さ0の状態から動き始め，しだいに速くなる。次の駅が近づくと，またスピードをゆるめて，最後は0になる。平均の速さは，物体の運動を全体として大まかに表すには適しているが，その間の細かい変化はわからない。

そのときごとの速さを見るためには，非常に短い時間ごとに細かく計算する必要がある。このように，非常に短い時間について求めた速さを，**瞬間《しゅんかん》の速《はや》さ**という。[*6]

自動車の**スピードメーター**で表示される速さも，瞬間の速さである。

＊5
図2の新幹線のぞみ号の速さを例にすると，東京駅－品川《しながわ》駅間は6.8kmを7分で移動するので，平均の速さはおよそ58km/h。また新横浜《しんよこはま》駅－名古屋《なごや》駅間は316.5kmを1時間23分で移動するので，平均の速さはおよそ229km/h。

＊6
図2の新幹線のぞみ号の速さを例にすると，もっとも速い瞬間の速さは285km/h。

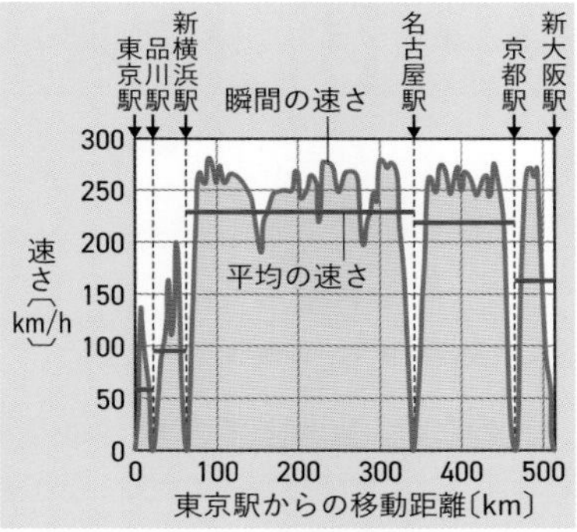

図2　新幹線のぞみ号の東京駅－新大阪駅間の速さの変化

TRY! 思考力

図2のグラフにおいて，名古屋駅－京都駅間と京都駅－新大阪駅間では平均の速さが大きくちがう。この理由を答えなさい。

ヒント　出発時の瞬間の速さは0km/hで，出発してから少しずつ速さは大きくなっていく。

解答例　駅を出発してから速さが大きくなるには時間がかかるため，距離の短い京都駅－新大阪駅間では瞬間の速さが速い時間の割合が小さくなり，平均の速さが遅くなるから。

UNIT 2

運動の調べ方

着目 記録タイマーや速さ測定器を使って速さをはかる。

要点

- **記録《きろく》タイマー**　一定時間の間隔ごとに紙テープに点を打つ装置。
- **記録テープの読み方**　打点どうしの間隔《かんかく》が広いほど速く動いたことになる。
- **ストロボスコープ**　一定時間ごとに強い光を出す装置。写真を撮《と》って調べる。

1 記録タイマー

A 記録タイマーの使い方

記録《きろく》タイマーは，スイッチを入れると，放電や電磁石のはたらきによって，紙テープに一定時間の間隔《かんかく》ごとに点を打つ装置である。

紙テープを図2のように運動する物体にとりつけ，物体を運動させると，紙テープも物体と同じ速さで動く。

図1　**記録タイマー**

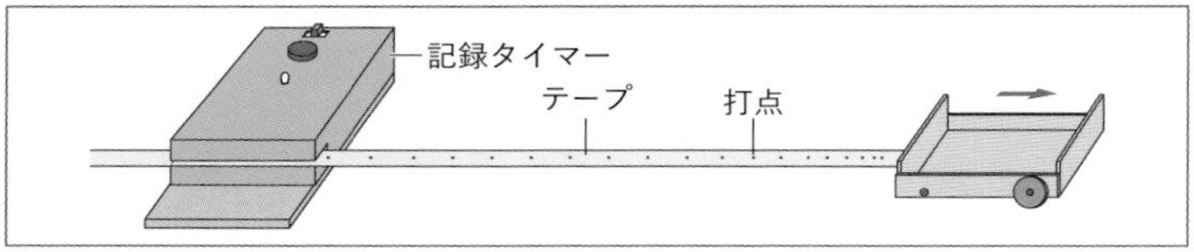

図2　**記録タイマーの使い方**

そのため，記録された点と点の間隔を調べると，一定時間に物体が移動した距離《きょり》がわかるので，それをもとに物体の運動のようすを知ることができる。

参考　記録タイマーの打点間隔

コンセントから送られてくる電流は，一定の間隔ごとに＋と－が入れかわる**交流《こうりゅう》**である。実験に使う記録タイマーの多くは，この電流の入れかわりを利用して打点しているので，電源の**周《しゅう》波数《はすう》**＊1によって打点間隔が決まる。

コンセントから送られてくる電気の周波数は地域によって異なるので，打点間隔も地域ごとに変わる。ほとんどの装置では，図3のように50Hz電源の東日本なら50分の1秒間隔，60Hz電源の西日本なら60分の1秒間隔で打点する。

＊1
交流電流で，1秒間に＋と－がくり返される回数を**周波数**といい，単位**ヘルツ**（記号**Hz**）で表す。

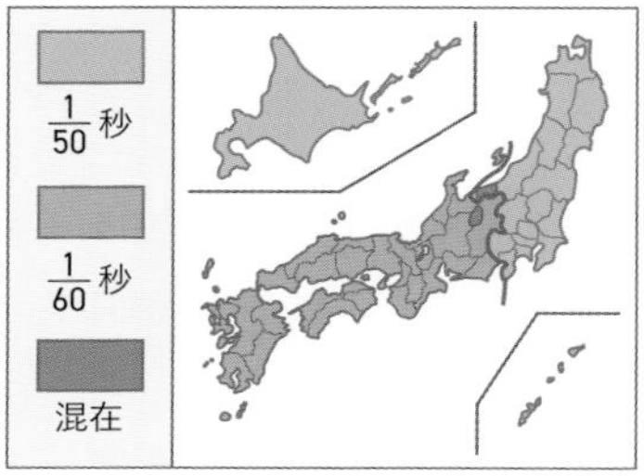

図3　**各地での打点間隔**

B 打点の間隔と速さ

50分の1秒ごとに打点した記録が図4のようになった場合を考える。

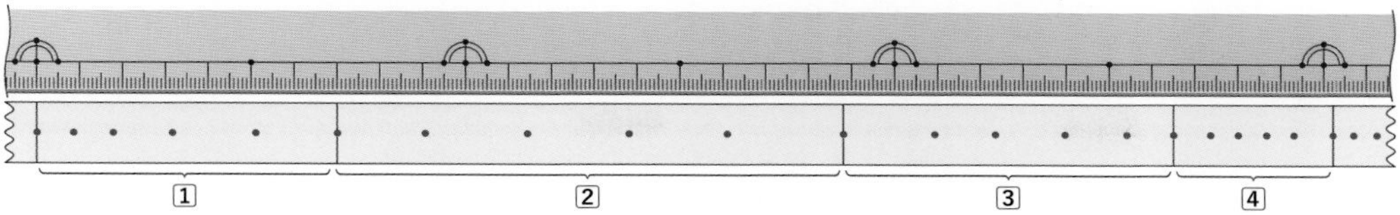

図4　**記録テープの読み方**

図の1の範囲《はんい》では，移動した距離が7cm，移動にかかった時間が$\dfrac{1}{50}$s×5＝$\dfrac{1}{10}$sなので，この間の平均の速さは，

$$\frac{\text{移動した距離}}{\text{移動にかかった時間}}=\frac{7\,\text{cm}}{\dfrac{1}{10}\,\text{s}}=70\,\text{cm/s}$$

また，打点どうしの間隔が広いほど，同じ時間に長く移動したことになるので，速く動いたことになる。*2

*2
たとえば，図4の2の範囲では4の範囲よりも速く動いているといえる。

2 ストロボスコープ

一定の時間間隔で強い光を出す装置を**ストロボスコープ**という。ストロボスコープでは，光を出す間隔(周期)は自由に変えることができる。運動する物体にストロボ光を当てながら写真(**ストロボ写真《しゃしん》**)を撮《と》り，写真にうつった物体の像から速さや運動の道すじなどを求める。

記録タイマーは直線的な運動を記録することはできるが，複雑な運動や，ごくごく短い時間での運動を記録するのは難しい。このような運動を調べたいときには，ストロボスコープを利用するとよい。

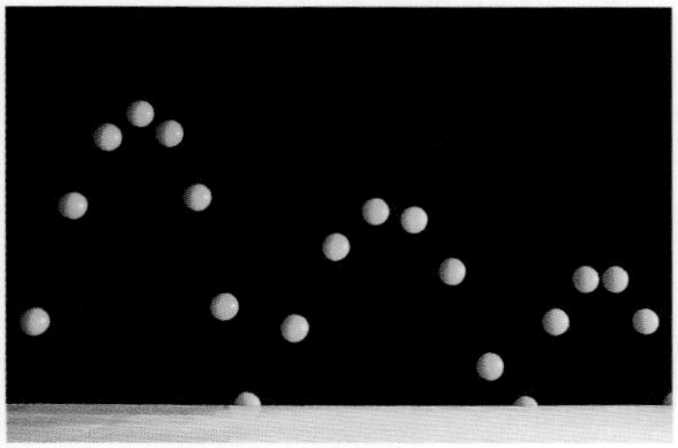

図5　**ストロボ写真**

TRY! 思考力

手で投げ上げたボールが地面に落ちて止まるまでの運動のようすを記録するには，記録タイマーとストロボスコープのどちらを使ったらよいか，その理由とともに答えなさい。

ヒント　投げ上げたボールの動きや速さに着目する。

解答例　直線的な動きで離れていく速さを記録する記録タイマーでは投げ上げたボールの複雑な運動は測定することができない。そのため，ストロボスコープを使ったほうがよい。

UNIT 3

斜面を下る物体の運動

着目 時間とともに速くなり，斜面の傾きが大きいほど速さのふえ方が大きくなる。

要点

- **速さの求め方**　テープの長さと移動にかかった時間から速さを求める。
- **斜面《しゃめん》上の物体にはたらく力**　斜面上の物体には一定の大きさの重力の分力がはたらく。
- **斜面上の物体の速さ**　斜面上を下る物体は一定の割合で速くなる。

1 記録テープの分析

A 記録テープの処理

記録タイマーを使って記録したテープは，50分の 1 秒で打点した場合は 5 打点ごとに，60分の 1 秒で打点した場合は 6 打点ごとに切《き》り離《はな》す。こうすると，それぞれのテープ片の長さは10分の 1 秒間（0.1秒間）に走った距離《きょり》になる。

これらのテープを図 1 のように並べて紙にはり，テープのいちばん上の点を結ぶと速さの変化を表すグラフになる。

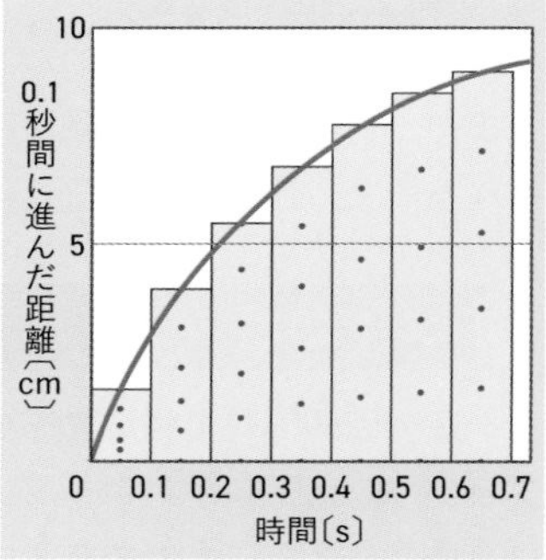

図 1　力学台車を手で引いたときの記録テープによるグラフ

B 速さの求め方

図 1 のテープ片の長さはそれぞれ0.1秒間に走った距離を表す。したがって，このときの速さは，次の式で得られる。

（テープ片の長さ）÷ 0.1 =（テープ片の長さ）× 10

2 斜面を下る物体の速さ

斜面《しゃめん》の上から**力学台車《りきがくだいしゃ》**を走らせて**ストロボ写真《しゃしん》**（➡ p.139）を撮《と》ると，図 2 のようになる。斜面の下のほうほど像の間隔《かんかく》が広くなっていくので，時間がたつにしたがって速さが速くなっていることがわかる。

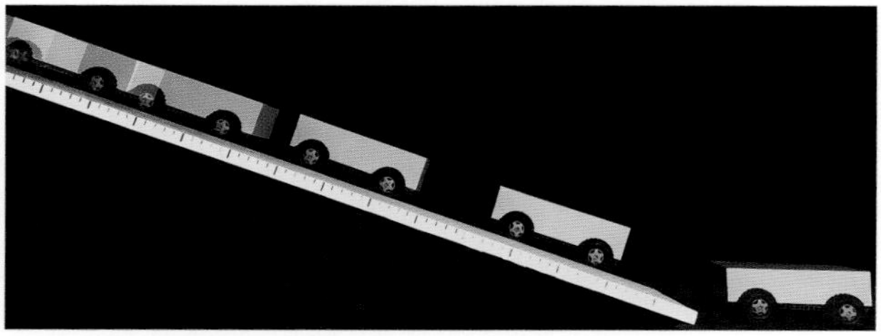

図 2　斜面を下る台車の運動

図 3　斜めのレールを下るジェットコースター

3 斜面を下る台車の速さを調べる　実験

A 方法・手順

① 図4のように，斜面上に台車をのせ，台車にはたらく斜面方向の力をばねばかりで，場所を変えながらはかる。

② 図5のように，斜面の上端《じょうたん》に記録タイマーを置き，台車につけたテープを通す。この台車を斜面上で走らせ，台車の運動をテープに記録する。記録されたテープを0.1秒ごとに切り離《はな》し，台紙に並べてはり，グラフをつくる。

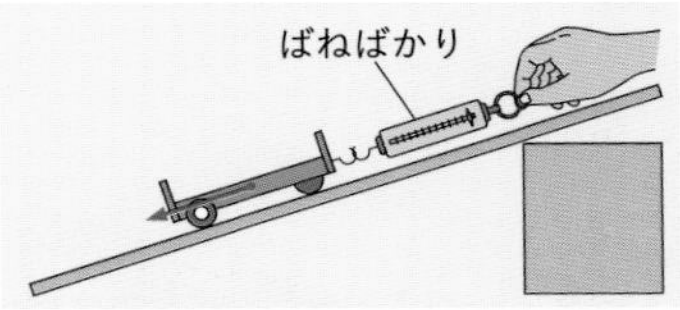

図4　**斜面方向にはたらく力の測定**

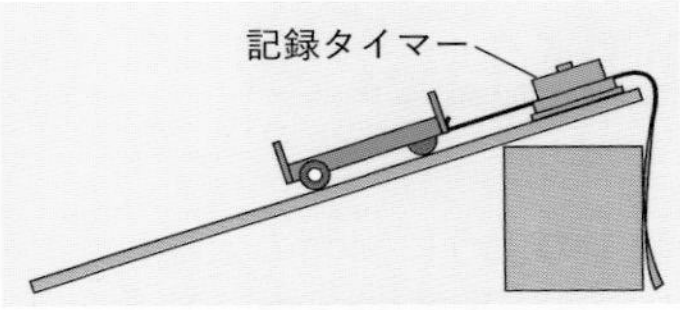

図5　**斜面を下る台車の運動の記録**

B 結果・考察

① 面の傾《かたむ》きが同じなら，台車にはたらく重力の斜面方向の分力はどこでも等しい。このことから，斜面上では台車に一定の大きさの力がはたらき続けていることがわかる。

② 図6のように速さを表すグラフは**右上がりの直線**となる。このことから，速さは一定の割合で速くなることがわかる。

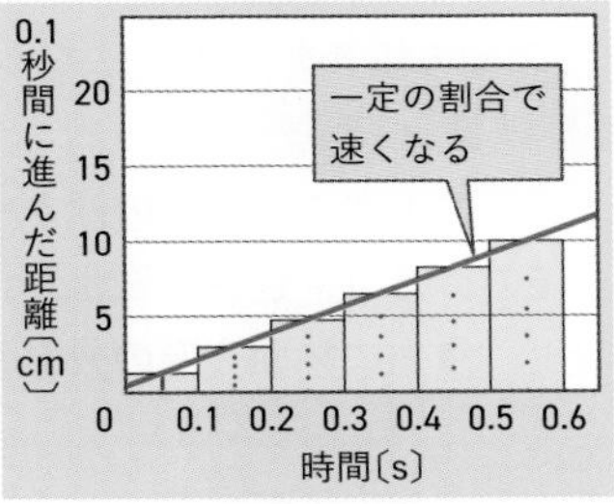

図6　**斜面上の台車の速さの変化**

参考　物体の移動した距離とテープの面積

この実験で移動した物体の距離は，テープの長さと同じになる。

テープの幅は一定なので，図1のようなグラフでは，ある時間に物体の移動した距離がグラフにはられたテープの面積に比例すると考えることもできる。

TRY! 表現力

重力によって斜面を下る物体の運動について調べる実験を行うとき，力学台車を使うのはなぜか。理由を説明しなさい。

ヒント　重力以外に物体にはたらく力をできるだけ少なくする必要がある。

解答例　物体と斜面との間に摩擦力《まさつりょく》がはたらくと，重力のはたらきだけを調べることができないが，力学台車を使うと摩擦力を無視できるほど小さくできるから。

UNIT 4

斜面の傾きと物体の速さの変化

着目 斜面を下る台車の速さは一定の割合で速くなることから台車の速さを求める。

要点

- **斜面《しゃめん》の傾《かたむ》きと斜面を下る台車の速さ** 斜面の傾きが大きいほど，重力の斜面方向の分力は大きくなり，速さのふえ方も大きくなる。
- **斜面を下る台車の速さの推定** 一定の割合で速さが変化することから，速さを推定できる。

1 斜面の傾きと台車の速さを調べる 実験

A 方法・手順

① p.141の実験と同様にして，図1のように斜面《しゃめん》の上端《じょうたん》に記録タイマーを置き，台車につけたテープを通す。この台車を斜面上で走らせ，グラフをつくる。

② 斜面の傾《かたむ》きを大きくして，①をくり返す。

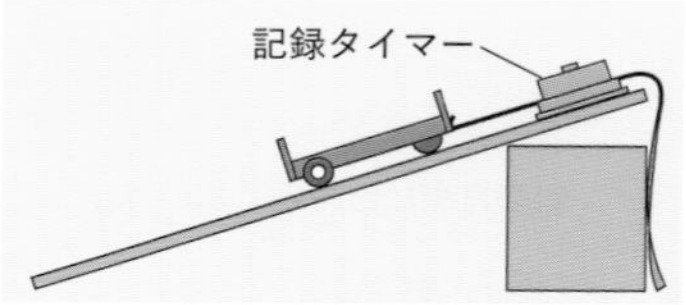

図1 **斜面を下る台車の運動の記録**

B 結果・考察

図2のように，**斜面の傾きを大きくすると**，グラフの傾きが大きくなる，つまり，**速さの変化が大きくなる**。これは，傾きが大きくなるほど，**重力の斜面方向の分力が大きくなるからである。**

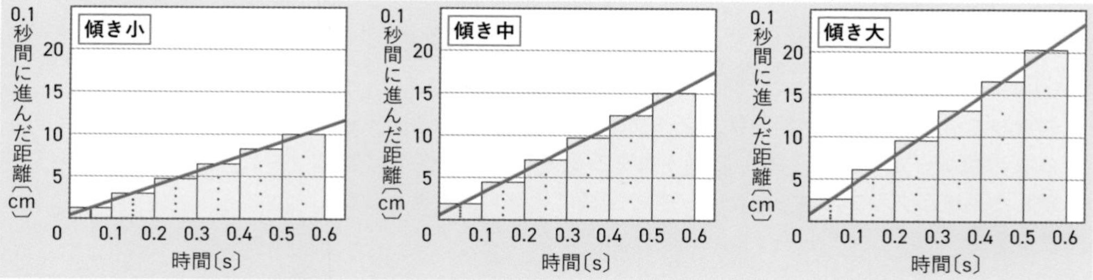

図2 **斜面の傾きと台車の速さの変化**

参考 斜面上の物体にはたらく力

図3のように，斜面上の台車には**重力《じゅうりょく》**Wが下向きにはたらく。この力は台車を斜面にそって動かそうとする力F_1と，斜面に垂直に押《お》しつける力F_2の2つの力に分解できる。重力WはF_1とF_2を2辺とする平行四辺形の対角線となっている(➡ p.125)。角度が大きくなると斜面方向の分力F_1が大きくなるので，速さのふえ方が大きくなる。

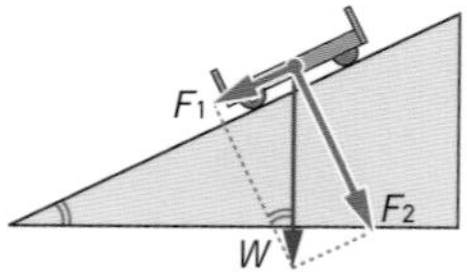

図3 **台車にはたらく力**

例題 1　斜面を下る台車の速さ

右の図のような装置で，斜面上を下る力学台車の運動をテープに記録した。下の図は記録テープの一部を示したものである。記録テープは図の縦線《たてせん》のように，5打点ごとに切《き》り離《はな》し，①，②，…と番号をつけた。それぞれの長さは図中に示したとおりである。斜面は非常に長く，記録タイマーは50分の1秒ごとに打点するものとして，次の問いに答えなさい。

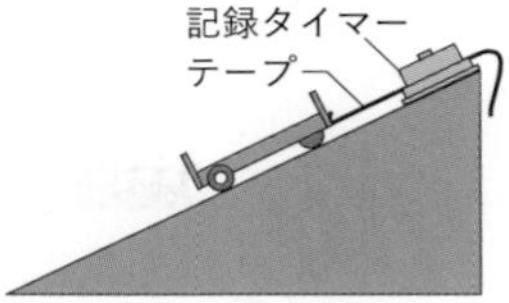

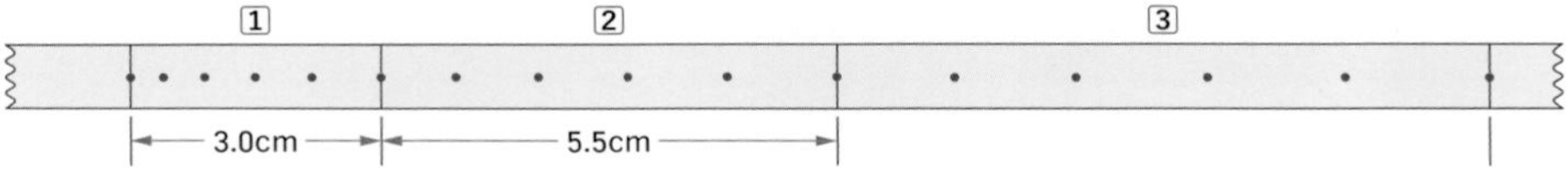

(1) テープ片①，②が打点されたときの台車の平均の速さはそれぞれいくらか。

(2) テープ片③の長さはいくらか。

(3) テープ片③が打点されたときの台車の平均の速さはいくらか。

(4) テープ片③が打点されてから0.2秒後にあたるテープ片が打点されたときの台車の平均の速さはいくらか。

解き方

5打点ごとのテープの長さは0.1秒間に進んだ距離《きょり》を表す。

(1) この記録タイマーは50分の1秒ごとに打点するから，5打点ごとに切り離すと，1つのテープ片が0.1秒間に走った距離にあたる。したがって，それぞれのテープ片が打点された間の台車の平均の速さは，

① $\dfrac{3.0\,\text{cm}}{0.1\,\text{s}} = \mathbf{30\,cm/s}$ ……答

② $\dfrac{5.5\,\text{cm}}{0.1\,\text{s}} = \mathbf{55\,cm/s}$ ……答

(2) テープ片①と②の長さの差は，

$5.5\,\text{cm} - 3.0\,\text{cm} = 2.5\,\text{cm}$

このことから，テープ片は2.5cmずつ長くなっていくと考えられる。したがって③の長さは，

$5.5\,\text{cm} + 2.5\,\text{cm} = \mathbf{8.0\,cm}$ ……答

(3) $\dfrac{8.0\,\text{cm}}{0.1\,\text{s}} = \mathbf{80\,cm/s}$ ……答

(4) 斜面上に物体の運動なので，その後も速さは一定の割合で大きくなっていくと考えることができる。台車の速さは0.1秒ごとに25cm/sずつ速くなっているので，

$80\,\text{cm/s} + 25\,\text{cm/s} \times 2 = \mathbf{130\,cm/s}$ ……答

UNIT 5

自由落下

着目 自由落下での速さの変化の割合は，物体の質量にかかわらず一定である。

要点

- **自由落下《じゆうらっか》で物体にはたらく力**　一定の大きさの重力がはたらき続ける。
- **自由落下での速さの変化の割合**　一定の割合で速くなる。速さの変化の割合は，物体の質量によって変わらない。

1 自由落下

力学台車が斜面《しゃめん》を下るときは，図2のように，斜面の傾《かたむ》きが大きくなっていくほど台車にはたらく重力の斜面方向の分力の大きさが大きくなるので，速さの変化も大きくなる（➡ p.142）。

斜面の傾きが90°になったとき，斜面方向の力は重力の大きさと同じになるので，物体の運動方向にはたらく力の大きさが最大となる。そのため，このときに物体の速さの変化が最大となる。

斜面の傾きが90°というのは，物体が**落下《らっか》**していることにほかならない。とくに，物体を投げ上げたり投げ下ろしたりせず，空中でしずかに[*1]落としたときの物体の運動を**自由落下《じゆうらっか》**（**自由落下運動《じゆうらっかうんどう》**）という。

図1　**バンジージャンプ**

*1
物体を投げ上げたり投げ下ろしたりせず，その場で手を放すように落とすことを**しずかに**落とすともいう。

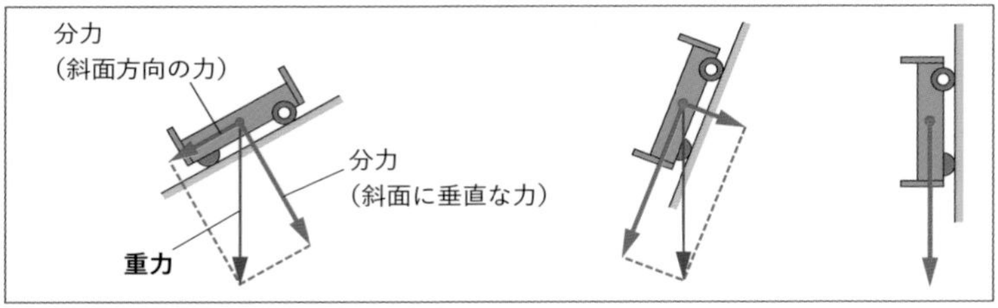

図2　**斜面の傾きと斜面方向の力**

2 自由落下について調べる

Ⓐ 方法・手順

① 図3のように，記録タイマーを使って，おもり（砂袋《すなぶくろ》）を自由落下させたときの運動のようすをテープに記録する。

② 記録されたテープを，0.1秒ごとに切《き》り離《はな》し，台紙に並べてはる。それを使い，図4のようなグラフをつくる。

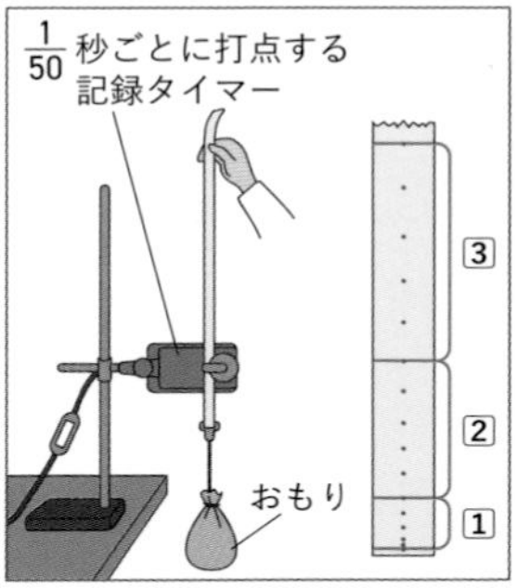

図3　**落下するおもりの運動の記録**

③ おもりの質量を変えながら，①，②の手順をくり返す。

B 結果・考察

① **おもりの速《はや》さ**を表すグラフは右上がりの直線となる。このことから，自由落下ではおもりの速さはだんだん速くなることがわかる。

② **おもりの質量《しつりょう》**を変えても，同じような右上がりの直線となり，グラフの傾きは変わらない。このことから，自由落下ではおもりの質量を変えても，速さのふえ方は変わらないことがわかる。

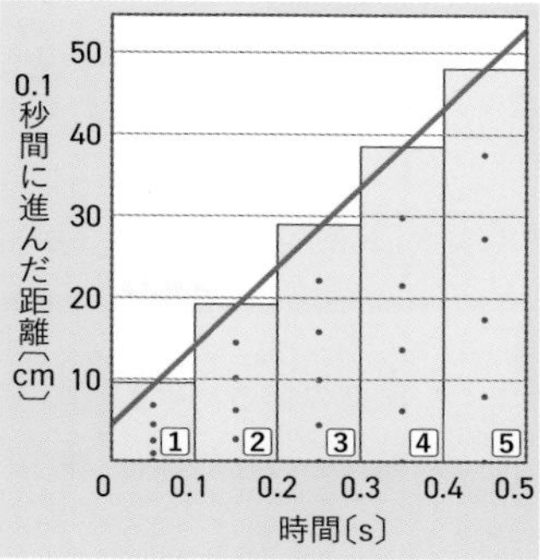

図 4　自由落下するおもりの速さ

参考　自由落下と空気抵抗

物体を自由落下させたときの速さのふえ方は質量によって変わらないはずなのに，金属球と羽毛を同時に落とすと，金属球が速く落下する。これは，**空気抵抗《くうきていこう》**が原因である。

空気中で物体が運動するとき，物体は運動をさまたげるような向きに空気抵抗の力を受ける。金属球よりも羽毛のほうが空気抵抗の影響を受けやすいので，羽毛はゆっくり落下するのである。**パラシュート**を使うとゆっくり落ちるのはこのためである。

その証拠《しょうこ》に，空気をぬいた**真空《しんくう》**中で金属球と羽毛を落下させると，金属球と羽毛が同時に落下していく。これをストロボ写真(➡ p.139)で撮影《さつえい》すると，図 5 のようになる。

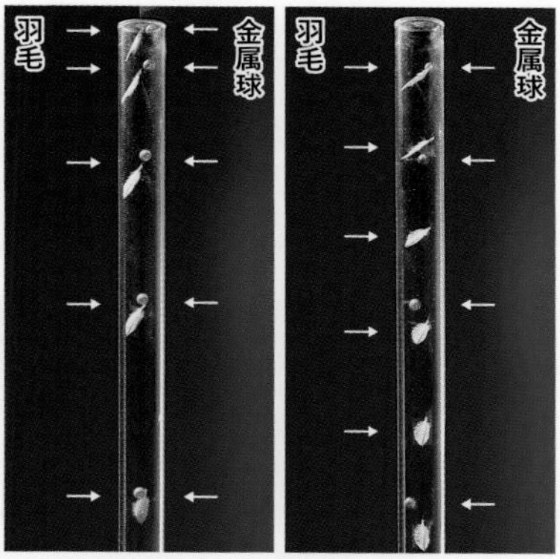

図 5　真空中(左)と空気中(右)の金属球と羽毛の自由落下のストロボ写真

また，雨のしずくは上空の高い場所から落下してくるため，図 4 のグラフにあてはめて考えると地上では非常に速くなってしまうことになる。*2 しかし実際には空気抵抗のはたらきで，粒の小さい直径1mmの雨で約3m/s，粒の大きい直径3mmの雨でも 7～8m/s程度の速さにしかならない。

*2
上空1000mの高さから地上に落ちてきた場合，地上では140m/sに達する計算となってしまう。

TRY! 表現力

図 2 の台車で，斜面を下る速さの変化の割合が最大になるのは斜面の角度が90°のときである。この理由を，簡単に説明しなさい。

ヒント　台車が受ける重力の斜面にそう方向の分力が大きいほど速さの変化の割合も大きくなる。

解答例　斜面の角度が90°のとき，台車が運動の向きに受ける力が重力と同じで最大になるから。

UNIT 6

反対向きの力がはたらく運動

着目 動く向きと反対向きに力がはたらき続けると，速さは時間とともに遅くなる。

要点
- **摩擦《まさつ》のある水平面《すいへいめん》上の運動** 運動方向と反対向きに摩擦力がはたらく。
- **斜面《しゃめん》をのぼる運動** 運動方向と反対向きに重力の分力がはたらき続ける。速さが0になったあとは，斜面を下る物体の運動をする。

1 摩擦のある水平面上の運動

A 摩擦のある水平面上をすべる木片の運動

摩擦《まさつ》のある水平面《すいへいめん》＊1上で木片をすべらせると，木片は少しの間すべるが，すぐに止まってしまう。このときの木片の運動をストロボ写真に撮《と》ると，図1のようになる。木片の像の間隔《かんかく》がしだいにつまっている。このことから，速さが遅《おそ》くなっていったことがわかる。

図1 **左から右へ摩擦のある水平面上をすべる木片の運動**

＊1
真横の方向，言いかえると水面に平行な方向のことを**水平方向《すいへいほうこう》**といい，水平に広がった面を**水平面**という。これに対して，水平面に垂直な方向（上下方向）のことを，**鉛直方向《えんちょくほうこう》**という。

B 摩擦のある水平面上の物体にはたらく力

図1のようになるのは，木片に図2のように運動方向と反対向きの**摩擦力《まさつりょく》**＊2がはたらいたからである。

摩擦のある水平面上の物体の運動では，運動方向と反対向きに摩擦力がはたらくので，物体の速さは時間とともに遅くなっていく。

＊2
力学台車の車輪のように物が転がるときにはたらく摩擦力を**転《ころ》がり摩擦力《まさつりょく》**といい，摩擦のなかでも特に小さい。そのため摩擦の効果が現れにくい。

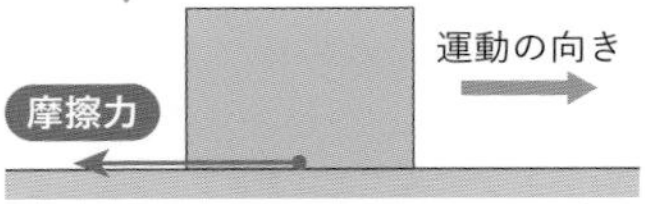

図2 **木片にはたらく力**

参考 動摩擦力

運動している物体にはたらく摩擦力を特に**動摩擦力《どうまさつりょく》**といい，物体の速さや平面にそって加える力にはよらず，運動中ほぼ一定の大きさである。＊3

動摩擦力の大きさは面のようすと面の垂直抗力《すいちょくこうりょく》によって決まり，物体が重く，面に強く押《お》しつけられるほど大きな摩擦力がはたらく。

＊3
一般《いっぱん》に，止まっている物体が動きだす直前の摩擦力よりも，動摩擦力のほうが小さい。

2 斜面をのぼる運動

A 斜面をのぼる台車の運動

力学台車にいきおいをつけてなめらかな斜面《しゃめん》をのぼらせると，途中《とちゅう》で止まって引き返してくる。斜面をのぼり始めてから止まるまでのようすをストロボ写真に撮ると，図 3 のようになる。

台車の像の間隔が斜面の上に行くほどつまっていることから，速さが遅くなっていったことがわかる。

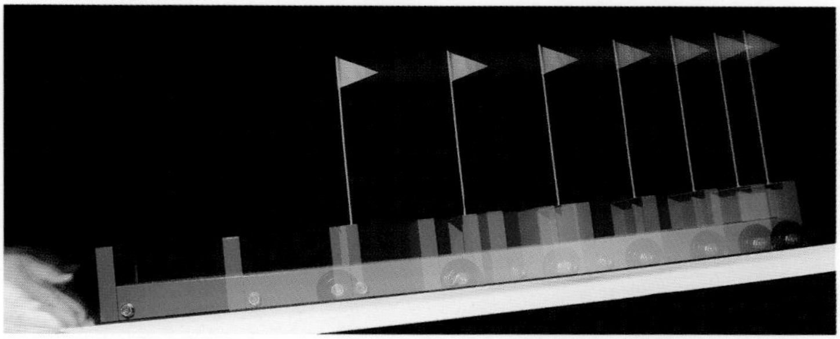

図 3　**斜面をのぼる台車の運動**

B 台車にはたらく力

台車には斜面を下りる場合と同じように，斜面にそって，斜面の下向きに力がはたらいている(**斜面上の物体にはたらく力**→ p.124)。台車が斜面をのぼるときには，この台車にはたらく力が運動の向きと反対向きになっている(図 4)。

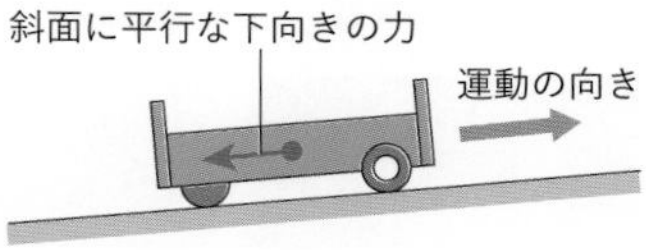

図 4　**台車にはたらく力**

斜面をのぼる運動では，物体の運動の向きと反対向きに物体の重力の斜面方向の分力がはたらき続けるので，物体の速さは時間とともに遅くなる。最後には速さが 0 になり，そのあとは**斜面を下る物体の運動**(→ p.140)を始める。

発展

加速度《かそくど》

これまで見てきたように，物体に力がはたらき続けると速さが変化する。このとき，単位時間あたりの速さの変化を**加速度**という。

1 秒間に速さが 1 m/s 変化する加速度を **1 メートル毎秒毎秒《まいびょうまいびょう》** といい，**1 m/s²** と書く。

$$\text{加速度〔m/s}^2\text{〕} = \frac{\text{速さの変化〔m/s〕}}{\text{時間〔s〕}}$$

TRY! 思考力

摩擦のある水平面上の運動では物体は最終的に止まってしまうが，斜面をのぼる運動ではいちど止まった物体は反対向きに動き始める。この理由を答えなさい。

ヒント　摩擦力と重力のちがいについて考える。

解答例　摩擦力は運動をさまたげる向きにだけはたらくので止まった物体を動かすことはできないが，斜面にそった重力の分力はいつでも斜面下向きにはたらいているから。

UNIT 7

等速直線運動

着目 物体に力がはたらかないとき，物体の運動は慣性の法則にしたがう。

要点

- **等速直線運動《とうそくちょくせんうんどう》** 運動方向に力がはたらかないとき，速さが一定で一直線上を進む。
- **慣性《かんせい》の法則《ほうそく》** 物体に力がはたらかないとき，静止している物体は静止し続け，運動している物体は等速直線運動を続ける。

1 摩擦のない水平面上にある物体の運動

A 摩擦のない水平面上を動く物体の速さ

摩擦《まさつ》のない水平面上でドライアイス[*1]をすべらせると，ドライアイスはどこまでも進み続ける。この運動をストロボ写真に撮《と》ると，図1のように，ドライアイスの像が等間隔《とうかんかく》になる。

*1
二酸化炭素を放出して空中に浮《う》くドライアイスを用いることで摩擦力を小さくしている。この方法は，**エアーホッケー**や**磁気浮上式《じきふじょうしき》リニアモーターカー**に応用されている。

図2 **磁気浮上式リニアモーターカー(愛知県)**

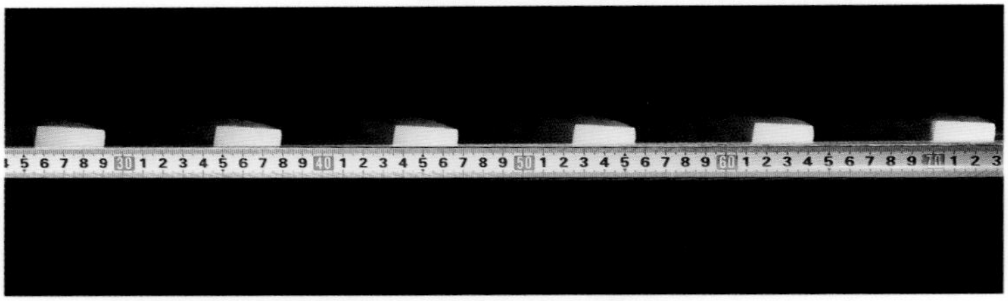

図1 **なめらかな水平面上をすべるドライアイスの運動**

図1により，ドライアイスは同じ速さですべり続けていることがわかる。このドライアイスの運動のように，**等しい速さでまっすぐ進む運動**[*1]のことを等速直線運動《とうそくちょくせんうんどう》という。

*2
同じ速さでも，カーブをしているような運動は等速直線運動とはいわない。

B 摩擦のない水平面上の物体にはたらく力

物体にはたらく力がなかったり，物体に**はたらく力がすべてつり合っていたりするとき**，物体は**等速直線運動をする**。

また逆に，等速直線運動を行っている物体には力がはたらいていないか，はたらく力がつり合っている。

なめらかな水平面上を走る台車には，図3のように，重力と垂直抗力《すいちょくこうりょく》だけがはたらく。これらはつり合っているため，物体にはたらく力の合力は0になる。そのため，台車は等速直線運動をするのである。

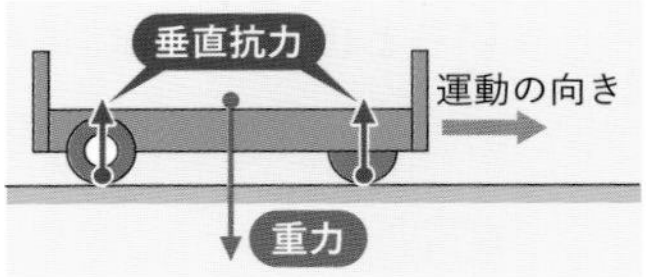

図3 **台車にはたらく力**

2 等速直線運動

A 等速直線運動の速さのグラフ

等速直線運動をしている物体の速さはいつでも同じであるから，速さが時間とともにどのように変わるかを示すグラフをかくと，図4のように，横軸《よこじく》に平行な直線になる。

B 等速直線運動の移動距離

等速直線運動の移動距離《きょり》は，

等速直線運動の移動距離＝速さ×時間

という式で求められる。移動距離は時間に比例するので，グラフは図5のようになる。

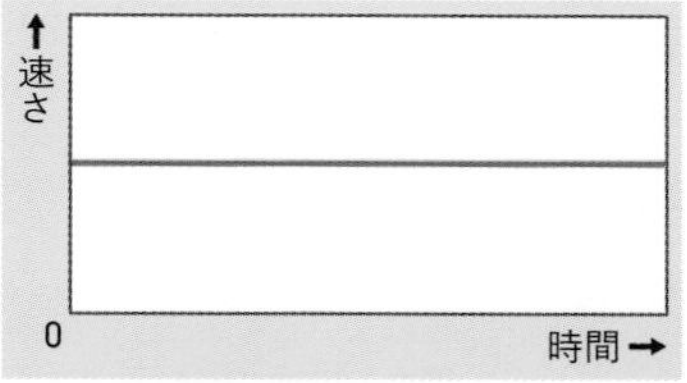

図4　**等速直線運動の速さ**

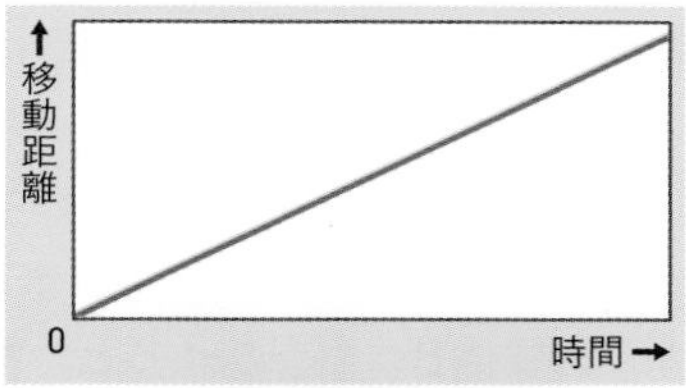

図5　**等速直線運動の移動距離**

3 慣性の法則

物体に力がはたらくと，静止している物体が動きだしたり，運動している物体の速さや運動方向が変わったりして，運動状態が変わる。

反対に，物体に**力がはたらかなければ，静止している物体は静止し続け，運動している物体は速さや運動方向を変えない**，つまり，**等速直線運動**を続ける。これを**慣性《かんせい》の法則《ほうそく》**といい，物体がもつこのような性質を**慣性《かんせい》***3という。

＊3
慣性の例には，次のようなものがある。

❶ 発車するバスの車内
バスが発車すると中の乗客は後方に倒《たお》れそうになる。これは，からだは慣性によって静止し続けようとするのに，バスにふれている部分はいっしょに前へ出ようとするためである。

❷ 停車するバスの車内
バスがブレーキをかけると，乗客は前へ倒れそうになる。これは，からだは慣性によって同じ速さを保とうとするのに，バスにふれている部分はいっしょに止まろうとするからである。

TRY! 表現力

だるま落としでは，下の積み木を水平方向にはじき飛ばしても，上の積み木はほぼ真下に落ちて台に残る。この理由を，慣性という言葉を使って説明しなさい。

ヒント　上の積み木には，水平方向の力はほとんどはたらかない。

解答例　下の積み木をゆらさずすばやくはじき飛ばすと，上の積み木には水平方向の力がほとんどはたらかないので，慣性によって静止し続けようとするから。

UNIT 8

作用・反作用の法則

着目 ある物体が別の物体に力をおよぼすとき，同じ大きさで反対向きの力を受ける。

要点

- **作用《さよう》と反作用《はんさよう》** AがBに加える力を作用としたとき，BがAにおよぼす力を反作用という。
- **作用《さよう》・反作用《はんさよう》の法則《ほうそく》** ①作用と反作用の大きさは等しい，②作用と反作用は一直線上にある，③作用と反作用の向きは反対である

1 力をおよぼし合う運動

図1❶のように，ボートAに乗って，オールで別のボートBを強く押《お》すと，ボートBは押された向きに，ボートAは反対向きにそれぞれ動きだす。また，図1❷のように，ボートに乗ったままオールで岸を押したときは，岸は動かないが，ボートは岸から力を受けて，岸から離《はな》れる向きに動く。

このように，ある**物体A**が別の**物体B**に力を加えると，**物体A**は物**体B**から大きさが等しく，反対向きの力を受ける。このとき，2つの力をそれぞれ作用《さよう》と反作用《はんさよう》という。

たとえば，図1❶は**オール**が**ボートB**を押した力を作用としたとき，**ボートB**から**オール**が受けた力が反作用である。また，図1❷で**オール**が**岸**を押した力を作用としたとき，**岸**から**オール**が受けた力が反作用である。このように，作用と反作用は，○○**が**××**を押す(引く)力**と，××**が**○○**を押す(引く)力**の組み合わせだと考えてよい。

反作用は，日常生活では力を加えた反動として実感することができる。直接触《ふ》れ合《あ》っているときにはたらく力(**接触力《せっしょくりょく》**)であっても，離れていてもはたらく力(**遠隔力《えんかくりょく》**)であっても，必ず作用・反作用の関係となる力が存在する。[*1]

＊1
離れていてもはたらく力(遠隔力)では，たとえば次のような力が作用・反作用の関係にあたる。
❶磁力《じりょく》(磁石《じしゃく》の力《ちから》)
磁石のN極《きょく》を，別の磁石のS極に近づけると，**N極**は**S極**を引きつける。このとき，同時に反作用である**S極**が**N極**を引きつける力もはたらく。
❷重力《じゅうりょく》
地球上の物体には重力がはたらいている。これは**地球**が**物体**を引きつける力なので，同時に反作用である**物体**が**地球**を引きつける力もはたらいている。

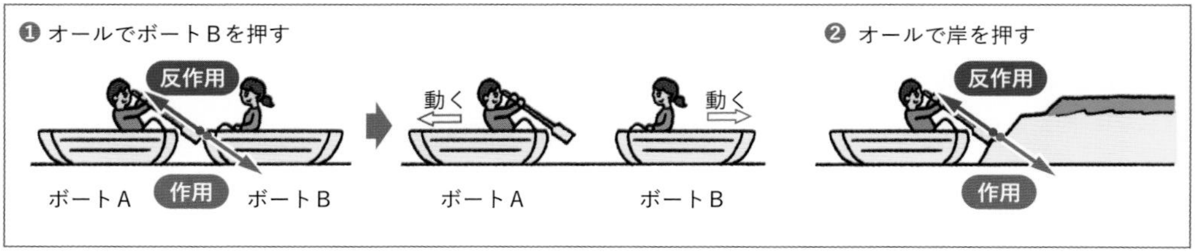

図1 **作用と反作用**

2 作用・反作用の法則

Ⓐ 作用・反作用の法則

作用と反作用には，常に①**作用と反作用の大きさは等しい**，②**作用と反作用は一直線上にある**，③**作用と反作用の向きは反対である**という3つの関係が成り立つ。

この3つの関係が成り立つことを，**作用《さよう》・反作用《はんさよう》の法則《ほうそく》**という。

Ⓑ 静止している物体の作用・反作用

静止している物体どうしにはたらく力でも，作用・反作用の法則が成り立つ。

たとえば，図2のようにはかりの上にリンゴが置かれているとき，リンゴは地球が下向きに引く重力❶と，はかりが上向きに押す垂直抗力《すいちょくこうりょく》❷を受けていて，この2つの力がつり合っている。

このとき，はかりはリンゴから下向きの力❸に押されている。これは，はかりがリンゴを押す垂直抗力❷の反作用である。

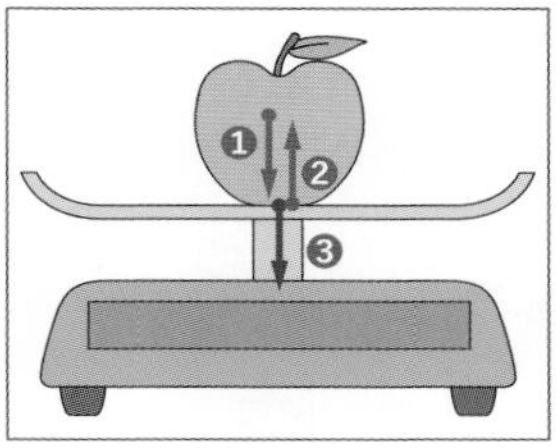

図2　**はかりの上のリンゴ**

参考　つり合っている2力と作用・反作用の2力のちがい

つり合っている2力も，**作用・反作用の関係にある2力**も，どちらも大きさが等しく，一直線上にあり，向きが反対の2力であるが，次のようなちがいがある。図2のリンゴについて考える。

❶ つり合っている2力は，1つの物体にはたらいている

図3で，重力❶と垂直抗力❷は，どちらもリンゴ(1つの物体)にはたらく。この力は一直線上で反対向きにはたらき，同じ大きさなのでつり合っているといえる。

❷ 作用・反作用の2力は，別々《べつべつ》の物体にはたらいている

図4で，リンゴにははかりからの垂直抗力❷がはたらき，はかりにはリンゴが押す力❸がはたらく。この2力が作用・反作用の関係にある。

図3　**つり合っている2力**

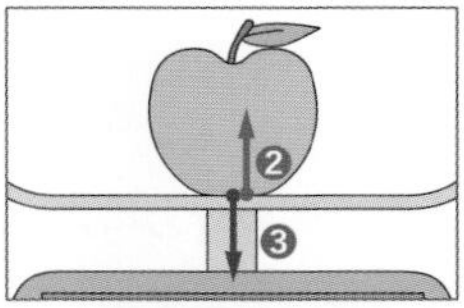

図4　**作用・反作用の2力**

TRY! 表現力

人が地面を真下にけってジャンプすると，人は真上にとび上がる。このとき，人が上向きにとび上がるのはどのような力によるものか説明しなさい。

ヒント　人の運動なので，人が受ける力を考える。

解答例　人が地面に力を加えてけると，作用・反作用の法則から，人はけった力と大きさが等しく，反対向きの力を地面から受ける。この力で，人は真上にとび上がる。

特集

人や乗り物を動かす力

● 人が歩くときは 地面から斜め上に押されて前進する

私たちは，ふだんなにげなく歩いたり走ったりしている。このときに私たちを前進させる力について考えてみよう。私たちが歩くときは，**地面を斜《なな》め後ろ下向きに押《お》している**（作用《さよう》）。すると，反作用《はんさよう》として，**地面が足を斜め前上向きに押す**。この力によって私たちは前進している。

図1　**人を前進させる力**

反作用は作用と同じ大きさであるから，足が地面をける力が強いほど，足が地面から受ける力も強くなり，速く進むことができる。

ところで，この反作用の力は，図2のように，垂直方向と水平方向に分解され，**進む速さは，水平方向の分力によって決まる**。垂直方向の分力はむだな上下動を起こす力となるから，なるべく小さくなるようにしたほうが効率よく進むことができるといえる。

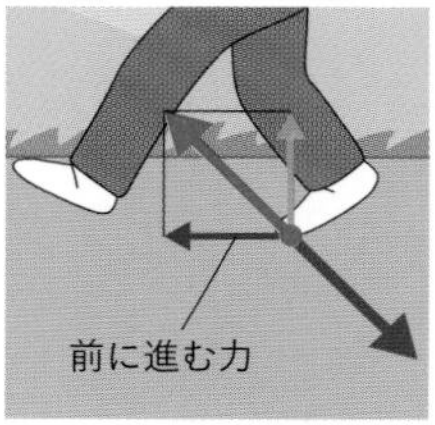

図2　**地面が足を押す力の分解**

● 自動車や電車は 地面から水平に押されて前進する

人が歩いたり走ったりするときの上下動をなくして，**水平方向だけで作用と反作用が起こるようにくふうしたもの**が，自動車や電車の車輪《しゃりん》である。車輪は人の足とちがって，回転しているときに常に1点が地面に接しているので，どのように作用と反作用に力がはたらいているかがイメージしにくい。

一定の向きに回転している**車輪の地面に接している1点が，つねに水平後ろ向きに地面に力を加え**（**作用**），その**反作用**として，**地面は車輪を常に水平前向きに押す**。この力によって，自動車は車輪が回転する力を，上下動に使うむだなく，水平に前進する。

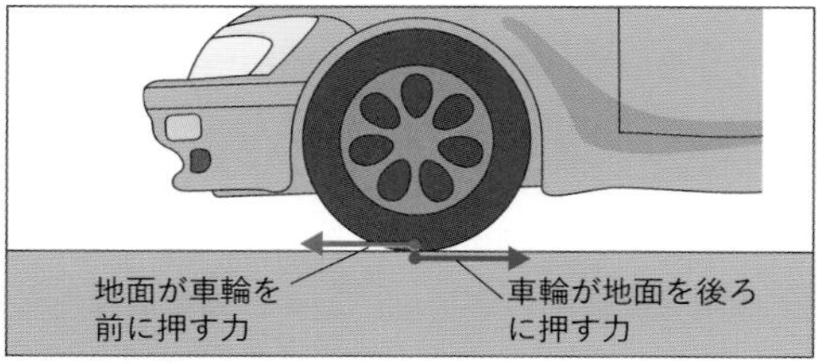

図3　**自動車を前進させる力**

● 水中の動物は 水から押されて前進する

固い地面は動かないので，1点に力を加えると反作用である押し返す力がはたらくことが実感しやすい。

これに対して自由に動く水は，押すと手ごたえはあるが，1点に力を加え続けることはできない。しかし，私たちが泳ぐときも，手で水を後ろにかくときに，**手が水に加え続けた後ろ向**

きの力(作用)の反作用として，**手は力を加え続けた水から前向きの力**を受ける。この力によって，人は水中を前向きに泳ぐことができると考えることができる。魚やクジラなどの水中の動物が泳ぐときもこれと同じで，すべて**水からの反作用**によって前進する。

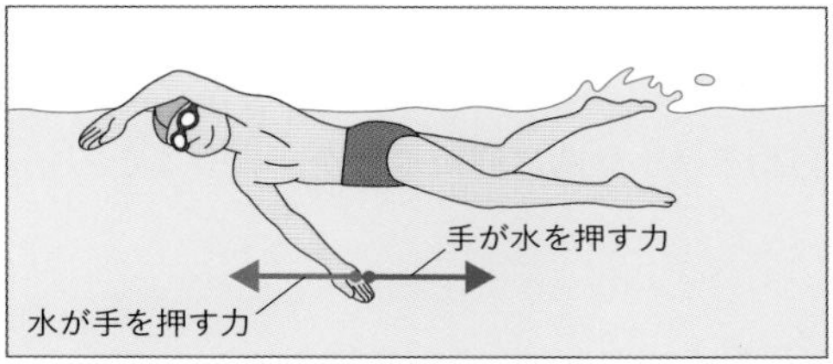

図4　**泳いでいる人を前進させる力**

● 飛行機やロケットは空気やガスから押されて前進する

力を加えた水全体から反作用の力を受けると考えてもよいが，自由に動く水や空気から受ける反作用の考え方は，それだけなのだろうか。船のスクリューと同じ原理で推進する飛行機のプロペラで考えてみよう。

水を空気に置きかえて，人が泳ぐときと同じように考えると，飛行機の**プロペラが空気に加え続けた後ろ向きの力**(作用)の**反作用**として，**プロペラは力を加えた空気全体から前向きの力**を受けると考えることができる。この力が飛行機を前進させる力となると考えられる(図5)。

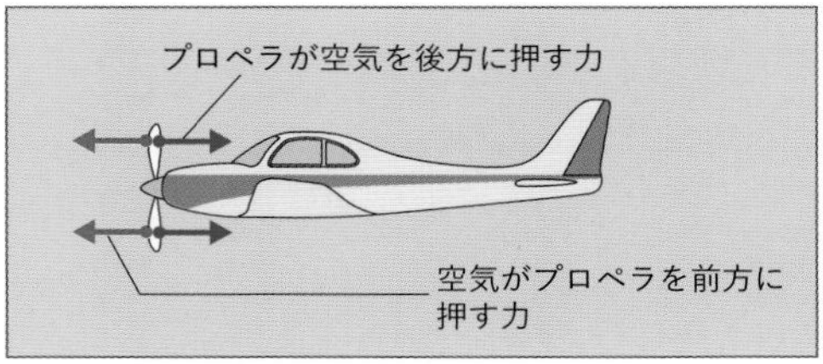

図5　**プロペラ機を前進させる力**

まわりから見ると，船のスクリューや飛行機のプロペラは，力を加えて後方に水や空気を噴《ふ》き出し続けているともいえる。

これは水の上や空気中に浮かんだ状態で物体を後方に投げ，投げた物体から反作用の力を受けて投げた向きと反対向きに進んでいると考えてもよい。

この考え方は，まわりにある空気を動かすプロペラよりも，搭載《とうさい》した燃料を燃やしてできた高圧のガスをエンジンから後ろ向きに噴き出すジェット機やロケットで考えるとわかりやすい。

図6　**ロケットの打ち上げ**

エンジンが燃料を燃やしてできた高圧のガスを後方へ噴き出し(作用)，この**反作用**として，**ガスがエンジンに前向きの力を加える**。この力がジェット機やロケットを前進させる力になる(図7)。

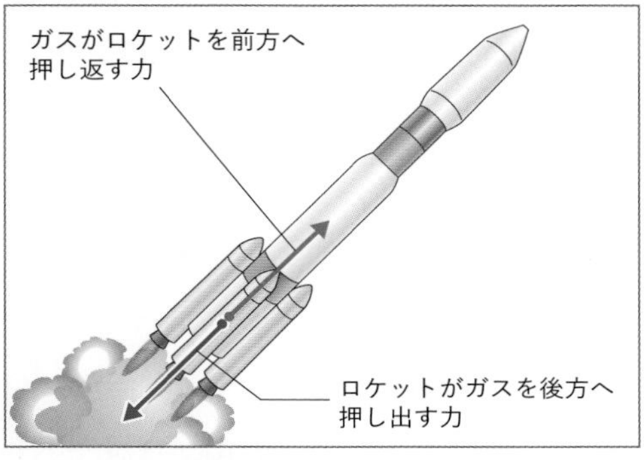

図7　**ロケットを飛ばす力**

ちなみに，飛行機が前進すると，機体の前から後ろへの空気の流れがうまれる。機体や翼《つばさ》の上側と下側の空気の流れ方のちがいから，機体を上にもち上げる力(揚力《ようりょく》)がうまれる。

定期テスト対策問題

解答 → 別冊p.6

問1 速さの計算

次の各問いに答えなさい。

(1) 水平な床《ゆか》の上で台車を走らせたら，2mを4秒で走った。この台車の速さは何m/sか。

(2) (1)で求めた速さは何cm/sか。

(3) 自動車が54km/hの速さで走っている。この自動車は1秒間に何m進むか。

問2 記録テープのグラフ

台車にテープをつけ，台車を手で引いて運動させて記録タイマーで打点したものを5打点ごとに切《き》り離《はな》し，右の図のように並べた。記録タイマーは50分の1秒ごとに打点するものとして，次の問いに答えなさい。

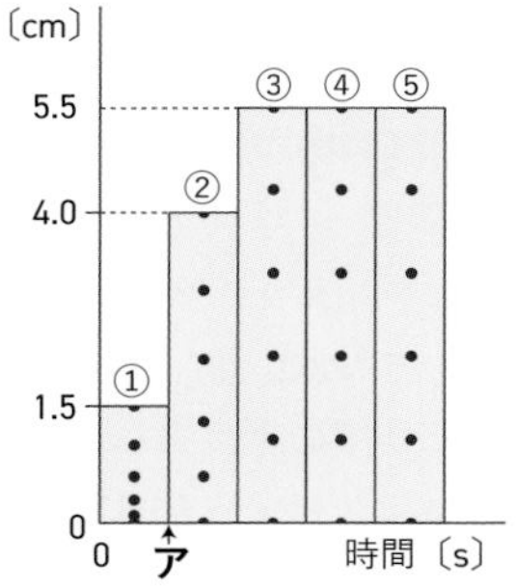

(1) 横軸《よこじく》は時間を表す。**ア**の点は何秒か。

(2) テープ②が打点される間の平均の速さは何cm/sか。

(3) テープ①から⑤までが打点される間の平均の速さは何cm/sか。

問3 斜面を下りる台車の運動

右の図のような装置で，摩擦《まさつ》のない斜面《しゃめん》を下りる台車の運動を記録した。記録タイマーは50分の1秒ごとに打点する。

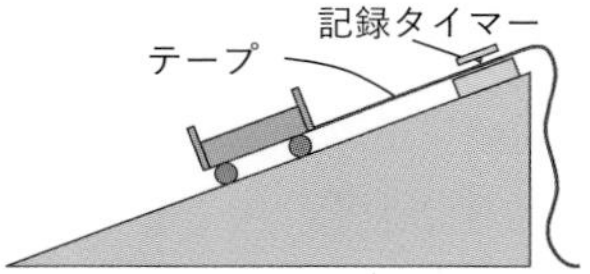

下の図は記録テープの一部である。打点のはっきり見えるところに5打点ごとに，**A**，**B**，**C**，……の記号をつけ，5打点ごとの長さをはかった。これについて，問いに答えなさい。

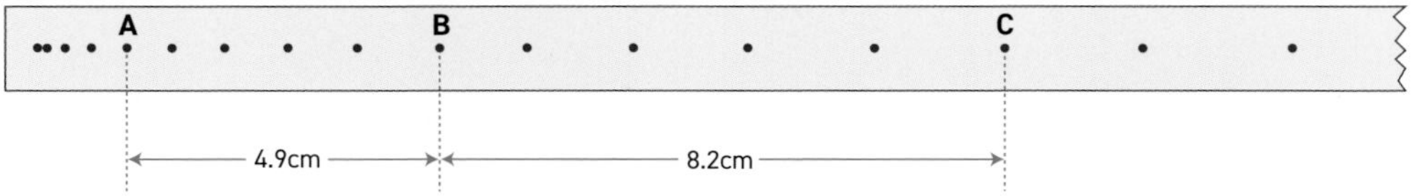

(1) **A**から**B**までの平均の速さは何cm/sか。

(2) **B**から**C**までの平均の速さは何cm/sか。

(3) **B**を打った瞬間の速さは何cm/sか。

(4) 斜面を下りる台車の速さが速くなっていくのは，どのような力のはたらきによるものか。「分力」ということばを用いて答えよ。

問 4 落下運動

金属球を落下させ，0.1秒間隔《かんかく》で発光するストロボスコープで照らしながら写真を撮《と》ったところ，右図のようになった。

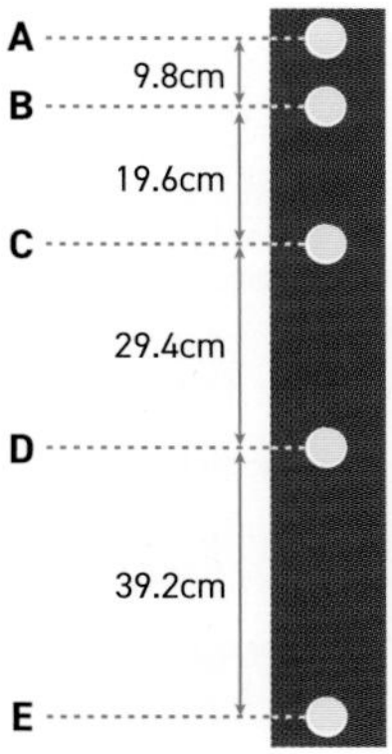

(1)　金属球が落下する速さは，金属球が落下していくにつれてどうなっているか。次の**ア～ウ**から選べ。

ア　速くなっていく。　**イ**　遅《おそ》くなっていく。　**ウ**　変わらない。

(2)　金属球を，質量の大きなものにとりかえて実験すると，像の間隔はどうなるか。次の**ア～ウ**から選べ。

ア　広くなる。　**イ**　せまくなる。　**ウ**　変わらない。

(3)　点**B**から点**D**まで落下したときの平均の速さは何cm/sか。

(4)　点**C**から点**E**まで落下したときの平均の速さは何cm/sか。

(5)　点**E**を通過するときの瞬間の速さは何cm/sか。

問 5 水平面上での運動

水平面の上で木片をすべらせ，0.1秒間隔で発光するストロボスコープで照らして写真を撮ったところ，右の図のようになった。

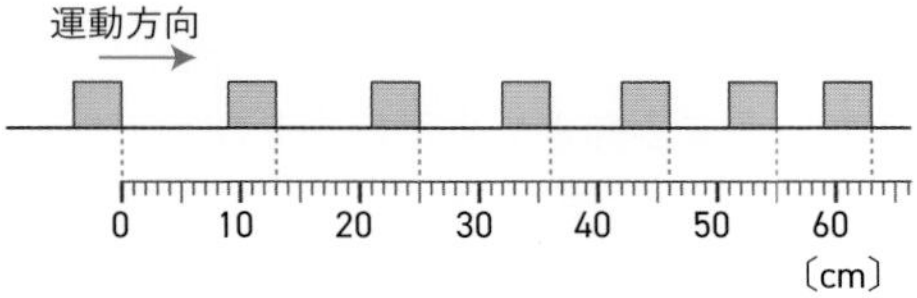

(1)　木片の速さはどのように変化しているか。次の**ア～ウ**から選べ。

ア　だんだん速くなっている。　**イ**　だんだん遅くなっている。　**ウ**　変わらない。

(2)　(1)のようになるのは，どんな力がはたらくからか。力の名前を書け。

問 6 作用・反作用

右の図のような装置で，空気をペットボトルの中に押《お》し込《こ》むと，ゴムせんがはずれてペットボトルが飛び出す。これについて，問いに答えなさい。

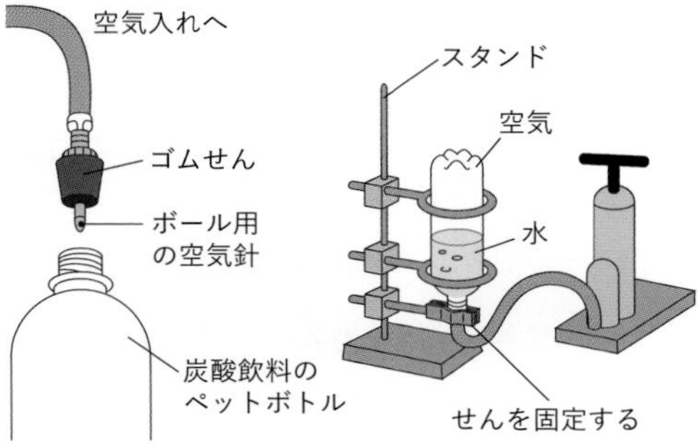

(1)　ゴムせんがはずれる理由を簡潔に書け。

(2)　ペットボトルが飛び出す理由を，次の**ア～ウ**から1つ選べ。

ア　水を噴《ふ》き出《だ》す力と同じ向きの力を受けるから。

イ　水を噴き出す力と反対向きの力を受けるから。

ウ　水を噴き出す力と垂直な向きの力を受けるから。

UNIT 1

仕事

着目 仕事は力の大きさと力の向きに動いた距離の積で表す。

要点

- **仕事《しごと》** 物体に力がはたらいて，物体がその向きに動いたとき，仕事をしたという。
- **物体を持ち上げる仕事** 物体の重さ〔N〕×持ち上げた高さ〔m〕で求める。
- **水平方向に引っぱる仕事** 摩擦力《まさつりょく》の大きさ〔N〕×動いた距離《きょり》〔m〕で求める。

1 仕事とその大きさ

Ⓐ 仕事

物体に力がはたらいて，物体が**その力の向きに動いた**とき，理科では力が物体に**仕事《しごと》をした**という。*1

*1
日常で使う「仕事」とは意味が全くちがうので注意。

たとえば，ボールを手のひらに乗せたとき，図1❶のように手はボールを支える上向きの垂直抗力《すいちょくこうりょく》を加えている。

このまま図1❷のようにボールを真上に持ち上げると，力を加える向きにボールが移動するので，手はボールに仕事をしたことになる。

いっぽう，図1❸のようにボールを水平に動かすとき，手の加える向きにボールは動いていないので，手はボールに仕事をしていないことになる。ボールを持ったまま動かさないときも，力の向きに動いてはいないから，仕事をしたことにはならない。

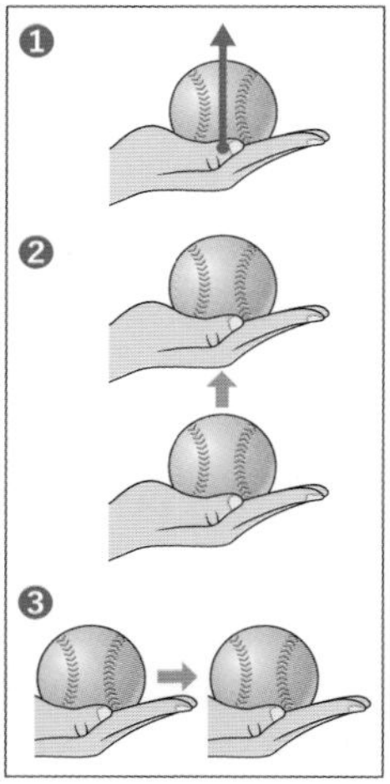

図1 **手のひらのボールを動かす**

Ⓑ 仕事の大きさ

仕事の大きさは，物体に加えた力の大きさと物体を力の向きに動かした距離《きょり》の積で求めることができる。仕事の単位には**ジュール**(記号**J**)を用い，**物体に1Nの力を加えて，その向きに1m動かしたときの仕事を1J**と決めている。

これらのことから，式で表すと次のような関係になる。

仕事の大きさ〔J〕＝力の大きさ〔N〕×力の向きに動いた距離〔m〕

たとえば，物体に4.5Nの力を加えてその向きに10m動かしたときの仕事は，次のようになる。

4.5N×10m＝45J

仕事の大きさを**J**で求めるときは，力の単位が**N**，距離の単位が**m**になるようにあらかじめ換算《かんさん》しておく必要がある。*2

*2
たとえば，物体に8Nの力を加えてその向きに50cm動かしたときの仕事は，
8N×50cm＝8N×0.5m
＝4J
となる。

2 いろいろな仕事

物体に力を加えて動かすとき，物体が動いている途中《とちゅう》で速くなったり遅《おそ》くなったりしないよう，一定の速さを保つように動かすことを，**ゆっくりと動《うご》かす**という。

この章では以降特に断りのないかぎり，物体に力を加えて動かすというのはゆっくりと動かすことを考える。

A 物体をゆっくりと引き上げる仕事

物体には常に重力がはたらいている。図２のように，重さ W〔N〕の物体をゆっくりと引き上げるためには，重力とつり合う上向きの力 W を加え続ける必要がある。

物体に加えた上向きの力と物体が上向きに動いた距離，つまり物体が持ち上げられた高さとの積が，この場合の仕事になる。

したがって，物体を持ち上げる仕事〔J〕は，

物体の重さ〔N〕×持ち上げられた高さ〔m〕

となる。

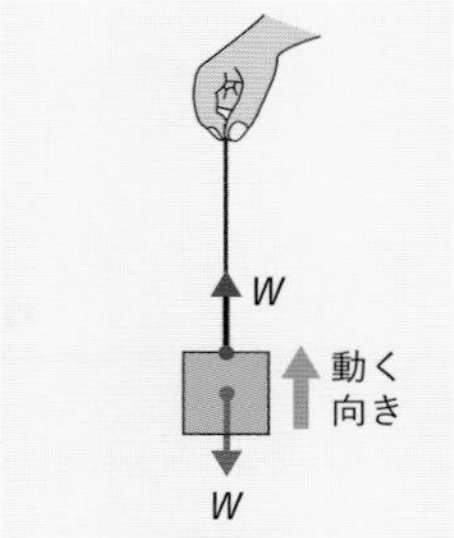

図２　**物体をゆっくりと引き上げる仕事**

図３　**タイヤ引き**

B 物体を摩擦にさからってゆっくりと引っぱる仕事

図３のように摩擦《まさつ》のある水平面上で物体をゆっくりと動かすと，物体には運動の向きと反対向きに摩擦力《まさつりょく》がはたらく。この摩擦力の大きさ F〔N〕は，運動している間変わらない（➡ p.146参考）。

図４のように，物体を動かすためには，この摩擦力とつり合う力を加え続ける必要がある。

物体に加える力は摩擦力と同じ大きさなので，この場合の仕事〔J〕は，

摩擦力の大きさ〔N〕×物体が動いた距離〔m〕

となる。

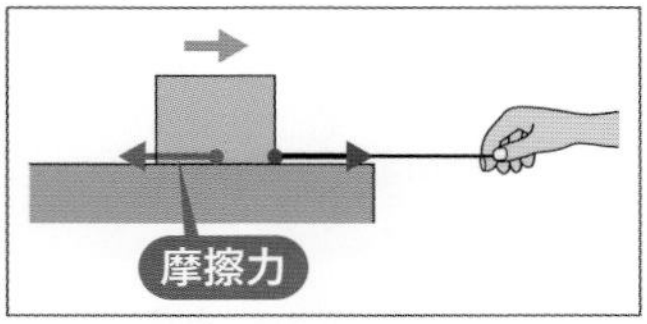

図４　**水平方向にゆっくりと引っぱる仕事**

TRY! 表現力

なめらかでない床《ゆか》の上で重さ50Nの物体を押《お》すと，簡単に動いた。次に重さ500Nの物体を押したが，全く動かず疲《つか》れてしまった。どちらの仕事が大きいか説明しなさい。

ヒント　「仕事をした」とはどのようなことに対していうのかをもとに考える。

解答例　500Nの物体は動かなかったので，どんなに力を入れて押しても，どんなに疲れても仕事は０になる。よって50Nの物体を押して動かした仕事のほうが大きい。

UNIT 2

滑車を使った仕事

着目 動滑車を1つ使うと，加える力は半分になるが，動かす距離は2倍になる。

要点

- **滑車《かっしゃ》**　ひもをかけて軸《じく》のまわりに回転できるようになっている車。定滑車《ていかっしゃ》と動滑車《どうかっしゃ》がある。
- **定滑車**　上下移動しない滑車。力の向きを変えるが，力の大きさや引く距離《きょり》は変わらない。
- **動滑車**　上下移動する滑車。力の大きさや引く距離が変わるが，必要な仕事は変わらない。

1 道具を使った仕事

仕事(➡ p.156)では，物体に直接力を加えて動かす仕事について考えた。実際に物体を動かすときには，直接力を加えるだけでなく，**滑《かっ》車《しゃ》**や**てこ**(➡ p.164)などの**道具《どうぐ》**を使って小さな力で動かせるようにすることが多い。重いものを持ち上げるときに**斜面《しゃめん》**(➡ p.160)を使うのも，広い意味で道具を使っていると考えることができる。

ここからは，道具を使った仕事について考えていく。特に書かれていない場合，滑車やてこなどの道具は非常に軽く，重さが無視できるものと考える。また，滑車のひもや斜面にはたらく摩擦《まさつ》，空気抵抗《くうきていこう》もないものとして考えていく。*1

図1　クレーンにとりつけられた動滑車

*1
道具の重さや摩擦がないような理想的な条件で実験を行って**法則《ほうそく》**を見つけ，現実の問題については必要に応じて重さや摩擦のはたらきをプラスして考えたほうがわかりやすいことが多い。

2 定滑車と動滑車

ひもをかけて回転軸《かいてんじく》のまわりに回転できるようになっている車を**滑車**という。滑車は，図2のように使い方によって**定滑車《ていかっしゃ》**と**動滑車《どうかっしゃ》**に分けられる。

上の金具で固定され，上下に移動しない滑車を定滑車という。図1の定滑車では，おもりのひもと引っぱるひもが直接つながっている。そのため力の向きを変えることができるが，**力の大きさや引っぱる長さは変化しない**。よって，定滑車を使って物体を引き上げるときは，物体の重さと同じ大きさの力が必要である。

いっぽう，上下に移動する滑車を動滑車という。動滑車は，下の金具に引き上げたい物体をとりつけ，ひもの片方を天井《てんじょう》などに固定して，もう片方のひもを引っぱって使う。動滑車では，**引くのに必要な力は，物体の重さとはちがってくる**。

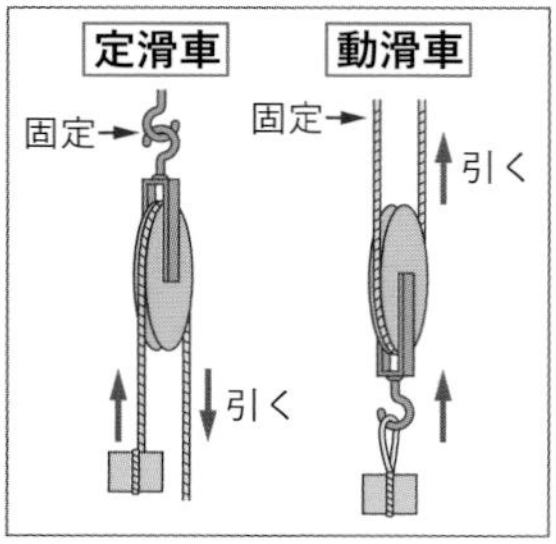

図2　定滑車と動滑車

3 動滑車を使って物体を引き上げる　実験

A 方法・手順

① ばねばかりにおもりをとりつけ，持ち上げる力の大きさと，ひもで引き上げた距離をはかる。

② 図3のように，重さの無視できる動滑車に通したひもの片方を固定し，もう片方のひもをばねばかりにとりつける。

③ ①の動滑車の下の金具におもりをとりつけ，固定されていないほうのひもを引いておもりを①と同じだけ引き上げる。

　このときのひもを引く力の大きさと，ひもを引き上げた距離をはかる。

④ ①，③それぞれで行った仕事を求める。

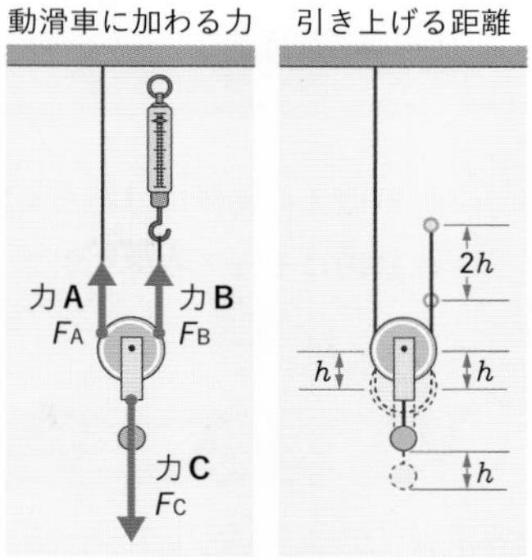

図3　動滑車に加わる力と引き上げる長さ

B 結果・考察

　結果は表1のようになった。

　動滑車を図3のように使うと，力の大きさは半分になるが，引いた距離は2倍になる。よって，必要な仕事は変わらない。

表1　動滑車を使わないときと使ったときの仕事

	力の大きさ	距離	仕事
滑車を使わないとき	2.0 N	0.2 m	0.4 J
動滑車を使ったとき	1.0 N	0.4 m	0.4 J

C 動滑車に加わる力と引き上げる距離

　図3の動滑車で上に引く2力**A**と**B**の大きさは同じである。動滑車を下に引く力は**C**だけなので，それぞれの力の大きさをF_A〔N〕，F_B〔N〕，F_C〔N〕とすると，動滑車にはたらく力のつり合いから$F_C = F_A + F_B$なので，$F_C = 2F_A = 2F_B$となる。*2

　下のおもりをh〔m〕引き上げるためには，上のひもを右側と左側で同じ長さ引かなければいけないので，合計$2h$〔m〕引く必要がある。

＊2
正確には力**A**と力**B**は一直線上にないので，これまでに**力の合成**(➡ p.112)などで学んだ考え方だけではこの2力の合力を求めることはできないが，この場合も合力の大きさが$F_A + F_B$となることがわかっている。

TRY! 表現力

上の実験で，滑車の重さが無視できない場合には，ひもを引き上げるために必要な力を求めるにはどのように考えればよいか説明しなさい。

ヒント　動滑車に加わる下向きの力を考える。

解答例　動滑車には，下向きに物体の重さと，動滑車自身の重さが加わるので，物体と動滑車の重さの和を考え，その半分を計算すればよい。

UNIT 3

斜面を使った仕事

着目 斜面上の物体を動かすときは，重力の斜面にそった方向の分力を考える。

要点

- **斜面《しゃめん》上の物体にはたらく重力** 斜面にそった方向と斜面に垂直な方向の分力に分解して考える。
- **斜面にそって物体を引き上げる仕事** 摩擦《まさつ》のない斜面を使っても，斜面の角度にかかわらず，物体を同じ高さまで引き上げる仕事は変わらない。

1 摩擦のない斜面にそって物体を引き上げる仕事

A 摩擦のない斜面にそって物体を引き上げる力

図1のように，**摩擦《まさつ》のない斜面《しゃめん》**の上に重さ W〔N〕の物体を置く。このとき，重力は**斜面にそった方向と斜面に垂直な方向**の分力に分解できる(➡ p.124)。

斜面にそった方向の分力 F によって，物体は斜面上をすべり落ちる。物体を斜面にそってゆっくりと引き上げるためには，この力 F と同じ大きさで，向きが反対の力 F' を加えなければならない。

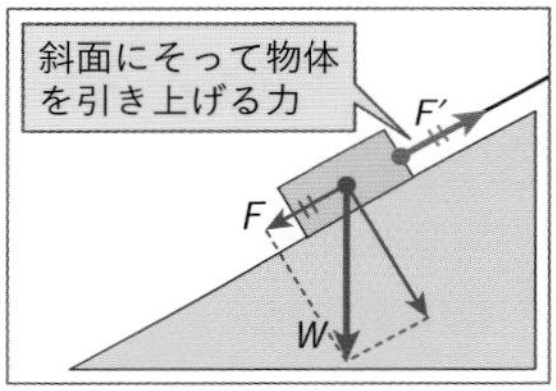

図1 斜面にそって物体を引き上げる力

B 摩擦のない斜面にそって物体を引き上げる仕事の大きさ

5.0 Nの物体を4.0 mの高さまで持ち上げるときの仕事の大きさを，斜面の角度ごとに求める。

斜面の傾《かたむ》きとはたらく力の関係を調べる実験(➡ p.125)の結果と，**特別な三角形の辺の比**(図2)をもとに仕事の大きさを計算すると，表1のようになる。

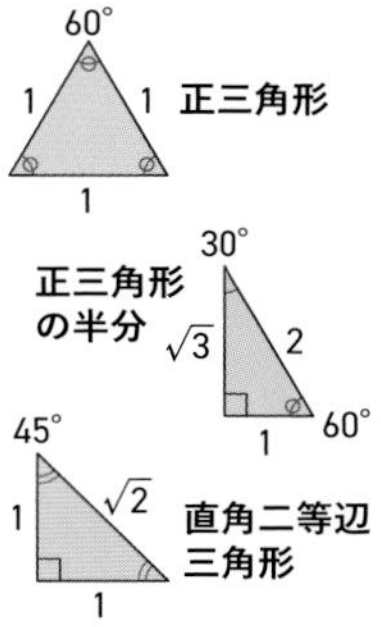

図2 特別な三角形の辺

表1 斜面にそって引き上げる力

斜面の角度	30°	45°	60°	90°（真上に引く）
引き上げる力	2.5 N	3.5 N	4.3 N	5.0N
斜面にそった距離《きょり》	8.0 m	5.7 m	4.6 m	4.0m
物体にする仕事*1	20 J	20 J	20 J	20J

このように，摩擦のない斜面を使っても，斜面の角度にかかわらず，物体を同じ高さまで引き上げる仕事は変わらない。

これ以外の角度についても，右ページの発展のように，図形の性質を使って成り立つことが説明できる。

＊1
力や距離に合わせて，有効数字を2桁《けた》で計算している。

発展　斜面を使っても仕事の大きさが変化しないことの説明

図3の斜面を使って，摩擦のない斜面を使って物体を引き上げても，直接引き上げたときと仕事の大きさが変わらないことを説明する。

図のように重さW〔N〕の物体をb〔m〕の高さまで引き上げるとき，直接引き上げる仕事はWb〔J〕，斜面を使って引き上げる仕事は$F'a$〔J〕である。よって，$F'a=Wb$が導ければよい。

斜面を直角三角形**ABC**，重力の矢印を**RQ**，重力の斜面にそった方向の分力の矢印を**RP**とおく。さらに，**RQ**を通る直線と**AB**との交点を**A′**とおき，図のように点**R**を通って斜面に平行な直線を引いてその直線と**AB**との交点を**B′**とおくと，△**A′B′R**は直角三角形となる。

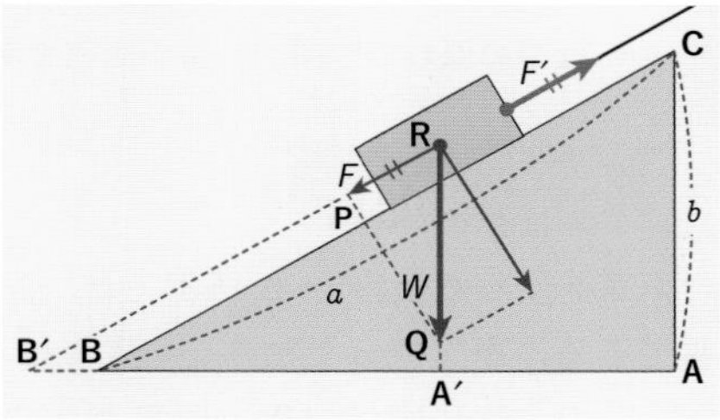

図3　**斜面にそって物体を引き上げる力**

図より∠**CAB**＝∠**RA′B′**＝90°であり，**BC**と**B′R**は平行なので同位角の関係から∠**ABC**＝∠**A′B′R**である。よって，2組の角がそれぞれ等しい△**ABC**と△**A′B′R**は相似であるといえる。また，∠**RA′B′**＝∠**RPQ**＝90°であり，図より∠**A′RB′**＝∠**PRQ**なので，2組の角が等しい△**A′B′R**と△**PQR**も相似である。

よって，**△ABCと△PQRは相似**であるので，**CB**：**CA**＝**RQ**：**RP**が成立する。ここで，力の矢印の長さは力の大きさを表しているので，$a:b=W:F'$が成り立つことから，$F'a=Wb$が導ける。

この説明では斜面の角度を特定の角度に決めてはいないので，摩擦や空《くう》気抵抗《きていこう》が無視できる場合には，斜面の角度によらずこの関係が成り立つ。*2

*2
摩擦や空気抵抗がはたらく場合はその分の余計な仕事が必要なので注意する(➡p.162参考)。

例題 1　斜面を使った仕事

右の図のように，重さ12Nの物体を摩擦のない斜面にそって引き上げる。この斜面を使うと斜面にそって引き上げるには6Nの力が必要だった。

もとの位置よりも真上に2m高い位置まで物体を動かすとき，斜面上ではx〔m〕引き上げた。xの値を求めよ。

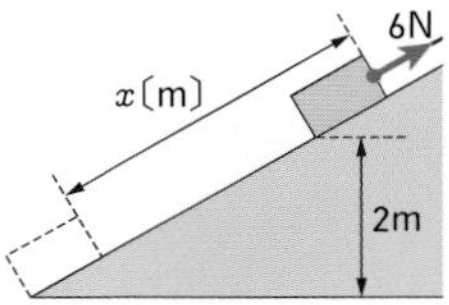

解き方

摩擦のない斜面を使っても，物体を同じ高さまで引き上げる仕事は変わらない。

斜面にそって引き上げる力が物体の重さの$\frac{1}{2}$倍になったので，引き上げる距離は2倍になる。

よって斜面上で移動した距離は，

$x=2\text{m}\times2=$ **4m** ……(答)

UNIT 4

仕事の原理

着目 摩擦や空気抵抗がなければ，道具を使っても必要な仕事は変わらない。

要点

- **仕事《しごと》の原理《げんり》** 道具を使うと，物体を動かすために必要な力の大きさや力の方向の距離《きょり》が変化するが，物体を同じだけ動かすために必要な仕事の大きさは変わらない。
- **仕事の原理の応用** 仕事の原理を使うと，計算が簡単になることがある。

1 仕事の原理

滑車《かっしゃ》を使った仕事(➡ p.158)では，**摩擦《まさつ》や重《おも》さの無視できる滑車**を使って物体を引き上げると(図1 ❷)，図1 ❶のように直接引き上げるより力の大きさは小さくなるが，そのかわりにひもを引き上げる距離《きょり》が長くなり，同じ高さまで引き上げる仕事は変わらないことがわかった。

また**斜面《しゃめん》を使った仕事**(➡ p.160)では，**摩擦のない斜面**を使って引き上げても(図1 ❸)，同じ高さまで引き上げる仕事は変わらないことが確かめられた。

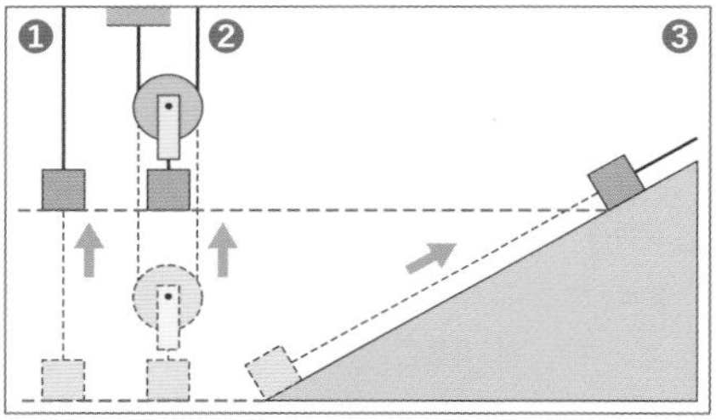

図1 さまざまな道具を使って物体を引き上げる仕事

このように滑車や斜面などの**道具を使っても**物体を動かすために**必要な仕事の大きさは変わらない**。これを仕事《しごと》の原理《げんり》という。摩擦や空《くう》気抵抗《きていこう》が無視できる場合に，仕事の原理が成り立つ。

参考 摩擦や空気抵抗が無視できない場合の仕事

摩擦や**空気抵抗**が無視できない場合や，滑車などの**重さ**が無視できない場合，物体を引き上げるのに必要な仕事の大きさに加え，摩擦力や空気抵抗力にさからって行う仕事や，滑車を引き上げる仕事も考えなければいけない。

たとえば，図2のように，斜面と物体の間に大きさ f〔N〕の摩擦力がはたらく状態でゆっくりと引き上げる場合，引き上げる力の大きさ F'〔N〕は，$F'=F$〔N〕$+f$〔N〕となるので，斜面にそって a〔m〕引き上げる仕事の大きさ W〔J〕は，$W=F'a=Fa+fa$ となる。

このことは，**摩擦力 f〔N〕のある面の上を距離 a〔m〕引っぱる仕事 fa〔J〕のぶんだけ必要な仕事がふえる**ととらえることができる。

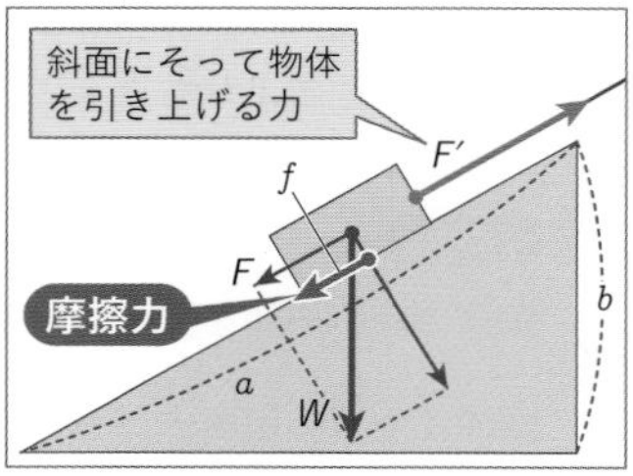

図2 摩擦力のはたらく斜面を使って引き上げる仕事

2 仕事の原理の応用

仕事の原理を使うと，加える力の大きさから力の方向に動かす距離を求めたり，逆に動かす距離から加える力の大きさを求めたりすることができる。

重さや摩擦力の無視できる滑車を図3のように組み合わせて，組み合わせた動滑車《どうかっしゃ》に重さW〔N〕の物体をつるし，ひもを引くことで物体をh〔m〕引き上げる場合の，ひもを引く力の大きさと引く長さをそれぞれ求めることを考える。

おもりの重さは，動滑車をつり下げている6本のひもに均等に分けられるため，ひもを引く力は$\frac{W}{6}$〔N〕となる。また，動滑車をつるすひもが6本並んでいるので，ひもを引く長さは$6h$〔m〕となる。

ここで**仕事の原理**からも，物体をh〔m〕引き上げる仕事とひもを引く仕事はどちらもWh〔J〕と決まる。つまり重さが一定であれば，力と引く長さのどちらか一方から，もう片方を計算することができる。[*1]

また，次の例題のように斜面の角度が一定でないような複雑な道のりにそって物体を動かすような場合でも，仕事の原理を使えば物体に行う仕事を簡単に求められることがある。

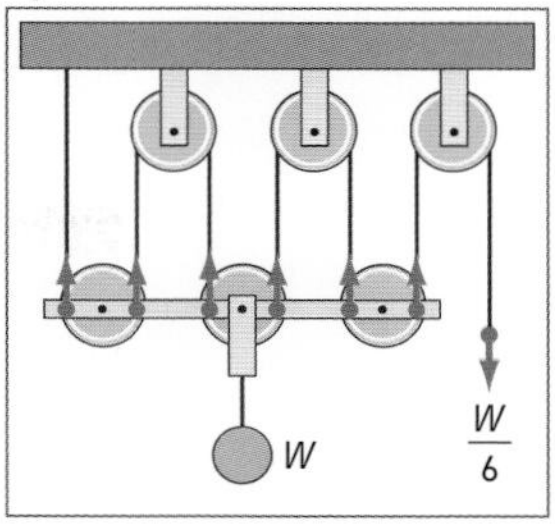

図3 動滑車の組み合わせと物体を引き上げる力

*1
先にひもを引く長さが$6h$だとわかれば，ひもを引く力Fは，$Wh=F\times6h$より$F=\frac{W}{6}$と求めることができ，先にひもを引く力が$\frac{W}{6}$だとわかれば，ひもを引く長さxは$Wh=\frac{W}{6}\times x$より$x=6h$と求めることができる。

例題 2 複雑な道のりにそって物体を動かす仕事

右の図のような斜面や曲面にそって物体をゆっくりと引き上げるとき，物体にする仕事の大きさをそれぞれ答えなさい。

ただし，100gの物体にはたらく重力の大きさを1Nとし，摩擦力や空気抵抗は無視できるものとする。

(1)

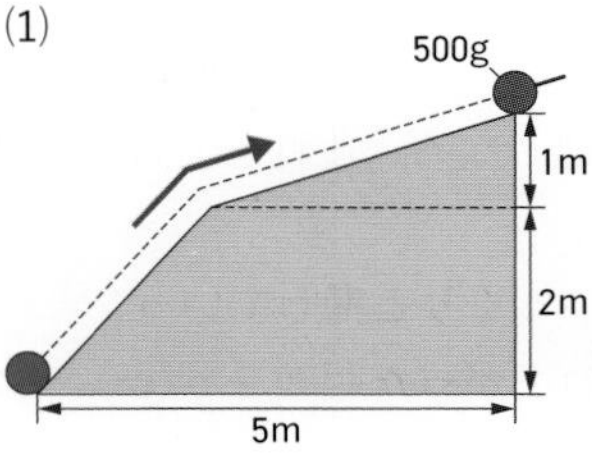

(2)

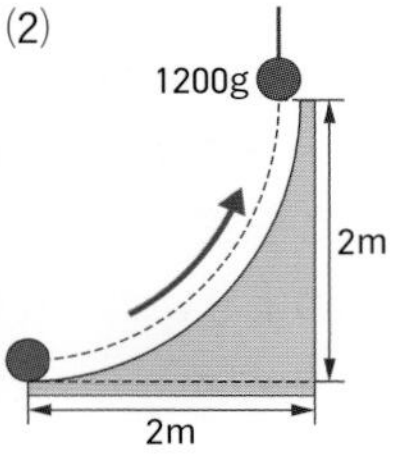

解き方

仕事の原理をもとに考える。

(1) 仕事の原理より，求める仕事は500gの物体を3m真上に引き上げる仕事と同じなので，
5N×3m＝**15J** ……(答)

(2) 仕事の原理より，求める仕事は1200gの物体を2m真上に引き上げる仕事と同じなので，
12N×2m＝**24J** ……(答)

UNIT

5 てこ・輪軸を使った仕事

着目 てこや輪軸を使う場合でも，仕事の原理は成り立つ。

要点

- **てこ**　棒が支点を中心に自由に回転できるようにしたもの。
- **てこの原理《げんり》**　てこを回転させるはたらき＝回転させる方向の力の大きさ×支点からの距離《きょり》
- **輪軸《りんじく》**　輪《わ》と軸《じく》，あるいは大小の輪をくっつけて一体としたもの。

1 てこを使った仕事

A てこの３点

軽くてじょうぶな棒の１点を固定し，棒がその点を中心に自由に回転できるようにしたものを**てこ**という。

てこの回転の中心になる点を**支点《してん》**，てこに力を加える点を**力点《りきてん》**，力のはたらきが現れる点を**作用点《さようてん》**という。

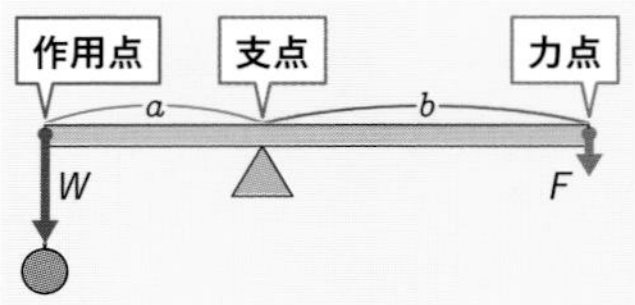

図１　てこ

B てこの原理

図１のように，てこの一端《いったん》に重さW〔N〕のおもりを下げ，他端をF〔N〕の力で下向きに押《お》したとき，てこがつり合ったとすると，WとFの比は，支点からそれぞれの力がはたらいている点までの距離aとbの比の逆に等しくなり，

$W:F=b:a$　よって　$Wa=Fb$

つまりてこを回転させるはたらきは**回転させる方向の力の大きさ×支点からの距離**となる。これを**てこの原理《げんり》**という。

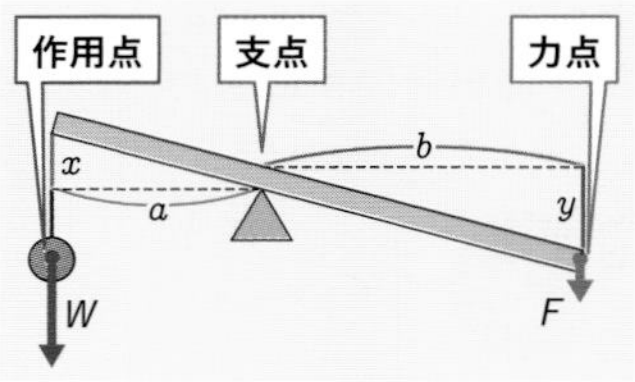

図２　てこを使った仕事

C てこを使った仕事

図２のように力点をゆっくりと押していったとき，作用点が上がった距離をx〔m〕，力点の下がった距離をy〔m〕とすると，力点に加えた力は，てこにFy〔J〕の仕事をし，これが作用点に伝えられて，てこがおもりに対してWx〔J〕の仕事をすることになる。

てこの原理により，$F=W\dfrac{a}{b}$の関係がある。また，$x:y=a:b$だから，$y=\dfrac{b}{a}x$の関係がある。よって，力点に加えた力がした仕事は，

$$Fy=\left(W\frac{a}{b}\right)\times\left(\frac{b}{a}x\right)=Wx$$

となり，おもりが受けた仕事の大きさと等しくなる。

図３　釘《くぎ》ぬき（バール）
釘ぬきはてこの原理を利用した道具である。

2 輪軸を使った仕事

図4のように，**輪《わ》と軸《じく》**，あるいは**大小の輪**をくっつけて一体としたものを**輪軸《りんじく》**といい，輪や軸にひもを巻きつけて使う。輪と軸，大輪と小輪に巻きつけるひもは反対向きに巻く。

図5からわかるように，輪軸は，軸を支点と考えると，てこと同じ構造をしている。そのため，軸(または小輪)の半径を a〔m〕，加わる力を W〔N〕，輪(または大輪)の半径を b〔m〕，加わる力を F〔N〕とすると，てこの原理と同じ関係が成り立つので，

$$Wa = Fb \quad \text{よって} \quad F = W\frac{a}{b}$$

この場合も，軸(または小輪)につり下げられた物体のされた仕事 Wa と，輪(または大輪)に巻きつけたひもを引く仕事 Fb は同じになる。

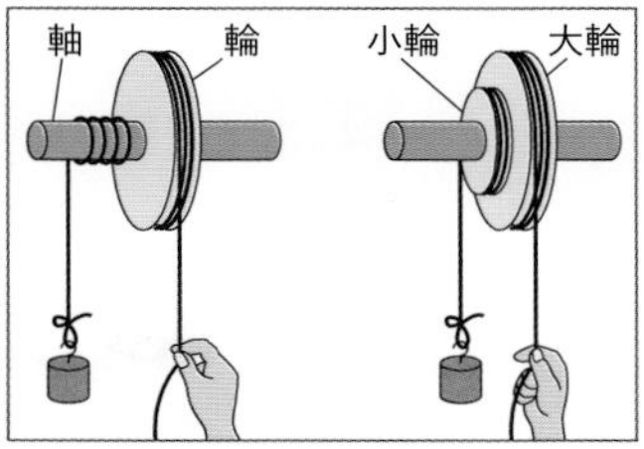

図4 **輪軸**

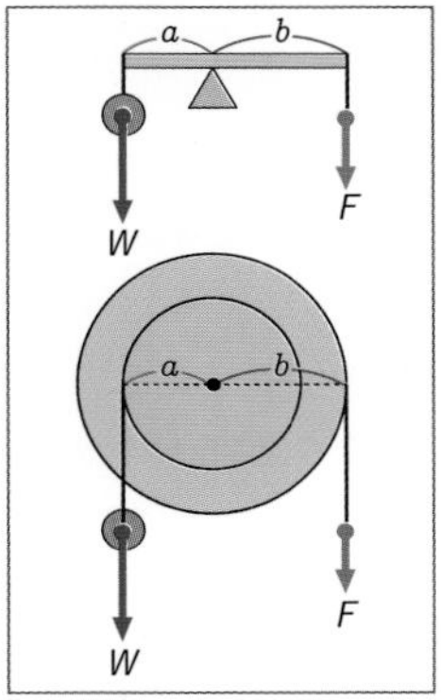

図5 **てこと輪軸**

参考 輪軸を利用した道具

輪軸は身近な生活の中でも，いろいろなものに使われている。

ドライバー，**ドアノブ**など，回す部分が円筒形《えんとうけい》に近いものは輪軸だとわかりやすい。自転車の**変速機《へんそくき》**は，チェーンを巻くギヤの大きさを変化させることで，ペダルにかかる力の大きさを調節している。

水道の蛇口《じゃぐち》のせんを開けるための**つまみ**や自転車の**ハンドル**，自転車の**クランク**では回す部分が円筒形ではないが，輪軸の原理を利用している。

例題 3 てこを使った仕事

右の図のように，長さが2mの軽い棒をてことして，重さ60Nの物体を持ち上げる。次の問いに答えなさい。

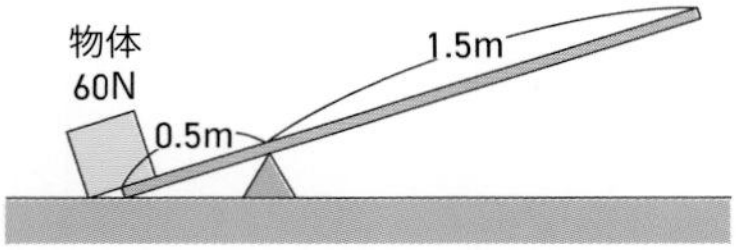

(1) 棒の右端《みぎはし》に力を加えて物体を持ち上げるには，何Nの力が必要か。

(2) 物体を10cm持ち上げるには，棒の右端を何cm下げればよいか。

解き方

てこの原理にあてはめて求める。

(1) 棒の右端に加える力を x〔N〕とすると，

60N×0.5m＝x×1.5m　より　x＝**20N** ……答

(2) 棒の右端を y〔cm〕下げるとすると，仕事の大きさは変わらないので，

60N×10m＝20N×y　より　y＝**30cm** ……答

UNIT 6

仕事率

着目 単位時間あたりにする仕事を仕事率という。

要点

- **仕事率《しごとりつ》**　単位時間にする仕事を仕事率という。
- **仕事率の単位**　1秒あたり1Jの仕事をするときの仕事率を1ワット(記号W)と表す。
- **電力《でんりょく》**　電力は電流×電圧で表される，電流のする仕事率のこと。単位はワット。

1 仕事率

図1のように，重さ9000Nの大きな石をクレーンで10m持ち上げる場合を考える。あるクレーン**A**では60秒かかるのに，別のクレーン**B**では30秒しかかからないとすれば，同じ時間ではクレーン**B**はクレーン**A**の2倍の仕事をすることができる。

このように，**仕事《しごと》の能率《のうりつ》**を比べるためには，単位時間あたりに行う仕事を比較《ひかく》すればよい。これを仕事率《しごとりつ》という。1秒あたり1Jの仕事をするときの仕事率を1**ワット**(記号**W**)という。[*1] したがって，仕事率は次の式で求められる。

$$\text{仕事率〔W〕}=\frac{\text{仕事〔J〕}}{\text{かかった時間〔s〕}}$$

重さ9000Nの石を10m持ち上げる仕事は90000Jなので，上のクレーン**A**の仕事率は $\frac{90000\,\mathrm{J}}{60\,\mathrm{s}}=1500\,\mathrm{W}$，クレーン**B**の仕事率は $\frac{90000\,\mathrm{J}}{30\,\mathrm{s}}=3000\,\mathrm{W}$ となる。

仕事率の大きさを**W**で求めるときは，仕事の単位が**J**，時間の単位が**秒**(**s**)になるようにあらかじめ換算《かんさん》しておく必要がある。

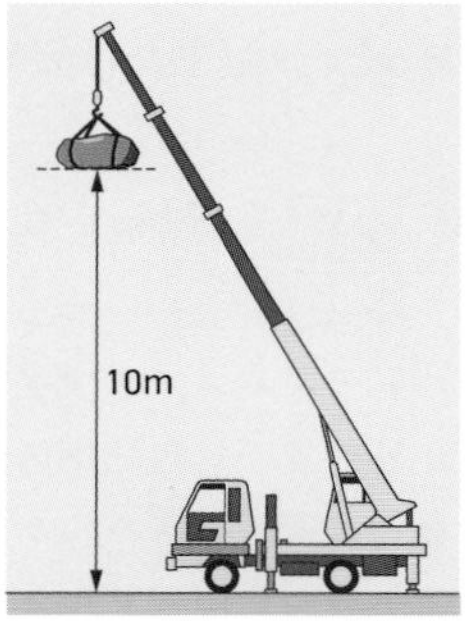

図1　**クレーンで石を持ち上げる**

*1
仕事率の単位**ワット**は，18世紀イギリスの発明家**ジェームズ・ワット**の名前からつけられた。

参考　馬力

自動車のエンジンの性能を表すのに**馬力《ばりき》**という単位も使われる。これも仕事率の単位である。馬力は**蒸気機関《じょうききかん》**[*2]を実用化したイギリスのワットが使い始めた単位で，もともと**1頭のウマ**の仕事率を考えたものである。

馬力は，イギリスとフランスで使われていた単位が異なっていたが，日本ではフランスでの単位をもとにすることが多い。フランスでの単位によると，1馬力は735.5Wになる。

*2
蒸気機関は，水を加熱して水蒸気をつくり，水蒸気の圧力を運動に変える装置である。ワットは蒸気機関を改良してより効率のよいものとし，イギリスの**産業革《さんぎょうかく》命《めい》**に大きく貢献《こうけん》した。

2 電力と仕事率

A 電力と電力量

電流のはたらき(中学2年で学習)では，**電力**《でんりょく》と**電力量**《でんりょくりょう》について学んだ。電力の単位は**W**，電力量の単位は**J**であり，1Wの電力[*3]を1秒間使ったときに消費される電力量が1Jであった。つまり，**電力〔W〕は単位時間あたりに消費される電力量〔J〕**と考えることもできる。この関係は，**仕事率と仕事との関係と同じ**である。

B 電流のする仕事

モーターに電流を流すと，物体を動かすことができる。このように，電流も仕事をすることができる。**電力量**は電流の行うことのできる**仕事**を，**電力**は電流の行うことのできる**仕事率**を表している。

実際のモーターでは，すべての電力が物体を動かす仕事に使われるわけではなく，一部は**熱**《ねつ》などに変化する。このことは，**エネルギー保存の法則**(➡ p.293)でくわしく扱《あつか》う。

＊3
1Vの電圧を加えて1Aの電流を流したときに消費される電力が1Wであった。これは偶然《ぐうぜん》ではなく，電力と仕事率で同じ単位を使えるように1Vの基準を決めたからである。

図2 **電気自動車**

例題 4 仕事と仕事率

Aさんは，質量10kgの物体を直接手に持ち，5秒かけて1m持ち上げた。Bさんは，動滑車《どうかっしゃ》を図のように使い，質量15kgの物体を10秒かけて1m引き上げた。100gの物体にはたらく重力の大きさを1Nとして，次の問いに答えよ。

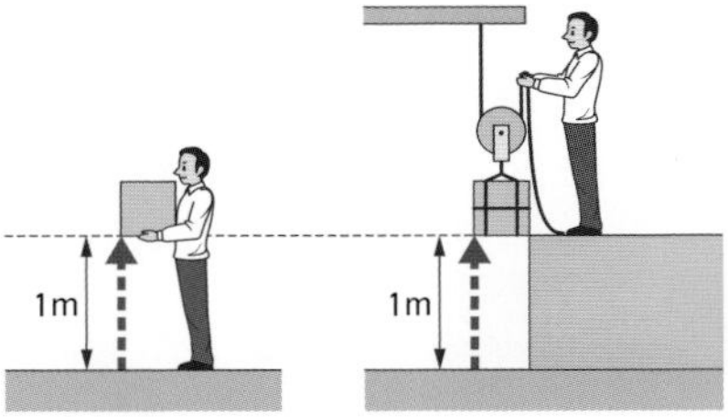

(1) 2人のうち，物体にした仕事が大きいのはどちらのほうか。

(2) 2人のうち，物体にした仕事の能率が高いのはどちらのほうか。

解き方

仕事の能率を比べるためには，仕事率を使う。

100gの物体にはたらく重力の大きさが1Nなので，10kgの物体にはたらく重力は100N，15kgの物体にはたらく重力は150Nである。

(1) 2人がした仕事の大きさは

Aさん…100N×1m＝100J　　Bさん…150N×1m＝150J

となるので，大きな仕事をしたのは**Bさん**。……答

(2) 2人がした仕事の仕事率は

Aさん…100J÷5s＝20W　　Bさん…150J÷10s＝15W

となるので，能率の高い仕事をしたのは**Aさん**。……答

UNIT 7

位置エネルギー

着目 高いところにある物体は，位置エネルギーをもっている。

要点

- **エネルギー**　仕事《しごと》をすることのできる能力をエネルギーという。
- **位置《いち》エネルギー**　高い所にある物体のもっているエネルギーを位置エネルギーという。
- **位置エネルギーの大きさ**　高い所にある物体ほど大きく，質量の大きい物体ほど大きい。

1 エネルギー

ある物体Aが他の物体Bに力を加えて物体Bを動かす**仕事《しごと》**をすることができる状態にあるとき，物体Aは**エネルギーをもっている**という。つまり，仕事をすることのできる能力を**エネルギー**という。

仕事をされた物体Bはエネルギーをもらい，仕事をした物体Aは，そのぶんのエネルギーを失ってしまう。*1

物体のもつ**エネルギーの大きさは，その物体が他の物体にすることのできる仕事の大きさで表される**。エネルギーの大きさの単位には，仕事と同じく**ジュール**(記号J)を用いる。つまり，1Jのエネルギーをもった物体とは，1Jの仕事ができる物体という意味である。

*1
エネルギーを失った物体を再びエネルギーをもった状態にするためには，なにか別の物体がこの物体に仕事をしなければならない。

図1　**石を落としてくいを打ち込む**

2 位置エネルギー

図1のように、大きな石を高い所から落とすと，くいが打《う》ち込《こ》まれる。このように，高い所にある物体は他の物体に仕事をすることができるから，エネルギーをもっているといえる。

高い所にある物体のもつエネルギーを**位置《いち》エネルギー**という。

3 位置エネルギーの大きさを調べる　実験

A 方法・手順

仕事(➡ p.157)で示したように，摩擦力《まさつりょく》にさからって行う仕事の大きさは，物体が動いた距離《きょり》に比例する。エネルギーは仕事をする能力のことなので，摩擦力にさからって物体が動いた距離を調べれば，物体のもつエネルギーの大きさを比べることができる。

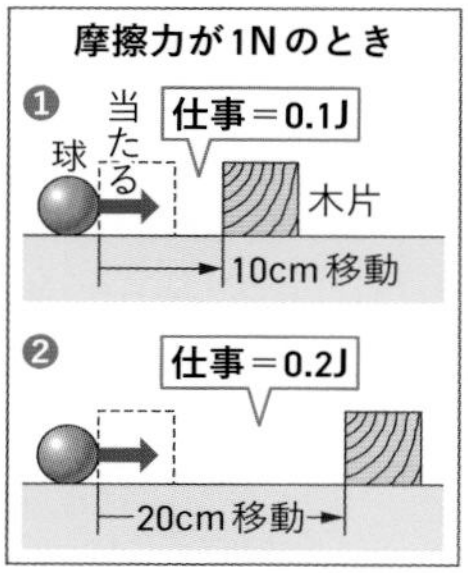

図2　**摩擦力にさからって行う仕事の大きさ**

① 図3のような装置をつくり，球をいろいろな高さから転がして木片に衝突《しょうとつ》させ，木片の移動距離を調べる。
② 質量の異なる球を同じ高さから転がして木片に衝突させ，木片の移動距離を調べる。

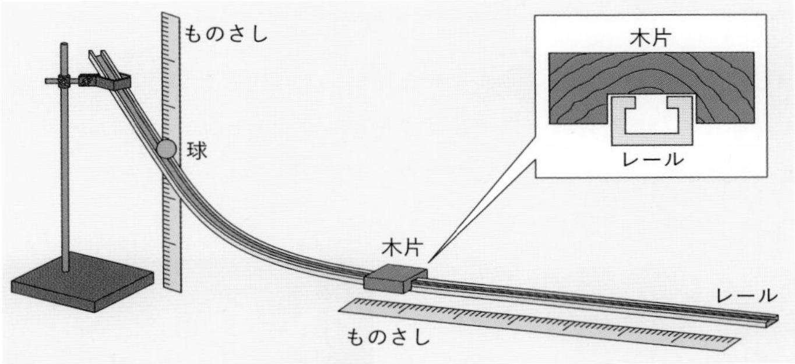

図3　**位置エネルギーの大きさを調べる実験**

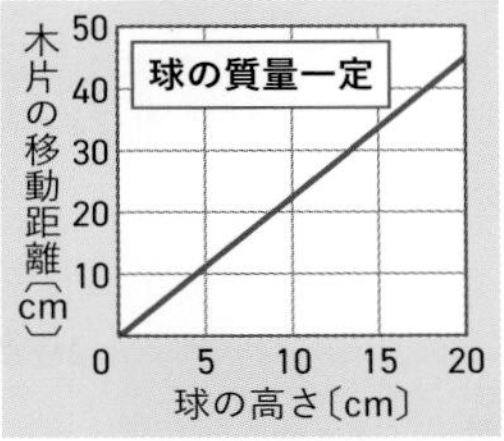

図4　**高さと木片の移動距離**

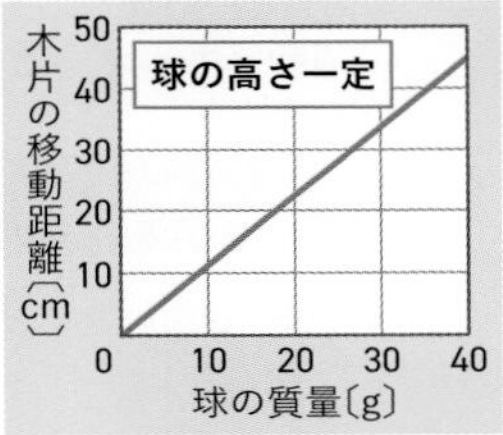

図5　**質量と木片の移動距離**

B 結果・考察

① 球を高い所に置くほど，木片の移動距離はのびる。グラフにすると，図4のように原点を通る直線となる。
② 球の質量が大きいほど，木片の移動距離はのびる。グラフにすると，図5のように原点を通る直線となる。

C 位置エネルギーの大きさ

上の実験で木片が動いた距離は，木片が球から受けた仕事に比例しているので，以下のことがいえる。

① 図4から，位置エネルギーは物体を置いた**高《たか》さ**に比例する。[*2]
② 図5から，位置エネルギーは物体の**質量《しつりょう》**に比例する。
③ ①，②から，**位置エネルギーの大きさは**，物体を置いた**高さ×物体の質量に比例する**。[*3]

＊2
ここでいう**高さ**とは，木片に仕事をする面，つまり木片が置いてある面からの高さである。位置エネルギーでは**高さの基準**をどこにとるかで値が変わり，基準面にある物体の位置エネルギーを0と考える。

＊3
位置エネルギーを与えるためには物体の重さにさからってもち上げる仕事をすればよいので
位置エネルギー〔J〕＝物体の重さ〔N〕×高さ〔m〕

TRY! 思考力

地域によって，水道水はポンプで配水池や配水塔《はいすいとう》にたくわえられてから家庭に送られる。配水池や配水塔はどんな場所に設置すればよいか理由とともに説明しなさい。

ヒント　水道水は水の位置エネルギーを利用して家庭に送られている。

解答例　水の位置エネルギーを利用して家庭に送られているので，水を使用する場所より高い場所に配水池や配水塔を設置すればよい。

UNIT 8

運動エネルギー

着目 運動する物体は，運動エネルギーをもっている。

要点

- **運動《うんどう》エネルギー**　運動している物体のもっているエネルギーを運動エネルギーという。
- **運動エネルギーと速さ**　速く運動している物体ほど，運動エネルギーが大きい。
- **運動エネルギーと質量《しつりょう》**　質量の大きい物体ほど，運動したときの運動エネルギーが大きい。

1 運動エネルギー

ボールを水平面上に置いてある物体に衝突《しょうとつ》させると，物体が動く。このように，運動している物体は他の物体に仕事をすることができるので，エネルギーをもっているといえる。

このような，運動している物体のもっているエネルギーを，運動《うんどう》エネルギーという。

図 1　ボウリングのピンをはじき飛ばすボール

2 運動エネルギーの大きさを調べる　実験

A 方法・手順

① 図 2 のような装置をつくり，球を転がして木片に衝突させ，木片の移動距離《いどうきょり》を調べる。同時に，**速《はや》さ測定器《そくていき》**(図 3)を使って球の速さをはかる。

② 球の速さをいろいろと変えて①をくり返し，球の速さと木片の移動距離との関係をグラフにする。

③ いくつかの質量の異なる球を使い，①，②の手順を行う。

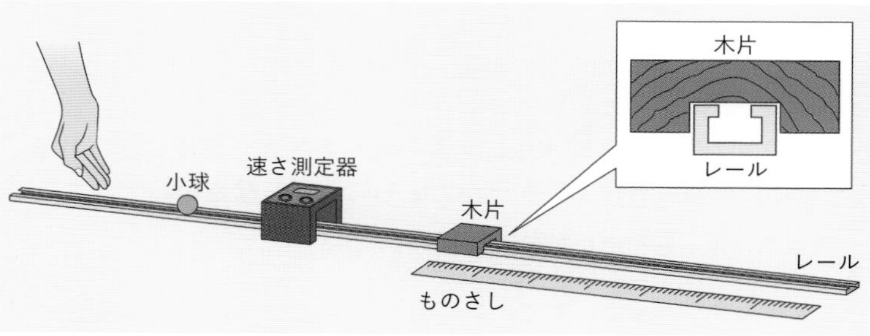

図 2　運動エネルギーの大きさを調べる実験

図 3　速さ測定器

B 結果・考察

① 同じ球で測定したところ，表 1 のような結果になった。

表 1　球の速さと木片の移動距離

球の速さ〔cm/s〕	12	55	103	148	160	188
木片の移動距離〔cm〕	0.2	3.5	12.2	25.1	29.4	40.6

このように，球を速くするほど，木片の移動距離はのびる。なめらかな曲線でグラフをかくと，図 4 のようになる。よって，**物体が速く動いているほど運動エネルギーが大きい**。

② 球の質量を変えて測定し，グラフをかくと，図 5 のようになった。このように，球の質量が大きいほど，木片の移動距離はのびる。よって，同じ速度で動いていても，**質量の大きな物体ほど運動エネルギーが大きい**。

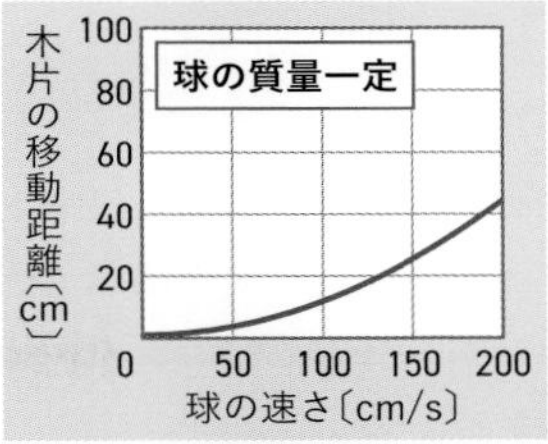

図 4　速さと木片の移動距離

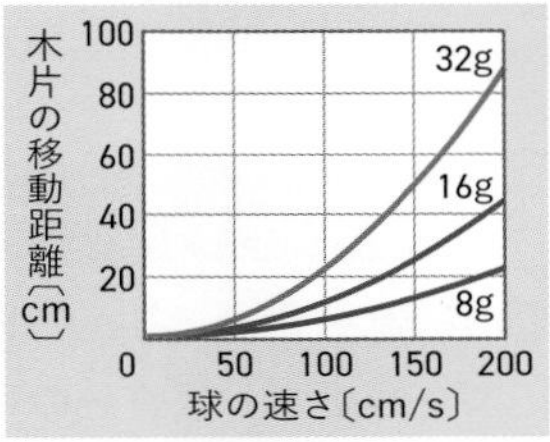

図 5　質量を変えた場合の速さと木片の移動距離

発展　運動エネルギーの大きさ

図 4 のグラフは，**放物線《ほうぶつせん》**の形をしている。放物線は，$y = ax^2$ という関数のグラフで見られる形である。そこで，表 1 の球の速さを 2 乗してみると，表 2 のようになる。

表 2　球の速さの 2 乗と木片の移動距離

球の速さの 2 乗〔cm^2/s^2〕	144	3025	10609	21904	25600	35344
木片の移動距離〔cm〕	0.2	3.5	12.2	25.1	29.4	40.6

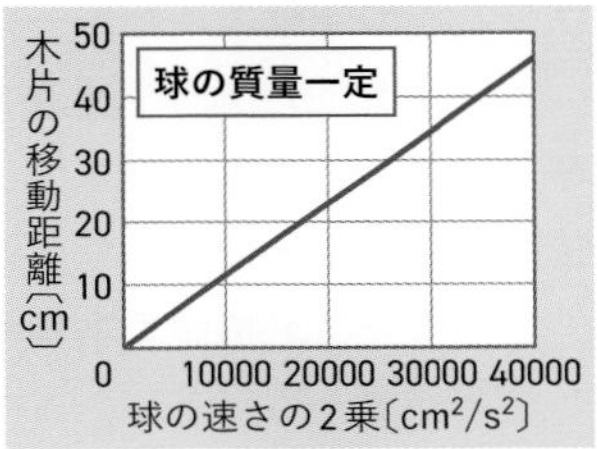

図 6　速さの 2 乗と木片の移動距離

これをグラフでかくと，図 6 のような直線になるので，運動エネルギーは物体の**速さの 2 乗**に比例するといえる。また，いろいろな小球を使って図 5 のようなグラフをつくりそれを分析《ぶんせき》すると，運動エネルギーは物体の**質量《しつりょう》**に比例することがわかる。

まとめると，運動エネルギーの大きさは**物体の速さの 2 乗 × 物体の質量**に比例することになる。*1

＊1
くわしくは，次の関係が成り立つことがわかっている。
運動エネルギー〔J〕＝ $\frac{1}{2}$ ×質量〔kg〕×(速さ〔m/s〕)^2

TRY! 表現力

金づちで釘《くぎ》を打《う》ち込《こ》むとき，おなじ速さで打ち込んだとしても，頭が重い金づちを使ったほうが，いちどに深く打ち込める。この理由を説明しなさい。

ヒント　金づちで釘を打ち込むとき，金づちは釘に仕事をしている。

解答例　同じ速さで打ち込んだ場合，頭の部分の質量が大きい金づちのほうが運動エネルギーが大きくなるので，釘に対して大きな仕事を行えるから。

UNIT 9

力学的エネルギー保存の法則

着目 力学的エネルギー(位置エネルギーと運動エネルギーの和)は一定に保たれる。

要点

- **力学的《りきがくてき》エネルギー** 位置《いち》エネルギーと運動《うんどう》エネルギーの和を力学的エネルギーという。
- **力学的《りきがくてき》エネルギー保存《ほぞん》の法則《ほうそく》** 位置エネルギーが運動エネルギーに変わったり，運動エネルギーが位置エネルギーに変わったりしても，力学的エネルギーは一定。

1 位置エネルギーと運動エネルギー

A 位置エネルギーと運動エネルギー

ジェットコースターの車体《しゃたい》の運動について考える。図1のように，最高地点に引き上げられた直後[*1]は，**位置《いち》エネルギー**は最大で，**運《うん》動《どう》エネルギー**はもっていない。その後，坂を下りると**位置エネルギー**は少しずつ**運動エネルギー**に変わり，速さが増してくる。

もっとも下の位置を通過するときにもっとも速くなり，**運動エネルギー**は最大となる。坂をのぼり始めると，**運動エネルギー**は少しずつ**位置エネルギー**に変わり，速さが遅《おそ》くなっていく。

このように，**位置エネルギー**と**運動エネルギー**はたがいに移り変わることができる。[*1]

*1
ジェットコースターの車体には動力がついていないことが多い。多くの機種では，車体はチェーンなどを使って最高地点まで引き上げられたあと長い下り坂で加速し，その勢いで最後まで走りぬける。

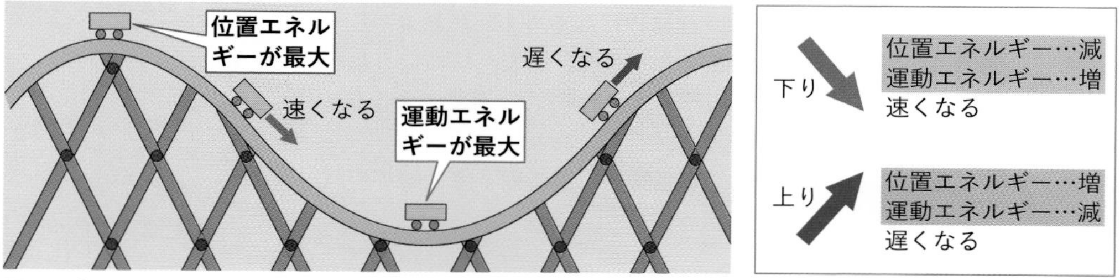

図1 ジェットコースターの車体のもつエネルギーの移り変わり

B 力学的エネルギー保存の法則

位置エネルギーと運動エネルギーの和を力学的《りきがくてき》エネルギーという。

力学的エネルギー＝位置エネルギー＋運動エネルギー

位置エネルギーが運動エネルギーに変わったり，運動エネルギーが位置エネルギーに変わったりしても，その和(力学的エネルギー)は変化しない。これを力学的《りきがくてき》エネルギー保存《ほぞん》の法則《ほうそく》という。[*2]

*2
保存《ほぞん》するとは，**合計が変わらない**という意味である。たとえば，**質量《しつりょう》保存《ほぞん》の法則《ほうそく》**(中学2年で学習)は，化学反応をしても質量の合計が変わらないという法則である。

2 力学的エネルギー保存の法則の例

A 振り子の運動での力学的エネルギー保存

図2上の振《ふ》り子《こ》で❶の位置にあるおもりをはなす。

❶では運動エネルギーは0，位置エネルギーは最大である。

❷に来ると位置エネルギーが減少したぶんだけ運動エネルギーが増加していく。

❸で位置エネルギーは最小，運動エネルギーは最大になる。

❹でさらに右に振れていくと運動エネルギーは減っていく。

❺で運動エネルギーは0になり，位置エネルギーが最大になる。

❶と❺の高さは同じになる。つまり，いちど位置エネルギーが運動エネルギーに変わって，さらに運動エネルギーが位置エネルギーにもどったとしても，力学的エネルギーは変化しない。このときの振り子のもつ力学的エネルギーの内訳を表したのが図2下である。

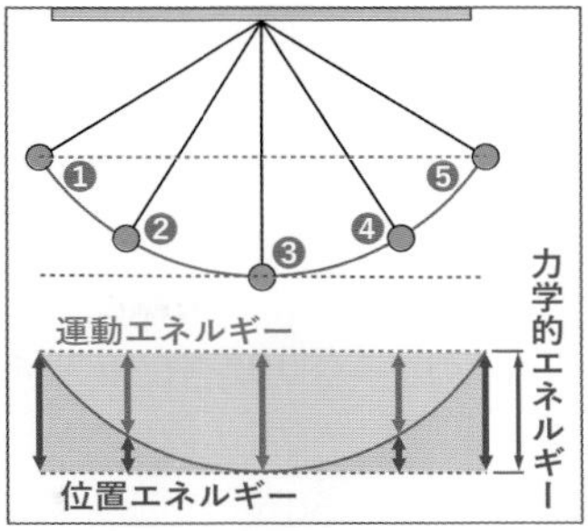

図2　**振り子の運動と力学的エネルギーの保存**

B 自由落下での力学的エネルギー保存

物体が**自由落下《じゆうらっか》**(➡ p.144)をするとき，落ちていくにしたがって，運動エネルギーは次第に大きくなっていき，床《ゆか》や地面にぶつかる瞬間《しゅんかん》に最大となる。このときの位置エネルギーと運動エネルギーの大きさの移り変わりを表したのが図3である。

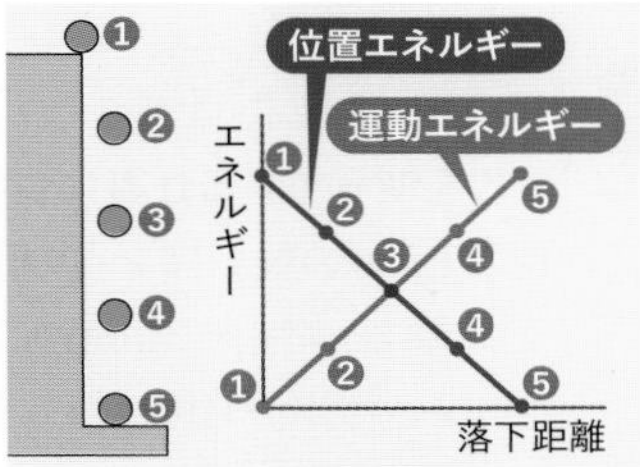

図3　**自由落下運動する物体と力学的エネルギーの保存**

参考　振り子が止まる理由

振り子の運動で，力学的エネルギーは保存されるはずなのに，実際には振り子はだんだん遅くなっていき，やがて止まってしまう。これは，**空気《くうき》抵抗《ていこう》**(➡ p.145)や**摩擦《まさつ》**によって力学的エネルギーの一部が**熱《ねつ》**などに変わり，そのぶんだけ力学的エネルギーが減少するからである。*3

*3
ジェットコースターでも，実際には空気抵抗やレールと車輪との間の摩擦や車軸《しゃじく》と車輪との間の摩擦などで力学的エネルギーの一部が**熱**に変わる。くわしくは，**エネルギー保存の法則**(➡ p.293)で学ぶ。

TRY! 表現力

振り子の運動で，位置エネルギーの大きさは図2の❸のときに最小となるが，このときに0となるとは限らない。この理由を説明せよ。

ヒント　位置エネルギーを考えるときは，高さの基準を決める必要がある。

解答例　位置エネルギーは，高さの基準を決めてその点からの高さで考えるので，❸のときの高さを基準にしないかぎり，位置エネルギーが0にはならないから。

定期テスト対策問題

解答 → 別冊 p.7

問1 仕事の計算

次の(1)～(3)の場合に物体がされた仕事の大きさをそれぞれ求めなさい。

(1) 重さ50Nの物体に軽いひもをつけて，真上にゆっくりと0.8m引き上げた。

(2) 重さ50Nの物体をぶら下げて，水平方向にゆっくりと0.8m移動した。

(3) 重さ50Nの物体を板の上に置き，ばねをつけて水平方向にゆっくりと0.8m引いた。ばねは10Nの力で5cmのびる強さのもので，物体を引いている間，ばねは10cmのびていた。

問2 てこを使った仕事

てこを使ってする仕事について，次の問いに答えなさい。

長さ1.5mの軽い棒を右の図のようなてことし，手で棒の右《みぎ》端《はし》を20cm押《お》し下《さ》げたら，重さ200Nの物体が10cm持ち上がった。

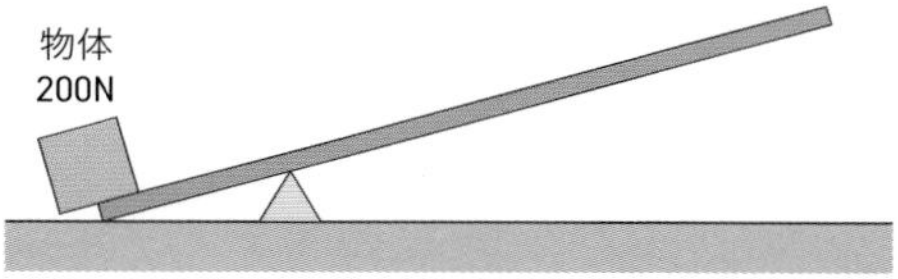

(1) 物体がてこからされた仕事はいくらか。

(2) 手がてこにした仕事はいくらか。

(3) 支点は棒の左端から何mのところにあるか。

問3 輪軸を使った仕事

右の図のような輪軸《りんじく》を使った仕事について，次の問いに答えなさい。

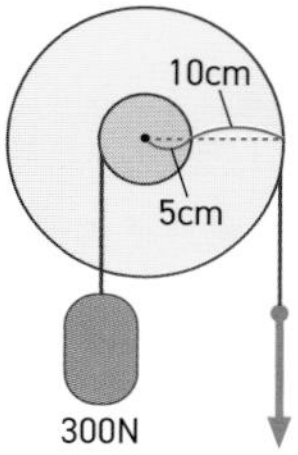

(1) 大輪に巻いたひもを60cm引くと，荷物は何cm引き上げられるか。

(2) 軸に重さ300Nの物体をつるして，ゆっくりと0.7m引き上げたい。

① 大輪に巻いたひもを何Nの力で引けばよいか。

② 大輪に巻いたひもを何m引けばよいか。

③ 大輪に巻いたひもを引く仕事はいくらか。

問4 滑車を使った仕事

動滑車《どうかっしゃ》3個を，図1，図2のように組み合わせ，重さ480Nの物体を引き上げる仕事をした。次の問いに答えなさい。

図1

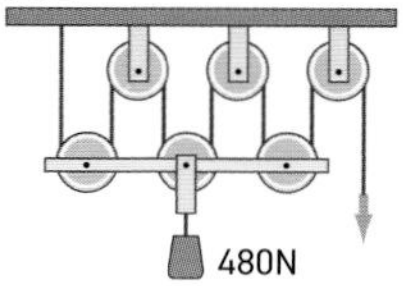

図2

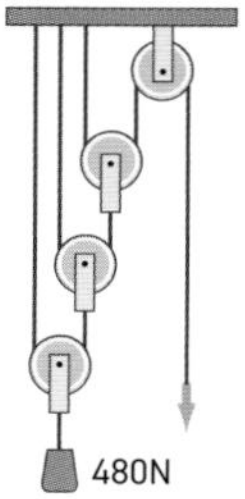

(1) 物体を1m引き上げるとき，ひもを引く長さはどれだけか。図1，図2のそれぞれについて答えよ。

(2) 滑車の重さを無視してよいとき，ひもを引く力はいくら必要か。図1，図2のそれぞれについて答えよ。

問5 斜面を使った仕事

図1のように，重さ20Nの物体を2mゆっくりと引き上げた。また，図2のように，摩擦《まさつ》のない斜面《しゃめん》にそって20Nの物体を4m引き，もとの位置より2m高い位置までゆっくりと引き上げた。次の問いに答えなさい。

図1　図2

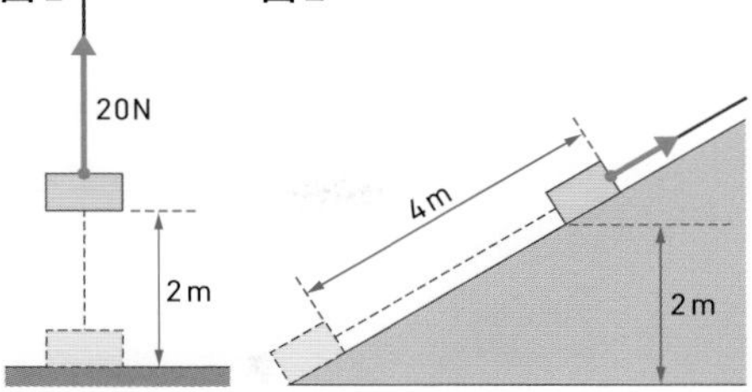

(1)　図1と図2で，物体にした仕事が大きいのはどちらか。次の**ア**～**ウ**から1つ選べ。

ア　図1　　**イ**　図2　　**ウ**　同じ

(2)　(1)のようになることを，何というか。

(3)　図2で物体にした仕事の大きさは何Jか。

(4)　図2でひもを引いた力は何Nか。

問6 仕事率

次の文を読んで，あとの問いに答えなさい。

床《ゆか》に置いてある重さ0.3Nの物体を，電動機を用いて，ゆっくりと真上に引き上げた。図1はこのようすを示したものである。この物体を点**A**から点**B**まで引き上げるのに，ちょうど4秒間かかった。図2は，このときの動き始めからの時間と距離《きょり》の関係を表したものである。

図1

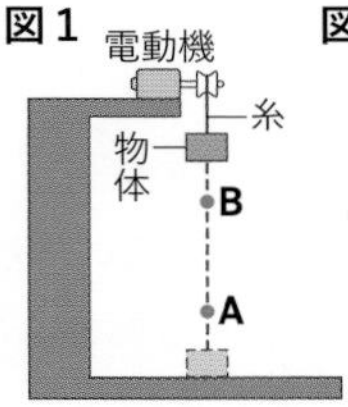

図2

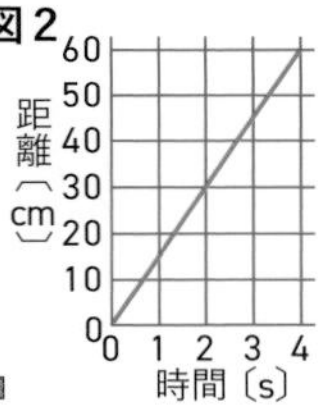

(1)　**AB**間で物体を引き上げたとき，時間と物体の速さとの関係を図3にかき入れよ。

(2)　**AB**間で物体を引き上げたとき，電動機の行った仕事率は何Wか。

(3)　電動機を止めたあと，糸を切って物体を落下させた。このとき，物体のエネルギーはどのように変化するか。位置エネルギーと運動エネルギーの関係について説明せよ。

図3

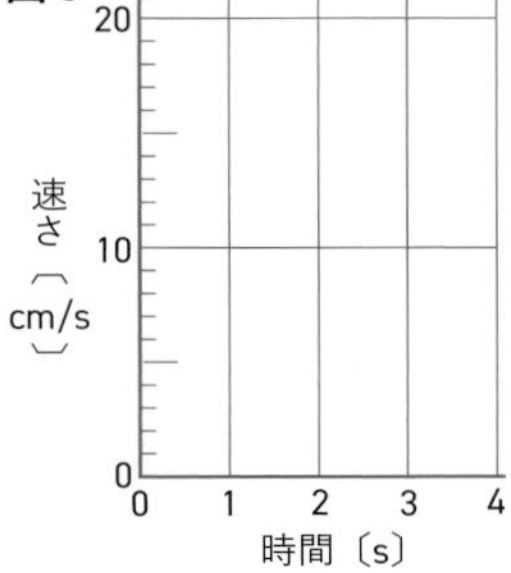

問7 位置エネルギー

右の図のように，斜面上に等間隔《とうかんかく》に点A,B,C,Dを決めて，物体を置いた。図の三角形の底辺部分を高さの基準面として，次の問いに答えなさい。

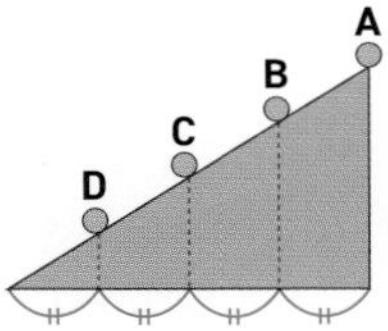

(1)　**A**～**D**の各点に質量の等しい物体を置く。位置エネルギーが**A**に置いた物体の半分になるのは，どの点に置いた物体か。

(2)　**B**と**D**に置いた物体の位置エネルギーを等しくするためには，**D**に置く物体の質量を**B**に置く物体の質量の何倍にしなければならないか。

問8 運動エネルギー

図1のように，台車を走らせて本にはさんだものさしに当て，ものさしが押《お》し込《こ》まれる長さをはかった。台車の質量は500gで，台車の速さをいろいろ変え，台車の速さとものさしが押し込まれた長さの関係を調べ，図2のようにグラフに示した。次の問いに答えなさい。

図1

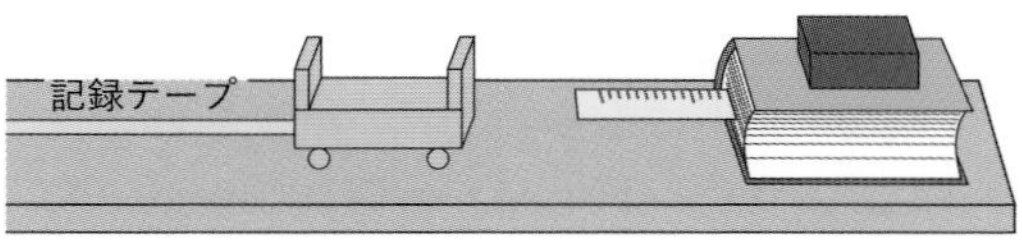

(1)　この実験結果から，物体の速さの変化によって運動エネルギーはどうなるといえるか。次の**ア〜エ**から1つ選べ。

ア　物体の速さに比例する。

イ　物体の速さに反比例する。

ウ　物体が速くなるほど大きくなるが比例しない。

エ　物体が速くなるほど小さくなるが反比例しない。

(2)　台車におもりを乗せて乗せる前と同じ速さで走らせると，運動エネルギーの大きさはどのように変化するか。簡潔に書け。

図2

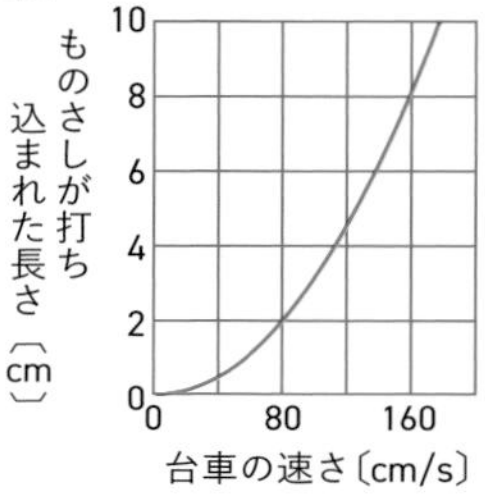

問9 エネルギーのはたらき

右の図のように，いろいろな質量の小球をいろいろな高さから転がして木片に当て，木片の動いた距離《きょり》を調べた。

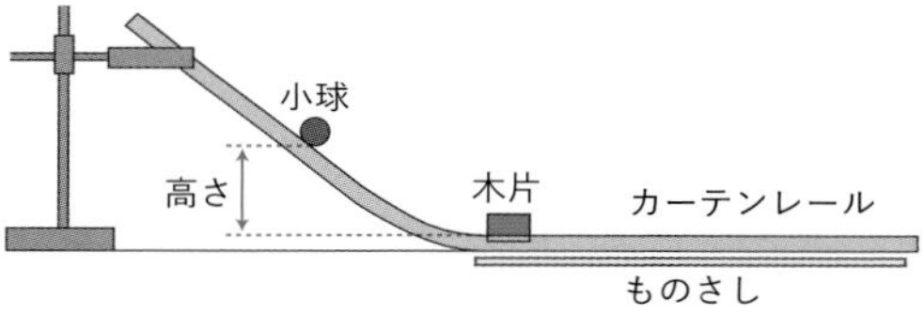

(1)　小球を転がし始める高さと木片の動く距離にはどのような関係があるか。

(2)　小球の質量と木片の動く距離にはどのような関係があるか。

問10 力学的エネルギー保存の法則

摩擦《まさつ》のない斜面《しゃめん》と水平面を図のように組み合わせ，その上で台車を走らせた。A面を走っているときの台車の位置エネルギーの大きさを*E*，運動エネルギーの大きさを*K*とする。基準面はC面で，A面の高さを1としたときB面の高さは$\frac{1}{2}$であるとして，次の問いに答えなさい。

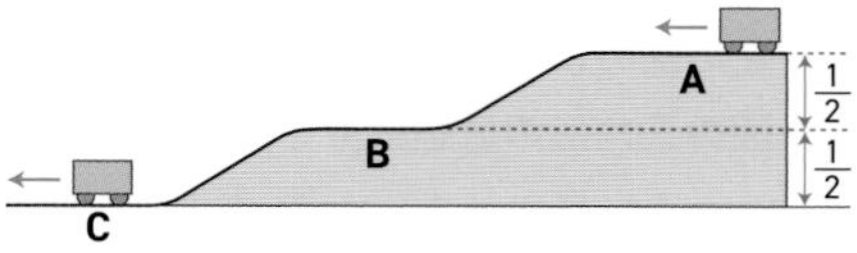

(1)　台車が**B**面を走っているときの位置エネルギーはいくらか。

(2)　台車が**B**面を走っているときの運動エネルギーはいくらか。

(3)　台車が**C**面を走っているときの運動エネルギーはいくらか。

(4)　台車を**C**面から走らせて**A**面までのぼらせるためには，**C**面を走っている台車にどれだけの運動エネルギーを与《あた》えなければならないか。

4章

地球と宇宙

UNIT 1

太陽の１日の動き

着目 太陽の１日の動きは，透明半球を使うと観測しやすい。

要点

- **天球《てんきゅう》**　天体の動きを考えるとき地球を中心とした球面上を動くと仮定する。
- **太陽の日周運動《にっしゅううんどう》**　１日の動きを日周運動といい，太陽は１日で天球を１周する。
- **太陽の南中《なんちゅう》**　太陽が真南に来ることを太陽の南中，そのときの高さを南中高度《なんちゅうこうど》という。

1 天球

私たちが太陽や月を観察するとき，大きな丸い天井《てんじょう》を移動していくように見える。また，夜空に見える無数の星は，丸い天井にはりついていて，その天井ごといっせいに動いているように見える。

天体の動きを考えるときには，この丸い天井が地平線の下にも続き，地球をとり巻いていると考えると考えやすい。この地球をとり巻く球を**天球《てんきゅう》**という(図１)。

実際には１つ１つの天体までの距離《きょり》は異なり，天球は実際には存在しないが，地球から見た天体の位置や動きを考えるのに便利なため用いられる。

観測者のいる位置が天球の中心で，観測者の真上の天球上の点を天頂《てんちょう》とよぶ。

天体の位置は，**方位角《ほういかく》**と**高度《こうど》**で表す。方位角は北を０°とし，時計回りにとる。[*1] また，高度は地平線との角度で表す。

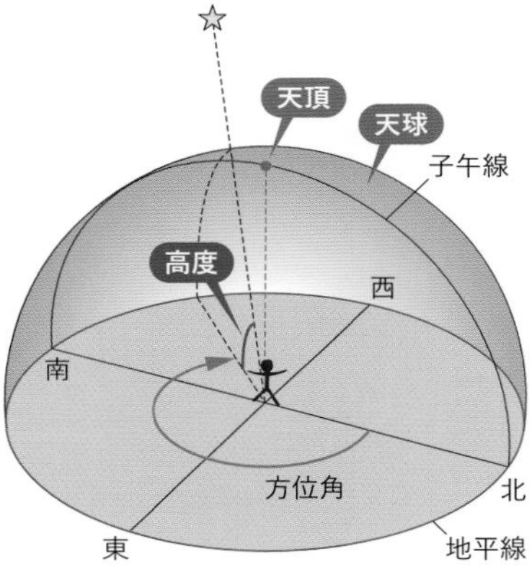

図１　天球と天体の位置の表し方

＊1
つまり，東が90°，南が180°，西が270°となる。

2 太陽の１日の動き

太陽は東からのぼり，空の高い位置に移動し，南の空のもっとも高い位置を通る。その後はだんだん西の空を低くなるように移動し，西の地平線に沈《しず》み，夜がやってくる(図２)。太陽はこのような１日の動き(**日周運動《にっしゅううんどう》**)を毎日くり返している。太陽は，日の入り後も地平線[*2]の下を日の出の位置まで移動し，**１日をかけて天球上を１周**している。

日本では，太陽の日周運動の道すじは南側に傾《かたむ》いた面となり，その傾きの角度は観察した日や緯度《いど》によって異なる(➡ p.202，205)。

＊2
地平線の上と下で天球を２分する面を**地平面《ちへいめん》**という。

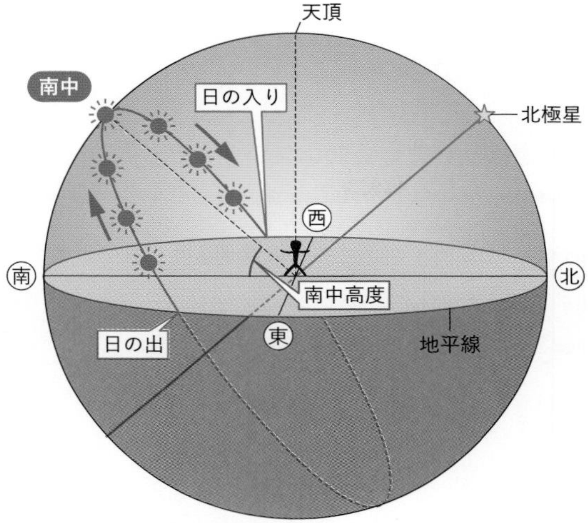

図 2　**天球上の太陽の日周運動**

3 南中と南中高度

天球上で天頂と南北を結ぶ線を(天の)子午線《しごせん》という。**天体が真南の空に上り，子午線上にくることを**南中《なんちゅう》といい，太陽が真南の空にきたとき，太陽は**南中している**という。

南中したときの天体の高さ(高度)は 1 日の中でもっとも高くなり，[*3] **この高さを**南中高度《なんちゅうこうど》という。南中高度は，図 2 のように，南中している太陽と観測者，観測者と地平線上の真南をそれぞれ直線で結んだときにできる角度である。日本では，太陽の南中高度は 1 年のうち夏至《げし》でもっとも高く，冬至《とうじ》にもっとも低い(➡ p.202)。

また，天体が南中する時刻を南中時刻《なんちゅうじこく》といい，太陽の南中時刻はおよそ12時(午後 0 時)である。[*4]

＊3
南半球では，天体の高さは真北の空にきたときにもっとも高くなる(➡ p.189)。

＊4
正確には，太陽の南中時刻は地点によって少しずつ変わる。くわしくは，**太陽の動きと時間**(➡ p.182)で学ぶ。

TRY! 表現力

地球上で観測できる太陽の高度がもっとも大きくなるときの高度は何度か，そのときの太陽の通る道すじと合わせて答えなさい。

ヒント　天体の高度は観測者と天体を結ぶ直線が，地平面に対してなす角度である。

解答例　太陽が天頂を通るとき，高度90° になる。

UNIT 2

太陽の１日の動きの観察

着目 太陽の動きを観察すると，太陽は同じ速さで動いていることがわかる。

要点

- **太陽の動きの観察**　透明半球《とうめいはんきゅう》を用いて，太陽の１日の動きを観察することができる。
- **太陽の動き**　太陽は天球《てんきゅう》上を一定の速さで移動している。
- **南中，日の出，日の入りの時刻**　ほかの時刻の観測結果から計算で求められる。

1 太陽の動きを調べる　観察

A 透明半球の使い方

光の強い太陽は，目を傷つけてしまうため直接観察するのが難しい。そこで，透明半球《とうめいはんきゅう》を用いて観測すると，１日の太陽の立体的な動きをそのまま記録することができる。

透明半球は，水平で１日中日かげにならない場所に厚紙などかき込《こ》みができる用紙を敷《し》き，その上にのせて使う(図１)。

透明半球を置く用紙には透明半球と同じ半径の円をかき，その中心を通り直交する２本の直線をかく。そして，その円に合わせて透明半球を置き，セロハンテープなどでとめて固定する。

最後に，方位磁針を使って，用紙の直線を南北と東西の方角に合わせる。

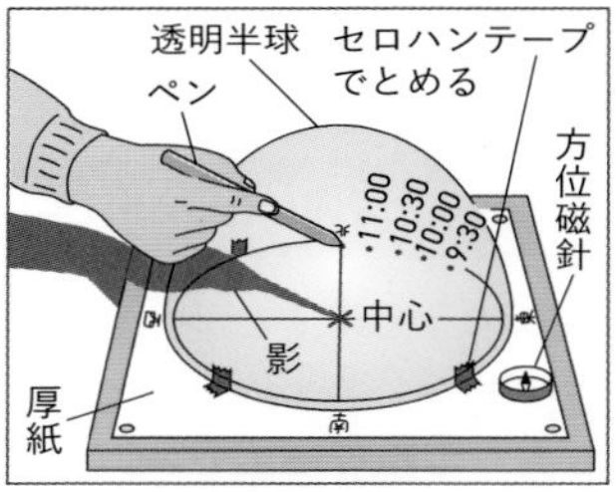

図１　**透明半球の使い方**

B 方法・手順

① 透明半球を正しく設置し，透明半球に記入可能なペンの先を透明半球の表面にあて，**ペンの先の影**が透明半球を置いた**水平面の中心**にくる位置で点をかく。この点が，**観測した時刻の太陽の位置**を表す(図２)。

② 太陽の位置を一定時間ごとに記録する。日の出から日の入りまで観察し続けるのが理想的であるが，難しい場合は，可能な範囲《はんい》でできるだけ長時間観察する。

③ 時間ごとに透明半球上にかき込んだ点(ここでは１時間ごとに８時から16時まで)をなめらかな曲線でつなぎ，地平線にあたる透明半球のふちまで延長する(図３)。**東の地平線と曲線の交点が日の出の位置，西の地平線と曲線の交点が日の入りの位置である。**

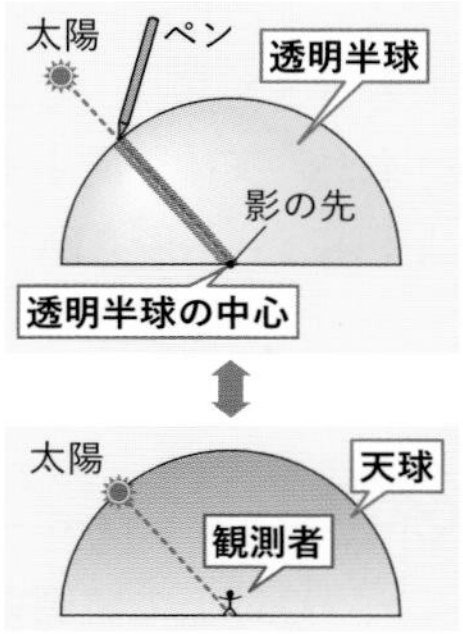

図２　**透明半球と天球**

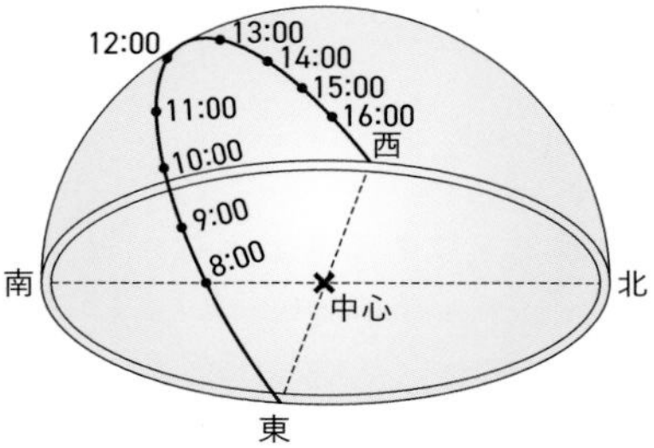

図 3　**透明半球に記録した太陽の動き**

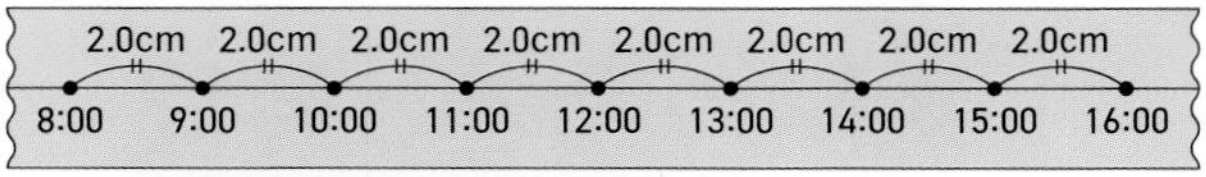

図 4　**透明半球の曲線を写しとった紙テープ**

④ 透明半球上にかき込んだ曲線，時刻ごとの点の位置を紙テープなどを透明半球にあてて写しとる(図 4)。これは，曲面上の線として記された太陽の動きをわかりやすく見えるようにするためである。

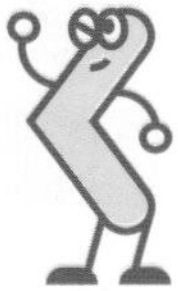

C 結果・考察

① 紙テープに写しとった太陽の位置(図 4)を見ると，1 時間ごとの各点の間の長さはすべて等しかった。このことは，太陽が透明半球上を移動する 1 時間ごとの距離《きょり》が**いつも等しい**ことを表す。

➡太陽は天球上を同じ速さで動いている。

② 太陽が天球上を同じ速さで動いていることから，**太陽の移動距離は時間に比例する**。たとえば，透明半球上の太陽の動きについて，1 時間分の点の間隔《かんかく》が1.0cm であれば，2 時間では2.0cm，3 時間では3.0cm となる。

これによって，観察していない時刻の太陽の位置も求められる。*1

また，太陽の**南中時刻**《なんちゅうじこく》や日の出，日の入りの時刻も求めることができる。

*1
観察したある時刻の位置から x 時間後の位置は，(1 時間分の移動距離 × x) ぶん西へ進んだ位置となる。

例題 1　日の出の時刻を求める

右の図は，ある観察で得た太陽の動きを写しとった紙テープで，左端《ひだりはし》が日の出の位置にあたる。記されている各点の間の距離から日の出の時刻を求めよ。

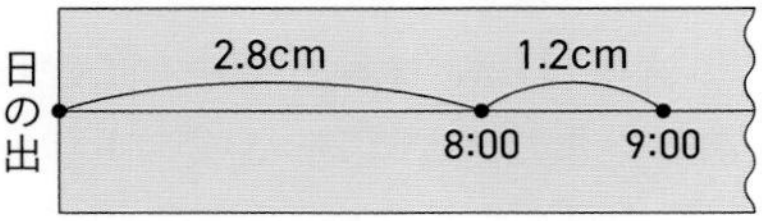

解き方

太陽は，8：00から9：00の 1 時間で1.2cm 移動しているので，2.8cm 移動するには $\frac{2.8\,\mathrm{cm}}{1.2\,\mathrm{cm/h}}$ $=\frac{7}{3}\,\mathrm{h}$ ＝2時間20分かかる。これより，日の出の時刻は，8：00の 2 時間20分前となるので，

5：40 ……… 答

UNIT 3

太陽の動きと時間

着目 太陽の日周運動は地球の自転によるもので，時間や時刻を決めるもととなった。

要点

- **太陽の日周運動《にっしゅううんどう》** 地球の自転《じてん》による見かけの動きで，１日で天球を１周する。
- **時間の単位** １日の長さを基準に，１時間，１分，１秒の単位が決められた。
- **いろいろな時刻** 日本では明石市《あかしし》の南中時刻を基準に時刻を定めている。

1 地球の自転と太陽の日周運動

太陽は，１日の間に天球上を移動しているように見えるが，実際には地球のまわりを回っているわけではない。**太陽の日《にっ》周運動《しゅううんどう》は，地球が自転《じてん》しているために起こる見かけの運動**である。星の日周運動（➡ p.186）も，太陽の日周運動とほぼ同じ現象と考えてよい。

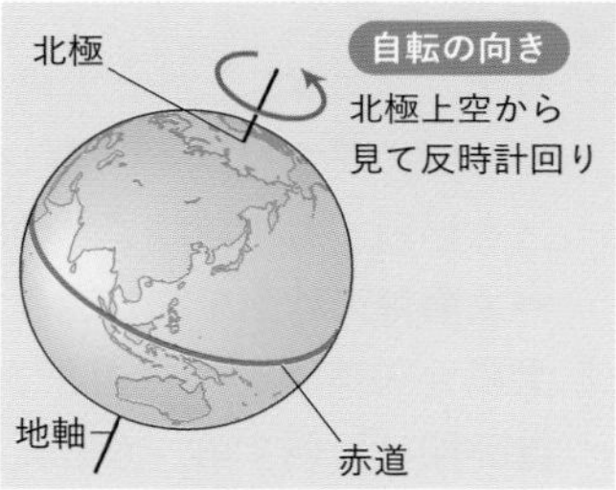

図１ **地球の自転の向き**

地球の自転は，地軸《ちじく》**を中心にして１日に１回転している。**地軸とは，北極と南極を結ぶ直線で，図では地球に棒のようなものがささっているように表現されるが，実際にこのような線が存在しているわけではない。

地球が自転する向きは**北極の上空から見て反時計回り**（左回り）で，これが太陽の動きや「太陽が東から上り西へ沈《しず》む」という東西南北の方位のもとにもなっている（➡ p.184）。

2 時間の単位の決め方

時間の単位は，太陽の動き（地球の自転）をもとにして決められた。

１日（**太陽日《たいようじつ》**）は，**太陽が南中してから翌日南中するまでの時間**のことである。[*1] また，１時間，１分，１秒という時間の単位も，もともと１太陽日の長さから決められたものである。

すなわち，**１平均太陽日の長さの24分の１が１時間，１時間の長さの60分の１が１分，１分の長さの60分の１が１秒**である。[*2]

太陽は１日に天球を１周，つまり360°移動しているので，360°÷24＝15°移動する時間が１時間ということになる。

＊1
地球の自転周期は正確に24時間ではなく，毎日少しずつ異なる。そこで太陽が毎日完全に同じ速さで動くものと考えて**１平均太《へいきんたい》陽日《ようじつ》**を決め，１日の長さと決めた。

＊2
１平均太陽日を精密に決めるのは難しいため，現在ではセシウムCs原子の出す電磁波《でんじは》（光のなかま）の振動《しんどう》数《すう》をもとに１秒の長さが定められている。

発展 うるう年

1年は365日であるが，地球が太陽のまわりを1周する時間は，ぴったり365日ではなく，約365.2422日である。365日より多い分が積み重なると4年間で約1日ずつずれてしまうため，この差を調整するために，2月の日数が1日多いうるう年が4年に1回(正確には400年に97回)設けられている。

図2　日本各地の経度と南中時刻

3 太陽の動きと時刻

A 地方時と標準時

時刻の決め方は，**まず正午(12時)を最初に決める。**太陽が南中した時刻を12時と決め，それより1時間前を11時，1時間後を13時(午後1時)というように決める。**ある地点で太陽が南中した時刻を地点の正午とする時間の決め方を地方時《ちほうじ》**という。

しかし，太陽は東にある場所ほど早く南中するので(図2)，この方法では同じ瞬間《しゅんかん》でも場所によって時刻が異なることになり，不便が生じる。そこで，現在では**国やある範囲《はんい》の地方ごとに共通した標準時《ひょうじゅんじ》**という時刻を用いている。*3

日本では東経135°の兵庫県明石市《あかしし》の地方時を**日本標準時《にほんひょうじゅんじ》**として時刻を決めている。

B 世界時と時差

世界共通の時刻を**世界時《せかいじ》**といい，経度0°のグリニッジ(イギリス)の地方時が使われている。**経度の差15°ごとに1時間の時差が生じる**ので，東に移動すると時計を進め，西に移動すると時計をもどす方向に調整する(図3)。

経度135°は15°の9倍なので，日本の時刻は経度0°のグリニッジの時刻に9時間たした時刻となる。

*3
国土が東西に長いアメリカやロシアなどの国は同じ国内に複数の標準時を設けている。

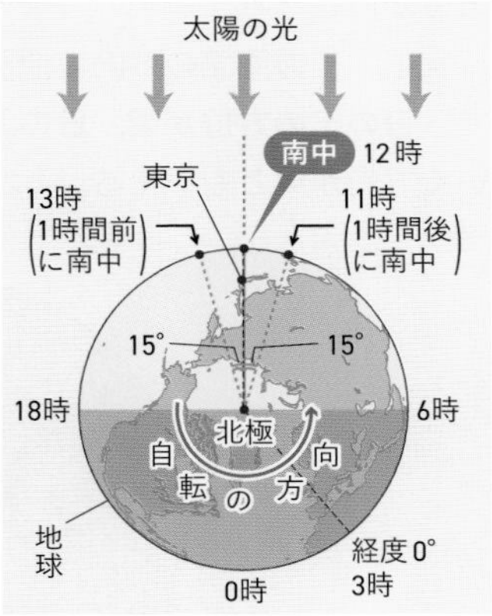

図3　太陽の位置と時刻

TRY! 思考力

東経15°の地点Aを地方時で12時(正午)に出発し，4時間かけて東経45°の地点Bに到着した。到着したときの地点Bの地方時における時刻を，理由を含《ふく》めて答えなさい。

ヒント　到着までにかかった時間と時差を考える。

解答例　地点AからBまで4時間かかり，地点Bの時刻は経度30°ぶんで2時間進んでいる。4時間と2時間を合計して6時間なので，到着した時刻は18時である。

UNIT 4

地球の自転と方位

着目 地球の自転にはさまざまな性質があり，自転によりさまざまな現象が起こる。

要点

- **地球上の方位**　北極の方位が北，南北の線とは直角に日の出の方位が東。
- **地球の自転と方位**　地球は北極点の真上から見ると，反時計回りに自転している。
- **地球の自転による現象**　天体の日周運動《にっしゅううんどう》や潮《しお》の満《み》ち引《ひ》きなどがある。

1 地球上の方位

A 観測点と方位

地球上では，東西南北の方位は，観測者が立つ場所を通る**経線**《けいせん》(**子**《し》**午線**《ごせん》)と**緯線**《いせん》によって決まる。*1

日本から見ると，まず，**北極の方位が北**，その反対側である**南極の方位が南**となる。

次に，その南北の方向に通る経線に垂直な方位，つまり緯線にそって，**日の出の方位が東**，**日の入りの方位が西**となる。地球が自転していく方向が東ともいえる。

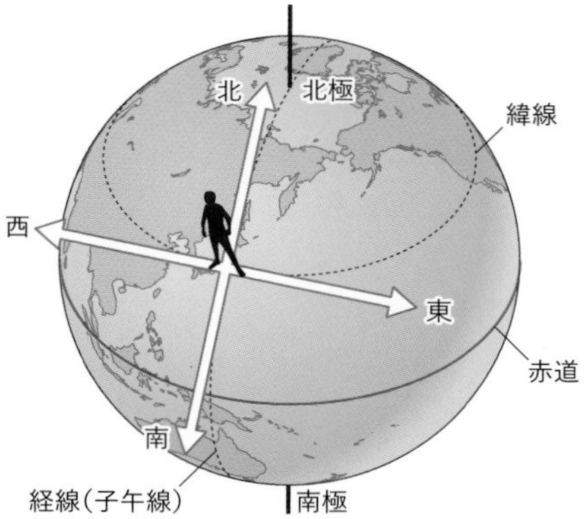

図１　**地球上の方位**

B 宇宙から見た地球上の点の方位

宇宙から地球を見下ろすと，地球上の各地点の方位は地球の自転によって変化していく。北極点の真上から地球を見下ろしたものが図２である。

*1
北極と南極を最短距離《さいたんきょり》で結ぶ地表の線を**経線**，経線に垂直になるように結ぶ地表の線を**緯線**という。

*2
もっとも北極や南極から遠い緯線を**赤道**《せきどう》という。

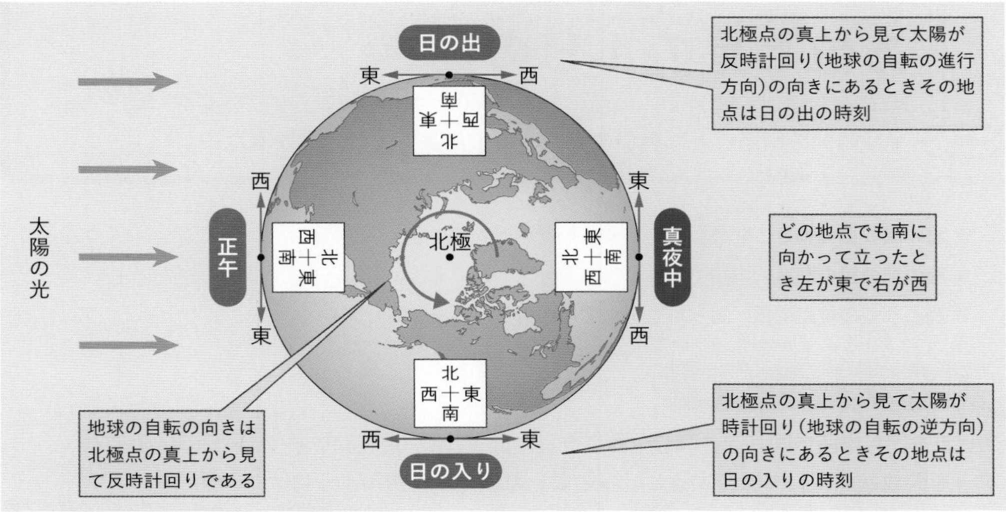

図２　**時刻の変化と北極点の真上から見た方位**

2 地球の自転による現象

地球が自転していることによって起こる現象や，自転による影響《えいきょう》には**太陽の日周運動**（➡ p.182）や**星の日周運動**（➡ p.186）以外にもさまざまなものがある。

ふつう，１日に２回，**潮《しお》の満《み》ち引《ひ》き**が起こるが，これは地球の自転によって，海水面と月との位置関係が変化するためである。[*3]

中学２年で学習した風の吹《ふ》き方も，地球の自転の影響を受けている。地球の自転は，本来等圧線を直角に横切るように吹く風の風向を複雑にしたり，偏西風《へんせいふう》や貿易風など地球規模での大気の循環《じゅんかん》で空気が流れる向きに影響を与えたりする。

＊3
潮の満ち引き（満《み》ち干《ひ》）は，地球と月の関係の影響が大きく，地球が自転していることによって満ち潮（満潮《まんちょう》）となる地域と引き潮（干潮《かんちょう》）となる地域が時間とともに移動していく。

TRY! 表現力

日本から見て，北，南，東の方位はそれぞれどのように決められるか説明せよ。

ヒント　まず南や東を決める基準となる北から説明する。

解答例　日本から見て北極の方位が北，その反対側である南極の方位が南，南北の方向に対して垂直な方位のうち日の出の方位が東である。

UNIT 5

方位と星の１日の動き

着目 星は時間の経過ごとに動いて見え，方位によって動き方が異なる。

要点

- **北の空の星の動き** 北《ほっ》極《きょく》星《せい》を中心に反時計回りに動く。
- **南の空の星の動き** 太陽や月と同様に東→南→西と動く。
- **星どうしの位置関係** 星どうしの位置関係は同じままで動いていく。

1 星の方位ごとの動き

カメラを同じ場所で同じ空の同じ位置に向けて固定し，一定時間シャッターを開放状態にして撮影《さつえい》すると，[*1]星の動いた道すじが線のように写り，星が動くようすがわかる。星の動き方は方位によって異なる。

図１ 北の空の星の動き

＊1
シャッター以外のカメラの設定は，ズームは広角（最小），フラッシュは発光禁止，ピントは無《む》限《げん》遠《えん》（∞）とする。写真がぶれないよう，カメラは三脚《さんきゃく》などで固定する。

図２ 東の空の星の動き

図３ 南の空の星の動き

図４ 西の空の星の動き

Ⓐ 北の空の星の動き

北の空の星は，ほぼ動かない北極星《ほっきょくせい》**を中心として，周囲の星が反時計回り（左回り）に回転するように動く**（図 1）。

北の空の星は，北極星を中心に 1 日（24 時間）で 1 周（360°回転）するので，**1 時間では，360°÷24＝15°回転する**ことになる（図 5）。

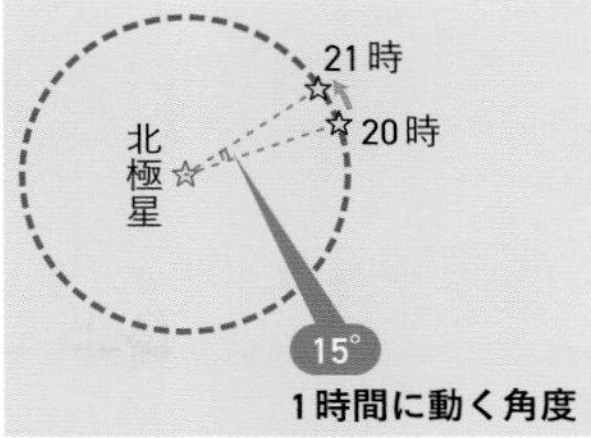

図 5　北の空の星の動く角度

Ⓑ 南の空の星の動き

南の空の星は，まず東側の**地平線から右斜《みぎなな》め上向きにのぼり**，南の空へと向かう（図 2）。そして，**南の空を，ゆるやかな大きな弧《こ》をえがくように右向きに動き，西へ向かう**（図 3，図 6）。西へ進んだ星は，太陽が地平線に沈《しず》むときのように，**右斜め下に向かって動き**（図 4），やがて地平線の下に沈み，見えなくなる。

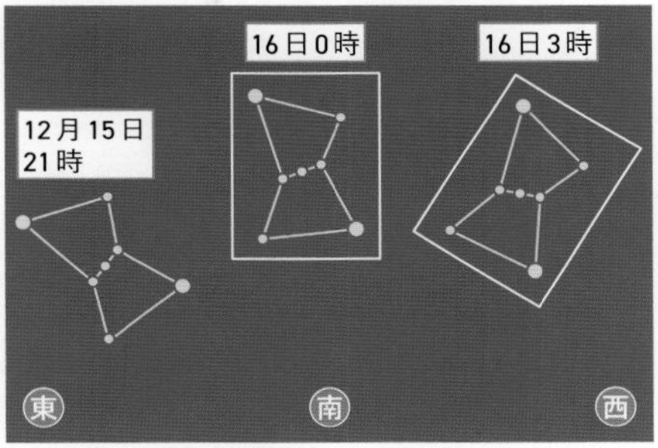

図 6　南の空の星の動き

2　星どうしの位置関係

空全体では，すべての星座をつくる星は**星どうしの位置関係を変えることはなく，**一体となっているように動く。*2 そのため，夜空に見える星座は，形を変えずに位置を変えていくように見える。

*2
金星（➡ p.222）などの惑星《わくせい》や月は星座の中を動いていくように見える。

例題 2　北の空の星の動き

ある日の19時に，右の図のBの位置に見えた星が，数時間後にはAの位置に見えた。Aの位置に見えた時刻は何時か。ただし，図の青色の点線は30°ごとに引いてある。

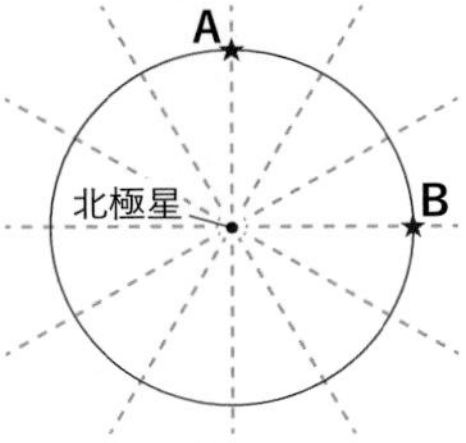

解き方

北の空の星は，北極星を中心にB→Aの方向に，1 時間に15°回転する。
A，北極星，Bがなす角度は青色の点線による区切り 3 つ分なので30°×3＝90°で，星は反時計回りに90°回転した。星は 1 時間に15°回転するので，BからAに移動するのに，$\frac{90°}{15°/\mathrm{h}}=6\mathrm{h}$ かかる。よって，19時の 6 時間後，すなわち **1 時** ……㊎

UNIT 6

観測地と星の１日の動き

着目 星は，地球が動いているために見かけ上動いて見える。

要点

- **地球の動きと星《ほし》の日周運動《にっしゅううんどう》** 星の日周運動は，星が実際に動いているのではない。
- **天球上での星の動き** 天球が回転することで，はりついている星も回転すると考える。
- **緯度《いど》による星の日周運動** 北極点《ほっきょくてん》や赤道上《せきどうじょう》では特徴的な星の日周運動が見られる。

1 天球上での星の日周運動

方位と星の１日の動き(➡ p.186)で見た各方位の**星《ほし》の日周運動《にっしゅううんどう》**を天球上での動きとしてまとめると，星座をつくる星は，**星がはりついた天球ごと回転して**，１日(24時間)で天球上をほぼ１周する(図１)。

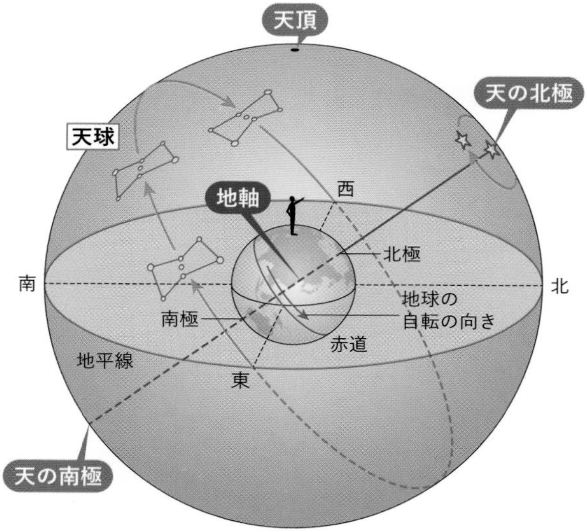

図１　**天球と星の日周運動**

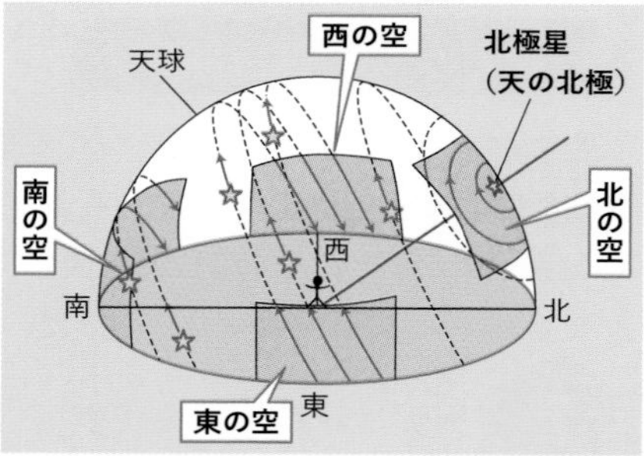

図２　**天球と東西南北の空の星の動き**
観測者から見えるのは天球のうち地平面より上の半球部分だけである。北の空に見える１日中沈《しず》むことのない星を**周極星《しゅうきょくせい》**，日周運動の道すじが地平線の上と下にまたがる星を**出没星《しゅつぼつせい》**という。

地球の北極，南極を真上に延長したときに天球と交わる点を**天《てん》の北《ほっ》極《きょく》**・**天《てん》の南極《なんきょく》**という。天の北極と天の南極を結ぶ直線が地球が自転する軸《じく》すなわち**地軸《ちじく》**(➡ p.182)なので，天の北極は地軸が天球と交わる点と考えてもよい。地球は西から東に向かって自転しているので，地球上の観測点から見て**天球は東から西へと回転する**。

天の北極には北極星があり，**北の空の星は，北極星を中心に東から西，つまり反時計回りに回転する**ように見える。東，南，西の空の星については，南を見たときに時計回りに，東→南→西の順に移動するように見える(図 2)。

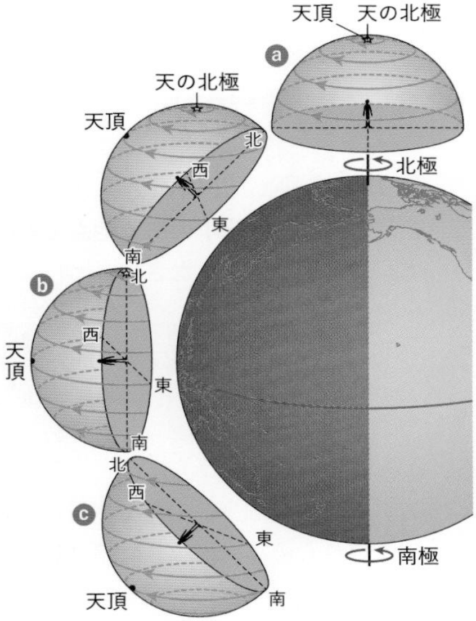

図 3　**各緯度の地点での星の動き(秋分の日)**

2 観測地による星の日周運動のちがい

地球は球形をしているため，**星の動きや天球の見える範囲《はんい》は，緯度《いど》によって異なってくる**(図 3)。

北極点，赤道上，南半球(赤道よりも南)での星の動きを見ていくと，**北極点**では，真上に北極星が見え，**星はすべて地平線に平行に 1 周する**(図4ⓐ)。

赤道上では，北極星が地平線上にあり，ほぼ動かない。ほかの星は，すべて**地平線に垂直に**，ちょうど半日をかけて東から出て，西に沈《しず》む(図4ⓑ)。

南半球では，北半球とは見える半球が逆になっていて，星座の形も上下さかさに見える。北極星は見えず，星が動く道すじは北に傾《かたむ》いている(図4ⓒ)。

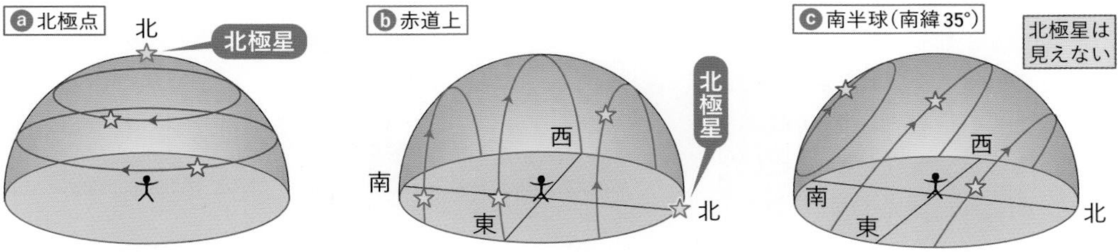

図 4　**いろいろな緯度での星の動き**

TRY! 思考力

北半球と南半球では星座の形がさかさに見える。それはなぜか，説明しなさい。

ヒント　さかさに見えるというのは，北半球の空と南半球の空で上下が逆になるということである。上と下は何で決まるかを考える。

解答例　地球が球体であるため，北半球と南半球では観測者がさかさに立っている状態になり，高度の高い星と低い星が逆転するから。

定期テスト対策問題

解答 ➡ 別冊 p.9

問 1 四方位の空の星の動き

2 月のある日に日本のある地点で星の観測をし，次のような 4 枚の写真を撮影《さつえい》した。これについて，次の問いに答えなさい。

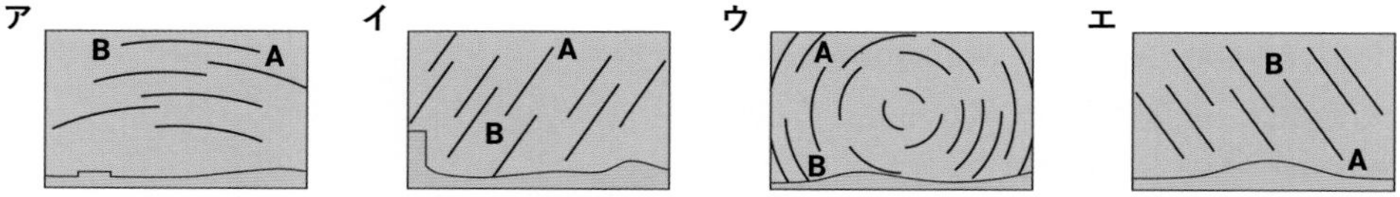

(1)　４枚の写真のうち，西の空を撮影したものは，**ア**〜**エ**のうちどれか。

(2)　**ア**〜**エ**の写真のなかで，星が**A**→**B**の方向に動いたものはどれか。すべて選べ。

(3)　これらの写真に示した星の動きが生じた原因は何か。

問 2 透明半球と太陽の動き

6 月のある日，日本のある地点で，透明半球《とうめいはんきゅう》を使って太陽の 1 日の動きを調べた。これについて，あとの問いに答えなさい。

［**方法**］　図１のようにして，朝８時から17時まで観測し，１時間ごとにしるし(・)をつけた。そのしるしをなめらかな線で結び，その線を透明半球のふちまでのばし，交点を**A**，**B**とした。

図 1

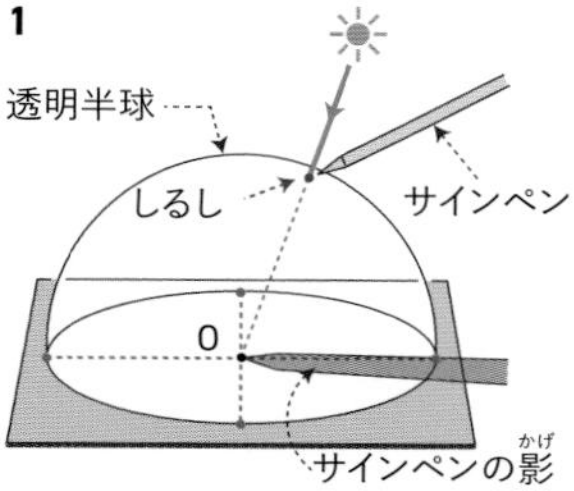

図 2

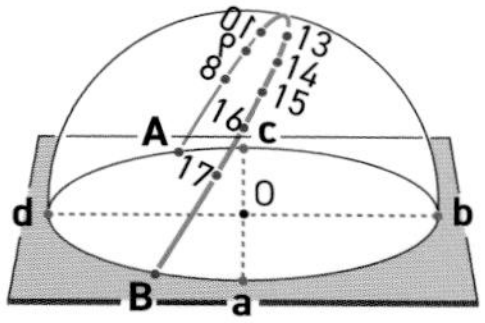

(1)　図２で，中心**O**から見て，南の方位はどれか。図中の**a**〜**d**から１つ選べ。

(2)　図２の太陽の道すじに細長いテープをあて，球面上につけたしるしの位置と時刻をうつしとり，ものさしと並べてみたら図３のようになった。この図から，この日のこの地点での日の入りの時刻を推定《すいてい》すると，何時ごろか。**ア**〜**エ**のなかからいちばん近いものを１つ選び，記号で答えよ。

図 3

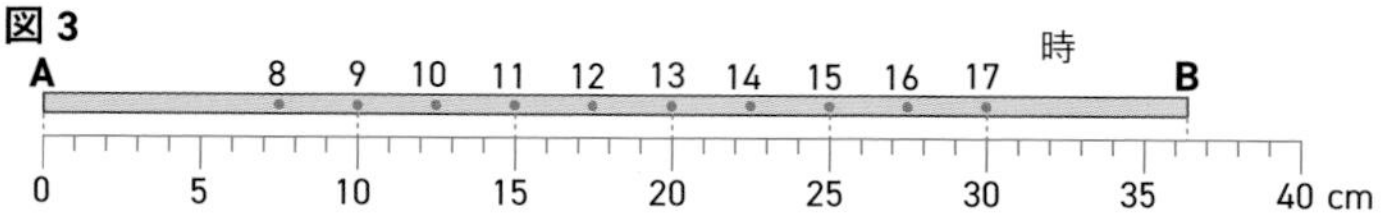

ア　18時30分ごろ　　**イ**　19時ごろ　　**ウ**　19時30分ごろ　　**エ**　20時ごろ

問 3 太陽の日周運動と時刻

右の図のP—Q—Rは，兵庫県明石市《あかしし》（東経135°）でのある日の太陽の動きを示したものである。Oは観測地点，A，B，C，Dは東，西，南，北のいずれかを示している。次の問いに答えなさい。

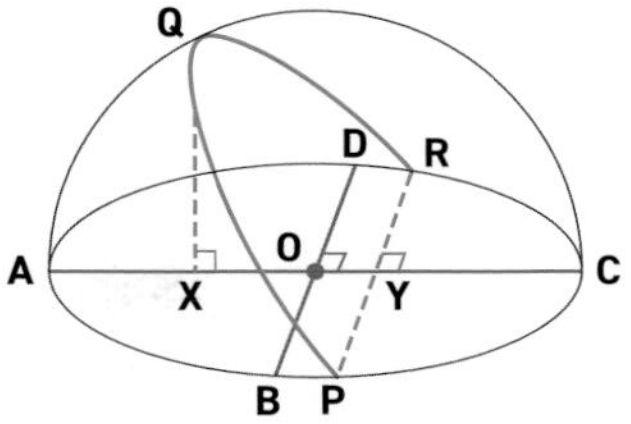

(1)　西を示しているのはどれか。図中の**A〜D**から１つ選べ。

(2)　この日の太陽の南中高度を示している角を次の**ア〜エ**から１つ選べ。

ア　∠**QCA**　　**イ**　∠**QYA**

ウ　∠**QOA**　　**エ**　∠**QXA**

(3)　太陽が，１日の間にこのように動いて見えるのはなぜか。その理由として適当なものを，次の**ア〜エ**から１つ選べ。

ア　太陽が自転しているから。　　**イ**　太陽が公転しているから。

ウ　地球が自転しているから。　　**エ**　地球が公転しているから。

(4)　この日明石市では正午に太陽が南中した。それでは，根室市《ねむろし》（東経145°）と長崎市（東経130°）で太陽が南中するのはそれぞれ何時何分か。時刻を24時制で答えよ。

問 4 地球の自転

右の図は，地球を北極の真上から見たときのようすを模式的に表したものである。次の問いに答えなさい。

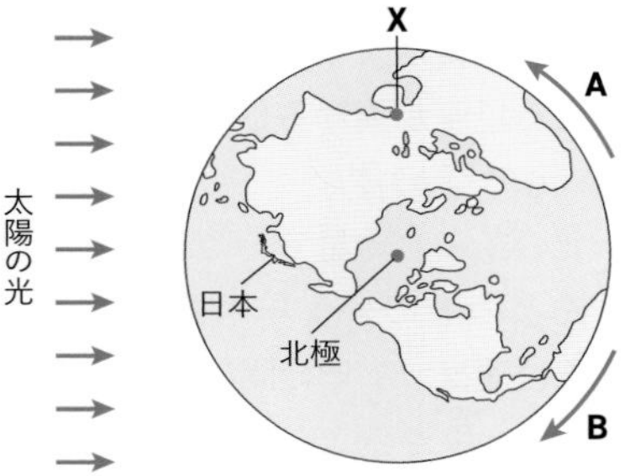

(1)　地球の自転はどちら向きか。図中の**A**，**B**から選べ。

(2)　図で，日本は，１日のうちのいつごろになっているか。次の**ア〜エ**から１つ選べ。

ア　明け方ごろ　　**イ**　正午ごろ

ウ　夕方ごろ　　**エ**　真夜中ごろ

(3)　図で，地点**X**は，１日のうちのいつごろになっているか。(2)の**ア〜エ**から１つ選べ。

(4)　次の文中の□にあてはまることばや数値をそれぞれ書け。

地球は北極と南極を結ぶ［①］を中心にして，［②］から［③］へ，１日に１回自転している。そのため，太陽や星などの天体は，［④］から［⑤］へ，１時間に約［⑥］ずつ移動して見えるのである。

(5)　潮の満ち引きも，地球の自転が関係して起こる現象である。ふつう，満ち潮は１日のうちに何回起こるか。次の**ア〜エ**から１つ選べ。

ア　１回　　**イ**　２回　　**ウ**　３回　　**エ**　４回

UNIT 1

同じ時刻に見られる星の位置の変化

着目 星座の星は，同じ時刻に見られる位置が１年で天球上をほぼ１周する。

要点

- **年周運動**《ねんしゅううんどう》　地球が太陽のまわりを公転《こうてん》していることで起こる天体の見かけの運動。
- **方位による星の年周運動**　北の空では反時計回り，南の空では東→南→西と移動する。
- **日周運動と年周運動**　日周運動は時刻ごと，年周運動は同じ時刻の天体の位置の変化。

1 天体の年周運動

A 星は日によって位置が動いている

　地球は太陽のまわりを公転《こうてん》しており，１年で１周する。*1 その間，地球と太陽の位置関係が変わっていくことになるので，同じ時刻に同じ方向の空に見える天体は毎日少しずつ動き，１年で地球(天球上)を１周しているように見える。この１年周期の**天体の見た目の動き**を，**天《てん》体《たい》の年周運動《ねんしゅううんどう》**という。

　この運動において星どうしの位置関係は変わらないため，星座をつくる星はまとまって年周運動を行っているように見え，季節によって見える星座が異なる(➡ p.200)。

*1
くわしくは**地球の公転**(➡ p.196)で学ぶ。

B 北の空の星

　北の空の北極星やそのまわりの**星座《せいざ》**は，ほとんどのものが１年中見え，同じ時刻に見える位置は，１年の間に少しずつ変わる。

　北斗七星《ほくとしちせい》を例として，同じ時刻の位置を観察し続けると，日周運動と同じように，**北極星を中心として反時計回りに回転するように移動**する(図１)。

　１年間で北極星のまわりをほぼ１周するので，12か月で360°回転するといえる。

　これは，１か月では360÷12＝約30°，**1日では360°÷365＝約1°移動**する。そして１年間でほぼ同じ位置にもどるということである。

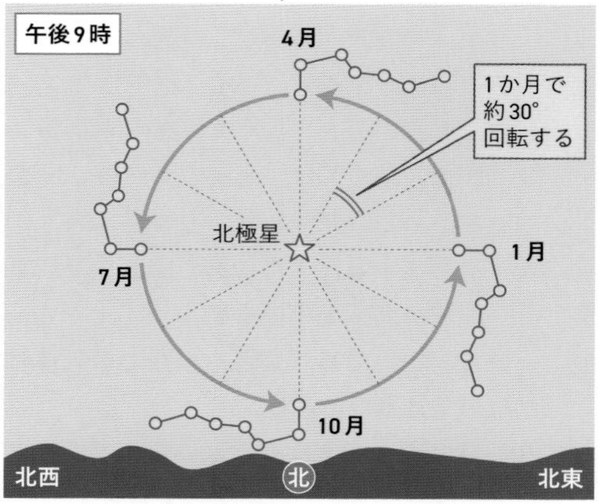

図１　**北の空の星の年周運動**(各月の15日)

❸ 南の空の星

星は東→南→西と進む日周運動と同時に年周運動も起こっている。

オリオン座，さそり座を例とすると，**年周運動の向きは日周運動と同じで，東からのぼり，西へ沈《しず》む向き**である。また，北の空の星と同様に1か月に約30°，1日に約1°ずつ移動する。*2

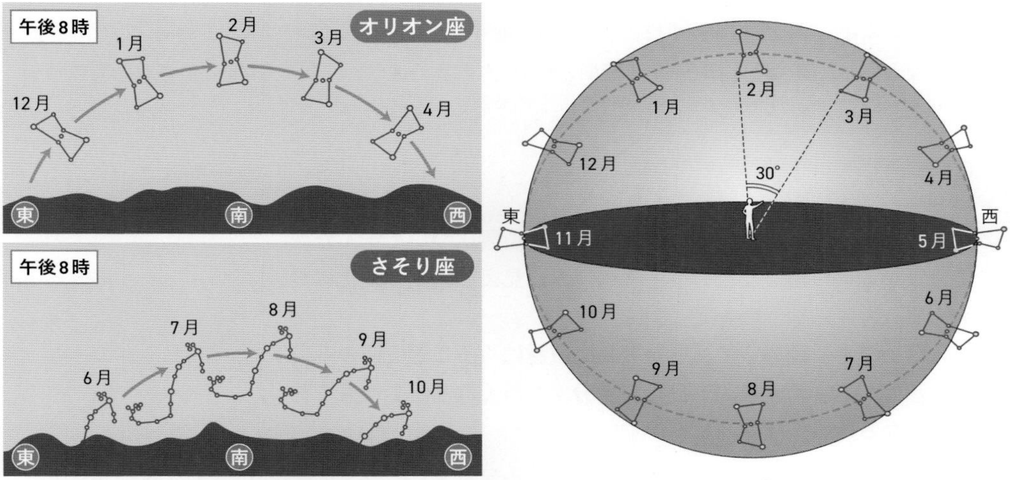

図2　**オリオン座とさそり座の年周運動(各月15日の午後8時)**

これらの星座は，夜間の位置が地平線より下になる季節には見ることができない。オリオン座は冬の星座，さそり座は夏の星座などとよばれることがあるが，これは星の年周運動によって，太陽が沈んでいる時間帯にはオリオン座は夏，さそり座は冬には地平線の下にあり，見ることができないためである。

*2
この回転は地平線上の点ではなく観察者(正確には地《ち》軸《じく》)を中心に考える。

TRY! 思考力

2月15日の午後8時に南の空のオリオン座のベテルギウスを観察すると，真南に見えた。30日後の午後8時に再びこの星を観察するとどの位置に見えると考えられるか。

ヒント　同じ時刻で見える位置は，年周運動によって日周運動と同じ向きに移動する。

解答例　西に向かって，約30°回転した位置に見えると考えられる。

UNIT 2

星が同じ位置に見られる時刻の変化

着目 星が同じ位置に見える時刻は，年周運動によって，１日に約４分早くなる。

要点

- **星座の南中時刻《なんちゅうじこく》**　星座の南中時刻は，１日に約４分ずつ早くなる。
- **星座が同じ位置に見える時刻**　１時間に約15°進む日周運動と，１か月で約30°進む年周運動を合わせて考える。

1 星座の南中時刻の変化

　ここまで，おもに異なる時刻に見える星座の位置について学んだ。ここでは，星座の位置を固定して，その位置に見える時刻の変化について考える。

　星座についても，南の空でもっとも高い位置にくることを南中《なんちゅう》という。ある星座の南中時刻は，**１日で約４分ずつ早くなり，１か月で約２時間早くなる。**

　昨日の20時ちょうどに南中した星について考える。この星は，年周運動によって，１日に約1°西に移動している。この星を，次の日である今日の20時ちょうどに再度観察すると，西に約1°移動した位置にある。

　天体が日周運動によって1°移動する時間は約４分で，[*1]今日の南中時刻は20時の４分前の19時56分である。つまり，今日（１日後）の南中時刻は昨日の南中時刻より４分早くなっている（図１）。

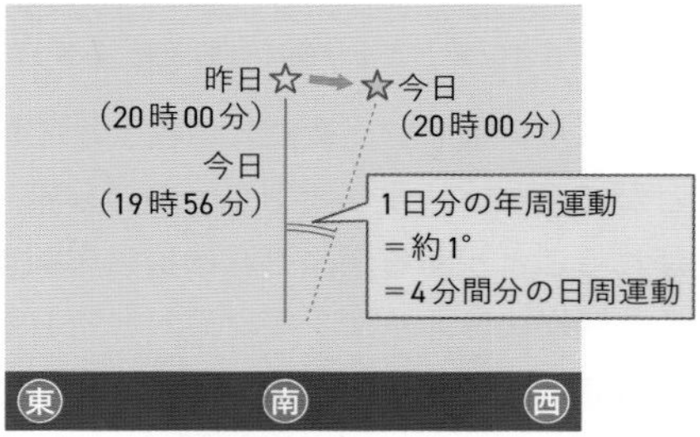

図１　**星の南中時刻の変化**

*1
観測地と星の１日の動き（➡ p.188）で学習したように，星は１日（24時間）で地軸を中心に360°回転するので１時間では15°，４分間で1°移動することになる。

2 星座が同じ位置に見える時刻

　南中の位置だけではなく，ある同じ位置に同じ星座が見える時刻は，１日に約４分，１か月では約２時間早くなる。

　北の空の北斗七星《ほくとしちせい》を例とすると，１月中旬《ちゅうじゅん》の20時に見えた位置と同じ位置に見えるのは，１か月後の２月中旬であれば２時間前の18時である（図２）。

2月のある日の20時に真南の空に見えたオリオン座であれば，1か月(30日)後には2時間前の18時に真南の空に見える。

星の動きを観察する際には，まず**日周運動による1日の動きを考え，年周運動による日周運動からのずれを考える**必要がある。

星の年周運動…1日に約1°，1か月で約30°
星の日周運動…4分で約1°，1時間で約15°
北の空の星は北極星を中心に反時計回り
南の空の星は東から西へ

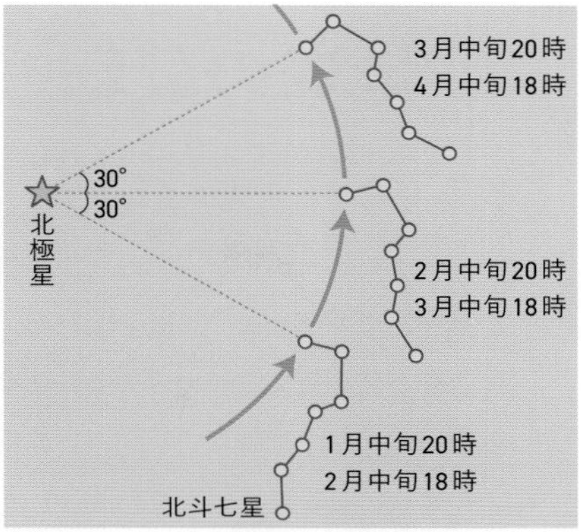

図2　**北の空の星が同じ位置に見える時刻**

例題 1　オリオン座の南中時刻

2月5日の20時に，オリオン座が真南の空に見えた。同じ場所で0時にオリオン座が真南の空に見えるようになる日はいつごろになるか。次の**ア**～**オ**から選び，記号で答えなさい。

ア　4月6日ごろ　　**イ**　6月6日ごろ
ウ　8月6日ごろ　　**エ**　10月6日ごろ
オ　12月6日ごろ

解き方

オリオン座は，2月6日の0時には，4時間たっているので右の図のように60°回転するように移動する(日周運動)。

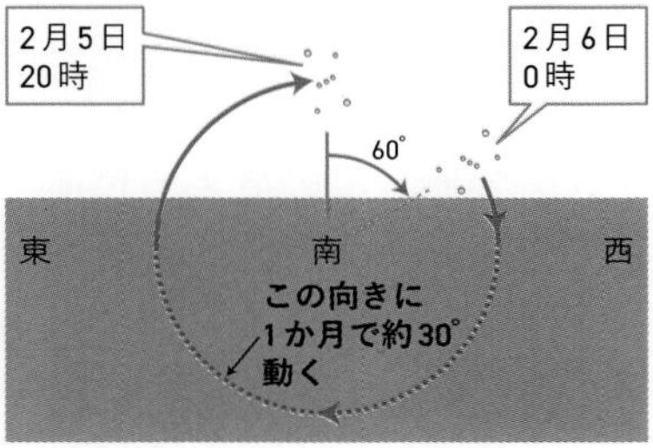

次に0時にもとの位置(真南)に見える時刻を考えると，年周運動により1か月に約30°ずつ矢印の方向にオリオン座は移動するため，再び真南の空で見るためには，2月6日0時から

$$360° - 60° = 300°$$

よって300°回転しなければならない。

300°回転するためには，1か月に30°回転するので，

$$\frac{300°}{30°/月} = 10か月$$

よって10か月かかる。したがって，オリオン座が真南の空に見えるのは10か月後の12月6日ごろである。 答 **オ**

UNIT 3

地球の公転

着目 地球は，太陽のまわりを1年に1周，自転をしながら公転している。

要点

- **地球の公転《こうてん》の向き**　自転と同じく，北極の真上から見て反時計回りに公転している。
- **公転と星の見え方**　地球の公転により見える星やその位置が1年周期で変化する。
- **地軸の傾《かたむ》き**　地軸は公転面に垂直ではなく，23.4°傾いている。

1 地球の公転

地球が地軸《ちじく》を軸として自転しながら，**太陽のまわりを1年かけて1周すること**を**公転《こうてん》**という。公転の道すじを**公転軌道《こうてんきどう》**という。

地球の**公転の向き**は，**自転の向きと同じで西から東**であり，北極の真上から地球を見たとき**反時計回り**である(図1)。

地球が太陽のまわりを1周する時間を**公転《こうてん》周期《しゅうき》**といい，地球の公転周期は一般的《いっぱんてき》に1年，365日とされているが，正確には約365.2422日である(うるう年➡p.183)。

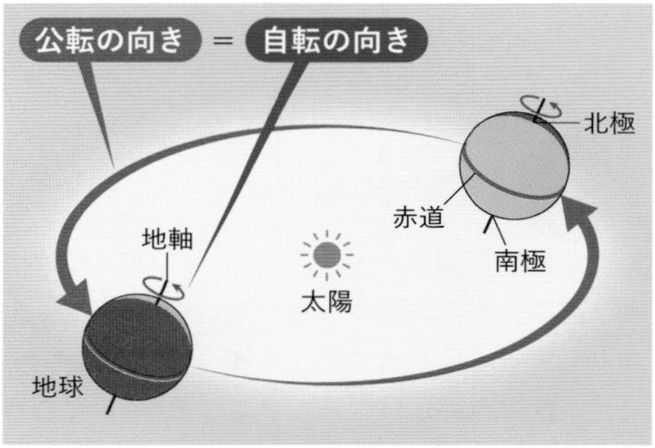

図1　**地球の自転と公転の向き**

2 地球の公転と星の見え方の変化

A 地球の公転と星の見える位置

太陽に向かっている地球の半分が昼であり，太陽の光が当たらない反対側の半分が夜である。

地球上の時刻は太陽の見た目の位置を基準に決められているため，地球と太陽の位置関係が変わっていくと，星座の星が見られる時刻や同じ時刻で見られる位置が変化していくことになる(図2)。

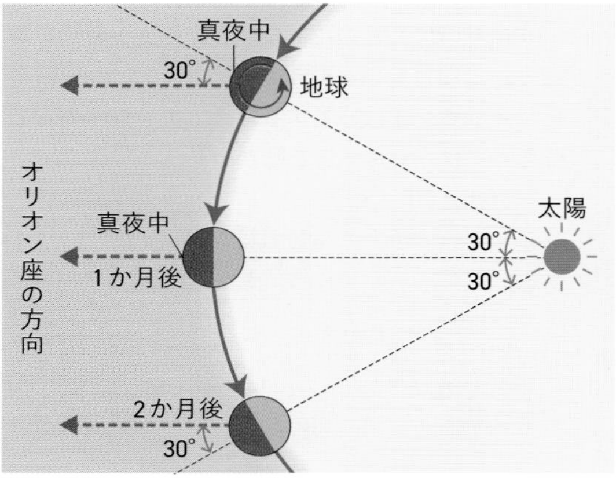

図2　**地球の公転と星座の見える位置**

B 地球の公転と星の見える季節

昼には空が明るくなるため，[*1] 星座(星)を見ることができるのは夜だけである。季節によって太陽と地球の位置関係が変わるので，見える星座も変わる(➡ p.198)。

地球の自転により天体の日周運動，地球の公転により天体の年周運動が起こる。

*1
地球では空気が太陽の光を散乱させるため昼には空が青く明るくなる。大気のない月などでは空に太陽が出ていても星は見える。

3 地球の公転面

A 公転面と地軸の傾き

地球は，太陽のまわりを，ほぼ一定の 1 つの面の上を自転しながら公転している。この公転軌道を含《ふく》む面のことを公転面《こうてんめん》という。

地軸は，公転面に対して垂直ではなく，**公転面と垂直な直線から23.4°傾《かたむ》いている**(図 3)。[*1]

地球は，この大きさの傾きを常に保ったまま，自転と公転を続けている。地軸が公転面に垂直ではなく，太陽に対する角度が変化することによって，さまざまな現象が起こり，地球の季節などに影響《えいきょう》をあたえている(➡ p.206)。

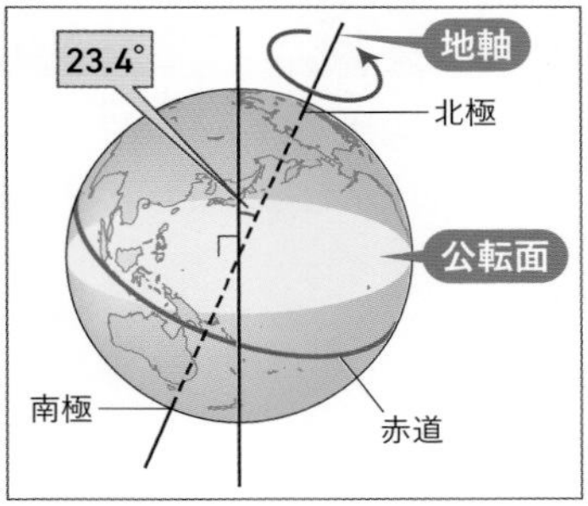

図 3　**地軸の傾き**

B 公転面と黄道

地球から見てその季節に見えない星は，太陽とともに天球を移動しているということである。これは，星座の星を基準にすると，地球から見て太陽が星座の間を年周運動しているように見えることになる。この地球から見た，**太陽が天球上を移動する道すじ**を**黄道《こうどう》**という(➡ p.201)。

TRY! 表現力

地球の自転周期は，正確には24時間ではなく約23時間56分である。なぜ 1 日の長さと異なるのか説明しなさい。

ヒント　自転周期は地球が 1 回転する時間，1 日の長さは太陽が南中してから次に南中するまでの時間である。

解答例　太陽が南中してから23時間56分で地球は360° 自転するが，その間に地球が公転したぶん，太陽の位置はまだ真南より約 1° 東にあり，南中までに約 4 分間余分にかかるため。

UNIT 4

季節の星座が移り変わるわけ

着目 ➤ 地球，太陽，星座の位置関係の変化により季節ごとに見える星座が移り変わる。

要点

- **年周運動《ねんしゅううんどう》と見える星座**　年周運動によって，季節(時期)ごとに地球から見た星座と太陽の位置関係が変わる。
- **季節と星座**　地球から見て太陽の反対側にある星座は１晩中観察できる。

1 地球の公転と星座の動き

地球から太陽以外の恒星《こうせい》*1までの距離《きょり》は非常に遠い。これと比べると，地球が太陽のまわりを公転して動く範囲《はんい》は非常に小さい。

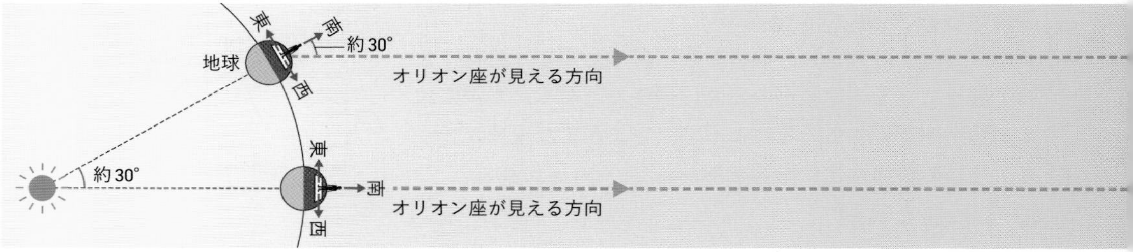

図１　**地球の公転と星座の見かけの動き**

そのため，地球が公転軌道《こうてんきどう》のどの位置にあっても**星座の見える方向は同じ**方向で，図１のように**平行線で表すことができる**。

2 季節と見える星座の移り変わり

地球から見ると太陽の反対側が真夜中になり，その方向にある星座がよく見えて，逆に太陽と同じ方向にある星座は地球から見えない。

太陽，地球，そして地球から見える季節の代表的な星座の位置関係を図２に表す。太陽の方を向き，太陽の光を受けている地球の明るい半円部分が昼である。太陽の反対側の黒い半円の部分が夜を表している。

図２のⓐは６月ごろの地球の位置を表している。このとき，太陽の反対側にあるさそり座《ざ》**は１晩中見ることができ，この季節の代表的な星座といえる。**

*1
恒星とは，太陽のように自ら光を出す天体のことをいう。くわしくは，**恒星**(➡p.240)で学ぶ。

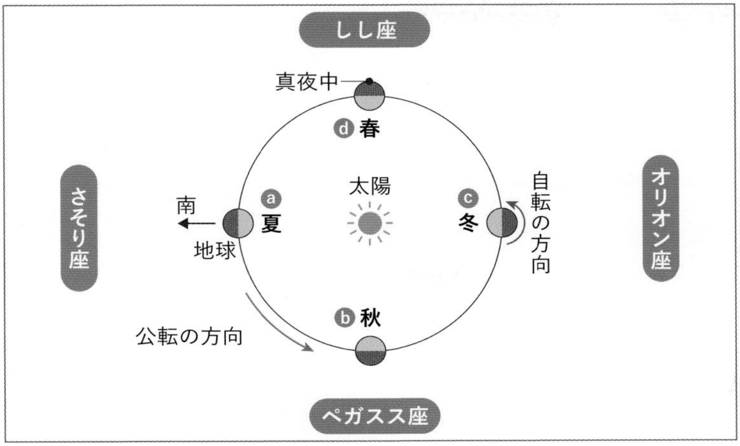

図２　**地球と太陽，星座の位置関係**

また，さそり座の反対側にあるオリオン座は，ⓐの時期には**太陽と同じ方向にあるため，１日中見ることができない。**

太陽，地球，星座の位置関係によって，季節によって１晩中見える星座，１日中見えない星座が移り変わる。

TRY! 思考力

地球が図２のⓓの位置にある時期にもっともよく見える星座と，この時期の真夜中にさそり座が見える方位を答えなさい。

ヒント　もっともよく見える星座は太陽の反対側にある星座である。また，ⓓの位置にあるとき，真夜中にあたる地点ではさそり座が自転の進行方向に見える。

解答例　もっともよく見える星座はしし座。さそり座はこの時期の真夜中には東の空に見える。

UNIT 5

太陽の 1 年の動き

着目 星の位置を基準とすると太陽も年周運動をしており，その通り道を黄道という。

要点

- **天球上の太陽の動き**　星座の中を西から東に向かうように移動する。
- **太陽の年周運動《ねんしゅううんどう》**　太陽の年周運動は，地球が公転することによる見かけの動きである。
- **黄道《こうどう》**　天球上の太陽の通り道を黄道といい，太陽は黄道を 1 年で 1 周する。

1 太陽の年周運動

A 星座の中を動く太陽

太陽が西の地平線(あるいは水平線)に沈《しず》んだ直後に，西の空に見える星座と太陽の位置を調べて記録する。これを半月〜1 か月ごとにくり返し(図 1)，結果を合成すると，**太陽が星座の中を西から東に向かって毎日少しずつ動いていく**ことがわかる(図 2)。

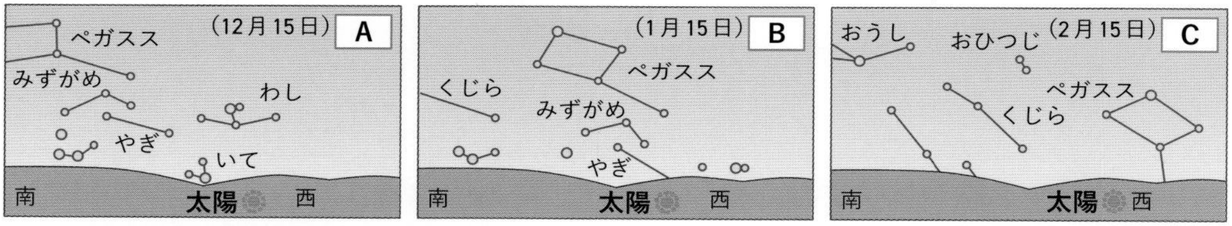

図 1　**星座と太陽の位置関係を調べたスケッチ**

この観測を 1 年間続けると，**太陽は 1 年前と同じ位置にもどってくる**こともわかる。太陽は，自らは動かない天体であるが，地球から見ると，1 年かけて**天球上を 1 周しているように見える。この太陽の動きを，太陽の**年周運動《ねんしゅううんどう》という。

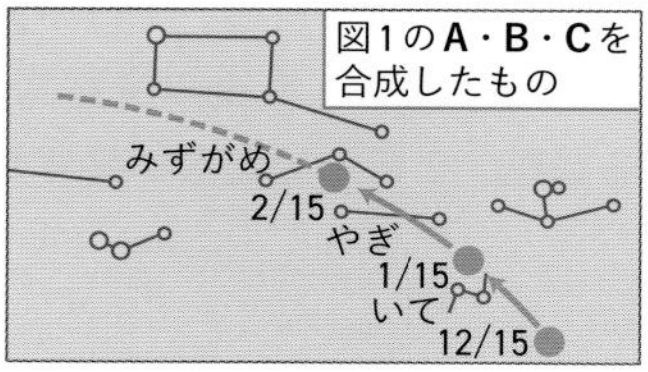

図 2　**星座の中を動く太陽**

B 太陽の 1 年の動き

太陽の年周運動は，星の年周運動と同じように，地球が太陽のまわりを 1 年で 1 周公転しているために起こる**見かけの運動**である。

太陽の年周運動の向きは，図 2 のように星座の中を通るように**西から東**へ 1 年(365 日)で 1 周(360°)する。**1 日に約 1°ずつ**星座の中を動いていくように見える。

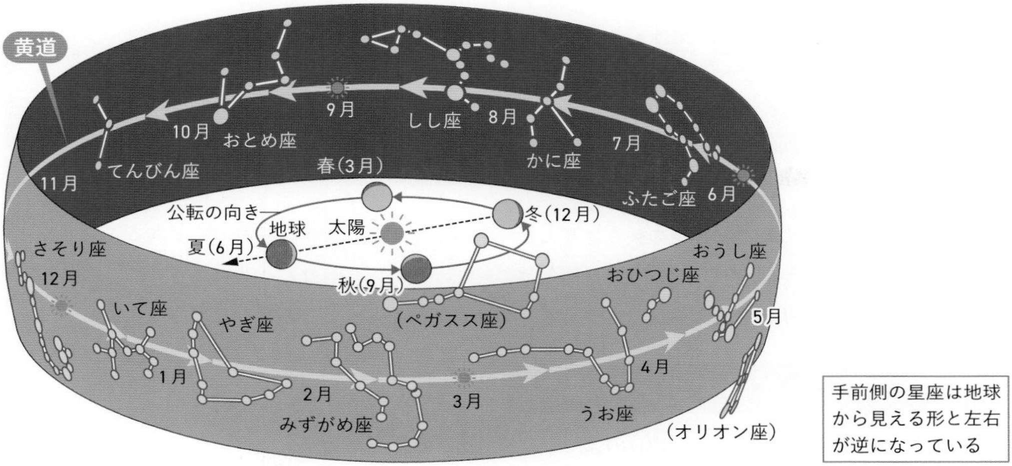

図 3　**地球の公転と太陽年周運動**

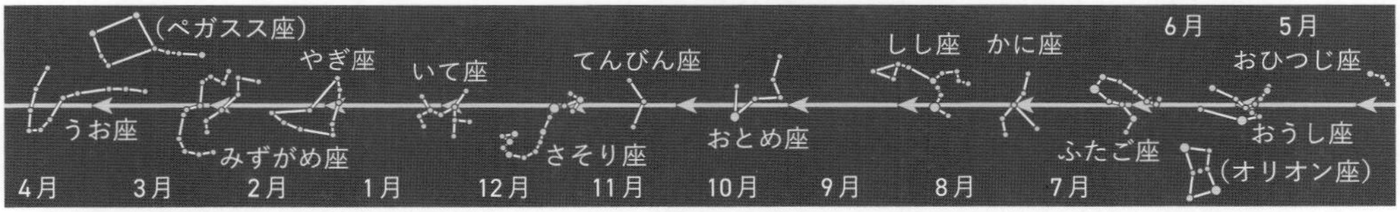

図 4　**黄道を直線で表したもの**

2 黄道と黄道12星座

太陽の天球上の通り道のことを黄道《こうどう》という。太陽は，図 3 および図 4 で示した12の星座を通るように移動している。たとえば，12月に地球から太陽が見える方向には，地球と太陽を直線で結んだ延長上にさそり座がある。これらの12の星座は**黄道12星座**とよばれる。

TRY! 表現力

黄道について，「天球」「地球の公転」ということばを用いて説明しなさい。

ヒント　太陽の動きに関係する言葉である。

解答例　地球の公転によって太陽が天球上を動いているように見える見かけ上の通り道。

UNIT 6

太陽の日周運動の道すじの変化

着目 太陽の日周運動の道すじは季節によって動き，夏は北に，冬は南にずれる。

要点

- **太陽の日周運動《にっしゅううんどう》の経路** 経路の長さは夏に長く，冬は短く，春・秋はその中間である。
- **夏至《げし》・冬至《とうじ》** 夏至はもっとも太陽の日周運動の経路が長く，冬至はもっとも短い。
- **日の出・日の入りの位置** 夏至でもっとも北寄り，冬至でもっとも南寄りとなる。

1 季節の変化と太陽の1日の動き

太陽の1日の動きの観察(➡ p.180)のようにして太陽の1日の動きを継続的《けいぞくてき》に調べると，日によって太陽の動きの道すじが少しずつ動いていき，季節によって大きく異なることがわかる。

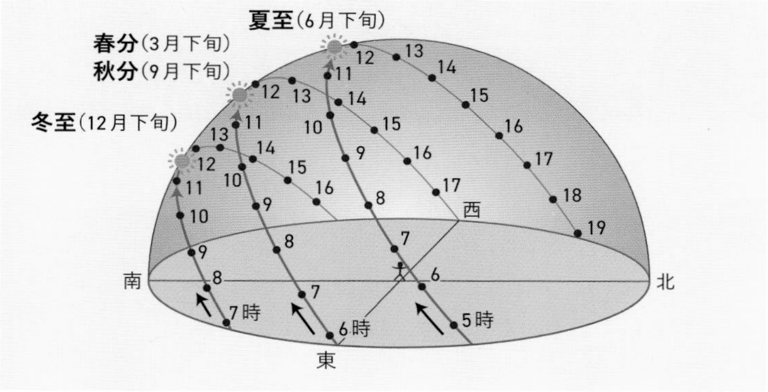

図1 **太陽の1日の動きの道すじの変化**

この太陽の道すじを比べると，季節によって次のようなちがいが見られる。

Ⓐ 南中高度

太陽の**南中高度《なんちゅうこうど》**は，**夏に高くなり冬には低くなる**。夏至《げし》が1年のうちでもっとも高く，冬至《とうじ》がもっとも低い。この南中高度の値は，観察地点の緯度《いど》によって決まる(➡ p.205)。

春分と秋分の南中高度はほぼ同じで，夏至と冬至の中間となる(図2)。

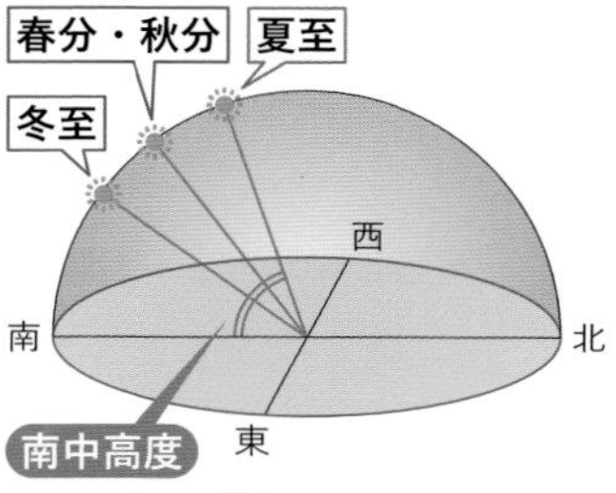

図2 **太陽の南中高度の変化**

B 日の出・日の入りの位置

日の出と日の入りの位置は，どちらも**夏には北側にずれ**，夏至のころにもっとも北寄りになる。**冬には逆に南側にずれ**，冬至のころにもっとも南寄りになる。

C 日の出・日の入りの時刻と昼の長さ

日の出の時刻は夏に早く，冬におそくなる。[*1] 日の入りの時刻は夏におそく，冬に早くなる。そのため，**昼の長さは夏には長く，冬には短くなる。**

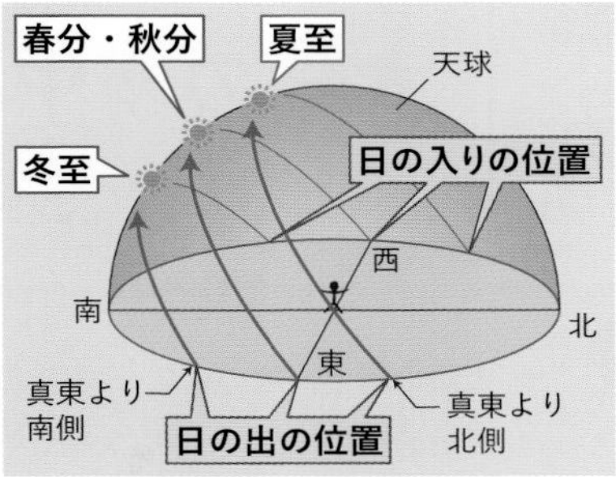

図 3　季節による日の出・日の入りの変化

＊1
日の出の時刻が 1 年でもっとも早い日やもっともおそい日が夏至や冬至と一致《いっち》するわけではない。

2 太陽の日周運動の道すじの動き

太陽の日周運動の経路は，天球上を 1 周する輪《わ》のような状態となっている。そして，その輪ごと移動していくので，日周運動の道すじが変わることにともなって地平線上での日の出，日の入りの位置も変わる。

太陽の日周運動の道すじは，**夏には全体が北寄り**，**冬には全体が南寄り**となり，春と秋は，夏と冬の中間となる(図 4)。

太陽の日周運動の道すじは，夏から冬にかけてもっとも北寄りの道すじからもっとも南寄りの道すじへと移動していき，また次の夏にかけて北寄りの道すじへともどっていく。

太陽の日周運動の道すじのうち地平線より上の半球にある部分が，夏には長く，冬には短い。太陽が動く速さは一定なので(➡ p.181)，昼の長さが夏に長く冬に短いのは，この太陽の日周運動の道すじの動きによるものである。

この太陽の日周運動の道すじの動きは地球の公転と地軸《ちじく》の傾《かたむ》きによって起こる。これについて次の**太陽の南中高度の変化**(➡ p.204)で学習する。

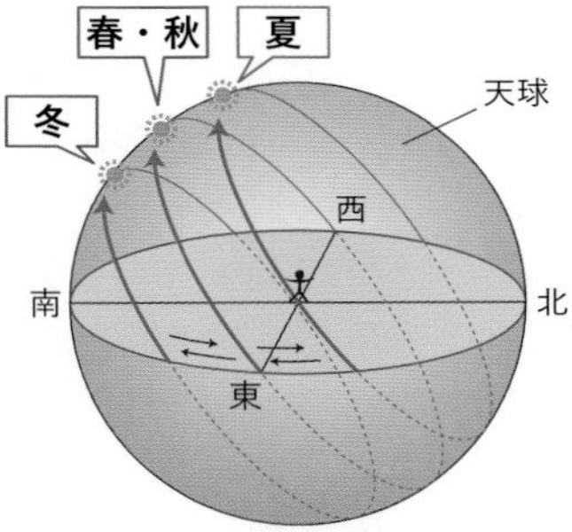

図 4　太陽の日周運動の経路の動き

TRY! 表現力

夏と冬で昼の長さが変わる理由を，「太陽の日周運動」「天球」ということばを用いて説明しなさい。

ヒント　1 年のうちもっとも北寄りから日がのぼる日はいつであるか考える。

解答例　太陽の日周運動の経路が季節によって天球上を移動し，地平線の上側の半球を通る部分が夏は長く，冬は短くなるから。

UNIT 7

太陽の南中高度の変化

着目 太陽の南中高度は緯度によって決まり，夏に高く，冬に低くなる。

要点

- **太陽の南中高度《なんちゅうこうど》の変化**　地球が地軸《ちじく》を傾《かたむ》けたまま公転しているため変化する。
- **夏至《げし》の南中高度**　北緯23.4°で90°となり，そこから離《はな》れるほど低くなる。
- **冬至《とうじ》の南中高度**　南緯23.4°で90°となり，そこから離れるほど低くなる。

1 地軸の傾きと太陽の南中高度の変化

１年の間に太陽の南中高度が変化するのは，**地球が，地軸《ちじく》を傾《かたむ》けたまま公転している**ためである。地軸は，**公転面に垂直な方向から23.4°**傾いている。

１年間の地球の公転のようすを模式的に表すと図１のように，夏至《げし》では，北半球が太陽に向かって傾いている状態となり，冬至《とうじ》では，北半球が太陽から離《はな》れている状態となる。

地軸が傾いておらず公転面に垂直であったとすれば，１年を通して太陽の経路に変化はなく，昼と夜の長さ，南中高度も変化しない。

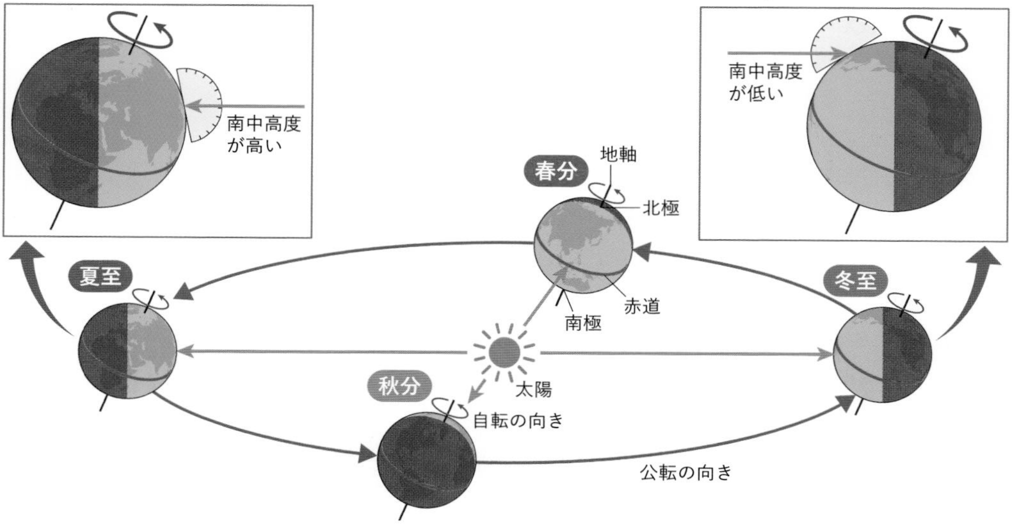

図１　地球の公転と太陽の光の当たり方

2 太陽の南中高度の求め方

夏至《げし》，冬至《とうじ》，春分《しゅんぶん》・秋分《しゅうぶん》の南中高度は，それぞれ観測地の緯度《いど》によって決まる。夏至と冬至では，太陽の光はそれぞれ図 2 のように当たる。

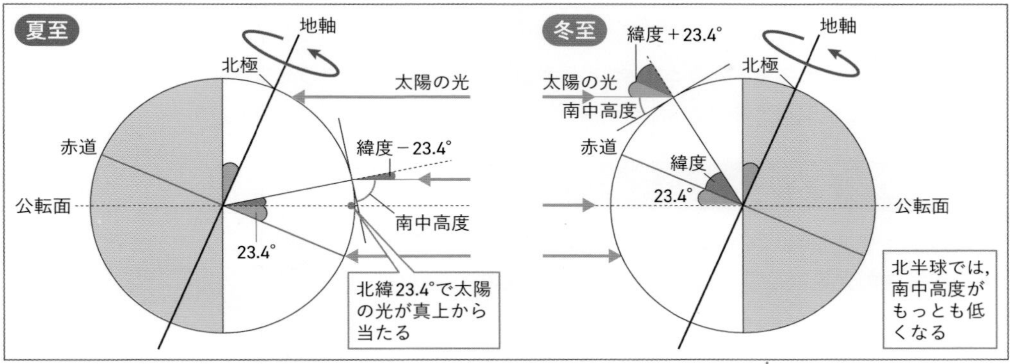

図 2　**夏至と冬至の太陽の光の当たり方**

夏至では，太陽は北緯23.4°の地点で天頂を通る(南中高度は90°)。そのほかの緯度での夏至の南中高度は，緯度と23.4°の差を90°から引いた高さになるので，

夏至の南中高度＝90° − 緯度 + 23.4°　となる。

冬至では，太陽は南緯23.4°の地点で天頂を通る(南中高度は90°)。そのほかの緯度での南中高度は

冬至の南中高度＝90° − 緯度 − 23.4°　となる。

春分・秋分では，太陽は赤道上で天頂を通り，南中高度は90°から緯度を引いた値となるので，

南中高度＝90° − 緯度　となる。

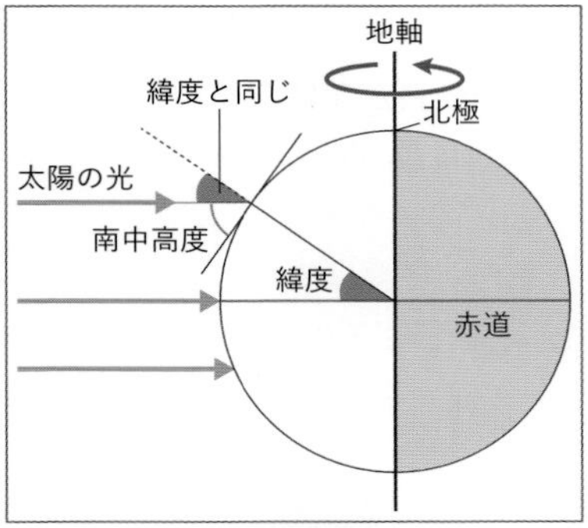

図 3　**春分・秋分の太陽の光の当たり方**

TRY! 思考力

赤道上では，太陽の正午の高度は夏至の日に 1 年でもっとも低くなる。この理由を説明しなさい。

ヒント　赤道上では，太陽の高度が90° に達するのは春分と秋分のときである。

解答例　夏至の日には，地球上で太陽が真上から当たる地点がもっとも北《きた》寄《よ》りになり，赤道からもっとも離れるから。

UNIT 8

季節と日照の変化

着目 地球への太陽の光の当たり方は１年を通して変化し，昼夜の長さを変化させる。

要点

- **昼と夜の長さ**　地軸《ちじく》の傾《かたむ》きにより，昼の長さは夏至《げし》がもっとも長く冬至が短い。
- **太陽の高さと光の量**　地面と太陽の角度が直角に近いほど，当たる光の量は多い。
- **南中高度と気温**　太陽の南中高度が高い季節は昼も長く，気温が高い傾向にある。

1 地軸の傾きと昼と夜の長さ

太陽のまわりを公転している地球は，太陽に向いている側の半分が太陽の光を受け昼となる。反対側の太陽の光を受けていない半分が夜となる。

地球が地軸《ちじく》が傾《かたむ》いたまま太陽のまわりを公転していることから，昼と夜の長さは１年の中で変化する。

春分《しゅんぶん》・秋分《しゅうぶん》では，赤道にまっすぐに太陽の光が当たるので，昼と夜の長さがほぼ同じとなる。

夏至《げし》は昼がもっとも長く，夜がもっとも短い日で，６月21日ごろになる。*1

また，冬至《とうじ》は夜がもっとも長く，昼がもっとも短い日で，12月22日ごろになる。*1

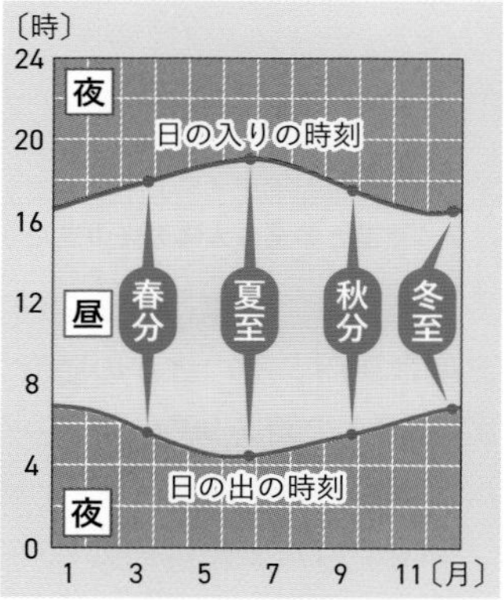

図１　**昼夜の長さの年変化（東京）**

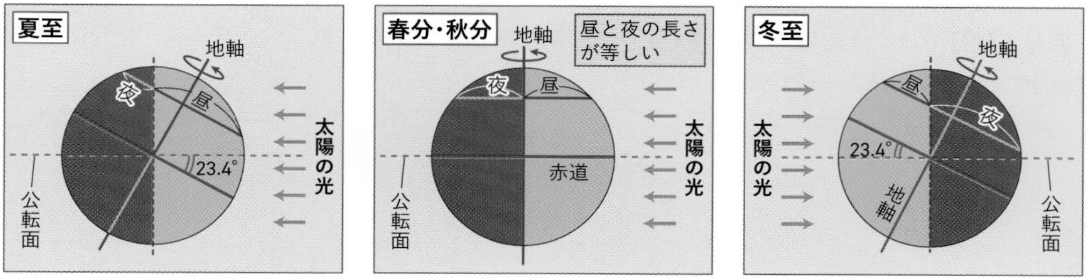

図２　**昼夜の長さが変化するわけ**

また，地軸が傾いたまま公転しているために，北極《ほっきょく》や南極では季節によって１日中太陽が沈《しず》まない**白夜《びゃくや》**や，逆に１日中太陽がのぼらない**極夜《きょくや》**となる時期がある。

＊1
日本での場合。南半球の多くの場所では逆に，６月21日ごろに夜がもっとも長く，12月22日ごろに昼がもっとも長くなる。

2 太陽の高度と地面が受けとるエネルギー

太陽の光が地面に当たるとき，地面と太陽のなす角が垂直に近いほど多くの光が当たり，太陽から多くのエネルギーを受けとることになる。逆に地面と太陽のなす角が小さいほど，太陽から受けとるエネルギーの量は少ない。

たとえば，地面と太陽のなす角(太陽の高度)が30°のとき，90°(太陽が真上にあるとき)に比べて，同じ面積の地面に当たる太陽の光の量は半分となる(図 3)。

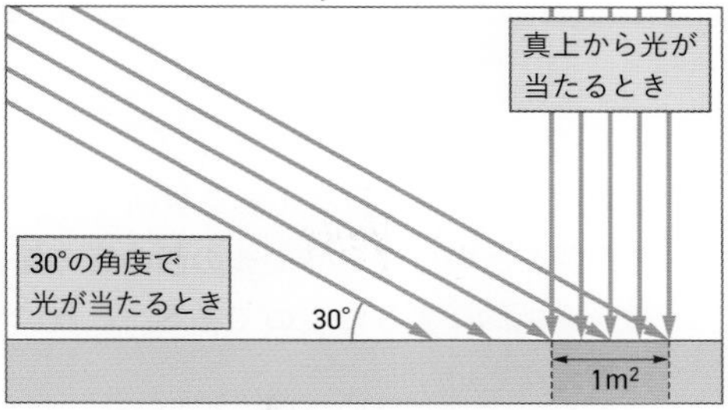

図 3　**光が当たる角度と地面が受けとる光の量**

つまり，地面が水平であれば，**太陽の高度が高いほど地面が受ける太陽の光の量は多くなる**から，**夏至＞春分＝秋分＞冬至**の順に地面が太陽から受ける光の量は多い。

3 季節による気温の変化

昼の長さが長い季節は，太陽の光を受ける時間が長く，さらに地面と太陽がなす角度が大きくなる。これによって太陽の光を多く受けとり，地表面がよくあたためられて，気温は高くなる。

日本では，１年の間に**太陽の南中高度や昼間の長さ**が大きく変化するので，**太陽から受けるエネルギーの量**も大きく変わり，季節によって気温が変化する。

実際の気温の変化は，南中高度がもっとも高い夏至から少し遅《おく》れて気温がもっとも高くなり，気温がもっとも低くなる時期も冬至より少し遅れてくる(図 4)。

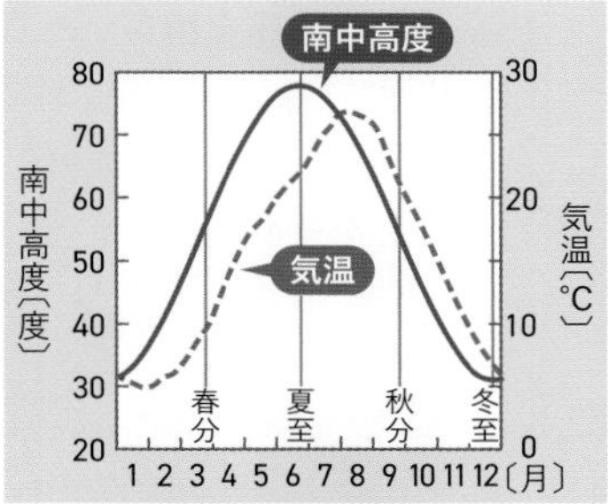

図 4　**太陽の南中高度と気温の変化(東京)**

TRY! 表現力

太陽電池パネルに太陽光を当てることで発電するとき，発電量を大きくするには太陽電池パネルをどのように設置するとよいか，説明しなさい。

ヒント　太陽光と太陽電池パネルの角度と受ける日光の量の関係を考える。

解答例　太陽電池パネルに太陽の光が垂直に当たるように，太陽電池パネルの角度を調整する。

定期テスト対策問題

解答 → 別冊p.9

問1 星座の中の太陽の動き

右の図A～Cは，日本のある場所で１月から２月にかけて，２週間ごとの日没《にちぼつ》１時間後の西の空の星と，太陽の推定位置を模式的に表したものである。これについて，次の問いに答えなさい。

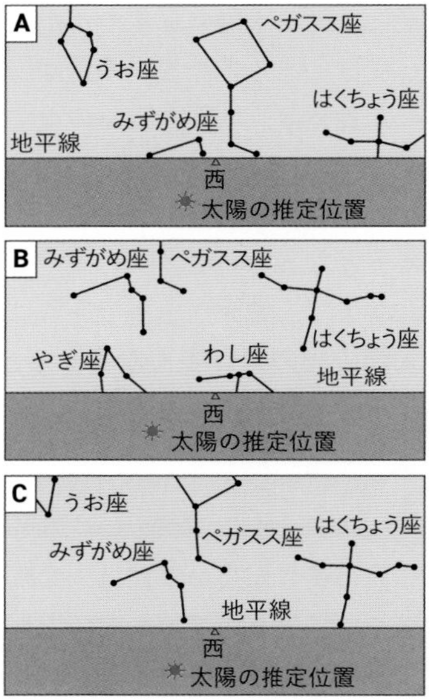

(1) 図**A**～**C**を，観察日の順に示したのは，**ア**～**エ**のうちのどれか。１つ選び，記号で答えよ。

ア A→C→B　　**イ** B→A→C
ウ B→C→A　　**エ** C→A→B

(2) (1)の結果から，星座に対する太陽の見かけの通り道を表している図は，下の図の**ア**～**エ**のうちのどれか。ただし，図中の点線の矢印が，この観察期間に動く太陽の見かけの通り道を表すものとする。

(3) 図**B**の星座を観察した時刻が18時であったとすると，20時に「みずがめ座」がこの図の位置に見えるのは，何か月後か。次の**ア**～**エ**から１つ選べ。

ア ３か月後　　**イ** ５か月後　　**ウ** ９か月後　　**エ** 11か月後

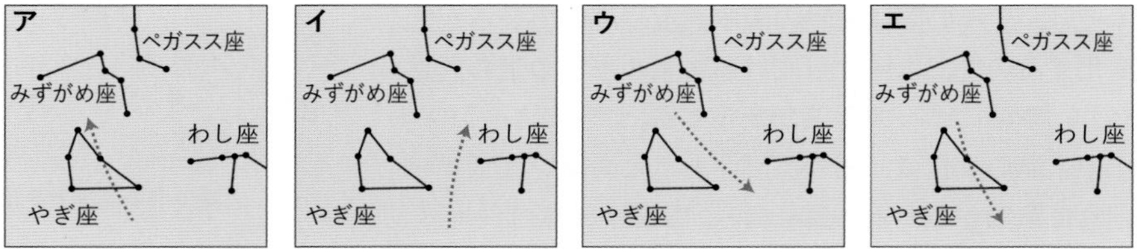

問2 季節と太陽の南中高度

右の図は，日本のある地点における太陽の通り道を天球上に表したものである。図中のX～Zは，春分・夏至・秋分・冬至の日の通り道のいずれかである。また，A，B，C，Dは東西南北のいずれかの方位を示している。これについて，次の問いに答えなさい。

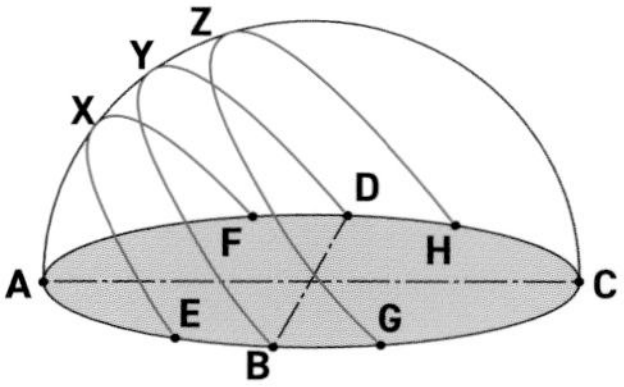

(1) **X**，**Y**，**Z**のうち，太陽の南中高度《なんちゅうこうど》がいちばん低いのはどれか。１つ選び，記号で答えよ。

(2) 夏至の日に，太陽はどの通り道をどちらに向かって動くか。次の**ア～カ**から１つ選び，記号で答えよ。

ア　XをEからFへ　　**イ　XをFからEへ**　　**ウ　YをBからDへ**
エ　YをDからBへ　　**オ　ZをGからHへ**　　**カ　ZをHからGへ**

(3) 次の文の［　　］には同じ語が入る。その語を答えよ。

１年を通じて太陽の南中高度が変わるのは，地球が［　　］していることに加えて，地球の地《ち》軸《じく》が［　　］面に対して66.6°の傾《かたむ》きを保《たも》っていることから説明できる。

問3 地球の公転と季節の星座

右の図は，３月，６月，９月，12月のころの太陽と地球の位置，および黄道付近にある４つの星座を示したものである。これについて，次の問いに答えなさい。

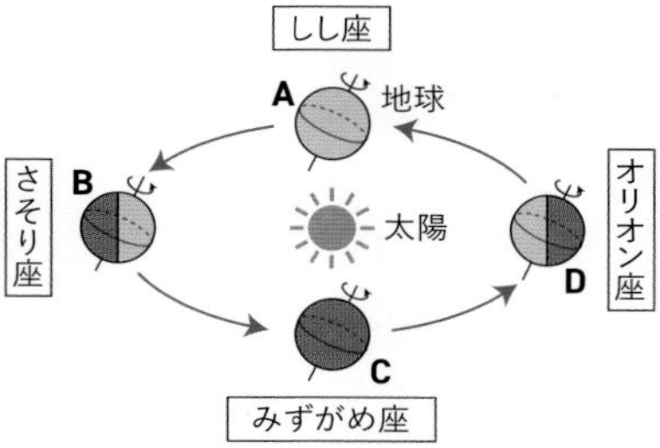

(1) 日本において，季節の変化が生じる理由として正しいものを１つ選び，記号で答えよ。

ア　地球の公転面に立てた垂線に対して，地軸が平行であるため。

イ　地球の公転面に立てた垂線に対して，地軸が傾いているため。

ウ　地球が公転する速さが変化するため。

エ　地球が自転する速さが変化するため。

(2) 日本で太陽の南中高度がしだいに高くなっていくのは，地球がどの位置からどの位置へ移動するまでの期間か。次の**ア～エ**から１つ選び，記号で答えよ。

ア　A→B→C　　**イ　B→C→D**　　**ウ　C→D→A**　　**エ　D→A→B**

(3) 日本で昼の長さがしだいに短くなっていくのは，地球がどの位置からどの位置へ移動するまでの期間か。次の**ア～エ**から１つ選び，記号で答えよ。

ア　A→B→C　　**イ　B→C→D**　　**ウ　C→D→A**　　**エ　D→A→B**

(4) 日の出直前にしし座が南中して見えるのは，地球がどの位置にあるときか。**A～D**から１つ選び，記号で答えよ。

(5) 日本のある場所で，ある日のある時刻に「さそり座」が真南の方角に見えた。この場所で「しし座」がほぼ同時刻に同じ方向に見えるのは，およそ何か月後か。次の**ア～エ**から１つ選び，記号で答えよ。

ア　１か月後　　**イ**　３か月後　　**ウ**　６か月後　　**エ**　９か月後

UNIT 1

月のようす

着目 地球の衛星である月は，自転をしながら地球のまわりを公転している。

要点

- **地球の衛星《えいせい》としての月**　地球から約38万kmの距離にあり直径は地球の約4分の1。
- **月の表面**　クレーターでおおわれており，大気はなく，水もない。
- **月の自転と公転**　自転周期と公転周期が等しく，いつも同じ面を地球に向けている。

1 月のすがた

A 月の形・大きさ・地球との距離

月は地球のまわりを公転《こうてん》している衛星《えいせい》*1で，地球からもっとも近くにある天体である。月は地球と同じように**球形《きゅうけい》**をしており，直径約3474kmで地球の約4分の1である。

地球から月までの距離《きょり》は**約38万km**で，大きさと距離を縮小して模式的に表すと図1のようになる。

*1 **衛星**は惑星のまわりを公転する天体のことである。

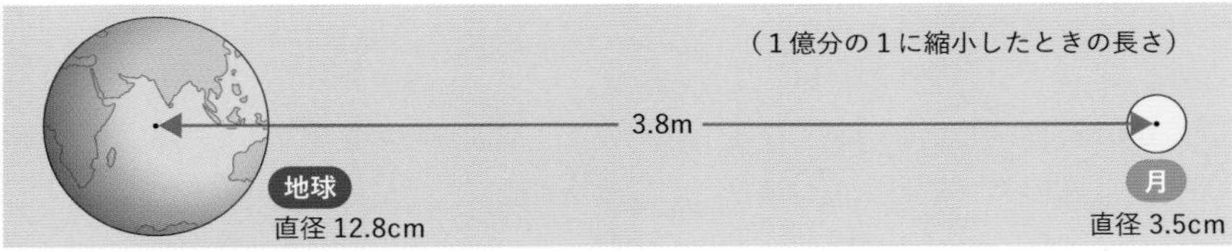

図1　**地球と月の大きさと距離**

B 月の表面のようす

月を観察すると，白っぽく見える部分と黒っぽく見える部分がある(図2)。白っぽく見える部分は陸《りく》または**高地《こうち》**とよばれ，起伏《きふく》が激しく，クレーターが多い。

黒っぽく見える部分は海《うみ》とよばれる。これは実際に水があるわけではなく，地球の玄武岩《げんぶがん》に似た黒っぽい岩石でおおわれている。地形は，周囲の陸よりも低く，平らである。

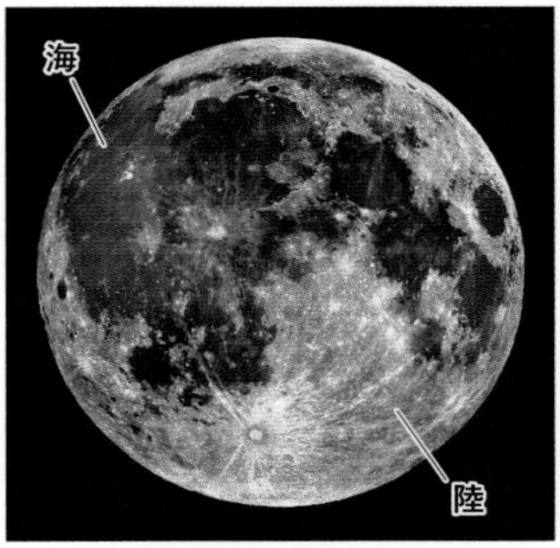

図2　**月の陸と海**

C クレーター

月の表面に無数に見られる大小の**クレーター**は，円形のくぼ地である。これらは**いん石《せき》の衝突《しょうとつ》**によってできたと考えられていて，大きなものは直径500kmにもなる。

2 月面の環境

月に大気はなく，液体の水は存在しない。水が月の地表を侵食《しんしょく》したあとなど，水が存在したと考えられる証《しょう》拠《こ》は見つかっていない。

大気がないため，昼夜の温度差は大きく，昼は約120℃，夜は約－170℃にもなる。光を散乱させる大気がないため，月面上で空を見ると昼でも真《ま》っ暗《くら》である(図4)。

図3　月のクレーター

図4　月面と月から見える地球

地球より質量が小さい**月面上の重力は地球上の重力の約6分の1**で，60gの物体(地球上で重さ約0.6N)を月面上ではかると約0.1Nとなる。*2

*2
重力の大きさによって決まる重《おも》さは月面上では地球上での6分の1の値を示す。しかし，質量は月面上でも変化しない。

3 月の公転と自転

月は地球の自転や公転と同様，北極側から見て**反《はん》時《と》計《けい》回《まわ》り**に公転している。月の**公転周期《こうてんしゅうき》**(地球のまわりを1周する時間)は**27.3日**である。

地球の自転と同じ方向に27.3日かけて公転しているので，地球から見ると1日(24時間)より約27分の1日遅《おく》れて東から西へ地球のまわりを1周するように見える。このずれが月の満ち欠けに関係している(➡ p.212)。

月の自転の向きは公転と同じ向きで，自転周期は公転周期と等しい。そのため，**月はいつも同じ面を地球に向けている**(図5)。

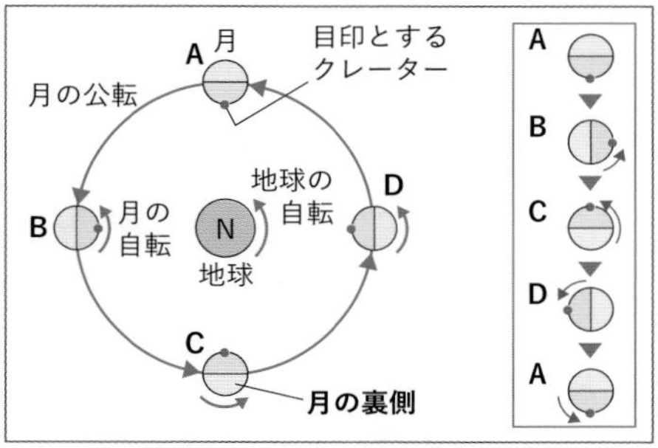

図5　月の公転・自転と月の表側・裏側

TRY! 表現力

月面に見られるクレーターの多くは40～45億年前にいん石の衝突によってできたものと考えられている。地球にも数多くのいん石が衝突しているが，月面にクレーターが残り，地球上にほとんど見られない理由を説明しなさい。

ヒント　地球上にもクレーターができるが，その形が残らない理由を考える。

解答例　地球上にできたクレーターは風化でくずれてしまうが，月には風化の原因となる大気や水がないため。

UNIT 2

月の運動と満ち欠け

着目 月は，地球のまわりを公転することにより，満ち欠けが起こり見え方が変化する。

要点

- **月の動き**　同じ時刻では，月は西の空から東の空へと移動している。
- **月の満《み》ち欠《か》け**　月の見かけの形の変化を月の満ち欠けという。
- **月の満ち欠けのしくみ**　月の満ち欠けは月の公転によって起こる見かけの変化である。

1 月の動きと形の変化

地球から見ると，月は太陽や星座の星と同じように，天球上を東から西へと動いている。しかし，月は地球のまわりを地球の自転と同じ方向に約27.3日かけて１周しているため(➡p.211)，天球上を１周する時間は24時間より長くなる。

毎日日没《にちぼつ》ごろの同じ時刻[*1]に月を観察すると，**月の位置は西から南の空を通り東へ移動していく**(図１)。このとき，月の形も少しずつ変わっていく。

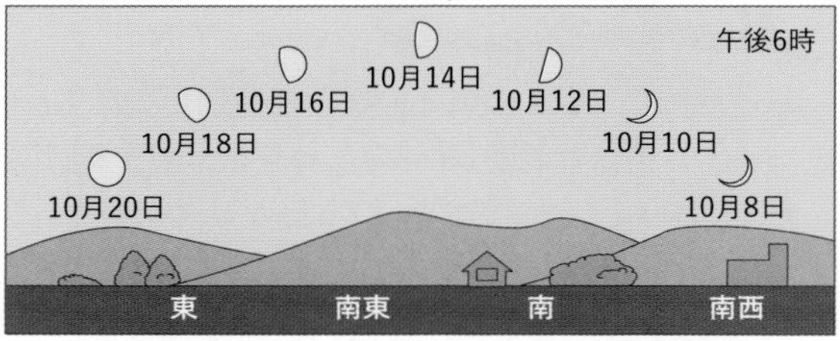

図１　同じ時刻(午後６時)に継続して観察した月の位置と形

＊1
月は星座の星とちがって昼でも見えるので，日没後に観察しなければならないわけではない。

2 月の形の変化

Ⓐ 月の満ち欠け

地球から見える月の姿は，常に円形ではなく，三日月や半月など，日によって少しずつ形を変えている。このような**月の見かけの変化を，月《つき》の満《み》ち欠《か》け**といい，**約29.5日で１周期となる。**[*2] 月の満ち欠けの度合いは**月齢《げつれい》**で表され，新月を月齢０として，そこからの日数で表す。[*3]

Ⓑ 月が満ち欠けするしくみ

月は球形をしており，太陽の光を受けて輝《かがや》いている。そのため，太陽の光が当たらない部分は暗くなり欠けているように見える。

つまり，**月の満ち欠けは，月の公転による形(地球からの見え方)の見かけの変化であり**，月の形が実際に変化しているわけではない。月は地球のまわりを公転しているため，太陽，地球，月の位置関係が変化し，図２のように月の見え方は変化する。

＊2
この，満ち欠けの１周期を**朔望月《さくぼうげつ》**という(➡p.214)。

＊3
たとえば，月齢３は新月から３日後の月という意味である。

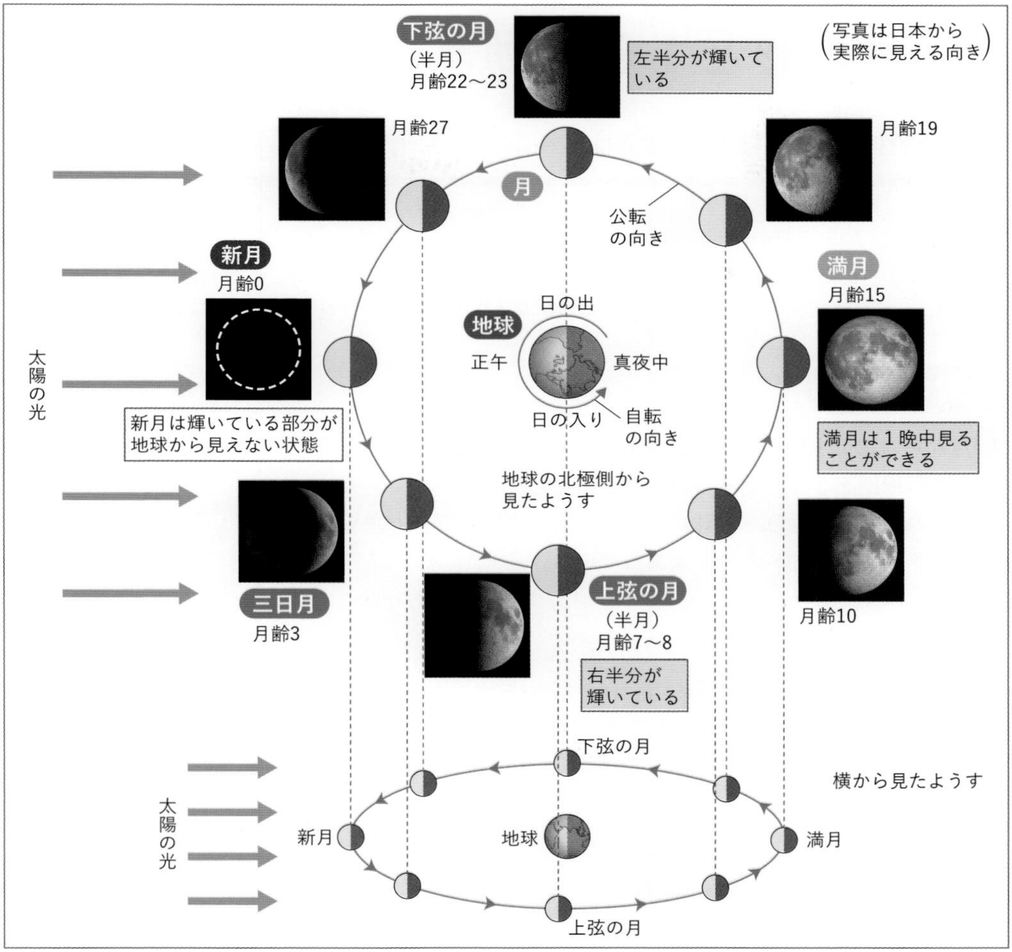

図２　**月の満ち欠けのしくみ**

TRY! 表現力

月が球形である１つの証拠《しょうこ》として，月の欠け方があげられる。なぜ月の欠ける形によって月が球形であるといえるのか，説明しなさい。

ヒント　月が平面であった場合とのちがいを考える。

解答例　光っている部分と欠けている部分の境目が，球を平面で２等分したときの境目と同じ見え方をするため。

UNIT 3

月の形と１日の動き

着目 月の１日の天球上での動きは月齢によって変化する。

要点

- **月の形**　約29.5日の周期で満ち欠けする。
- **月の１日の中での動き**　月の南中時刻は，左側が欠けた上弦《じょうげん》の月《つき》は日の入りごろ，満月は午前0時ごろ，右側が欠けた下弦《かげん》の月は日の出のころになる。

1 月の動き

新月《しんげつ》から次の新月までという，月の満ち欠けの周期は**約29.5日**である。この周期を１か月とする月を朔望月《さくぼうげつ》という。*1

それぞれの月齢の月は，地球から見た太陽との位置関係が決まっているので，見える時間や方位が決まっている。

*1 朔とは新月のことで，望は満月《まんげつ》のことである。

発展 月の公転周期と満ち欠けの周期

月の公転周期は27.3日であるが，新月から27.3日たったときには地球も約30°公転して，太陽との位置関係が変わっている。そのために，次の新月になるにはさらに約２日分公転する必要がある(図１)。

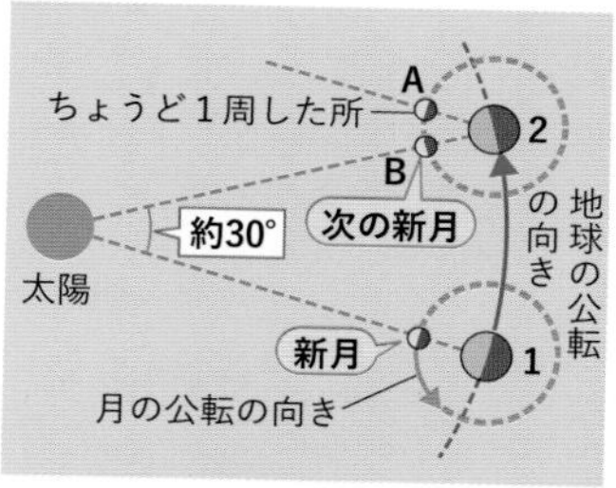

図１　**月の公転と朔望月**

2 月齢と月の１日の動き

Ⓐ 新月

新月のとき，月は太陽とほぼ同時に東からのぼって西へ沈《しず》む。この間，地球には太陽の光が当たっていない面だけを向けているので，１日中，月そのものが見えない状態となる。

Ⓑ 三日月

三日月《みかづき》は，日の入りのころに見え，２～３時間後には西に移動し，西の地平線に沈む(図２)。

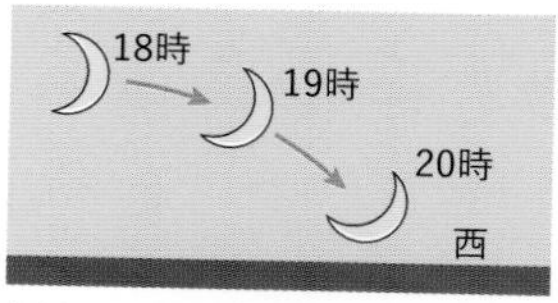

図２　**三日月の動きと見え方**

Ⓒ 上弦の月

上弦《じょうげん》の月《つき》は南中したときに左半分が欠けている月で，正午ごろに東の空に出てきて，**日の入りのころ南中する**。その後，西の空に移動し，真夜中頃に西の地平線に沈む(図３)。

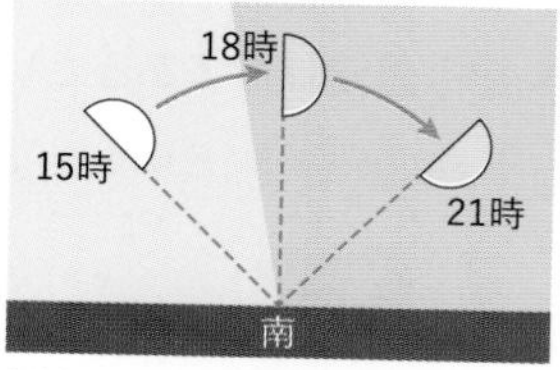

図３　**上弦の月の動きと見え方**

Ⓓ 満月

満月は，地球から見て太陽の反対側に位置しているときの見え方で，日の入りごろ東の空にのぼり，真夜中に南中したあと，日の出ごろに西の地平線に沈む(図 4)。満月の 1 日の動きは，太陽の日周運動と似た動きとなる。

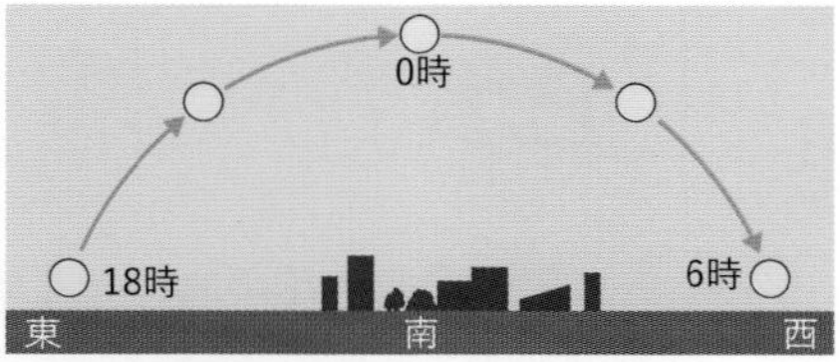

図 4　**満月の動きと見え方**

Ⓔ 下弦の月

下弦《かげん》の月《つき》は南中したときに右半分が欠けている月で，真夜中頃に東の空からのぼり，**日の出頃に南中する**(図 5)。

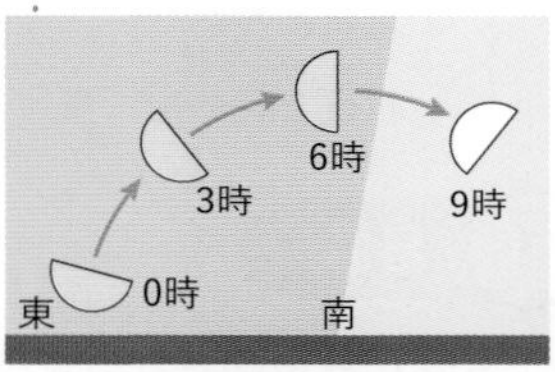

図 5　**下弦の月の動きと見え方**

参考　上弦の月と下弦の月の区別

ともに半月である上弦の月と下弦の月の区別のしかたとして，次のような方法がある。**西の空**に傾《かたむ》いたとき，半円状の輪郭《りんかく》を弓の形にたとえて，弓のつる(弦《げん》)にあたる直線部分が上にくるのが上弦の月，下にくるのが下弦の月となる。

例題 1　月の見え方

右の図は，太陽・月・地球の位置関係を地球の北極側から見た模式図である。次の問いに答えなさい。

⑴ 南中したときに右半分が光って見えるのは，月が**A**～**H**のどの位置にあるときか。

⑵ 真夜中に月が東の地平線からのぼるのは，月が**A**～**H**のどの位置にあるときか。

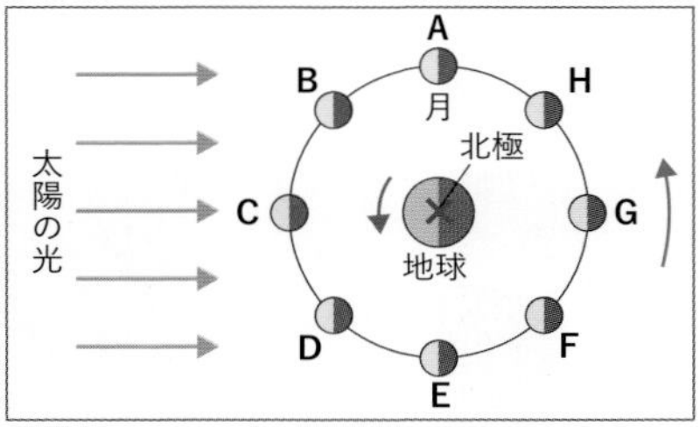

解き方

図のAは左半分が光って見える下弦の月，Cは新月，Eは右半分が光って見える上弦の月，Gは満月である。

地球が昼であるとき，ふつう，月は見えないので，地球が自転し，日没～夜中をむかえたときにそれぞれの位置の月の見え方を考える。

問題の図で，方位は右のようになることに注意する。月が南中したとき左半分が光っていれば太陽は東にあり，右半分が光っていれば太陽は西にある。

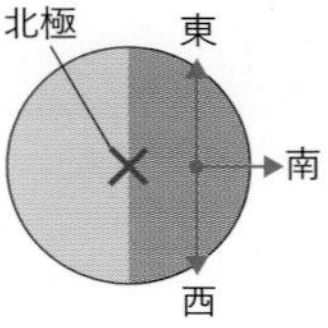

⑴ 日の入りごろに南中する上弦の月の位置は**E**。……答

⑵ 真夜中の東の方向にある月は，右の図から**A**。……答

UNIT 4

日食

着目 太陽―月―地球の順に一直線上に並び，月が太陽を隠して日食が起こる。

要点

- **日食《にっしょく》**　月が太陽を隠《かく》す現象で，太陽を部分的に隠す部分日食《ぶぶんにっしょく》や全体を隠す皆既日食《かいきにっしょく》がある。
- **日食の起こり方**　太陽―月―地球が一直線に並んだとき，日食が起こる。
- **日食と月の形**　月が新月となるとき日食が起こる可能性がある。

1 日食

太陽が月に隠《かく》される現象を日食《にっしょく》という(図1)。

日食には，**太陽の一部分が隠され見えなくなる部分日食《ぶぶんにっしょく》**と，**太陽が月にすべて隠される皆既日食《かいきにっしょく》**がある。皆既日食の際には，見えなくなった太陽のまわりに**コロナ**(➡ p.231)が見える(図2)。

金環日食《きんかんにっしょく》は皆既日食のように月と太陽が完全に重なるが，**太陽のふちがリングのように光って見える**(図3)。

日食のときは，太陽の西側(右側)から欠け始め，終わるときは西側から現れてくる(図4)。

図1　**日食の連続写真**

図2　**皆既日食**

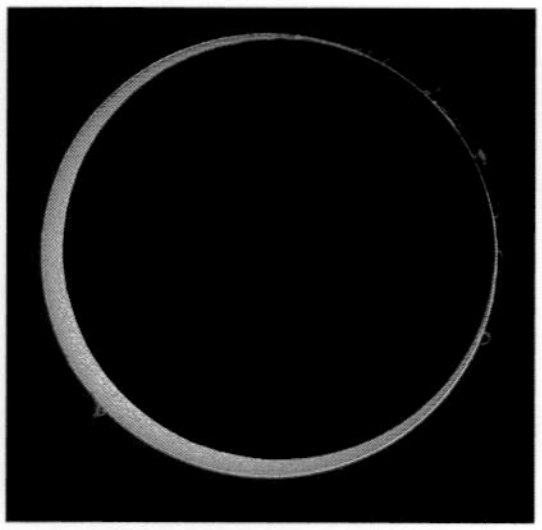
図3　**金環日食**

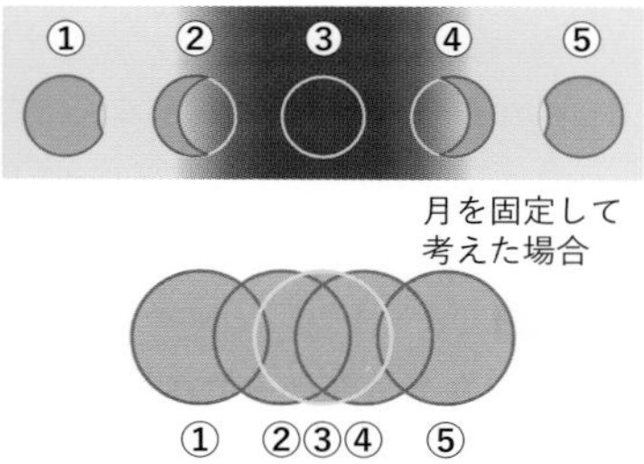

図4　**日食のときの太陽の欠け方**

2 日食が起こるしくみ

日食は，太陽―月―地球が一直線に並んだときに起こる。つまり，**新月のときに起こる**。新月のたびに日食が起こるわけではなく，地球上のどこかで日食が起こるのは1年で2回程度であることが多い。[*1]

＊1
月の公転面が地球の公転面に対して少し傾《かたむ》いているためである(➡ p.219)。

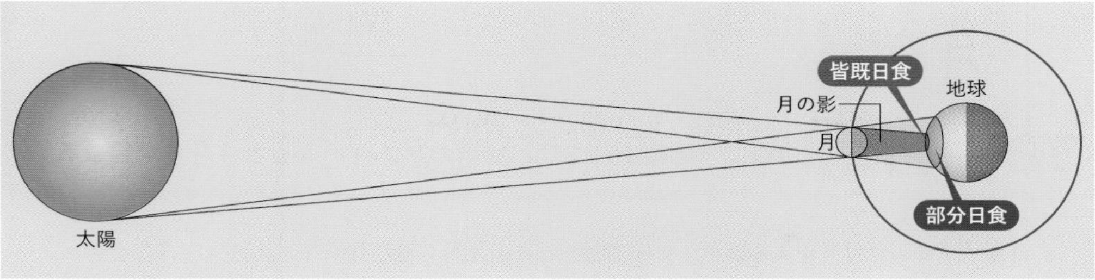

図 5　**日食が起こる範囲**

地球上で日食が見られる範囲《はんい》は限られていて，それぞれの日食によってちがう。部分日食は比較的《ひかくてき》広い範囲で見られるが，**皆既日食は，月が太陽と重なった影《かげ》に完全におおわれる**限られたせまい範囲でしか見ることができない(図 5)。

参考　月・太陽の見た目の大きさと皆既日食・金環日食

月の直径は太陽の約400分の 1 しかないが，地球から太陽までの距離《きょり》は月までの距離の約400倍ある。このため，**地球からの見かけの大きさは，太陽と月でほぼ同じとなる。**

地球と月との距離は平均で約38万 km であるが，常に一定ではなく周期的に変化しており，月がもっとも地球に近づいたときともっとも離《はな》れたときとでは約 4 万 km ちがう。

地球と月が近いとき，地球からは月が大きく見えるため，このときに月が太陽と完全に重なると**皆既日食**となる。一方，地球と月の距離が遠くなると月が小さく見えるため，このときに月が太陽と完全に重なると**金環日食**となる。

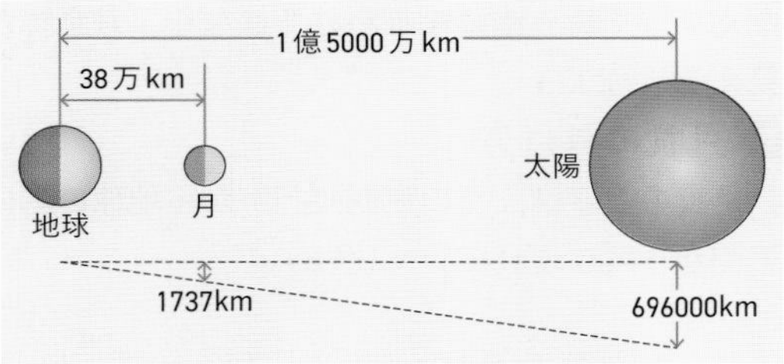

図 6　**月と太陽の大きさ(半径)と地球からの距離**

TRY! 思考力

日食が起こるとき，太陽は地球から見て西側から欠けて，西側から再び現れる。この理由について，説明しなさい。

ヒント　月を固定して考えた場合，太陽が月の奥《おく》を東から西へ横切っていくことになる。

解答例　月と太陽はともに天球上を東から西へ移動するが，その速さは太陽のほうが速いから。

UNIT 5

月食

着目 太陽―地球―月の順に一直線上に並び，地球の影に月が入るとき月食が起こる。

要点
- **月食《げっしょく》** 地球の影に月が入る現象。月が部分的に入る部分月食《ぶぶんげっしょく》や月全体が入る皆既月食《かいきげっしょく》がある。
- **月食の起こり方** 満月のとき太陽―地球―月が一直線に並んだとき，月食が起こる。
- **月食と月の形** 月が満月となるとき月食が起こる可能性がある。

1 月食

A 月食

月が太陽と反対に位置して，**地球の影《かげ》に月が入る現象**を，月食《げっしょく》という。

月の一部が地球の影に入る現象を部分月食《ぶぶんげっしょく》といい，月がすべて地球の影に入る**現象を**皆既月食《かいきげっしょく》という。

ただし，皆既月食は皆既日食とは異なり，月が完全に見えなくなって真っ暗になるわけではなく，**月全体が暗い褐色《かっしょく》に見える**(図2)。

B 月食の欠け方

月食のときは，月の**東側(左側)から地球の影に入り始め**，東側から再び現れていく(図3)。

図1 月食の連続写真

図2 皆既月食

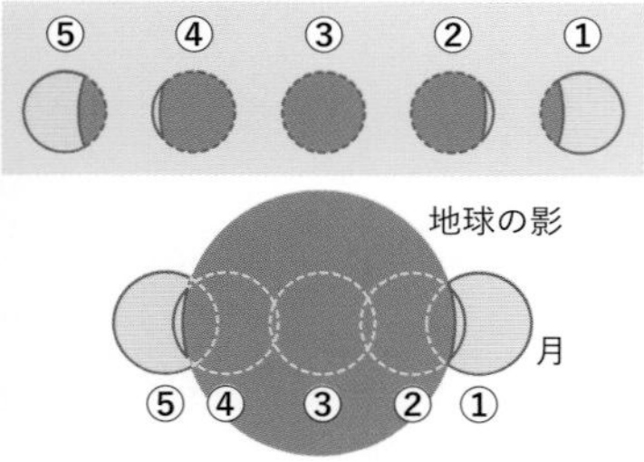

図3 月食のときの月の欠け方

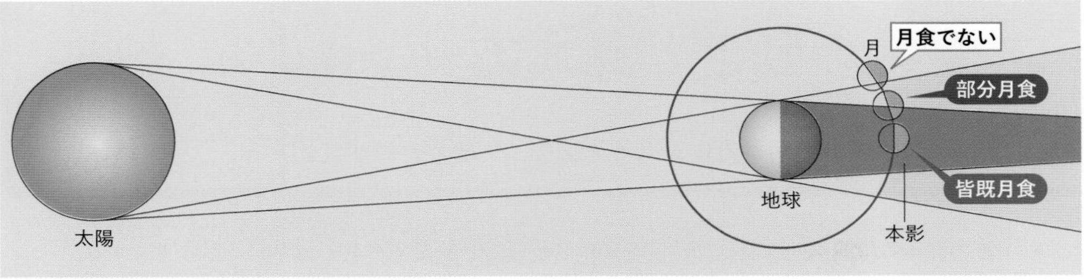

図 4　**月食が起こる範囲**

2 月食が起こるしくみ

月食は，**太陽**—**地球**—**月**の順に一直線上に並んだときに起こる。つまり，**満月のときに起こる。**

太陽の反対側には地球の影ができる。地球のまわりを公転している月の一部がこの地球の影の部分に入ったときに部分月食，月全体が地球の影に入ったときに皆既月食が起こる。日食とちがって，月食が起こるときは，月が見える側のどこからでも月食が見られる。

月食では月が隠されるわけではないので表面が暗く見え続ける。このときに褐色に見える(図 2)のは，太陽の光が月から見た地球のふちの大気，つまり地球の明け方や夕方の部分を通った赤い光[*1]が月を照らすためである。

＊1
明け方や夕方には太陽の光が大気を斜《なな》めに通るため日中より空気中を長《ちょう》距《きょ》離《り》通過する。その間に太陽の光に含《ふく》まれる青色の光などが散乱されて赤い光が残る。

発展　月食が満月のたびには起こらない理由

満月のときに必ず月食が起こるわけではない。これは，日食が新月のときに必ず起こるわけではないのと同じ理由で，**月の公転面が地球の公転面に対して少し傾《かたむ》いているため**である(図 5)。

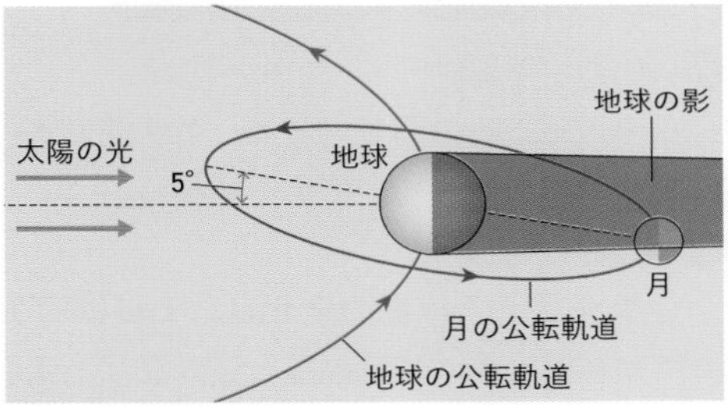

図 5　**地球と月の公転面**

TRY! 表現力

月食が起こるとき，月は地球から見て東側から欠けていく。この理由を，月の動きに注目して説明しなさい。

ヒント　月が公転し，地球の影に入る過程を考える。

解答例　月は，地球から見て西から東へ公転し，東側から先に地球の影に入っていくため。

UNIT 6

金星の動きと見え方

着目 金星は，夕方と明け方に見える天体で，大きさや形が変化する。

要点

- **金星《きんせい》の見える位置** 同じ時刻に位置を観察し続けると，星座の星とはちがう動き方をする。
- **金星の形・大きさの変化** 満ち欠けをし，大きさも大きく変化する。
- **内惑星《ないわくせい》の見え方** 地球の内側を公転しているので，太陽の近くに見える。

1 金星

金星《きんせい》は，月の次に地球から近い所を公転している天体であり，肉眼でも見ることができる**惑星《わくせい》**(➡ p.234)である。

夕方の西の空にいちばん最初にとても明るく見える星として，**一番《いちばん》星《ぼし》**，**よいの明星《みょうじょう》**などとよばれる。*1 明け方の東の空にも見えるときがあり，**明《あ》けの明星《みょうじょう》**とよばれる。

惑星である金星は星座の星(恒星《こうせい》)とはちがう動きをし，望遠鏡で観察すると満ち欠けしていることがわかる。

*1
よい(宵《よい》)とは，日没《にちぼつ》直後の時間を表すことばである。

2 金星の見え方を調べる　観察

A 方法・手順

日の入りごろの同じ場所で，数週間おきに金星を望遠鏡で観察し，変化を調べる。

B 結果・考察

金星が見える位置の変化は，1日に約1°ずつ東から西に動く星座の星とは異なり，南西から西寄りに移動していった。また，日がたつにつれて，**形が変化し，大きさも変化していった**(図1)。

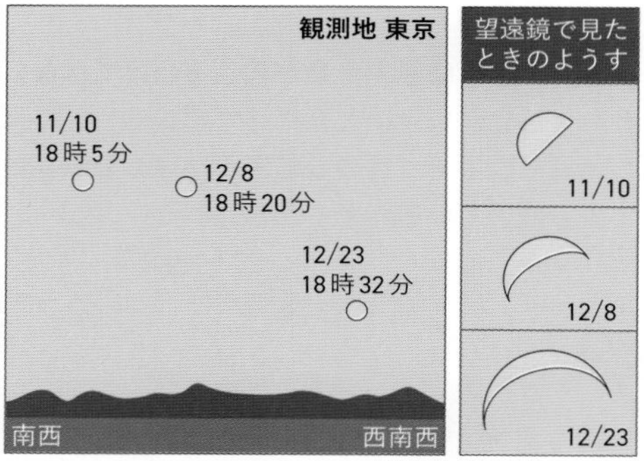

図1　金星の動きと形・大きさの観察結果例*2

*2
望遠鏡の機種によって，観察した形が実際の形と上下左右反対になる。

これは，ともに惑星である**金星と地球の位置関係が変わることによって距離《きょり》が大きく変化し，見える大きさが変わる**ためである。

月の満ち欠けのように形も変化する。**金星が太陽の光を受けて輝《かがや》いている部分を，地球からどのような向きで見るか**によるものである。

3 惑星の位置と見え方

A 内惑星と外惑星の見え方

太陽系《たいようけい》には地球を含《ふく》めて 8 つの惑星がある(➡ p.234)。そのうち，**地球よりも太陽に近いところを公転している惑星(水星《すいせい》と金星)を内惑星《ないわくせい》，地球よりも太陽から遠いところを公転している惑星(火星《かせい》，木星《もくせい》，土星《どせい》，天王星《てんのうせい》，海王星《かいおうせい》)**を外惑星《がいわくせい》という(図 2)。

観測点が真夜中であるときには，太陽の反対側，すなわち地球の公転《こうてん》軌道《きどう》の外側を見ていることになるので，地球の公転軌道よりも内側にある内惑星は見えない。昼間にはほかの天体と同様に空が明るくて見えないので，**内惑星は，夕方や明け方にしか見ることができない。**

いっぽう，地球よりも外側を回る外惑星は，太陽に近い向きにある場合も，太陽の反対側にある場合もある。そのため，**外惑星は，**夕方や明け方だけでなく，**真夜中にも見ることができる。**

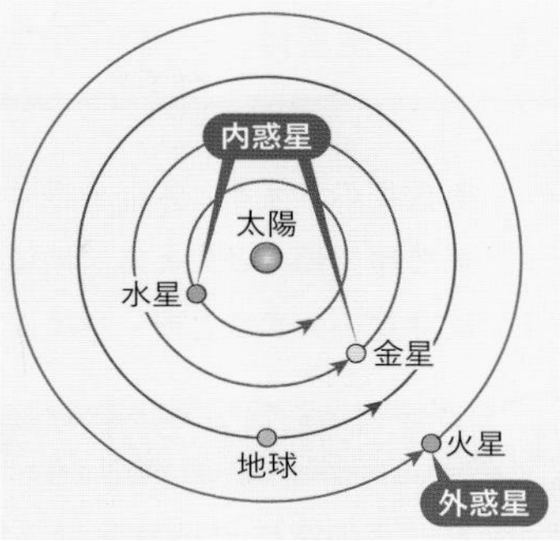

図 2　**内惑星(水星，金星)と外惑星(火星)の公転**

B 内惑星と太陽の位置

それぞれの惑星の公転軌道を円と仮定すると，内惑星の公転軌道は地球の公転軌道よりも小さな円となる。したがって，**内惑星は地球から見ると，太陽の近くに見える。**

また，内惑星は，地球の公転軌道上，または公転軌道よりも外側に見えることはなく，必ず地球の公転軌道よりも内側に見える。内惑星がもっとも太陽から離《はな》れて見えるとき，内惑星，地球，太陽がなす角度は，水星で約28°，金星で約47°の位置である(図 3)。

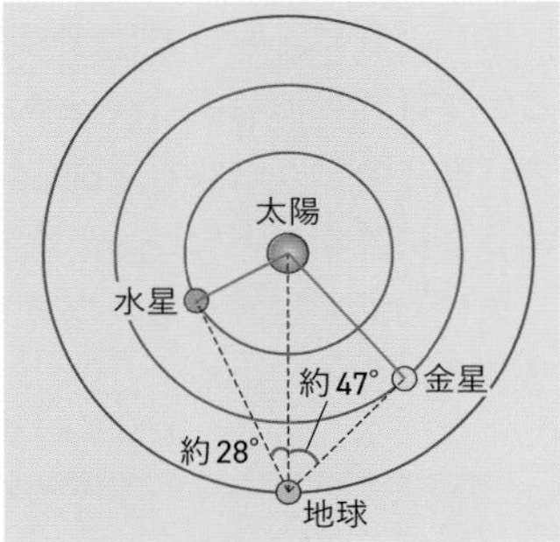

図 3　**内惑星がもっとも太陽から離れて見える位置**

TRY! 表現力

金星は，日の入りのころの西の空に見えることが多いが，真夜中には見えない。この理由を説明しなさい。

ヒント　地球と惑星の公転軌道について考える。

解答例　真夜中の空は地球の公転軌道の外側にあたるのに対して，金星は地球の公転軌道よりも内側を公転しているから。

UNIT 7

金星の動きと見え方の変化のしくみ

着目 金星は，夕方の西の空に見えたあと，明け方の東の空に見えるようになる。

要点

- **金星《きんせい》の見えるとき**　金星は夕方の西の空と明け方の東の空でしか見えない。
- **金星の動きと見え方**　地球との位置関係で，大きさや形が変化して見える。
- **金星の大きさと形**　金星は地球に近いほど大きく見え，欠け方も大きくなる。

1 金星の見え方の変化

夕方に西の空に見られる金星《きんせい》はよいの明星《みょうじょう》とよばれる。**金星の見え方を調べる観察**（➡ p.220）と同じような観察で確認された金星の位置・形・大きさをまとめると，図1のようになる。金星は，図中の1～4のように位置を変えながら，だんだん大きくなるとともに徐々《じょじょ》に明るくなって見える。その一方で形は欠けていく。

同じように，明け方に東の空に見られる金星は明《あ》けの明星《みょうじょう》とよばれ，その見え方は図2のようになる。図中の6～9のように位置を変えながら，大きくて明るく欠けた形の状態から，小さく丸く見えるようになっていく。

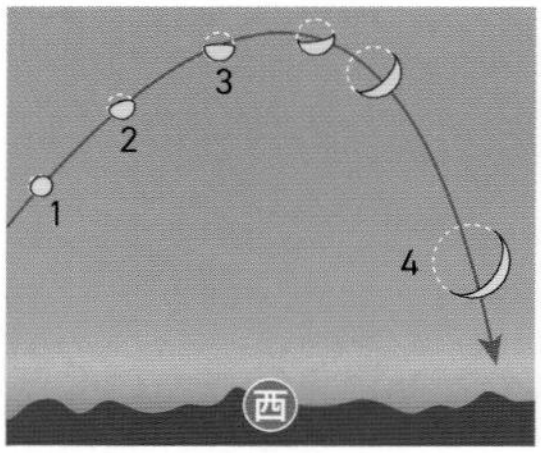

図1　**よいの明星**

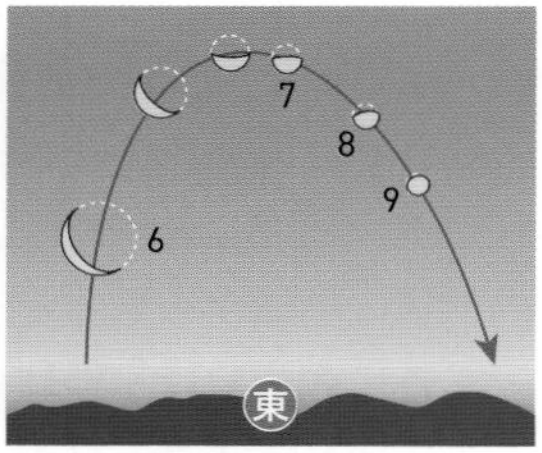

図2　**明けの明星**

2 金星の見え方が変わるしくみ

地球の公転周期が1年であるのに対して，金星の公転周期は約0.62年で，内惑星《ないわくせい》である金星と地球との位置関係は複雑に変化する。この金星と**地球，太陽との位置関係により，地球から見た金星の大きさ，形は大きく変化する**。この位置関係と見え方の変化を地球を固定してまとめると，図3のようになる。この変化の周期は約1年7か月である。

地球から見た金星は，地球に近い位置にあるときに大きく見え，欠け方も大きくなる。[*1] 金星が図3の5と10の位置にあるときは，太陽と同じ向きにあり，5では地球に向いているのが太陽の光が当たらない側であるため，金星は見えない。

＊1
地球の近くに位置するときは，大きく見えると同時に明るく見える。

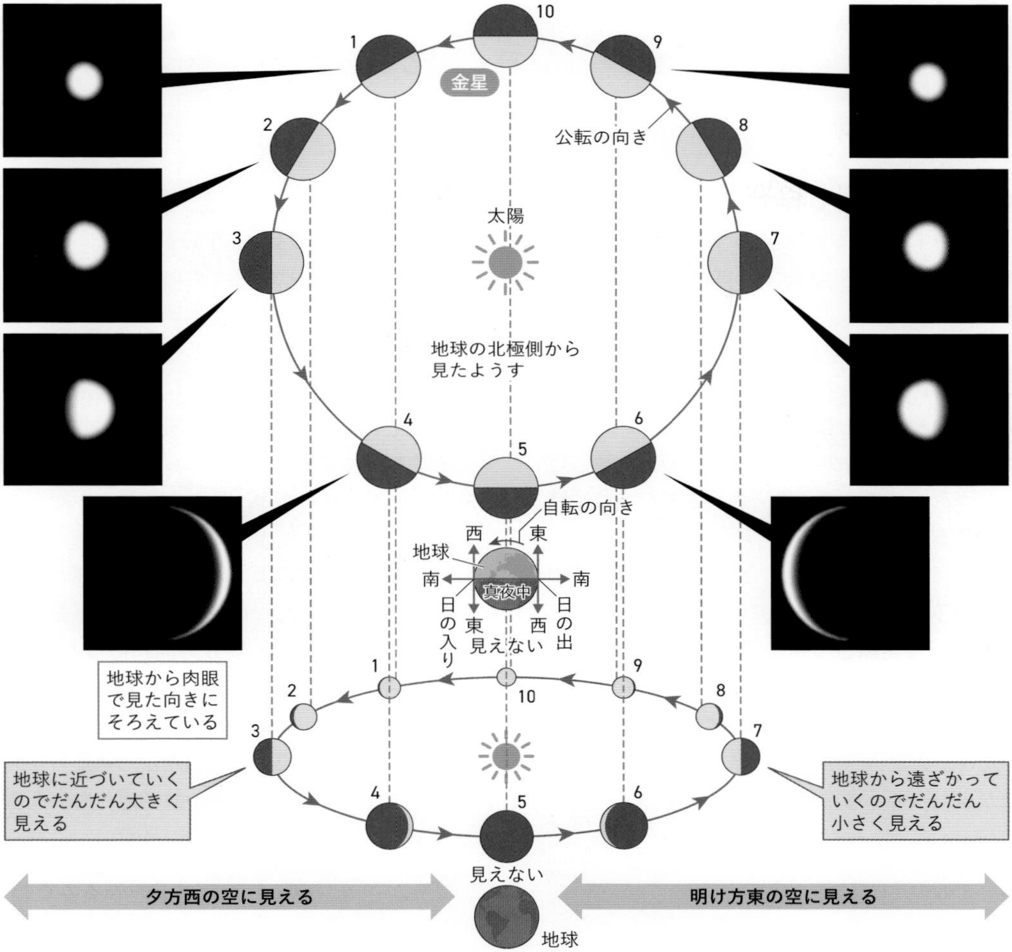

図 3　**地球から見た金星の位置と見え方の変化**　図中の番号は図 1，図 2 と対応している。

TRY! 思考力

ある日の金星を望遠鏡で観察し，肉眼で見える向きに直したところ，上弦《じょうげん》の月と同じ形であった。この金星が見えた時間帯と方角はどちらか簡単に説明せよ。

ヒント　上弦の月は肉眼で見て右半分が輝《かがや》いている状態である。

解答例　上弦の月と同じ太陽の東側にあるので，夕方の西の空に見える。

火星の動きと見え方

● 金星と火星の見え方のちがい

太陽系に８つある惑星《わくせい》のうち，火星は，太陽に近いほうから数えて地球の次にあたる４番目の惑星である。

p.220～223で学習した金星は**内惑星《ないわくせい》**なので，日の入りごろの西の空と，日の出のころの東の空にしか地球からは見えない(➡ p.221)。これに対して，火星は**外惑星《がいわくせい》**であるため，地球の位置を固定して考えたとき，**さまざまな方位や時刻に見ることができる**。

また，金星(内惑星)は，真夜中には地平線の下にあるため見えない。これに対して火星は，太陽の反対側の位置に位置するときに１晩中見ることができ，真夜中に南中する(図１)。

金星は，位置によって満ち欠けが大きく変化したが，火星は，地球から見ると，ほぼ太陽の光が当たっている部分全体が見えるので，**満ち欠けはほとんどしない**。

● 金星と火星の見え方の共通点

金星，火星とも地球とともに公転しているため，ほぼ一定の距離《きょり》にある地球と月や太陽と地球の関係とは異なり，地球と金星，火星の間の距離は大きく変化する。これによって，金星も火星も見かけの大きさは変化する。

金星でも火星でも，太陽から見て地球と同じ方向に位置したときが，地球と惑星の距離がもっとも近くなる。

図１の１の位置のように，惑星─太陽─地球の順に一直線に並んだとき，地球から惑星は見えない。惑星が太陽と同じ方向にあるときは，地球は昼間であることに加えて，太陽の向こう側になるので見えないことも共通点である。

これらの金星と火星の共通点は，私たちが天球上で観察できる天体全般《ぜんぱん》の共通点ともいえる。

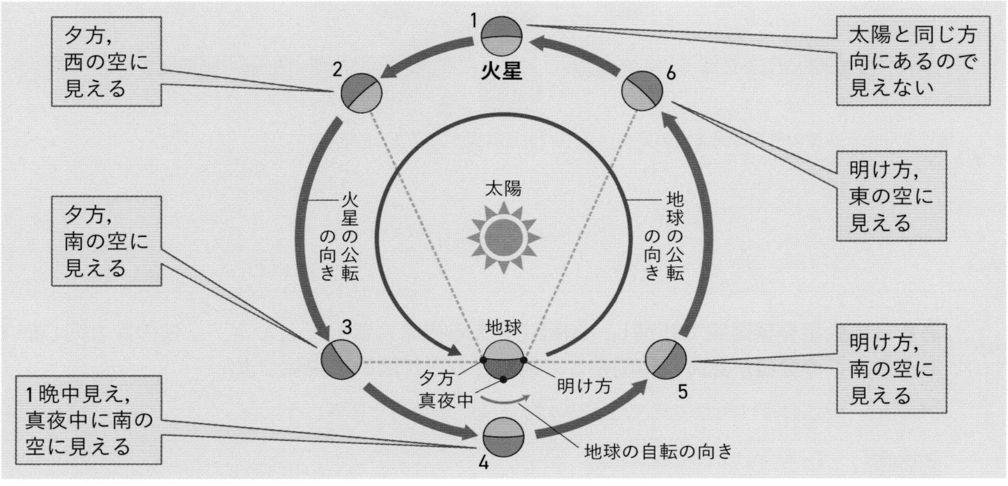

図１　火星の動きと見える時刻・方位

● 外惑星の動き

惑星とは，日によって星座の星(恒星《こうせい》)の間を動いて見えることから「惑《まど》う(さまよう)星」としてついたことばである。

火星をはじめとする外惑星は，地球よりも外側の軌道《きどう》を公転しているため，**天球上で見える範囲《はんい》は内惑星より広く，内惑星より天球上で複《ふく》雑《ざつ》な動きをする**。

地球からもっとも近くにある外惑星である火星は，移動する速さが速くなったり遅《おそ》くなったり，止まって見えたり，逆方向に動いたりと不規則な動きをしているように見える。

● 火星の天球上での動き

火星と地球の公転軌道はほぼ同じ公転面にあり，ほぼ同心円といえるので，火星は黄道付近を移動して見えることが多い。

地球，火星がそれぞれ公転軌道上を移動する順に，同じ日の地球と火星にそれぞれ 1 〜 8 の番号をつけ，天球上に火星が見える位置を表すと図 2 のようになる。

1 〜 3 では，火星は恒星の間を**西から東**に進んでいるように見える。

3 〜 5 では，**地球が火星を追いぬく**ような位置関係になろうとしている時期で，この時期には火星は東から西に逆行しているように見える。

5 〜 8 では，**再び火星は恒星の間を西から東に**進んでいるように見える。

また，図 2 の天球上での火星の位置の間隔《かんかく》は一定ではなく，長いときと短いときがあり，**地球から見た火星の動く速さはちがって見える。**

● 地球と火星の公転

この位置関係の変化の理由は，**地球が 1 か月で公転軌道上を移動する角度(太陽を中心とする中心角)が，火星が 1 か月で公転軌道上を移動する角度よりも大きいため**である(図 3)。

公転速度も，約 24 km/s の火星に対して約 30 km/s の地球のほうが速い。

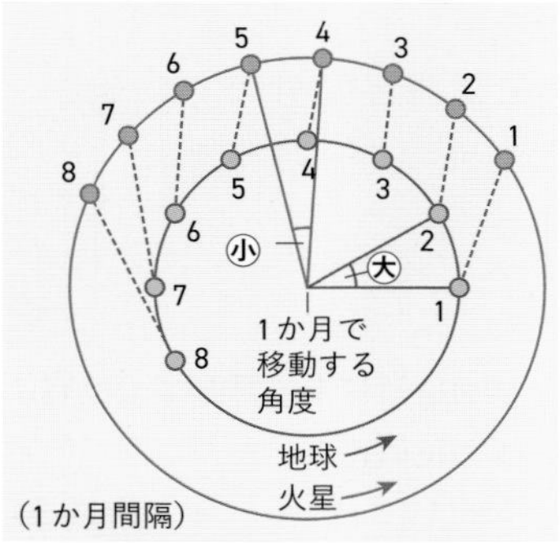

図 3　地球と火星の位置関係の変化

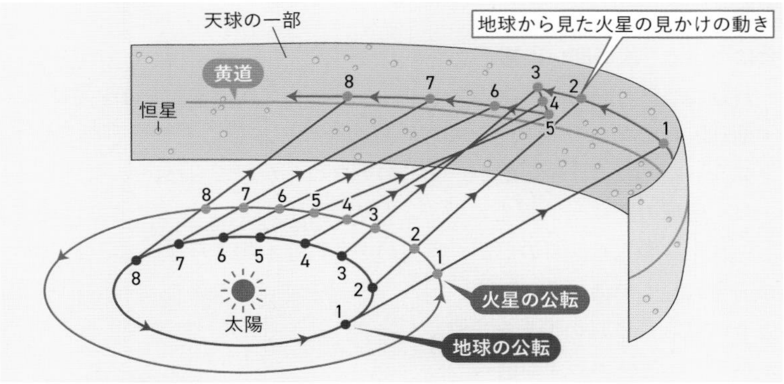

図 2　天球上の火星の動き

定期テスト対策問題

解答 → 別冊p.10

問1 月の動きと満ち欠け

右の図は，太陽と地球，および地球のまわりを回る月の位置関係を模式的に表したものである。×を北極として，次の問いに答えなさい。

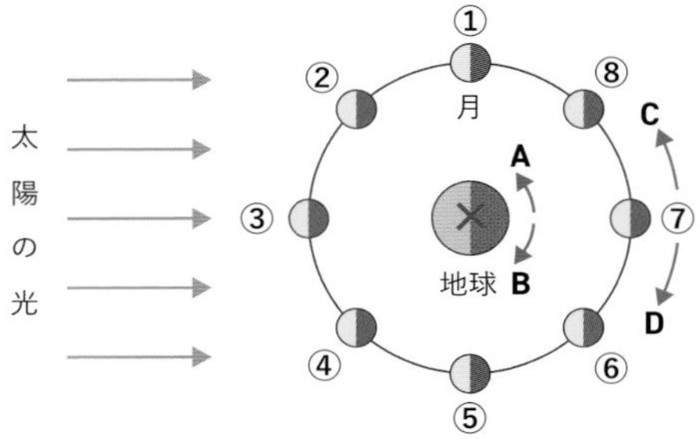

(1) 地球の自転の向きと月の公転の向きを，それぞれ図中の**A**～**D**から1つずつ選べ。

(2) 月が，図中の①～⑧の位置にあるとき，地球からどのような形に見えるか。それぞれ次の**ア**～**ク**から1つずつ選べ。ただし，**ア**～**ク**は南中したときの向きとする。

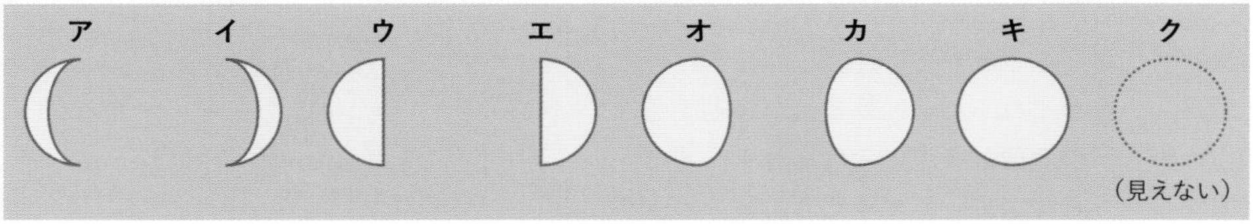

(3) ③の位置にある月と⑦の位置にある月を地球から見たとき，それぞれ何とよばれるか。

(4) ①の位置にあった月が同じ位置関係にもどるまで何日かかるか。次の**ア**～**エ**から1つ選べ。

ア 約17.3日　**イ** 約19.5日　**ウ** 約27.3日　**エ** 約29.5日

(5) 月が，地球に対していつも同じ面を向けているのはなぜか。「周期」ということばを使って簡単に説明せよ。

問2 日食と月食

日食と月食について，次の問いに答えなさい。

(1) 日食と月食について説明した次の文中の□にあてはまることばを書け。

太陽・地球・月の順に一直線上に並び，月が地球の本影《ほんえい》に入ることによって起こる現象を①という。①は，月の形が②のときにしか起こらない。

太陽・月・地球の順に一直線上に並び，月の影が地球にうつることによって起こる現象を③という。③は，月の形が④のときにしか起こらない。

(2) 日食のときに見られる太陽の形と，月食のときに見られる月の形とを，右の**ア**～**エ**からそれぞれ1つずつ選べ。

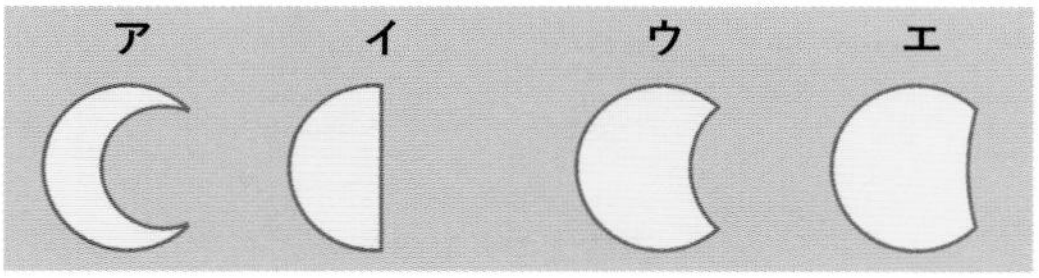

(3)　右の図は，日食か月食のどちらかのようすを表している。

図中の**A**，**B**で起こっている現象を，次の**ア**～**エ**からそれぞれ１つずつ選べ。

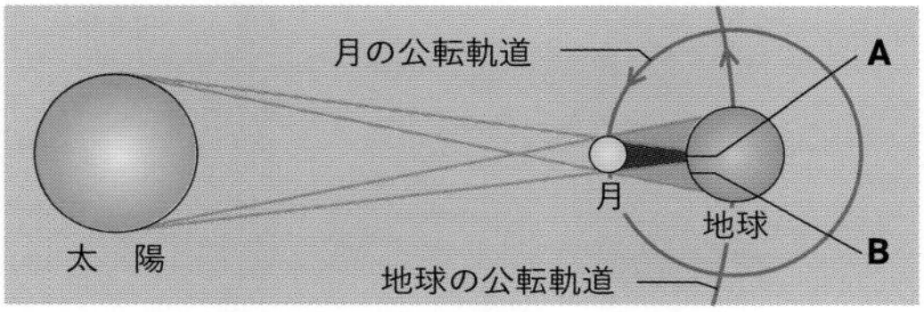

ア　皆既《かいき》日食《にっしょく》　　**イ**　部分日食

ウ　皆既月食　　**エ**　部分月食

問 3　金星の見え方

地球から見て，いちばん明るく輝《かがや》いて見える金星について，次の問いに答えなさい。

(1)　右の図は，金星を８か月間にわたって望遠鏡《ぼうえんきょう》で観察し，スケッチしたものである。図の**ア**～**エ**のうち，金星が地球にもっとも近いときのスケッチはどれか。正しいものを１つ選び，記号で答えよ。ただし，スケッチの倍率は同じではない。

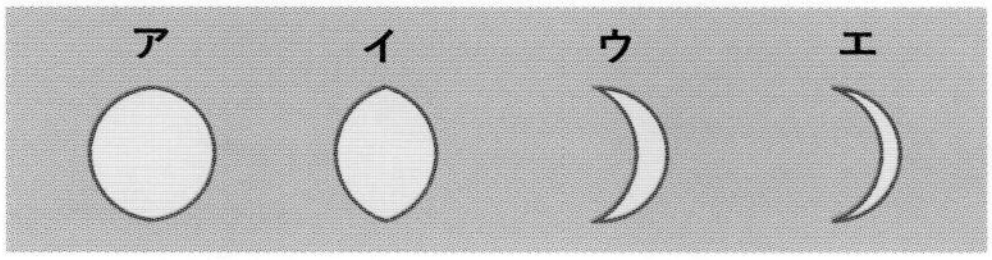

(2)　次の**ア**～**エ**のうち，金星について正しく述べているのはどれか。１つ選び，記号で答えよ。

ア　金星は地球より内側を公転し，１晩《ばん》中見える。

イ　金星は地球より外側を公転し，１晩中見える。

ウ　金星は地球より内側を公転し，真夜中には見えない。

エ　金星は地球より外側を公転し，真夜中には見えない。

問 4　金星の動きと見え方

右の図１は，太陽・金星・地球の位置関係を示したものである。図１を見て，次の問いに答えなさい。ただし，地球と金星は同じ平面上を公転しているものとする。

(1)　金星が図２のように見えるのは，どの位置にあるときか。図１の**ア**～**カ**のうちから１つ選び，記号で答えよ。

(2)　地球から見たとき，金星が太陽からもっとも離《はな》れて見えるのは，どの位置にあるときか。図１の**ア**～**カ**のうちから１つ選び，記号で答えよ。

(3)　金星が**エ**の位置にあるとき，その金星はいつごろ，どの方向に見えるか。次の**ア**～**カ**のうちから１つ選び，記号で答えよ。

ア　夕方，東の空　　**イ**　夕方，西の空

ウ　夕方，北の空　　**エ**　明け方，東の空

オ　明け方，西の空　　**カ**　明け方，南の空

図 1

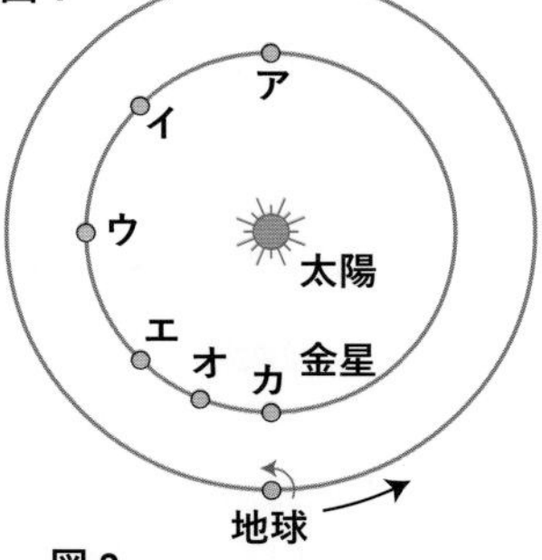

図 2

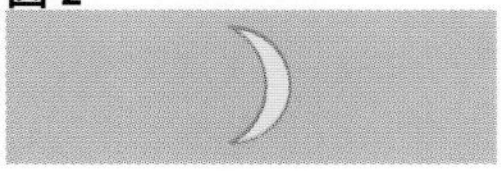

UNIT 1

太陽とその構造

着目 太陽は自らエネルギーをつくり出し，地球はその恩恵を受けている。

要点

- **太陽《たいよう》の恩恵《おんけい》**　地球の生物は太陽のエネルギーで生き，気象《きしょう》も太陽の影響《えいきょう》を受けている。
- **太陽と地球の比較《ひかく》**　太陽は地球よりもはるかに大きい球形の恒星《こうせい》である。
- **太陽の内部**　中心部でエネルギーがつくられ，外部に放出されると考えられている。

1 太陽とその恩恵

太陽《たいよう》は，自ら光を出して輝《かがや》いている恒星《こうせい》(➡ p.240)であり，高温の気体からできている。太陽は自らの内部でエネルギーをつくり出し，そのエネルギーを外に放出している。

太陽からのエネルギーは，私たちの住む地球にも届き，**植物の光合成**や**生物の活動**に欠かせないものである(➡ p.254)。

太陽からのエネルギーは**水や大気の循環《じゅんかん》**などを引き起こすなど，地球で起こるさまざまな**気象現象《きしょうげんしょう》**にも太陽は深くかかわっている(➡ p.308)。

図 1　日光をあびる森林の植物

2 太陽の構造

Ⓐ 太陽の形と大きさ

望遠鏡を使い，**黒点の移動を調べる観察**(➡ p.232)のように太陽の像を白紙に投影《とうえい》すると丸い形に見える。[*1] これは，太陽が球形をしているからである。太陽の外側にある，光を出している層を光球《こうきゅう》という(図 2)。ふつうに見ることができる太陽は，この光球である。

地球から太陽までの距離《きょり》は**約 1 億5000万 km**で，光の速さでも約 8 分かかる。太陽の実際の大きさは月や地球よりもはるかに大きい。太陽と地球の大きさや質量，密度を比較《ひかく》したものが，表 1 である。

地球から見たとき太陽と月がほぼ同じ大きさに見えるのは，月が太陽よりもはるかに地球の近くにあるためである(➡ p.217)。

＊1
目をいためる危険があるため，絶対に太陽を望遠鏡や肉眼で直接見てはいけない。

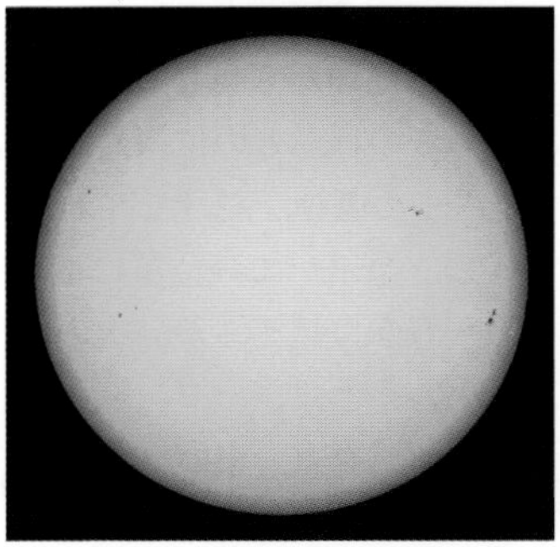

図 2　光球

表1　**太陽と地球の比較**

	赤道半径	質量	平均密度
太陽	約696 000 km	約1 988 000 000 000 000 000 000 000 000 000 kg (およそ1000兆トンの2000兆倍)	約1.41 g/cm^3
地球	約6 378 km	約5 972 000 000 000 000 000 000 000 kg (およそ1000兆トンの60万倍)	約5.51 g/cm^3
地球に対する太陽の比	約109倍	約33万倍	約0.256倍

太陽はおもに**気体《きたい》**(**ガス**)でできている。そのため，おもに岩石でできている地球に比べて密度が小さい。

B 太陽の内部構造

現状では実際に太陽の中心を観測することはできないが，さまざまな観測や計算の結果を通して，少しずつ太陽内部の構造を推定できるようになってきている。

太陽は球形であるが，内部まで同じつくりになっているわけではなく，層構造をしていると考えられている(図3)。半径約20万kmの中心部(中心核《ちゅうしんかく》)では温度は約1600万℃にもおよぶと考えられている。

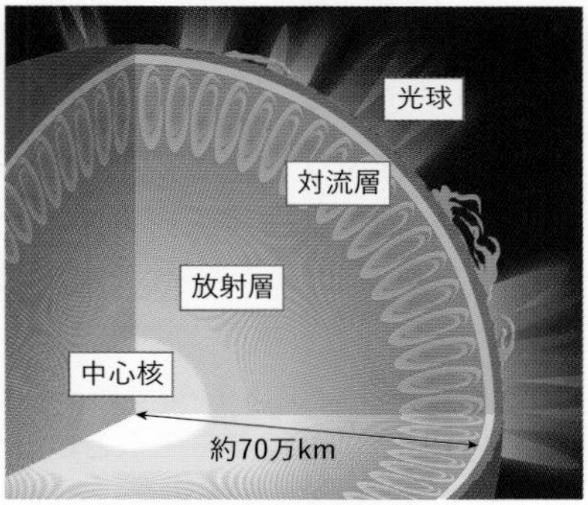

図3　**太陽の内部構造**

発展　太陽内部における熱の移動

中心核では，原子核どうしが衝突《しょうとつ》して1つの原子核になる**核融合反応《かくゆうごうはんのう》**によって熱エネルギーがつくられる。その熱が，ゆっくりと外側に移動していく。*2

つくられた熱は，すぐ外側にある**放射層《ほうしゃそう》**に移動し，**放射《ほうしゃ》**(**熱放射《ねつほうしゃ》**)によってさらに外側の対流層に運ばれる。**対流層《たいりゅうそう》**では物質が**対流《たいりゅう》**しており，それによって全体では熱をさらに外側へと運ぶ。そして，いちばん外側の**光球**に到達《とうたつ》した熱は，**放射**によって太陽の外部に放出されるのである。

*2
放射や対流などの熱の移動については，**熱の伝わり方とエネルギーの変換《へんかん》**(➡p.292)でくわしく扱《あつか》う。

TRY! 表現力

太陽の質量は地球の約33万倍と推定《すいてい》されている。半径の比率から計算すると，109の3乗より約130万倍となるが，この値より小さい理由を簡単《かんたん》に説明しなさい。

ヒント　同じ物質でできていて同じ状態であれば質量は体積(半径の3乗に比例)に比例する。

解答例　太陽は気体でできており，おもに岩石でできている地球より密度が小さいから。

UNIT 2

太陽の表面のようす

着目 太陽の表面にはさまざまな構造が見られ，周囲には大気がある。

要点

- **太陽の表面**　気体でできており，岩石の地面はない。対流による粒状斑《りゅうじょうはん》などがある。
- **黒点《こくてん》**　光球表面に見られる，まわりよりも温度が低くて暗い部分を黒点という。
- **太陽《たいよう》の大気《たいき》**　太陽のまわりには，彩層《さいそう》やコロナといった大気が広がっている。

1 太陽の表面

A 光球

太陽の表面で光って見える部分を光球《こうきゅう》といった(➡ p.228)。

太陽は地球や月とはちがって気体からできており，岩石でできた地面はない。そのため，光を出していて地球からもふつうに見ることのできる光球の表面を太陽の表面と考える。

B 黒点

太陽の光球の表面には**暗《くら》い斑点《はんてん》**のようなものが観察される。この斑点を黒点《こくてん》という(図1)。黒点は，地球から見ると小さな粒《つぶ》にしか見えないが，実際は直径が約1000 kmから数万kmにもおよぶ大きな渦《うず》である。

光球の表面の温度は約6000°Cであるが，黒点の部分は約4000°Cと周囲よりも温度が低い。黒点が暗く見えるのは，まわりよりも温度が低いために，周囲に比べると出す光の量が少ないからである。黒点の形は少しずつ変化しており，新しく現れたり消えたりしているため数も一定ではない。

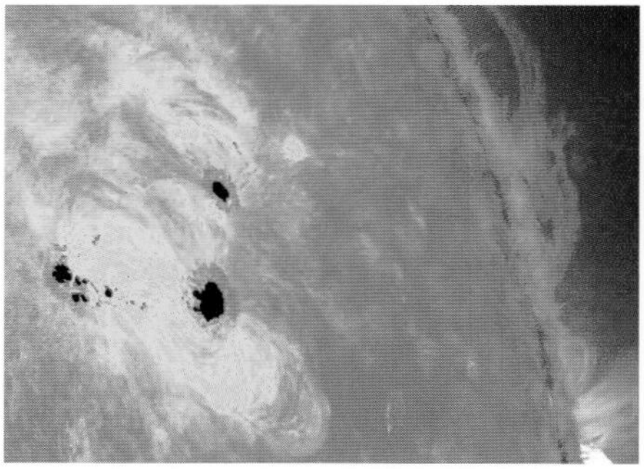

図1　**黒点**

C 粒状斑

太陽の表面を拡大すると，直径約1000 kmの粒状で**明るい斑点**のような模様が見られる。

この模様を粒状斑《りゅうじょうはん》といい，光球表面近くでの**対《たい》流《りゅう》**(➡ p.292)によってできる(図2)。粒状斑は太陽表面の広い範囲《はんい》にわたって見られる。

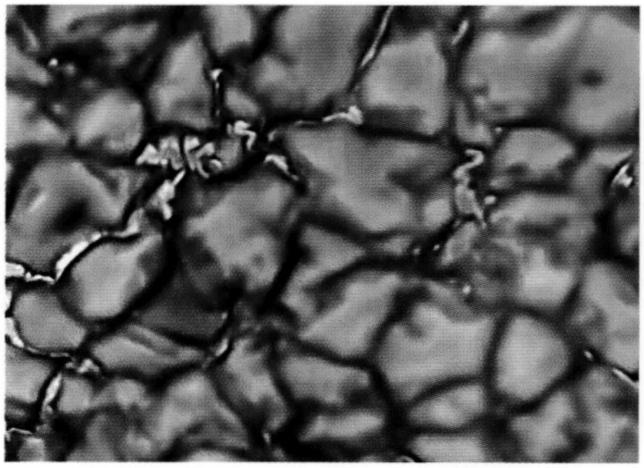

図2　**粒状斑**

2 太陽の大気

A 太陽の大気

光球よりも外側の部分を**太陽《たいよう》の大気《たいき》**という。太陽の大気は光球とちがって光を出していない。そのため，ふだんは見ることができないが，太陽が月に完全に隠《かく》されて見えなくなる**皆既日食《かいきにっしょく》**(→p.216)のときには観測することができる。

B 彩層

彩層《さいそう》は，光球を囲む厚さが約1500 kmの大気の層である。彩層も，ふだん地球から見ることはできないが，皆既日食によって光球の光がさえぎられると，周囲に赤く輝《かがや》くように見える(図3)。

C プロミネンス

太陽の表面を囲む彩層から噴《ふ》き出《だ》す，炎《ほのお》のような形をした高温の気体の動きを**プロミネンス**(紅《こう》炎《えん》)といい，高さが地球の直径よりはるかに大きい10万 kmに達することもある(図4)。

D コロナ

コロナは，彩層の外側に広がる非常にうすい大気の層である。コロナの温度は100万℃にもおよぶ高温である。

コロナも，ふだんは光球の強い光にかき消されてしまい見ることができない。皆既日食で光球の光がさえぎられると，周囲に白く輝くように見える(図5)。

図3　彩層

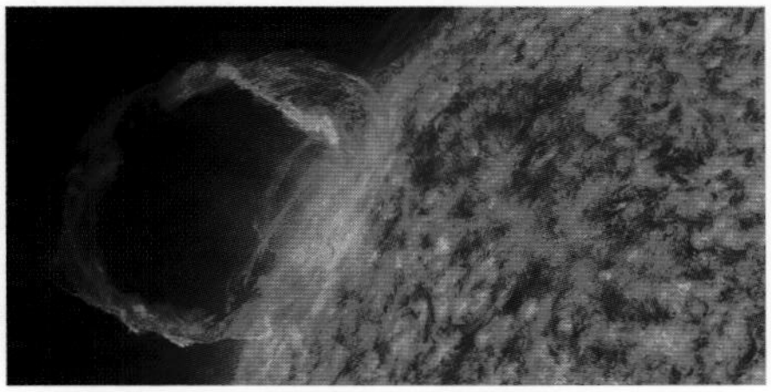

図4　プロミネンス

図5　コロナ

TRY! 思考力

皆既日食の際の太陽を観察すると，黒い円形の部分のまわりに広く広がる白く輝く層が見えた。この層をふだんは見ることができない理由を説明しなさい。

ヒント　皆既日食の際は何がさえぎられるかを考える。

解答例　光球からの光が非常に強く，この層から出る光がかき消されてしまうから。

UNIT 3

黒点の移動と太陽の自転

着目 黒点の移動の観察から，太陽は球形で自転していることがわかる。

要点

- **太陽の観察** 天体望遠鏡《てんたいぼうえんきょう》に投影板《とうえいばん》をとりつけて行う。直接望遠鏡で太陽を見てはいけない。
- **黒点の移動のようす** 黒点は，光球面を地球から見て東から西に移動している。
- **太陽の自転《じてん》** 太陽は１周約25日の周期で自転している。

1 黒点の移動を調べる

観察

A 方法・手順

黒点を観察するときなど，太陽の光球を観察するときは，目を傷める危険があるので，次のように行う。**絶対に望遠鏡やファインダーを直接のぞいてはいけない。**

① 図１のように，天体望遠鏡《てんたいぼうえんきょう》に太陽投影板《たいようとうえいばん》をとりつけ，投影板につけた紙に記録する。

② 投影板につけた紙には太陽の光球が円形にうつる。このとき，光球上にある黒点も同時にうつるので，黒点の動きを観察する。

③ 装置で観察を続けると，時間がたつごとに光球を示す円ごと移動していく。このときに**円が移動していく向きが西**である。東西が決まれば，南北の方位も決まるので，すべての方位が決まり，黒点がどちらの方位からどちらの方位に移動するかがわかる。南北の方位を決めるときは，直接見る場合と投影された像の向きがちがうことにも注意する。

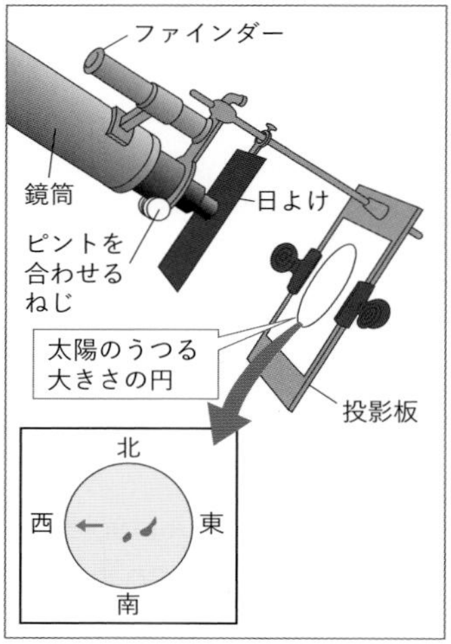

図１ **黒点の観察**

B 結果・考察

① 太陽の光球上の**黒点の位置**を，数日間同じ時刻に観察し続けると，**東から西に向かって移動している**ことがわかる(図２)。

② 黒点の数や大きさも変化しているが，ここでは同じ黒点の動きに注目する。黒点は少しずつ移動し，27～30日で光球面を１周することがわかる。

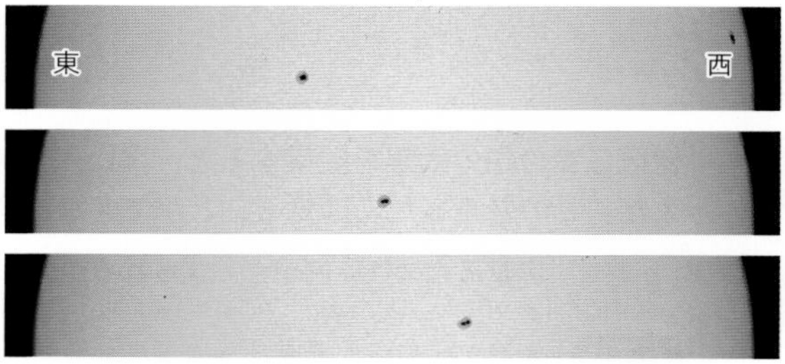

図２ **黒点の移動** およそ１日おきに撮影。直接見た場合の向き。

このことから，太陽が地球の自転や公転と同じ向きに**自転《じてん》**していることがわかる。

③ 光球面の中央付近では円形に見えていた黒点が周縁部《しゅうえんぶ》に移動すると，形がゆがんで楕円形《だえんけい》*1 に見えるようになる(図 3)。このことから，太陽が**球形《きゅうけい》**であることが確かめられる。

*1
楕円《だえん》は，円を少し押《お》しつぶしたような形である。

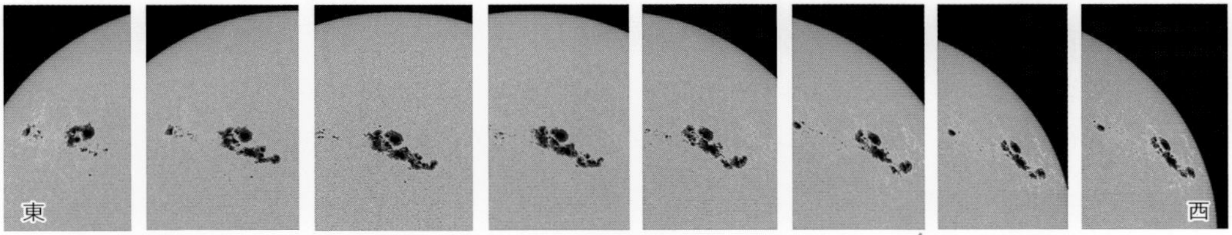

図 3　**黒点の形の変化**　およそ 1 日おきに撮影。直接見た場合の向き。

2 太陽の自転

黒点の移動をさらにくわしく調べると，1 周するまでの日数は表 1 のように黒点が位置する緯度《いど》によって異なり，高緯度の部分ほど周期が長くなることがわかる。これは，太陽が地球のように岩石などの固体でできておらず，流動的な気体でできているために起こる現象である。

太陽の自転周期は緯度 0°で約25日であり，地球から見て黒点が 1 周する周期と 2 日程度のずれがある。これは，太陽の自転方向が地球の公転方向と同じであるために起こるずれである。地球の公転が太陽の自転を追いかけるような形になるから，太陽が 1 周しても地球から見て黒点はまだ 1 周していないことになる。

太陽の自転周期と黒点が 1 周する周期との間に差ができ，時間の差が約 2 日となる。地球の公転によって追いつかれた分だけ長くなると考えればよい。

表 1　**黒点の移動周期**

太陽における緯度	黒点の周期
0°	26.9 日
20°	27.5 日
40°	29.1 日

太陽における緯度は，地球と同じように赤道上を 0°とし，極に近づくほど大きくなっていくと考える。

TRY! 表現力

異なる時期に 2 回黒点の観察をした結果，光球面を 1 周する周期は，29 日と 27 日であった。この周期の差が生じる理由を，簡単に説明しなさい。

ヒント　太陽は気体でできていることを考える。

解答例　太陽には固い地面がなく，表面が気体でできているので，黒点が移動する周期が緯度によって異なるため。

UNIT 4

太陽系とその天体

着目 太陽と太陽を公転するさまざまな天体の集まりをまとめて太陽系という。

要点

- **太陽系《たいようけい》の惑星《わくせい》** 太陽に近い方から水星《すいせい》，金星《きんせい》，地球《ちきゅう》，火星《かせい》，木星《もくせい》，土星《どせい》，天王星《てんのうせい》，海王星《かいおうせい》。
- **衛星《えいせい》と小惑星《しょうわくせい》** 衛星は惑星のまわりを公転し，小惑星はおもに火星と木星の間にある。
- **太陽系外縁天体《たいようけいがいえんてんたい》** 海王星よりも外側を公転する天体を，太陽系外縁天体という。

1 太陽系の惑星

太陽《たいよう》と，**太陽のまわりを公転《こうてん》する天体**をまとめて太陽系《たいようけい》という。太陽のまわりを回る天体の多くは，太陽を中心とした**楕円軌道《だえんきどう》**[*1]をえがいて公転している。太陽以外の天体は自ら光を出すことはなく，太陽の光を反射するために光って見える。

太陽のまわりを公転する天体のうち，特に大きな８つの天体が惑星《わくせい》である。惑星は，太陽に近い方から**水星《すいせい》**，**金星《きんせい》**，**地《ち》球《きゅう》**，**火星《かせい》**，**木星《もくせい》**，**土星《どせい》**，**天王星《てんのうせい》**，**海王星《かいおうせい》**という。くわしくは**地球型惑星《ちきゅうがたわくせい》**（➡ p.236），**木星型惑星《もくせいがたわくせい》**（➡ p.238）で見ていく。

*1
円軌道《えんきどう》なら太陽からの距離はずっと変わらないが，**楕円軌道**では太陽からの距離が変化する。

図１　**月**

2 太陽系の小天体

Ⓐ 衛星

惑星のまわりを公転している天体を衛星《えいせい》という。水星・金星以外の惑星はすべて衛星をもち，地球の唯一《ゆいいつ》の衛星が**月《つき》**（図1）である。木星や土星は50個以上の衛星をもつ。

Ⓑ 小惑星

おもに火星と木星の間を公転する小天体を小惑星《しょうわくせい》という。小惑星の名の通り小さい天体であり，惑星のなかでもっとも小さい水星の直径約4900 kmに対して，現在わかっているなかで最大の小惑星**ケレス**でも直径約950 kmである。直径が100 kmより小さいものが多い。

図２　**冥王星**

Ⓒ 太陽系外縁天体

海王星の近くや，海王星よりも外側を公転する天体を**太陽《たいよう》系外縁天体《けいがいえんてんたい》**という。太陽から遠く，太陽の熱がほとんど届かないために氷と岩石でできているものが多い。

大型の太陽系外縁天体である**冥王星《めいおうせい》**(図2)は，かつては惑星のひとつとされていたが，2006年に太陽系外縁天体に再分類された。

D すい星

氷のかたまりや宇宙にただよう固体の小さな粒《つぶ》である**ちり**が集まってできた天体を**すい星《せい》**(彗星《すいせい》)という。

すい星は，太陽のまわりを細長い楕円軌道をえがきながら公転している。太陽に近づくと温度が上がり，中心部分にある氷が気体となって，**太陽の反対側に尾《お》をつくる**(図3)。

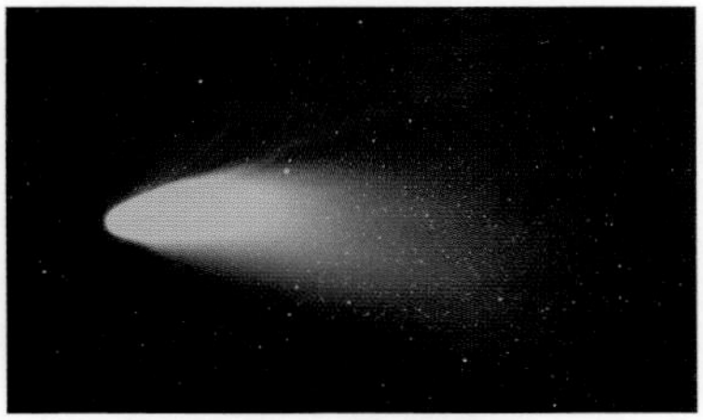

図3　**ヘール・ボップすい星(1997年)**

E 流星といん石

すい星が通ったあとの軌道には放出された**ちり**が残っていることになり，これらのちりや小惑星が地球の大気にぶつかって光り，*2 **流星《りゅうせい》**(**流《なが》れ星《ぼし》**)として観察される。

流星の多くは地球の大気の影響で燃えつきてしまうが，大きいものは燃えつきず地表に落ちる。地表に落ちたものを**いん石《せき》**(隕石《いんせき》)という。

*2
大気圏内《たいきけんない》に入ったちりが大気中の分子と激しくぶつかり，その衝撃《しょうげき》で熱が発生して光を出す。

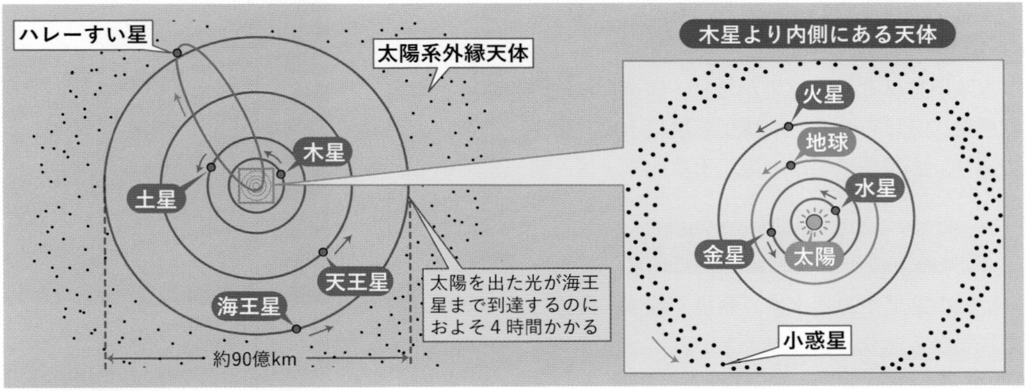

図4　**太陽系の天体**

TRY! 表現力

月や金星は，恒星《こうせい》ではないが夜空で輝《かがや》いて見える。この理由を簡単に説明しなさい。

ヒント　自ら光を出さない天体は強い光を受けることで光って見える。その光源について説明する。

解答例　太陽の光を反射して，その光が地球に届くから。

UNIT 5

地球型惑星

着目 水星，金星，地球，火星を地球型惑星という。

要点

- **恒星《こうせい》と惑星《わくせい》** 恒星は天球上の位置関係が変わらないが，惑星はその中を移動している。
- **地球型惑星《ちきゅうがたわくせい》と木星型惑星《もくせいがたわくせい》** 惑星は大きく地球型惑星と木星型惑星に分けられる。
- **地球型惑星** おもに岩石でできていて，半径が小さく密度が高い。

1 惑星とその分類

A 恒星と惑星

恒星《こうせい》は自ら光を出して光っているが，**惑星《わくせい》**は，自ら光を出さず，太陽の光を受けて光っている。

恒星と惑星は，肉眼では似たように見える。しかし，太陽を除く恒星は天球上でひとまとまりになり位置関係が変わらないが，惑星はその中を移動するので，そこで区別できる。*1

*1 金星の動きと見え方のしくみ(➡ p.222)や火星の動きと見え方(➡ p.224)でくわしく扱《あつか》っている。

B 惑星の分類

太陽系には8つの惑星があり，構造から**地球型惑星《ちきゅうがたわくせい》**と**木星型惑星《もくせいがたわくせい》**に分けられる。地球型惑星は水星《すいせい》，金星《きんせい》，地球《ちきゅう》，火星《かせい》であり，木星型惑星は木星，土星，天王星，海王星である。

2 地球型惑星とその特徴

地球型惑星である**水星**，**金星**，**地球**，**火星**は，小型でおもに岩石からなり，密度が大きい。

A 水星

水星(図1)は，太陽にもっとも近いところを公転している惑星である。太陽に近いため，昼間の地表温度は400℃を超《こ》すが，昼夜の温度変化は非常に大きく，夜は−200℃程度となる。わずかな大気をもつが，水の存在は確認されていない。表面は，**クレーター**でおおわれている。

図1 **水星**

B 金星

金星(図2)は，地球のすぐ内側を公転している惑星である。二酸化炭素を主成分とする非常に厚い大気をもつ。

図2 **金星**

厚い大気にさえぎられ，**温室効果**《おんしつこうか》(➡ p.274)によって熱が外に逃《に》げにくいため，表面温度は500°C近くにもなる。**よいの明星**《みょうじょう》や**明**《あ》**けの明**《みょう》**星**《じょう》として，地球から見ることができる(➡ p.220)。

金星は，自転の向きが公転の向きと反対である。また，地球にあるものよりも大型の火山が発見されている(図 3)。

図 3　**金星の火山(マアト山)**

C 地球

地球(図 4)は，太陽系でたった 1 つの，液体の水が存在しており，海がある惑星である。

太陽からの適度な距離《きょり》による温度，大気と水の存在によって，唯一《ゆいいつ》現在でも生命が生存することが可能な惑星である。

大気をもち，その成分は体積で 8 割程度を窒素《ちっそ》，2 割程度を酸素が占《し》めている。

図 4　**地球**

D 火星

火星(図 5)は，地球のすぐ外側を公転している惑星である。表面の岩石が**酸化鉄**《さんかてつ》を含《ふく》むため，赤色に見える。

おもに二酸化炭素からなるうすい大気があり，2 つの衛星をもつ。極地方には**極冠**《きょくかん》とよばれる**ドライアイス**(二酸化炭素の固体)や**氷**《こおり》の層が見られる。長時間水が流れていた証拠《しょうこ》と考えられる，**三角州**《さんかくす》のような地形(図 6)が発見されている。

図 5　**火星**

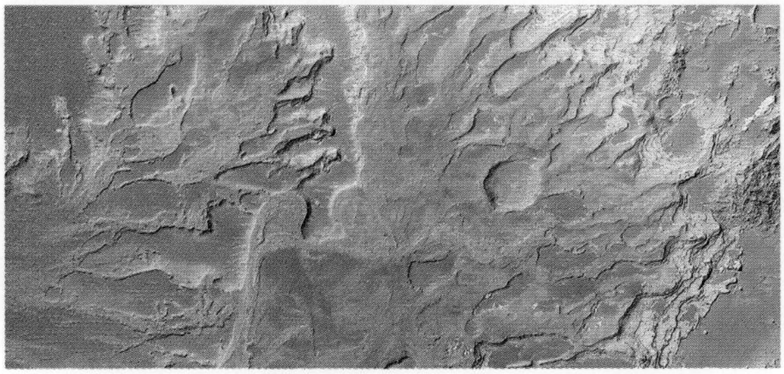

図 6　**火星の三角州様地形(エベルスヴァルデクレーター内)**

TRY!
思考力

探査機による調査で，水星や火星とちがい金星にはクレーターが少ないことがわかった。この理由を説明しなさい。

ヒント　金星が水星や火星と大きく異なるのは厚い大気の存在である。

解答例　厚い大気によって，飛び込んできた小さなちりは流星となって燃えつきてしまうから。

UNIT 6

木星型惑星

着目 木星，土星，天王星，海王星を木星型惑星という。

要点
- **木星型惑星《もくせいがたわくせい》** おもに気体でできていて，半径が大きく密度が低い。
- **木星《もくせい》** 太陽系最大の惑星で，大赤斑《だいせきはん》という巨大《きょだい》な大気の渦《うず》がある。
- **土星《どせい》** 小さな岩石や氷のかたまりが集まってできた，はっきりとした環《わ》(リング)がある。

1 木星型惑星とその特徴

木星型惑星《もくせいがたわくせい》である**木星《もくせい》**，**土星《どせい》**，**天王星《てんのうせい》**，**海王星《かいおうせい》**は，大型で**おもに気体(ガス)からなり**，密度が小さい。

A 木星

木星(図1)は**太陽系最大の惑星**で，直径は地球の約11倍である。水素とヘリウムが主成分の大気をアンモニアの雲がおおっている。うすい環《わ》(**リング**)と70個以上の衛星をもつ。

自転周期が非常に短いため，東西方向に常に強い風が吹《ふ》き，大気の流れが縞模様《しまもよう》をつくる。**大赤斑《だいせきはん》**とよばれる，大きな斑点状のつくり(図2)が見られる。これは，台風のような大気の巨大《きょだい》な渦《うず》である。

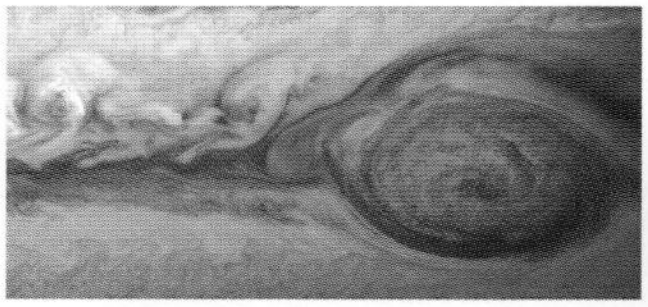
図2 **大赤斑**
NASA/JPL-Caltech/SwRI/MSSS Image processing by Kevin M. Gill, ⓒ CC BY

図1 **木星**

B 土星

土星(図3)は太陽系の惑星のなかで，木星の次に大きいが，平均密度はもっとも小さい。大気の主成分は木星と似ている。

小型の望遠鏡でも観察できるはっきりとした**環**が特徴《とくちょう》である。環は小さな岩石や氷のかたまりが集まったもので，環の黒く見える部分は，岩石や氷がないまたは少ない部分である。

図3 **土星**

C 天王星

天王星(図4)は，水素，ヘリウム，メタンによる大気をもっており，メタンによって青色に見える。

地軸《ちじく》が公転面に対してほぼ横倒《よこだお》しの状態で自転している。

図4 **天王星**

D 海王星

海王星(図5)は，太陽からもっとも遠くにある惑星である。大気や構造などは天王星に似ており，大気中にはメタンが天王星よりも多く存在するため，天王星よりも青く見える。

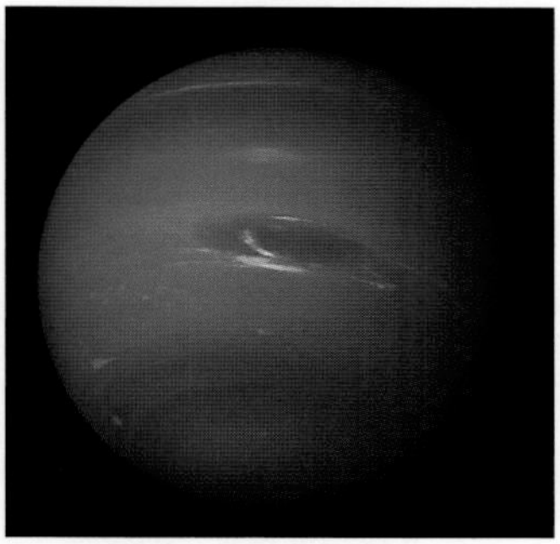

図5　海王星

参考　木星型惑星の環

木星型惑星は，いずれも**環(リング)**をもっている。環は小さな岩石や氷のかたまりが大量に集まり，平らな円盤状《えんばんじょう》の範囲《はんい》で惑星のまわりを公転しているものである。

環の半径に比べて厚みはうすく，土星で数百m程度である。環をつくる岩石や氷の大きさは，数cmから数十m程度である。

2 惑星の特徴のまとめ

太陽系の惑星それぞれの特徴《とくちょう》をまとめると，表1のようになる。

表1　太陽系の惑星の特徴

	惑星名	赤道半径〔km〕	自転周期〔日〕	公転半径〔億km〕	公転周期〔年〕	体積（地球＝1）	質量（地球＝1）	密度〔g/cm^3〕	衛星数*1〔個〕
地球型惑星	水星	2439.7	58.6462	0.579	0.2409	0.056	0.055	5.43	0
	金星	6051.8	243.0185	1.082	0.6152	0.857	0.815	5.24	0
	地球	6378.1	0.9973	1.496	1.0000	1.000	1.000	5.51	1
	火星	3396.2	1.0260	2.279	1.8809	0.151	0.107	3.93	2
木星型惑星	木星	71492	0.4135	7.783	11.8620	1321	317.83	1.33	72
	土星	60268	0.4440	14.294	29.4572	764	95.16	0.69	53
	天王星	25559	0.7183	28.750	84.0205	63	14.54	1.27	27
	海王星	24764	0.6712	45.044	164.7701	58	17.15	1.64	14

*1 存在や軌道《きどう》が確定し，名前がつけられた衛星の数をあげた。

この表より，太陽から遠い惑星ほど公転周期が長いことがわかる。

TRY! 思考力

天王星は公転面に対してほぼ横倒《よこだお》しの状態で自転している。そのため，地球では非常に限られた地域で起こるある現象が天王星では広い範囲《はんい》で起こる。どんな現象か簡単に説明しなさい。

ヒント　地球では，北極《ほっきょく》付近や南極《なんきょく》付近で起こる現象である。

解答例　太陽が沈《しず》まなくなる白夜《びゃくや》や，太陽がのぼらなくなる極夜が起こる。

UNIT 7

恒星

着目 自ら光を出して輝く星を恒星という。太陽も恒星である。

要点

- **恒星《こうせい》**　自ら光を出し輝《かがや》くのは恒星だけであり，惑星や衛星は太陽の光を受けて光っている。
- **恒星の明るさ**　等級を用いて表す。1等星は6等星の100倍の明るさである。
- **光年**　恒星までの距離《きょり》を表す単位で，1光年は光が1年間に進む距離である。

1 恒星

　私たちが夜空を見上げ，星を見るとき，単に「**星《ほし》**」ということが多いだろう。しかし，私たちが見ている星には性質の異なるさまざまな「星」がある。夜空に輝《かがや》く星のなかで，自ら光を出し，輝いている星が恒星《こうせい》である。

　恒星は天球上を移動することがなく，[*1] たがいの位置関係を変えないので星座を形づくり，星座の形も変わらない(図1)。

　太陽系にある恒星は**太陽《たいよう》**だけであり，光を出している。

　いっぽう，**明《あ》けの明星《みょうじょう》**，**よいの明星《みょうじょう》**などとよばれる星の正体は**金星《きんせい》**であり惑星《わくせい》である。惑星は，恒星と異なり，自ら光を出さず，太陽からの光を受けて輝いている。また，公転しているため，天球上を移動する。**月《つき》**も輝いて見えるが，地球の衛星であり恒星ではない。惑星と同様，太陽の光を受けて輝いている。

図1　**オリオン座**

＊1
星の日周運動や年周運動については，天球全体が動いていて，個々《ここ》の恒星は天球上を動いていないと考える(➡p.178)

2 恒星の明るさと距離

A 恒星の明るさ

　地上から見える恒星の明るさは，等級《とうきゅう》という尺度で表す。**1等星《とうせい》**，**2等星**などというのは恒星を等級で分類したよび方である。数字が小さいほうが明るく，**6等星**は，肉眼でかろうじて見える明るさの恒星であり，**1等星**は比較的《ひかくてき》明るくて目立つぐらいの恒星である。0等級よりも明るい恒星は，−《マイナス》のついた負の等級で表す。

　1等星の100分の1の明るさとなる恒星が6等星となる。つまり，等級が5ふえると明るさは100分の1（5減ると100倍)となる。等級が1ちがう恒星の明るさは，およそ2.5倍異なる。[*1]

＊1
等級が5ちがうと明るさが100倍異なる。ここで，
$2.5\times2.5\times2.5\times2.5\times2.5$
$=97.6\cdots$ となり，およそ100となるので，等級が1ちがうと明るさが約2.5倍であるといえる。

地球から見た恒星の明るさは，恒星そのものがもつ明るさと，地球からの距離《きょり》で決まる。たとえば，とても明るい恒星でも，地球から非常に遠い位置にあれば恒星そのものの明るさよりも暗く見える。

全天でもっとも明るく見える恒星はもちろん**太陽**である。その次に明るく見えるのは，**おおいぬ座《ざ》**の**シリウス**である(表 1)。

B 恒星までの距離

地球から太陽系外の恒星までの距離は非常に遠く，mやkmで表そうとするととても大きな数値になってしまう。そこで，遠い天体間の距離は**光年《こうねん》**という単位で表す。

1 光年は光が 1 年間に進む距離で，約 9 兆5000億kmにあたる。

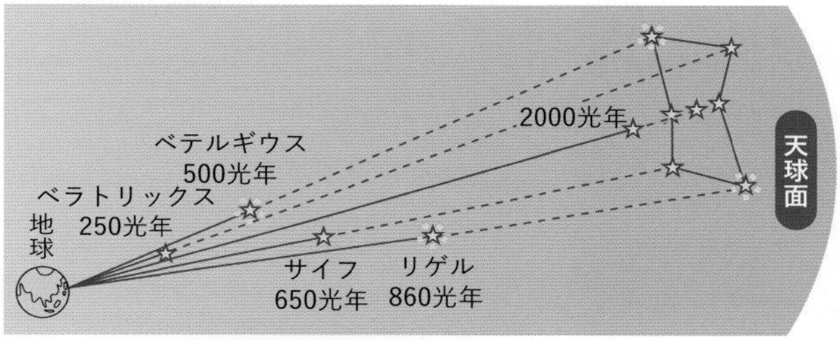

図 2　**オリオン座の恒星の地球までの距離**

地球からは，同じ星座をつくる恒星はたがいに近くにあるように見えるが，それぞれの星までの距離は，実際には異なっている(図 2)。

表 1　**いろいろな恒星**

恒星名	星座	等級	距離〔光年〕	明るさ*2	表面温度〔°C〕	色
太陽	−	-26.8	(8.3 光分)*3	1	6000°C	黄
シリウス	おおいぬ座	-1.5	8.6 光年	20	11000°C	白
ベガ	こと座	0.0	25 光年	50	9800°C	白
リゲル	オリオン座	0.1	860 光年	63000	12000°C	青白
プロキオン	こいぬ座	0.4	11 光年	7	6700°C	黄
ベテルギウス	オリオン座	0.5	500 光年	13000	3800°C	赤
北極星(ポラリス)	こぐま座	2.0	430 光年	2300	6500°C	黄

*2
太陽を 1 とした恒星そのものの明るさ(絶対等級という)を示す。

*3
地球から太陽までの距離約 1 億5000万kmは光が約 8.3 分間に進む長さにあたる。

発展　恒星の色と温度

恒星の色はその**表面温度《ひょうめんおんど》**によって決まり，表面温度が高いほど青白い色に，低いほど赤い色に見える。

TRY! 表現力

表 1 のベガとリゲルを比べると，リゲルのほうが非常に明るいのに等級はほとんど変わらない。この理由を簡単に説明しなさい。

ヒント　ある明るさのものを遠くに持っていくと明るさはどうなるか考える。

解答例　リゲルのほうが遠くにあるぶん暗く見えるから。

UNIT 8

銀河系

着目 銀河系は太陽などの恒星が数千億個集まってできた集団である。

要点

- **銀河系《ぎんがけい》の形** 真横から見ると中央部がふくらんだ円盤状《えんばんじょう》，真上から見ると渦巻《うずま》き状。
- **銀河系と太陽系《たいようけい》** 太陽系は，銀河系の中心から約2.8万光年離《はな》れたうでの部分にある。
- **星団《せいだん》と星雲《せいうん》** 恒星《こうせい》の集団である星団や，ガスの集まった星雲などがある。

1 銀河系

太陽系《たいようけい》は，数千億個の恒星《こうせい》からなる星の大集団の中にある。この集団を**銀河系《ぎんがけい》**という。

銀河系は真横から見ると，**中央部《ちゅうおうぶ》がふくらんだ円盤状《えんばんじょう》の形《かたち》**をしており，真上から見ると**渦巻《うずま》き状《じょう》の形《かたち》**をしていて，全体として凸《とつ》レンズのような形である(図1)。さらに，銀河系をとり巻く直径約15万光年の領域にも恒星や恒星の集団が存在する。

太陽系があるのは，銀河系の中心から約2.8万光年離《はな》れた，**うでのような部分**である。地球から銀河系の円盤の方向を見たものが**天《あま》の川《がわ》**である。

夏には地球から銀河系の中心方向(いて座の方向)を見ることになる。銀河系の中心部には恒星が特に密集しているため，天の川をつくっている星の数が多く，はっきりと見える(図2)。

いっぽう冬には，反対に恒星が比較的《ひかくてき》少ない銀河系の外側を見ることになる。そのため，天の川の星の数が少なく，うすく見える(図3)。

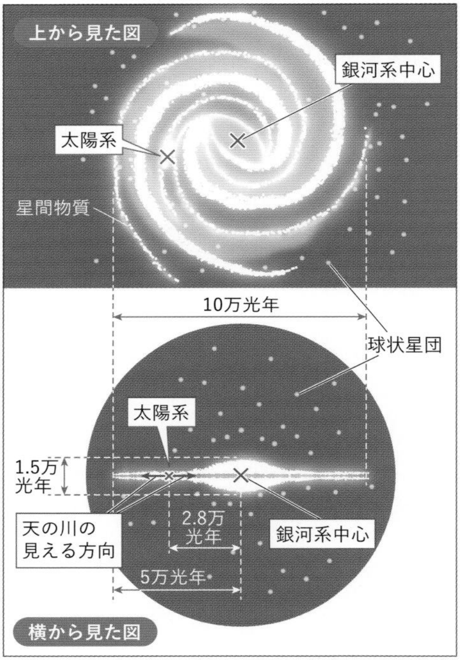

図1 銀河系の構造

図2 夏の天の川

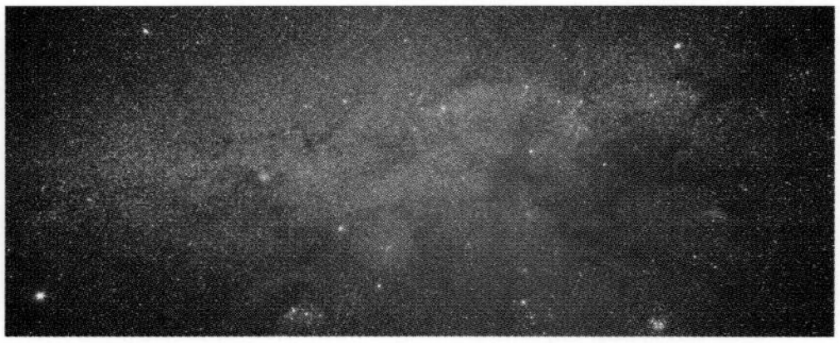

図3 冬の天の川

2 星団と星雲

A 星団

銀河系の中にも恒星が均一に存在するのではなく，恒星が多く集まって星団《せいだん》という集団をつくっている。

星団には比較的不規則に恒星が集まった星団や，球状に恒星が集まった星団など，いろいろな種類のものがある。**プレアデス星団《せいだん》**(**すばる**)は，比較的不規則に恒星が集まった星団の例である(図 4)。

図 4　**プレアデス星団(すばる)**

B 星雲

宇宙空間は真空だと思われがちだが，恒星と恒星の間も完全な真空ではなく，**ガス**や**ちり**などが存在している。

これらのガスやちりがある程度まとまって存在しているものを星雲《せいうん》といい，数多く存在している。

星雲にはさまざまな種類がある。星雲は，新しい恒星が誕生する場所であったり，最期《さいご》をむかえたあとの恒星の姿であったりすることもある。**オリオン大星雲《だいせいうん》**は，比較的若い星雲で，中では新しい恒星が誕生している途《と》中《ちゅう》であると考えられている(図 5)。

図 5　**オリオン大星雲**

発展　恒星の一生

恒星は宇宙空間のガスが集まる場所でうまれる。集まったガスの中心部で圧力が高くなることで**核融合反応《かくゆうごうはんのう》**(➡ p.229)が始まるのである。

長い時間がたって核融合反応が進んでいって反応する物質がなくなってくると，恒星の質量によって大爆発《だいばくはつ》をしたり，静かに小さくなっていったりと，さまざまな最期《さいご》をむかえる。

TRY! 思考力

日本付近から見える天の川は冬より夏のほうが明るくはっきりと見える。もし太陽系が銀河系の中心付近に移動したと考えた場合，天の川の見え方はどのように変わると考えられるか，理由とともに簡単に説明しなさい。

ヒント　今の地球から見た天の川とのちがいを考える。

解答例　銀河系の円盤部分にある恒星の数がどちらの向きもあまり変わらないので，季節によって明るさが変わらず均一に見える。

UNIT 9

宇宙の広がり

着目 銀河は，数億～数千億個の恒星が集まってできた集団である。

要点

- **銀河《ぎんが》** 恒星《こうせい》の大集団を銀河という。銀河系《ぎんがけい》は，太陽系のある銀河である。
- **銀河とその集団** 銀河の集団や，さらにその集団が，宇宙に広がっている。
- **宇宙の構造** 銀河は宇宙に一様に分布しているわけではないことがわかってきている。

1 銀河

A 銀河

恒星《こうせい》が数億～数千億個集まった大集団を銀河《ぎんが》という。**銀河系《ぎんがけい》**(➔ p.242)も銀河の1つである。宇宙には私たちの銀河系のほかにも多数の銀河が存在し，なかには恒星が1兆個以上も集まった大規模な銀河も存在する。

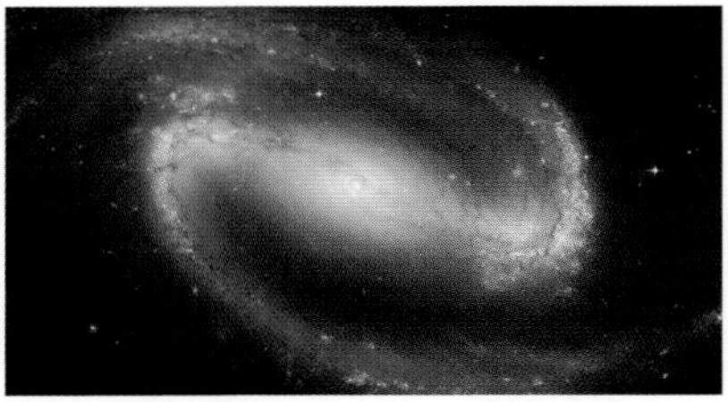

図1 棒渦巻銀河

B 銀河の形

銀河は，銀河系に似た**渦巻《うずま》き状《じょう》の形**をしているものもあれば，**楕円形《だえんけい》**や**棒状の形**をしているもの，**不規則な形**をしているものなど，形はさまざまである。

アンドロメダ銀河《ぎんが》は，銀河系から約230万光年の距《きょ》離《り》にある銀河で，銀河系に似た渦巻き状の形をしている(図2)。

図2 アンドロメダ銀河

銀河系に比較的《ひかくてき》近い銀河には，約16万光年の位置にある**大《だい》マゼラン雲《うん》**，20万光年の位置にある**小《しょう》マゼラン雲《うん》**などがある。大マゼラン雲と小マゼラン雲をまとめて**マゼラン銀河《ぎんが》**(**マゼラン雲《うん》**)ともよばれる(図3)。

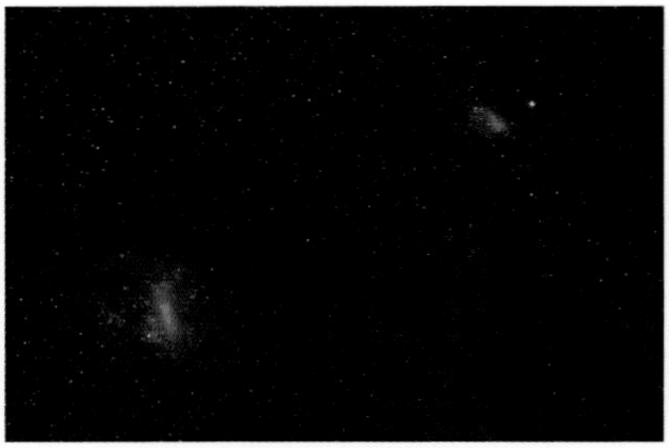

図3 大マゼラン雲(左)と小マゼラン雲(右)

2 宇宙の構造

宇宙の果てはどこであるのかはわかっていないが，無数の銀河が存在しているのは確かである。

銀河も1つ1つまんべんなく宇宙に分布しているのではない。恒星と同じように，銀河が群れて集団をつくり，この銀河の集団が宇宙に散在している。

これまで学んだことをまとめると，**恒星**(図4❶)がたくさん集まり，**銀河**(図4❷)などの集団をつくる。そして，恒星が集まってできた銀河が数個～数十個集まり，**銀河の集団**(図4❸)をつくっている。

さらに，これらの銀河の集団や多くの銀河が集まり，1000万光年にもおよぶ**銀河の大集団**をつくる。銀河の大集団が集まり，1億光年以上の広がりをもつ**大規模《だいきぼ》な構造《こうぞう》**(図4❹)となる。[*1]

＊1
くわしい観測によって，**銀河の大集団**が壁《かべ》のように並び，広い宇宙に泡《あわ》のような形をつくっていることがわかってきている。

発展　宇宙の膨張

現在では，ほとんどの銀河は銀河系から遠ざかりつつあり，銀河系からの距離《きょり》が遠い銀河ほど速く遠ざかっていることがつきとめられている。

このことは，宇宙全体が**徐々《じょじょ》に膨張《ぼうちょう》**していることを意味する。宇宙の膨張などの分析《ぶんせき》から，宇宙の年齢《ねんれい》はおよそ138億年と推定されている。

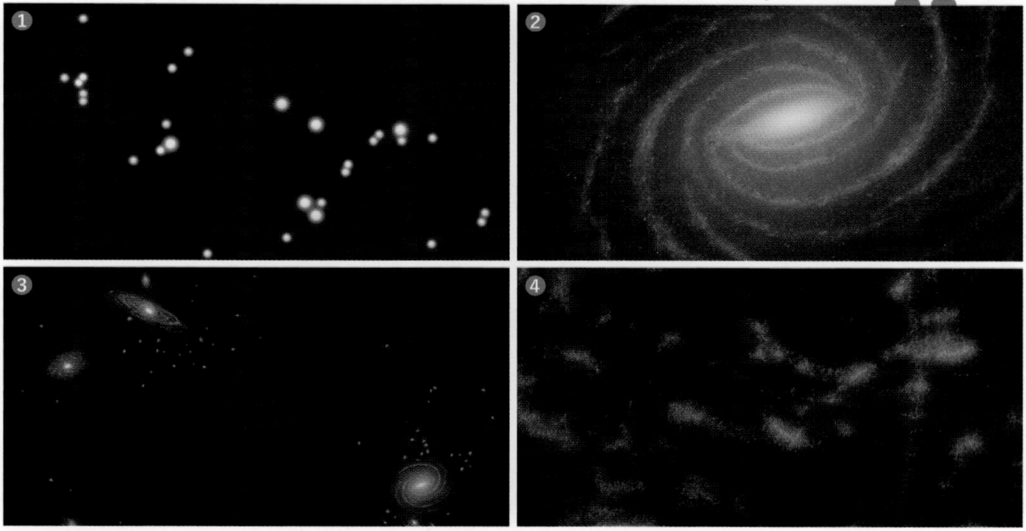

図4　**銀河と宇宙**

TRY! 表現力

銀河と銀河系のちがいを簡単に説明しなさい。

ヒント　宇宙に銀河は無数にあるが，銀河系は1つしかない。

解答例　恒星が数億～数千億集まった集団が銀河であり，そのなかで太陽系のある銀河の名前が銀河系である。

小惑星探査機「はやぶさ」と「はやぶさ 2」

● 生命の起源と小惑星探査

地球上の生命は38億年前に誕生《たんじょう》し，多様化，進化してきたと考えられている(➡ p.94)。しかし，**最初の生命**がどのようにしてうまれたのか，はっきりとわかっているわけではない。

小惑星《しょうわくせい》は太陽系の小天体で，多くは火星と木星の公転軌道《こうてんきどう》の間を公転している(➡ p.234)が，地球の公転軌道付近にも存在する。

地球などの惑星は小さな天体が集まってできたと考えられている。そのときいちどどろどろにとけたため，材料となった物質を知ることは難しい。これに対して惑星にならなかった小惑星には，太陽系が誕生したころの物質が残されている可能性がある。そこで小惑星から**試料**《しりょう》(**サンプル**)を**持ち帰り**(**リターン**)，分析できれば，太陽系の惑星ができた過程や生命の起源を解明する手がかりとなることが期待できる。

● 世界初のサンプルを目指して

小惑星からの**サンプルリターン**は，前例のない挑戦《ちょうせん》であったので，まず技術を開発し，実験，確認するための探査機をつくることになった。そうしてつくられたのがはやぶさ(図 1)である。

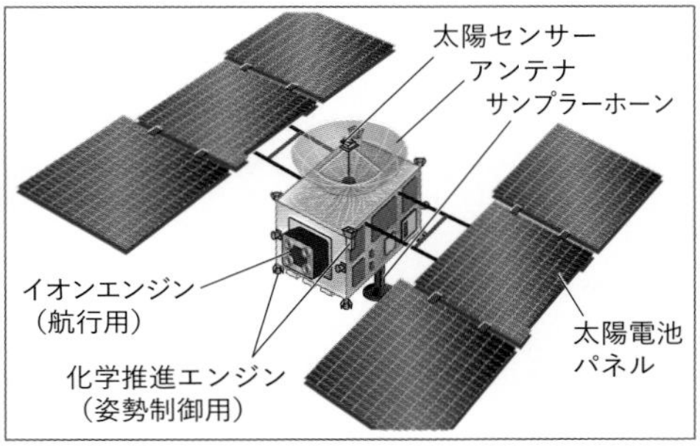

図 1　**小惑星探査機はやぶさ**

小型で長距離《ちょうきょり》を航行するはやぶさは，燃料を燃やして飛ぶのではなく，燃料の効率がよく，長期間の航行に適したイオンエンジンという装置を使用している。そのしくみはこうだ。

まず，**キセノン**(**Xe**)という気体の原子を**電**《でん》**離**《り》(➡ p.24)させて**陽**《よう》**イオン**(➡ p.20)にする。そして，このイオンに電圧をかけて加速させ，30 km/sの速度で外部に噴射《ふんしゃ》する。このときイオンエンジンがキセノンイオンに加える力の**反**《はん》**作用**《さよう》(➡p.150)で，逆向きの力が生じる。

イオンエンジンのつくり出す力は非常に小さいが，空気抵抗《くうきていこう》のない宇宙空間で長時間噴射《ふんしゃ》することで加速することができるのである。

● はやぶさ，小惑星イトカワへ

はやぶさの性能や打ち上げ時期などさまざまな条件を考えて行き先となる小惑星が決められ，イトカワと名づけられた(図 2)。

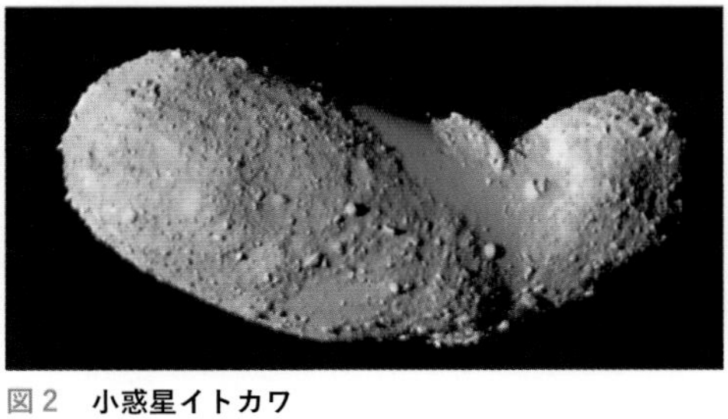

図 2　**小惑星イトカワ**

2003年 5 月に**内之浦宇宙空間観測所**《うちのうらうちゅうくうかんかんそくじょ》(鹿児島県)から打ち上げられたはやぶさは，2005年 9 月，地球から約 3 億km離《はな》れたイトカワ付近に到達《とうたつ》し，まわりを周回しながら観測を開始した。

サンプル採集は，次の要領である。まず，イトカワに着陸し，地面を**サンプラーホーン**という，**ろうと**のような形の装置でおおう。その中で金属球を落下させ，その衝撃《しょうげき》でイトカワ表面の物質をまき上げ，収集箱に格納する(図3)。

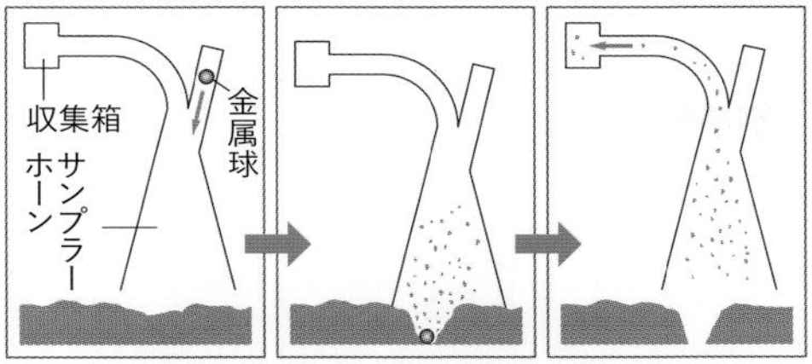

図3　**サンプラーホーンを使ったサンプル採取**

2度の失敗を経て，ついにサンプルの採集に成功したはやぶさは，2007年4月，地球への帰還《きかん》に向け出発した。

3年後の2010年6月，はやぶさは**大気圏**《たいきけん》に突入《とつにゅう》した。はやぶさ本体は燃えつき，サンプルの入ったカプセルは分離されてオーストラリアの砂漠《さばく》に落下し，無事回収された(図4)。

こうして，世界初となる小惑星からのサンプルリターンに成功したのである。

図4　**着地したカプセルの回収作業**

回収されたカプセルの中には，ほとんどが0.01mm以下という小さな粒子《りゅうし》が500粒以上入っていた。これらの粒子を空気にふれないようとり出し解析《かいせき》することによって，イトカワの鉱物が水を含《ふく》んでいることが明らかになった。

● 実験機から実用機へ

はやぶさで得られた技術をもとに，本格的な調査を行う**実用機**《じつようき》としてつくられたのが，はやぶさ2である。行き先には，有機物や水を含む鉱物が多く存在すると考えられている小惑星が選ばれた。この小惑星は，サンプルを持ち帰る目標であることと，水を含む小惑星であることから，リュウグウと名づけられた(図5)。

図5　**小惑星リュウグウ**

はやぶさ2では，管制室とより大きな情報量をやりとりできるようになるなど，数々《かずかず》の新しい技術がとり入れられた(図6)。

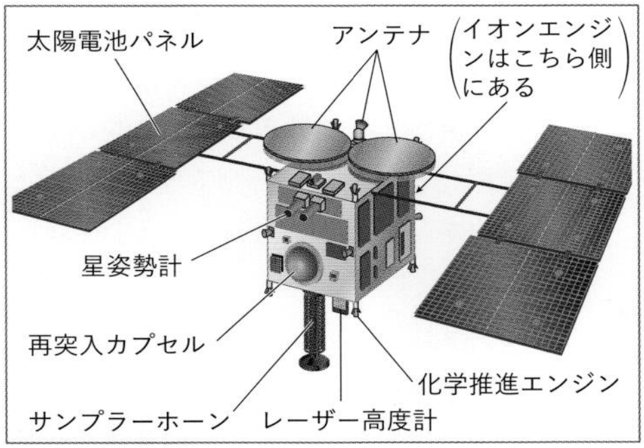

図6　**小惑星探査機はやぶさ2**

2014年12月，はやぶさ2は**種子島《たねがしま》宇宙《うちゅう》センター**(鹿児島県)から打ち上げられた。そして，2018年6月にリュウグウに到達した。

より深い部分のサンプルを手に入れるために，はやぶさ2では先に金属の弾丸《だんがん》をリュウグウに打ち込んで**人工クレーター**をつくり，その後サンプラーホーンで採集する手法がとられた。

2019年11月，はやぶさ2は一連の探査を終えてリュウグウを出発した。1年後の2020年12月，無事に地球への帰還を果たした。

現在は，得られた5.4gもの物質の分析が進められており，新たな発見が期待されている。

定期テスト対策問題

解答 ➡ 別冊p.11

問 1 太陽の特徴

右図は，太陽の表面のようすを表したものである。これについて，次の問いに答えなさい。

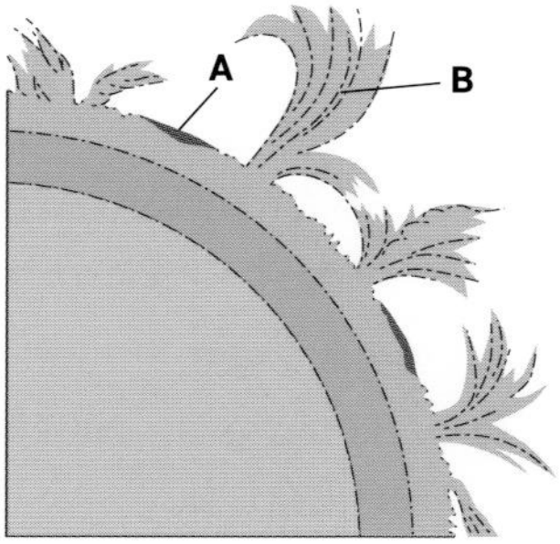

(1)　太陽の表面温度は約何℃か。次の**ア〜エ**から 1 つ選べ。

ア　2000℃　　**イ**　4000℃

ウ　6000℃　　**エ**　8000℃

(2)　**A**のような黒いしみのように見える部分を何というか。

(3)　**A**のような黒いしみのように見える部分の温度は約何℃か。次の**ア〜エ**から 1 つ選べ。

ア　2000℃　　**イ**　4000℃

ウ　6000℃　　**エ**　8000℃

(4)　**A**が黒いしみのように見える理由を，簡単に説明せよ。

(5)　**B**の炎《ほのお》のように見える高温の濃《こ》い気体を何というか。

(6)　皆既《かいき》日食のときに観測できる太陽をとり巻くうすい大気の層で，100万℃を超《こ》える部分を何というか。

問 2 太陽の観察

右図は，望遠鏡を使って太陽を観察しているようすで，毎日同じ時刻に黒点の位置や形の変化を観察した。これについて，次の問いに答えなさい。

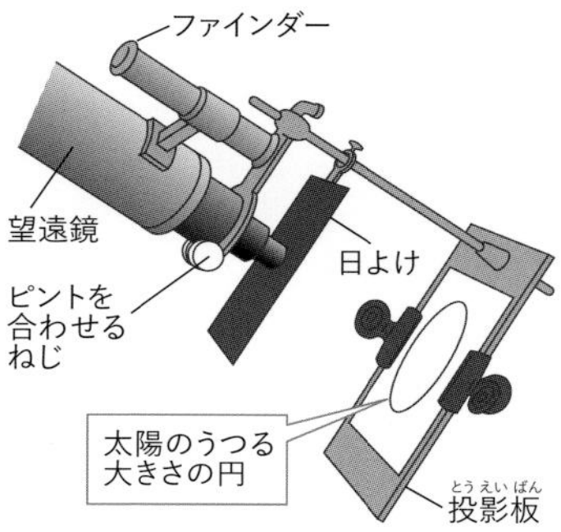

(1)　黒点の位置がおよそ 1 か月周期で移動していることから，どのようなことがわかるか。次の**ア〜エ**から 1 つ選べ。

ア　地球が自転していること。

イ　地球が公転していること。

ウ　太陽が自転していること。

エ　太陽が公転していること。

(2)　端《はし》にあるときに楕円形《だえんけい》に見えた黒点が，中央にくると円形に見えることがある。このことからどのようなことがわかるか。簡潔《かんけつ》に書け。

⑶　次の**ア～ウ**は，数日おきに黒点のようすを観察したときのスケッチであるが，日付の順に並んでいない。**ア～ウ**を日付の順に並べかえよ。

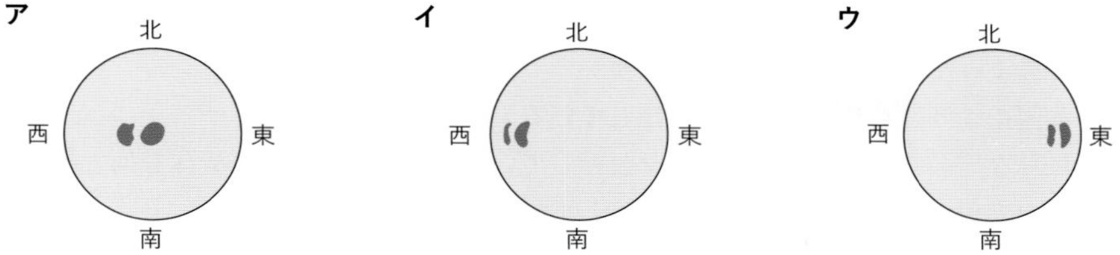

問 3　太陽系の惑星の特徴

下の図は，太陽系の 8 個の惑星《わくせい》を模式的に示したものである。あとの⑴～⑻の特徴《とくちょう》をもつ惑星を図の中のA～Hから選び，それぞれ記号で答えなさい。また，その惑星の名前もそれぞれ答えなさい。

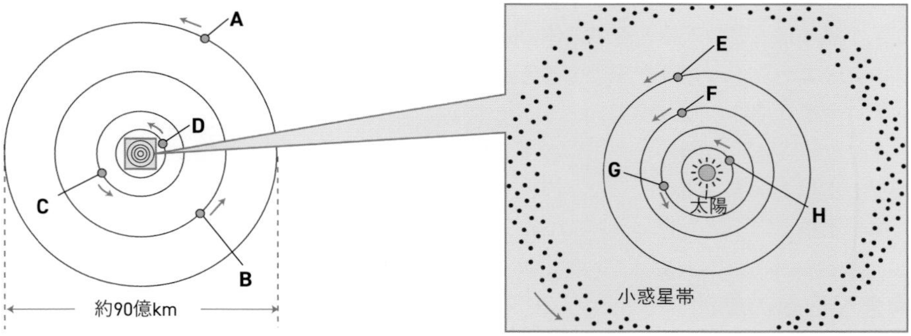

⑴　公転周期がもっとも短い。
⑵　公転周期がもっとも長い。
⑶　横倒《よこだお》しで自転している。
⑷　もっともはばの広い特徴のある環《わ》をもっている。
⑸　太陽系の中でもっとも大きな惑星である。主成分は水素で，表面に縞模様《しまもよう》や大きなうず巻き状の模様が見られる。
⑹　表面の大部分は，赤茶けた土と岩でおおわれており，地球からの無人の探査機が着陸して，火山や渓谷《けいこく》であった所などが発見されている。
⑺　液体の水が大量に存在し，大きな衛星《えいせい》をもっている。
⑻　二酸化炭素の厚《あつ》い雲でおおわれており，温室効果によって表面温度は500℃近くまで達する。

問 4 太陽とそのまわりの天体

太陽とそのまわりの天体について，次の問いに答えなさい。

⑴　太陽と，太陽のまわりを公転している８つの大きな天体や，そのほかの数多くの小さな天体が集まったものをまとめて何というか。

⑵　太陽のように，自ら光や熱を放出している天体を何というか。

⑶　地球などのように，⑵のまわりを公転している特に大きな８つの天体を何というか。

⑷　月などのように，⑶のまわりを公転している天体を何というか。

⑸　氷を含《ふく》んでおり，太陽に近づいたときに右の図のような尾《お》を出す天体を何というか。

⑹　小さな岩石のかけらやちりなどが地球の大気に飛《と》び込《こ》み，大気によって高温になり光を出したものを何というか。

⑺　地球より内側を公転する⑶をまとめて何というか。

⑻　地球より外側を公転する⑶をまとめて何というか。

⑼　小惑星《しょうわくせい》は，どの天体とどの天体の間に多く見られるか。次の**ア**～**エ**から１つ選び，記号で答えよ。

ア　金星と地球の間

イ　火星と木星の間

ウ　木星と土星の間

エ　土星と天王星の間

問 5 大きな恒星の集団

右の図は，太陽を含む非常に大きな恒星《こうせい》の集団である。これについて，次の問いに答えなさい。

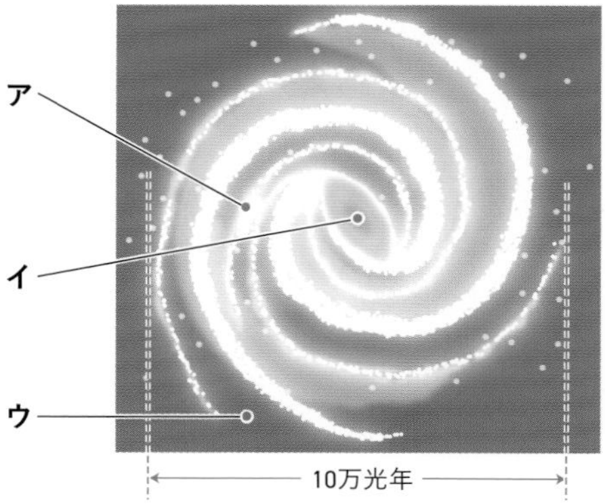

⑴　図の恒星の集団を何というか。

⑵　⑴や，⑴のような恒星の集団を一般《いっぱん》に何というか。

⑶　⑴は，地球からは何という天体構造として見ることができるか。

⑷　⑴で，太陽はどこにあるか。図の**ア**～**ウ**から１つ選び，記号で答えよ。

⑸　図の中に示されている10万光年とは，長さを表している。どのような長さを表しているか。簡単《かんたん》に説明せよ。

⑹　太陽以外の恒星は，望遠鏡《ぼうえんきょう》で観測しても点のように見え，形を知ることはできない。この理由を簡単に説明せよ。

5章

自然と人間

UNIT 1

生物どうしのつながり

着目 生物は環境の影響を受けながら食べる・食べられるの関係でつながっている。

要点

- **生態系《せいたいけい》** ある場所にすむ生物すべてとそれをとり巻く環境《かんきょう》をひとまとめにして生態系という。
- **食物連鎖《しょくもつれんさ》** 生物の食べる・食べられるの関係は鎖《くさり》のようにつながっている。
- **食物網《しょくもつもう》** 自然界では，食物連鎖は網《あみ》のように複雑にからみ合ってつながっている。

1 生物をとり巻く環境と生態系

わたしたち生物はまわりをとり巻く環境《かんきょう》の影響《えいきょう》を受けて生きている。たとえばカエルが生きるには卵から幼生の間に水中で生活する池や成体になって陸上で生活する森などの環境が必要で，えさとなる昆虫《こんちゅう》などのほかの生物の存在も重要である。植物が育つには光が必要で，どの生物も，温度が高すぎたり低すぎたりする環境では生きていけない。

このように生物の生活に影響をあたえる水や大気，土，温度や光，ほかの生物などを**環境要因《かんきょうよういん》**という(図 1)。

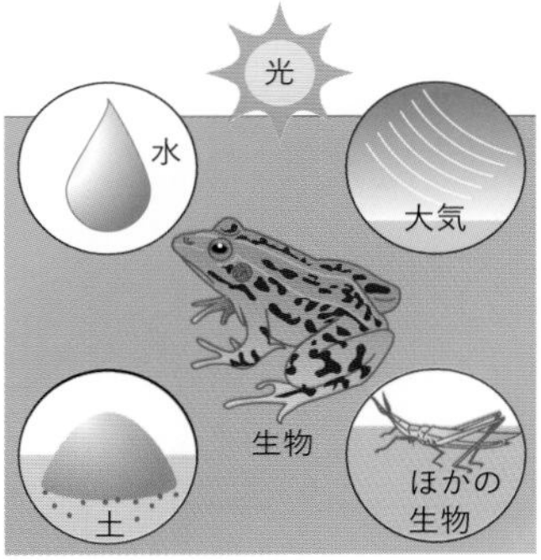

図 1 生物と環境要因

生物の生活範囲《せいかつはんい》を見てみると，1 つの森の中，1 つの池の中というように，ある場所・区域について区切ってみることができる。この，ある場所の中にいるすべての生物と，それらをとり巻く環境を 1 つのまとまりとしてとらえたものを**生態系《せいたいけい》**という。

2 食物連鎖

自然界で生物どうしの関係を見ると，生物は別の生物を食べて生きている一方で，多くの場合**天敵《てんてき》**[*1]が存在し，**食《た》べる・食《た》べられるの関係《かんけい》**が見られる。この関係は，たとえば草原では，ススキをバッタが食べ，バッタをカマキリが食べ，カマキリをモズが食べるというように，鎖《くさり》のようにつながっている(図 2)。

このように**ひとつながりの食べる・食べられるの関係**を**食物連鎖《しょくもつれんさ》**という。

＊1
食物連鎖において，ある動物種の直接上位に位置してその動物を食べる動物種のことを特に**天敵**という。

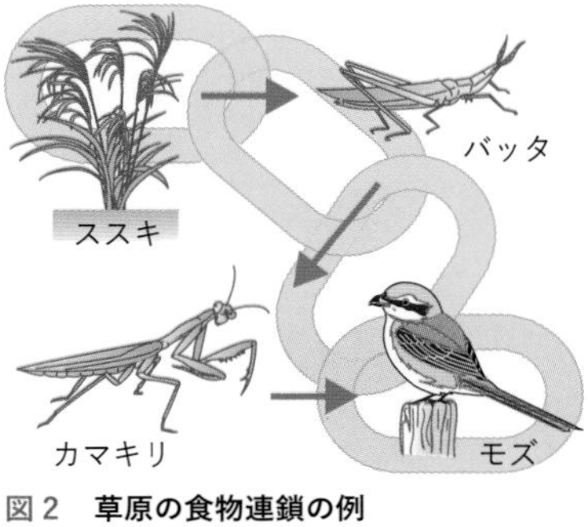

図 2 草原の食物連鎖の例

3 食物網

アゲハチョウ(ナミアゲハ)は，幼虫の間，ミカンやサンショウの葉を食べて成長する。そして卵から成虫までの間に多くがクモ，カマキリ，鳥などに食べられる。このように，動物は複数の生物を食べて生活し，複数の天敵がいることが多い。

このため，食物連鎖を生態系全体で考えると，複雑にからみ合ったつながりになっている。このような**網《あみ》目《め》状《じょう》につながった食べる・食べられるの関係**を**食物網《しょくもつもう》**という(図3，図4)。

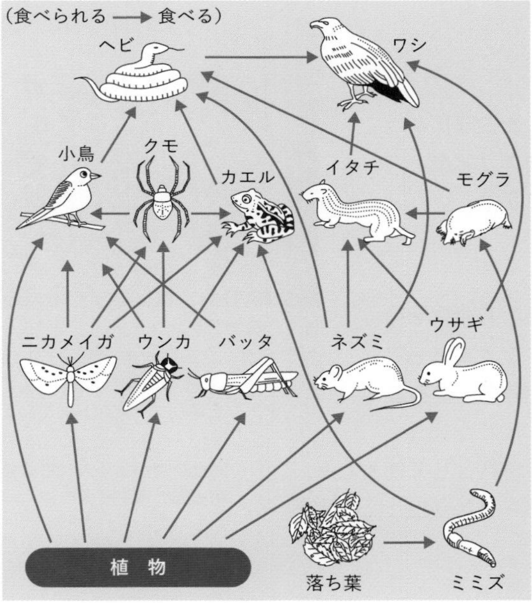

図3　陸上と地中の食物網の例

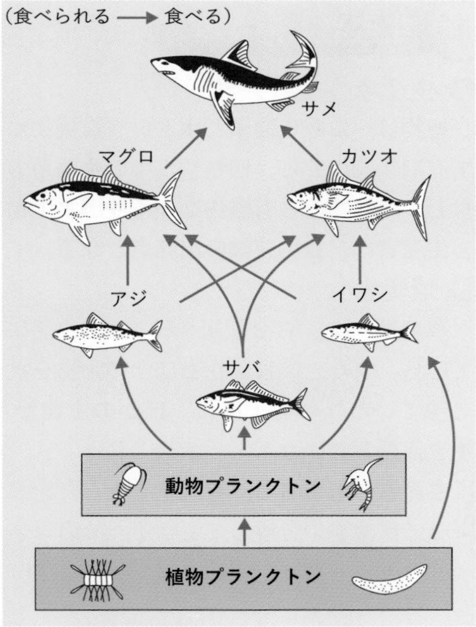

図4　海洋の食物網の例

TRY! 思考力

自然界で見られるいろいろな食物連鎖に共通する特徴《とくちょう》をあげなさい。

ヒント　食物連鎖の始まりはどのような生物か。

解答例　始まりとなる生物は植物である。ふつう，連鎖の後のほうの生物ほど大きい肉食動物になる。

UNIT 2

生態系における生物の関係

着目 すべての生物は，植物などの生産者がつくり出した有機物で生きている。

要点

- **生産者《せいさんしゃ》** 自分で無機物から有機物をつくり出すことができる植物や植物プランクトン。
- **消費者《しょうひしゃ》** ほかの生物を食べて有機物を得る動物などの生物。
- **分解者《ぶんかいしゃ》** 死がいや排出物《はいしゅつぶつ》をとり入れて無機物に分解する生物。

1 生産者と消費者

A 生産者

植物は，二酸化炭素と水という無機物から，光合成によって有機物をつくる。植物や水中の生態系の植物プランクトンなど，**無機物から有機物をつくり出す生物**を生産者《せいさんしゃ》という。

生産者は，食物連鎖《しょくもつれんさ》の出発点となる。

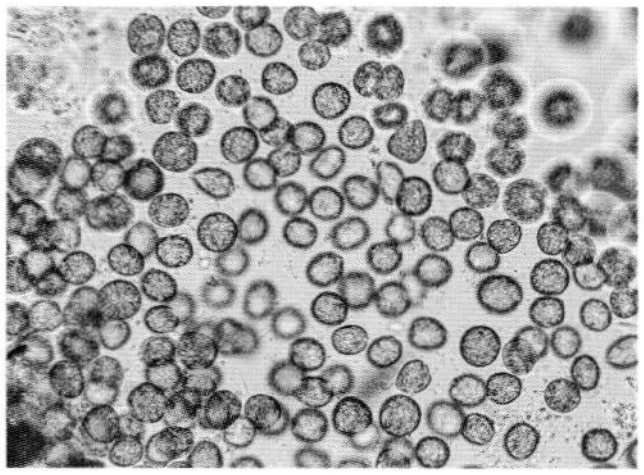

図1 **植物プランクトン**
プランクトンとは水中を漂《ただよ》って生活する生物のことで，光合成を行うプランクトンを植物プランクトンという。

B 消費者

草食動物は，植物を食べることで生活に必要な有機物を得ている。また，肉食動物もほかの動物を食べることで有機物を得ている。*1 このように，**ほかの生物から有機物を得る生物**を消費者《しょうひしゃ》という。

生産者も消費者も，有機物をからだをつくる材料として使ったり，呼吸で無機物に分解して生きるためのエネルギーをとり出したりする。

*1
肉食動物がとり入れる有機物ももとは生産者のつくったもので，それを間接的にとり入れているといえる。

2 分解者

生産者がつくった有機物は，食物連鎖を通じて消費者にとり込《こ》まれていき，呼吸に使われて最終的には無機物に分解される。この分解の過程で，生きている生物の食物連鎖のほかに生物の死がいや排出物《はいしゅつぶつ》をとり入れて分解している生物を特に分解者《ぶんかいしゃ》という。*2

生態系における分解者には，カビやキノコなどの**菌類《きんるい》**および乳酸菌や大腸菌などの**細菌類《さいきんるい》**といった微生物《びせいぶつ》がある(➡ p.260)。また，落ち葉を食べるダンゴムシ，トビムシ，ミミズなどの土壌動物《どじょうどうぶつ》(土の中の小動物)も分解者である。

*2
ほかの生物がつくった有機物を利用して生きているという意味で分解者も消費者に含《ふく》まれるといえる。

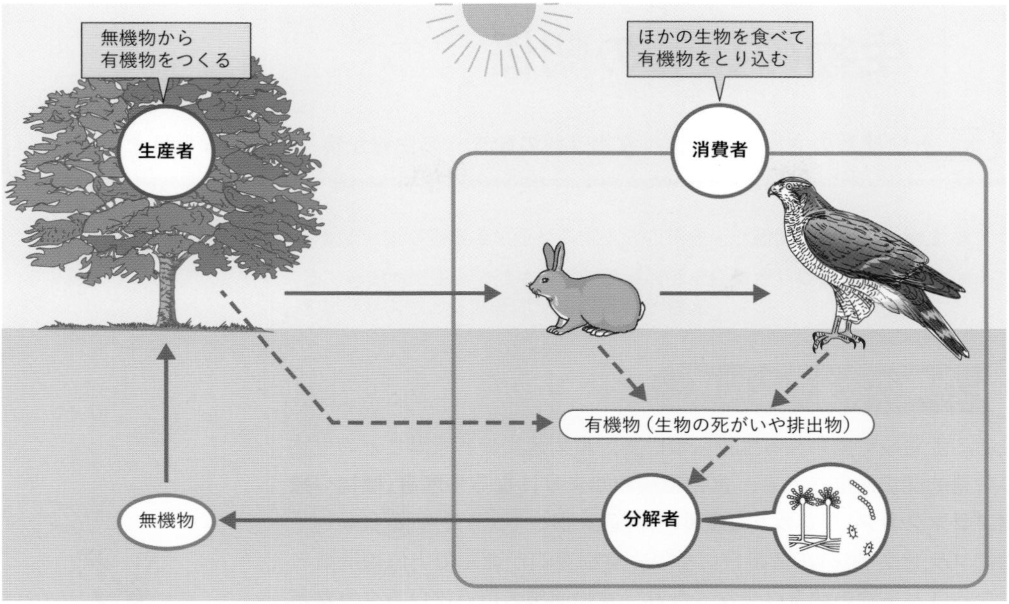

図 2　**生産者・消費者・分解者の関係**

参考　有機物のゆくえ

分解者によって分解された有機物は，無機物である二酸化炭素と水になる。これらは生産者によって，再び有機物をつくり出すもととして使われる。

つまり，食物連鎖で有機物が生産者や消費者の間を移動していき，分解者を含めた生物すべてが呼吸で排出する二酸化炭素が再び生産者によって有機物をつくり出すもとになっている。このことは，これらに含まれる**炭素が生態系の中を循環《じゅんかん》している**ということができる（→ p.264）。

TRY! 思考力

分解者も消費者に含《ふく》まれるという考え方もできる。その理由を答えなさい。

ヒント　分解者にあたる生物と消費者の共通点は何か。

解答例　消費者と同様に，おおもとは生産者がつくり出した有機物を他の生物からとり入れて利用しているから。

UNIT 3

生物の数量の関係

着目 生態系の生物の数量は，食物連鎖の始まりの生物が多く，後になるほど少ない。

要点

- **生物の数量的な関係**　生態系内の生物の数量は生産者を最大とするピラミッド形になる。
- **生物の数量のつり合い**　生物の数量は，えさとなる生物が増減するとやがて同じように増減する。天敵となる動物が増減すると逆に変化する。

1 生物の数量的な関係

ある生態系で見られる生物について，食物連鎖《しょくもつれんさ》の各段階ごとの生物の数量的関係を調べると，**食物連鎖の始まりになる生産者(植物や植物プランクトン)がもっとも多く**，生産者を食べる消費者(草食動物や動物プランクトン)が２番目に多い。食物連鎖が進んで上位の消費者になるほど生物の数量は少なくなり，**食物連鎖の頂点にいるタカなどの肉食動物がもっとも少ない。**

この**食物連鎖の各段階の数量的関係**を下から順に**積み上げるよう**な図で表すと，下のほうほど大きい**ピラミッド形**になる(図１)。

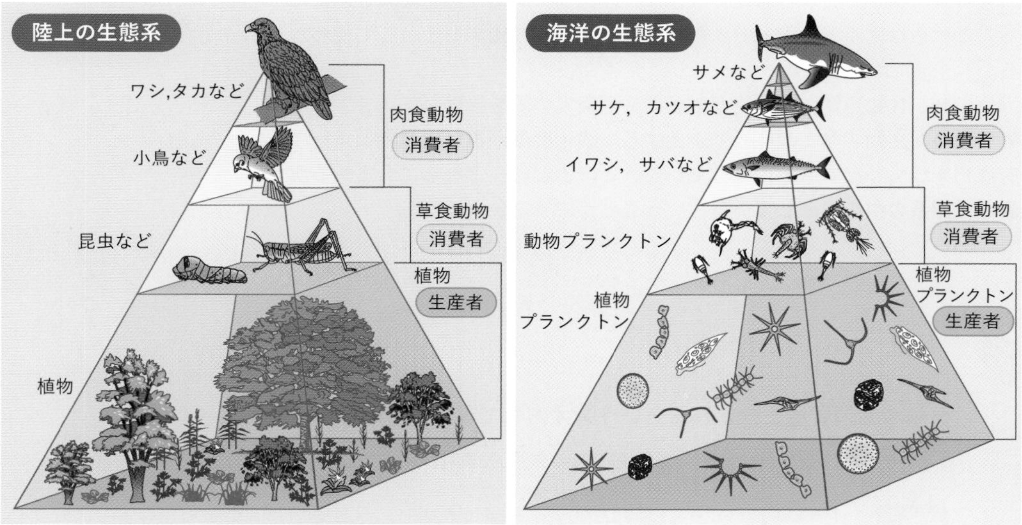

図１　**食物連鎖の各段階の生物の数量的関係**

参考　**生物の数量**

「**生物**《せいぶつ》**の数量**《すうりょう》」というときには**個体数**《こたいすう》または生物の**質量**《しつりょう》(**乾燥質量**《かんそうしつりょう》)のことを示す。どちらを使っても，食物連鎖の数量的な関係はピラミッド形になるが，個体数の場合には，大きな木を，それよりはるかに多くの昆虫《こんちゅう》が食べるなどの例外が見られることもある。

2 生物の数量のつり合い

自然界では**生物の個体数は増減するが**，食物連鎖にかかわる生物どうしの関係によって**その変化は一定の範囲**《はんい》**に保たれている**。たとえば，カナダのある地域でのカンジキウサギとオオヤマネコの捕獲《ほかく》された毛皮の数から推定される数量関係は，図2のようになった。

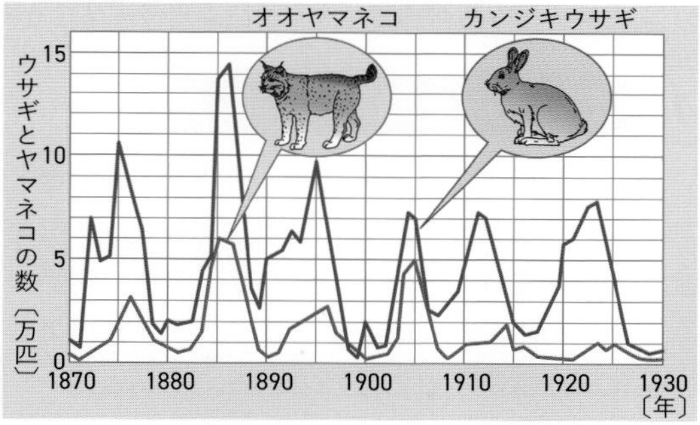

図2　**カンジキウサギとオオヤマネコの個体数の変化**

生態系を構成する生産者と草食動物と肉食動物の数量変化についてみてみると，図3のようなしくみでつり合いが維持《いじ》されていると説明することができる。

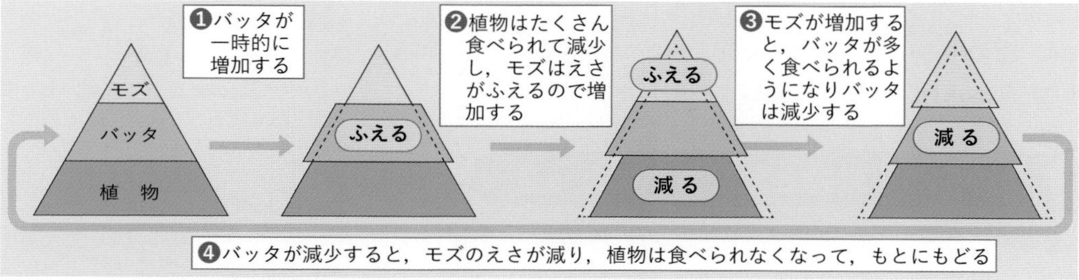

図3　**ある生態系の生物の数量変化**

TRY! 思考力

図2におけるカンジキウサギとオオヤマネコの個体数の増減から，動物の個体数はどのようなときにふえるといえるのか，2つ答えなさい。

ヒント　グラフの個体数の増加の原因は，増加が始まる少し前に起こっている。

解答例　えさとなる生物がふえたときと，天敵となる動物が減ったとき。

UNIT 4

土の中の小動物

着目 土や落ち葉の中には多くの小動物がすみ，分解者や消費者としてはたらく。

要点

- **土の中の小動物の採集** 光や熱をきらう性質を利用したツルグレン装置《そうち》で採集できる。
- **土の中の小動物のはたらき** 種類ごとに落ち葉や動物のふん，死がいなどを食べて分解する。
- **土の中の食物連鎖《しょくもつれんさ》** 落ち葉などを始まりとする食物連鎖が見られる。

1 土の中の小動物の採集

生態系では，生物は生産者・消費者・分解者とよばれる役割のいずれかを果たし，たがいにつながっている(→ p.254)。陸上の生態系では，分解者の多くは土の中で生活している。

土の中の小動物を観察するとき，大きさによって次の2つの方法により採集することができる。

ヤスデなど数mm以上の比較的《ひかくてき》大きな動物は，落ち葉や土の中からより分け，ピンセットでつまんで採集する。

そして，土の中にいる多くの微小《びしょう》な動物は，右の図1のような装置(**ツルグレン装置《そうち》**)を使って採集し顕微鏡《けんびきょう》で観察する。これは，土の中の小動物は光や熱をきらい，光のくる方向とは反対の方向へ逃《に》げようとする性質を利用したものである。

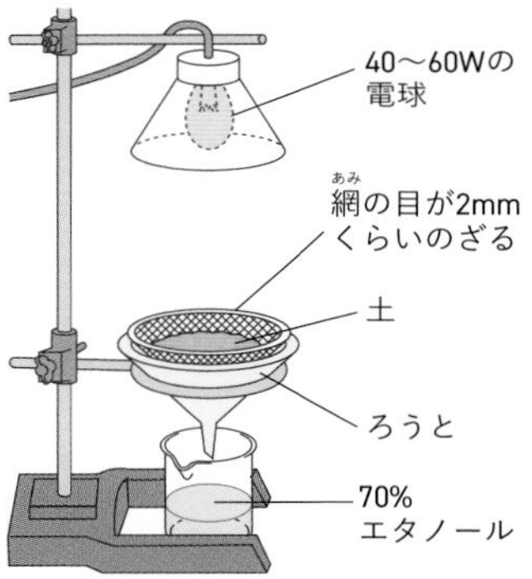

図1 ツルグレン装置
上から電灯の光を当てると，土の中の小動物は下へと逃げ，ざるの目を通りぬけてビーカーの中に落ちる。

2 土の中の小動物と分解者のはたらき

土の中には，図3に示すように，いろいろな種類の小動物がいる。これらは，落ち葉や動物のふん・動物の死がいなどを食べて，ふんとして出し，土にする。

それぞれの小動物が食べるものは，落ち葉や動物の死がいを食べるダンゴムシ(図2)や，分解しかけた落ち葉などを食べるトビムシやササラダニ，細かくなった葉を土とともに食べるミミズ，ほとんど分解されて土になったものを食べるコガネムシの幼虫などさまざまである。

図2 ダンゴムシのはたらきを調べる実験
落ち葉とダンゴムシ5匹《ひき》をペトリ皿に入れて7日間放置すると，落ち葉はほとんど食べつくされ，黒く小さなふんが残る。

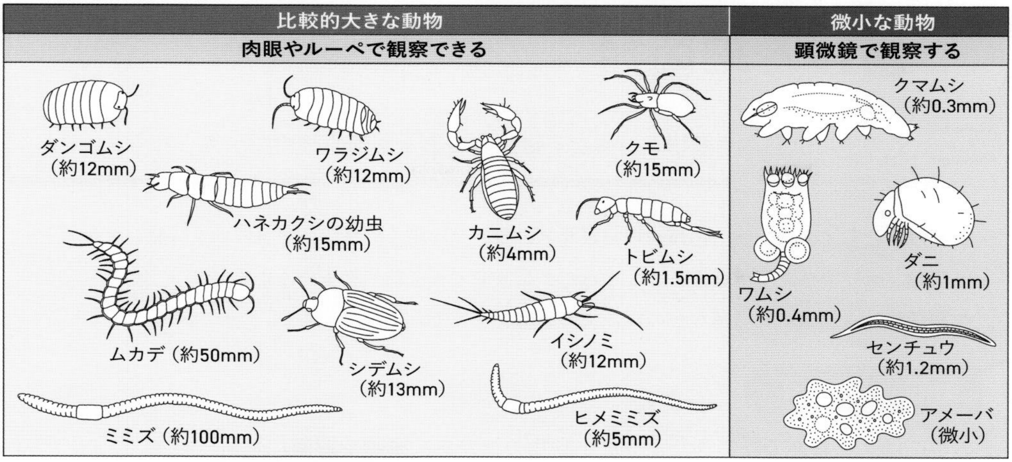

図 3　土の中のいろいろな小動物(倍率は同じではない)

3 土の中の生物の食物連鎖

土の中の小動物には，分解者のほかにムカデやカニムシ，肉食のダニ類など，ほかの動物を食べる消費者として生きるものもいて，**食物連鎖**《しょくもつれんさ》(➡p.252)が見られる。

土の中の生態系における**食物網**《しょくもつもう》(図 4，➡p.253)でも生産者は植物で，落ち葉が出発点になる。そして，それを食べるヤスデやミミズなどの草食性の動物や，ムカデやモグラなどほかの動物を食べる肉食性の動物が消費者となる。

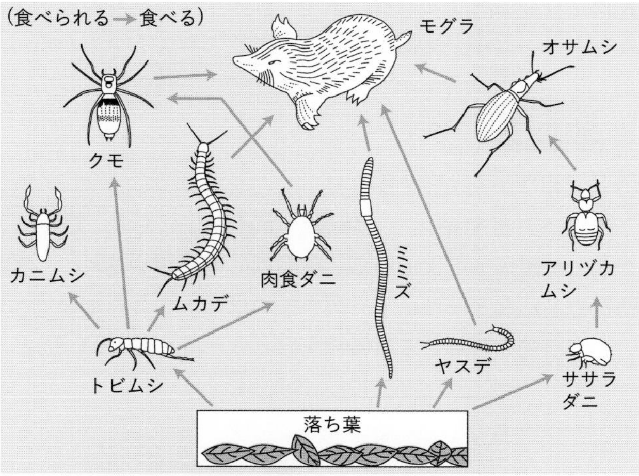

図 4　土の中の生物の食物網の例

TRY! 思考力

ツルグレン装置は，土の中の小動物が光や熱をきらう性質を利用したものであるが，この性質は，これらの小動物が生きるうえでどのような利点があると考えられるか。

ヒント　光や熱のある場所のよくない点や，それと反対側に移動することによる利点を考える。

解答例　地中に移動しようとするため，天敵に見つかりにくい。乾燥《かんそう》から身を守る。

UNIT 5

菌類と細菌類

着目 土の中には動物や植物とは異なる微生物である菌類や細菌類が見られる。

要点

- **分解者としての微生物《びせいぶつ》** 菌類《きんるい》や細菌類《さいきんるい》などの微生物は光合成を行わず有機物を分解して生きる。
- **菌類** カビやキノコのなかまで，からだが菌糸《きんし》でできていて胞子《ほうし》でふえる。
- **細菌類** 大腸菌や乳酸菌などのなかまの単細胞《たんさいぼう》生物で，分裂《ぶんれつ》でふえる。

1 菌類と細菌類

土の中には，これまで見てきたような小動物のほかに，**菌類《きんるい》や細菌《さいきん》類《るい》とよばれる微生物《びせいぶつ》がいる。**菌類や細菌類は葉緑体をもたない[*1]ので，光合成によって養分をつくることができない。動物のようにものを食べる口ももたないため，からだの表面からほかの生物の栄養分(有機物)を吸収して生活している。菌類と細菌類は名前が似ていて栄養のとり方も似ているが，生物として次のように異なる点もある。

＊1
ミカンやもちにつくアオカビは濃《こ》い緑色をしているがこれは胞子の色で，葉緑体をもっているわけではない。

2 菌類

A 菌類のからだのつくり

菌類はカビやキノコ，酵母《こうぼ》[*2]などのなかまで，細長く糸状に細胞《さいぼう》が並んだ**菌糸《きんし》**でできている。菌類は，落ち葉や枯《か》れ木《き》，動物の死がい，動物のふんなどについて，菌糸をのばし，これらの植物や動物の死がい・排出物《はいしゅつぶつ》を分解して有機物をとり入れている(図1左)。

＊2
酵母は単細胞生物であるが，細胞のつくりなどから細菌類ではなく菌類に分類される。

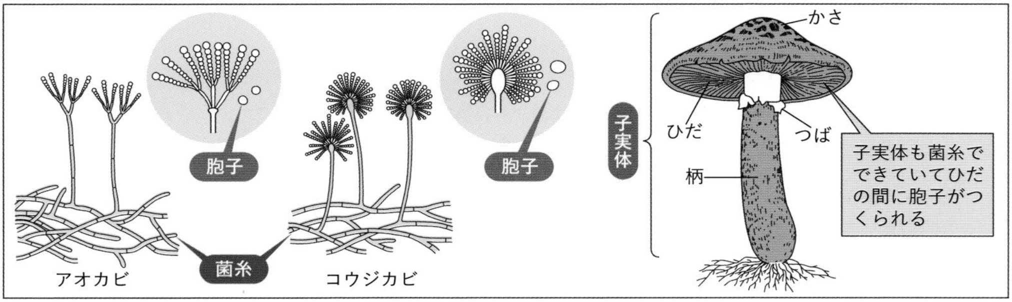

図1 菌類のからだのつくり

B 菌類のふえ方

菌類は胞子《ほうし》でふえ，菌糸のところどころから柄《え》がのびて，その先にたくさんの胞子をつけるものや，**子実体《しじったい》**とよばれる，胞子をつけるための特別な器官をつくるものもある(図１右)。

参考　キノコの胞子紋

キノコの若い子実体から，開いたばかりのかさを切りとり，そのかさの上に軽くぬらした脱脂綿《だっしめん》をのせる。これを黒い紙の上に数時間ふせておくと，紙の上に胞子が落ちて**胞子紋《ほうしもん》**とよばれる模様ができる(図２)。

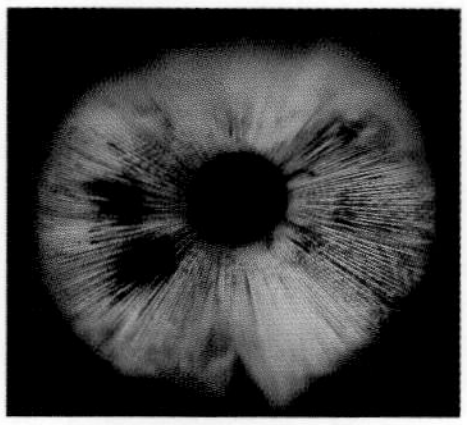

図２　**キノコの胞子紋**

3 細菌類

A 細菌類のからだのつくり

細菌類は大腸菌や乳酸菌・納豆菌《なっとうきん》などのなかまで，からだが１つの細胞だけからできている**単細《たんさい》胞生物《ぼうせいぶつ》**である。からだの大きさはほとんどのものが0.01mm以下で，非常に小さい。

B 細菌類の生活場所

空気中や水中，土中など生物がすむほとんどすべての場所にいる。また，大腸菌など，動物の体内で生活するものもいる。

C 細菌類のふえ方

細菌類は，からだを２つに分ける**分裂《ぶんれつ》**によってふえる(➡ p.68)。

栄養分や水分がじゅうぶんで，温度が適当であれば，20分に１回くらいの割合で分裂するものもある。まわりが乾《かん》燥《そう》したり，温度が高すぎたりすると分裂してふえるには適さなくなるが，このように生活環境《せいかつかんきょう》が悪化すると，胞子をつくって休眠《きゅうみん》するものもある。

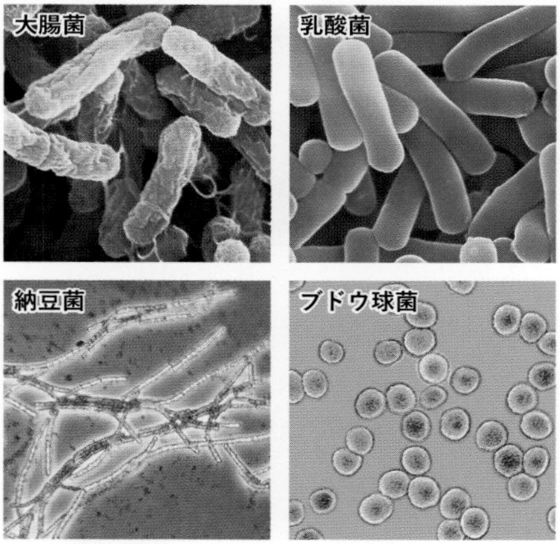

図３　**細菌類**

発展

細菌類の細胞

細菌類は動物や植物，菌類と異なり，核《かく》をもたない簡単なつくりの細胞でできている。

TRY! 表現力

菌類や細菌類が自然界で分解者として果たしているはたらきを簡単に説明しなさい。

ヒント　土の中の小動物と同様のはたらきである。何を何に分解するのかを答える。

解答例　ほかの生物の死がいや排出物に含まれる有機物を呼吸によって無機物に分解する。

UNIT 6

微生物のはたらき

着目 小動物のふんや食べ残しも微生物である菌類や細菌類によって完全に分解される。

要点

- **寒天培地《かんてんばいち》で微生物《びせいぶつ》を培養する実験**　微生物のまわりのデンプンが分解されることがわかる。
- **微生物の食品への利用**　みそ・しょうゆ・納豆などは微生物のはたらきでできた発酵食品《はっこうしょくひん》である。
- **微生物とヒトのからだ**　ヒトの体表や腸内に有益なもの，有害なものなど多くの微生物がいる。

1 菌類や細菌類による有機物の分解を調べる　実験

落ち葉や土についている菌類《きんるい》や細菌類《さいきんるい》をデンプンを含《ふく》んだ培地《ばいち》で培養し，どのようなはたらきをするか観察する。

A 方法・手順

① 有機物としてデンプンを含んだ寒天培地をつくる(図1❶)。
② 寒天培地をペトリ皿ごと滅菌《めっきん》する(図1❷)。
③ 落ち葉や土を入れてよくかき混ぜた水を寒天培地にぬる(図1❸)。少量の土を直接寒天培地にのせる簡略化した方法もある。
④ ペトリ皿にふたをして，20～25℃に保ち，1週間放置する(図1❹)。
⑤ 1週間後，寒天培地にヨウ素液をかけて，ヨウ素に対する反応の有無を調べる。

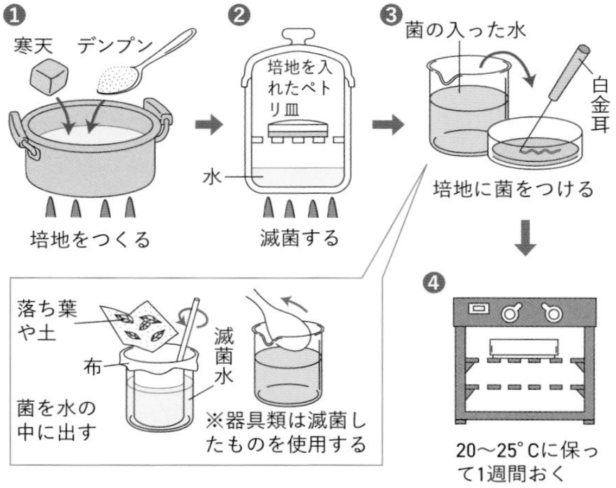

図1　**菌類や細菌類によるデンプンの分解の実験手順**

B 結果・考察

① 寒天培地のところどころに白いかたまりができる。これは菌類や細菌類の集まりで**コロニー**という。
② コロニーとその周辺ではヨウ素液に対する反応は見られない(図2)。これは**寒天中のデンプンが菌類や細菌類によって分解された**ためである。手順③を簡略化した場合，コロニーは見られないが同様に土のまわりのデンプンが分解される。

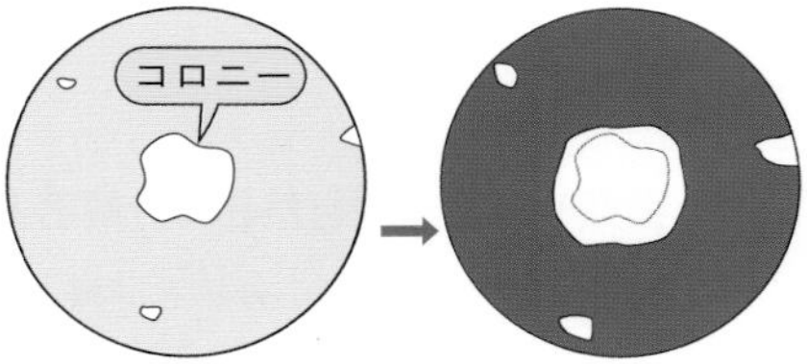

図2　**菌類・細菌類のコロニーとヨウ素に対する反応**

2 さまざまな微生物のはたらき

A 菌類と細菌類の利用

❶ **食品への利用**　みそ，しょうゆ，みりん，米酢《こめず》などの調味料はいずれも**麹菌《こうじきん》**を利用してつくられている。麹菌は材料の豆や米に含まれるデンプンを分解して甘《あま》みを，タンパク質や脂肪《しぼう》を分解してうま味のある物質をつくり出す。

日本酒のアルコールは，麹菌が米のデンプンを分解してつくった糖類を**酵母《こうぼ》**が分解することでつくられている。また，納豆は**納豆菌《なっとうきん》**を，ヨーグルトは**乳酸菌《にゅうさんきん》**を利用してつくられている。これらの微生物《びせいぶつ》のはたらきでつくられる調味料や食品は**発酵食品《はっこうしょくひん》**とよばれる。*1

❷ **水の浄化《じょうか》**　下水処理場では，よごれた水の有機物などを除くためのもっとも安価で効率的な方法として分解者である微生物が利用されている。多くの場合，沈《しず》みやすいよごれを沈殿《ちんでん》させて除いたあと，微生物を多く含む泥《どろ》(活性汚泥《かっせいおでい》)を混ぜて空気を送《おく》り込《こ》むことで微生物の呼吸をさかんにし，大量の有機物を分解させている。微生物による分解がすむと活性汚泥を沈殿させた上澄《うわず》みの水を消毒して海や川にもどされる。

B 微生物とヒトのからだ

微生物はヒトの体表や腸内などにもすんでいる。大人の腸内には数百種類の細菌が生きていて**腸内《ちょうない》細菌《さいきん》**とよばれる。*2 腸内細菌には乳酸菌やビフィズス菌のように消化を助けるはたらきをする細菌もある一方，ブドウ球菌やウェルシュ菌のように有害な物質をつくるものもある。

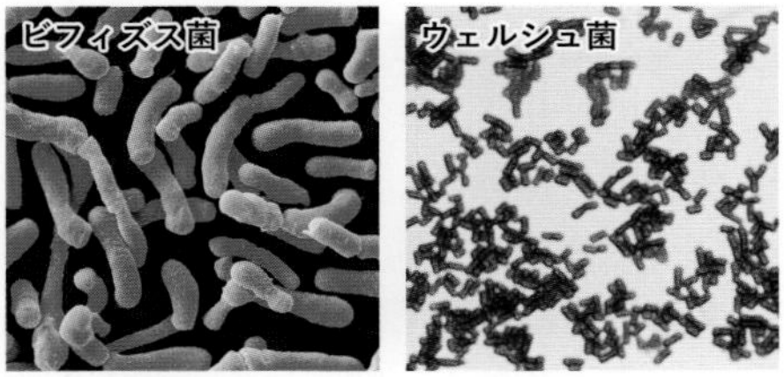

図 3　**細菌類**

サルモネラ菌や黄色ブドウ球菌などの有害な細菌やこれらの細菌がつくった有害な物質を含む食物を食べると下痢《げり》や吐《は》き気《け》などの症状《しょうじょう》を起こすことがある。これが食中毒である。

*1
有機物が細菌類によって分解され，有害な物質ができたり悪臭《あくしゅう》を放つようになったりすること(つまり，くさること)を**腐敗《ふはい》**という。腐敗と発酵のちがいは，人間にとって望ましくないか役に立つかのちがいだけである。

*2
1人の腸内にいる細菌の数は数百兆個といわれ，これはヒトの細胞(体重70kgの大人で約37兆個とされる)より多い。

TRY! 思考力

図1の実験で，微生物が栄養分をとり入れるために行ったことを答えなさい。

ヒント　寒天培地上で起こった変化は，微生物がデンプンをそのままの状態では吸収できなかったためと考えられる。

解答例　からだからデンプンを分解する物質を出した。

UNIT 7

炭素と酸素の循環

着目 生物に必要な炭素や酸素は生物どうしの間と生物外の環境との間を循環している。

要点

- **炭素の循環《じゅんかん》** 大気中の二酸化炭素として植物《しょくぶつ》にとり込《こ》まれて光合成で有機物の合成に使われ，食物《しょくもつ》連《れん》鎖《さ》を通じて生物間を移動したあと，分解されて二酸化炭素にもどる。
- **酸素の循環** すべての生物は大気中の酸素を利用して呼吸し，生産者が大気中に放出する。

1 炭素の循環

生態系において植物は光合成を行って無機物からすべての生物に必要な有機物を合成するが，有機物をつくる材料となる炭素や酸素などの原子は無限ではない。これらの物質は生物の活動を通じて生態系の中を循環《じゅんかん》し，生物の歴史を通じて利用され続けている。

炭素(C)は，次の①～③をくり返しながら自然界を循環する(図 1)。

① **植物《しょくぶつ》**が，光合成によって，水と二酸化炭素(CO_2)から有機物を合成する。植物の光合成によって，空気中の二酸化炭素の炭素が有機物中にとり込《こ》まれる(図 1 ❶)。

② **生産者《せいさんしゃ》→消費者《しょうひしゃ》**，そして最終的には**分解者《ぶんかいしゃ》**へと，食物連鎖によって有機物が生物間を移動する。有機物中の炭素もそれにともなって移動する(図 1 ❷)。

③ **すべての生物**が，呼吸によって有機物を分解し，二酸化炭素を空気中に放出する。これによって，有機物中の炭素が二酸化炭素の形で生物のからだから外界である空気中に出る(図 1 ❸)。

参考 有機物の合成

光合成によって植物の体内でつくられるのは炭水化物《たんすいかぶつ》であるデンプンだが，生物が成長するためには，炭水化物だけではなく，タンパク質や脂肪《しぼう》も必要である。これらの有機物は，糖を材料として，体内で次のようにしてつくられている。

❶ **炭水化物** 糖をたくさんつないでつくられる。

❷ **タンパク質** 糖が変化したものに窒素化合物《ちっそかごうぶつ》が結合してアミノ酸がつくられ，アミノ酸をつないでタンパク質がつくられる。

❸ **脂肪** 糖が変化したものからつくられる。

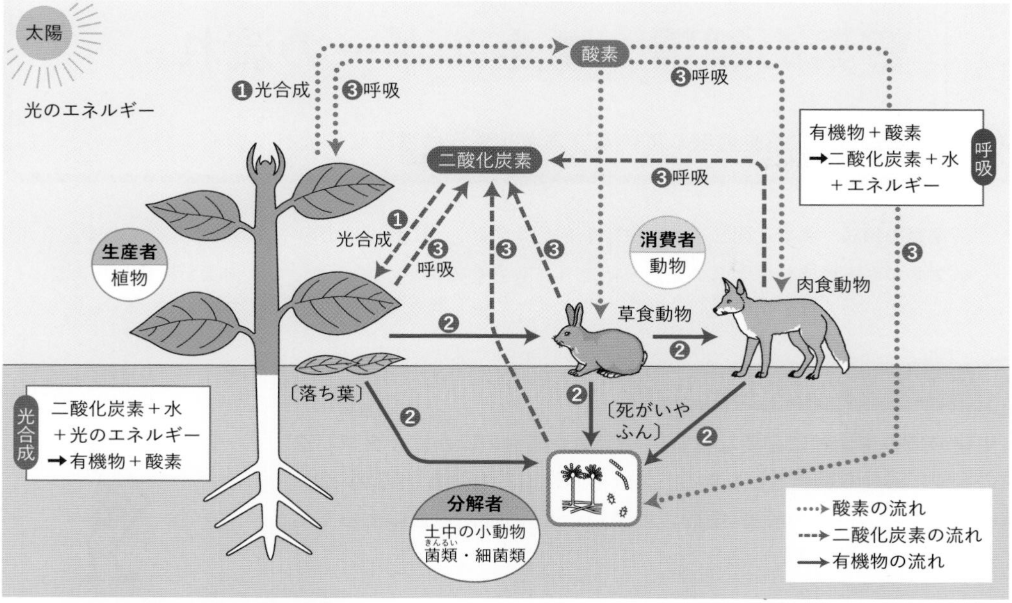

図1　自然界での炭素と酸素の循環の例

2 酸素の循環

大気中に含まれる気体の酸素(O_2)は，生産者・消費者・分解者すべての生物の呼吸に使われ，生産者である植物の光合成によって水(H_2O)からつくられて再び大気中へと放出される。

酸素原子(O)は，大気中の酸素として存在するほか，水となったり,[*1] 炭素とともに有機物を構成する物質として生物の活動を通じて自然界を循環している。

＊1
生物のからだをつくる有機物には水素原子(H)も含まれていて，この水素と酸素から水ができる。

TRY! 思考力

炭素はさまざまな物質の材料となって自然界を循環している。炭素を含む自然界の化合物をできるだけ多くあげなさい。

ヒント　生物の呼気に含まれる気体やプラスチックなどの人工のものを除く有機物がある。

解答例　二酸化炭素，ブドウ糖，麦芽糖《ばくがとう》，デンプン，タンパク質，アミノ酸，脂肪《しぼう》，脂肪酸，モノグリセリド，パルミチン酸，酢酸《さくさん》，DNA，エタノール，メタン，炭酸カルシウム(石灰石)，炭酸水素ナトリウム(重《じゅう》そう)，炭酸ナトリウム

UNIT 8

窒素の循環・エネルギーの流れ

着目 窒素も生態系を循環している。エネルギーは循環せず流れていく。

要点

- **窒素《ちっそ》の循環《じゅんかん》** 炭素と同じように生態系を循環するが，出発点は土の中の窒素化合物である。
- **エネルギーの流れ** 太陽の光から始まり，有機物のエネルギーとして生物間を移動したあと，最終的には熱エネルギーとして使えなくなり，循環するといえない。

1 そのほかの物質の循環

生物の成長や活動に必要な物質には炭素や酸素のほかに，タンパク質の合成に必要な窒素《ちっそ》などもある。これらの物質も生産者(植物など)・消費者(動物など)・分解者(菌類《きんるい》・細菌類《さいきんるい》など)のはたらきによって生態系内を循環《じゅんかん》している。

発展 窒素の循環

窒素(N)はタンパク質をつくるために必要な元素で，生物と外界を行き来して自然界を循環している(図1)。

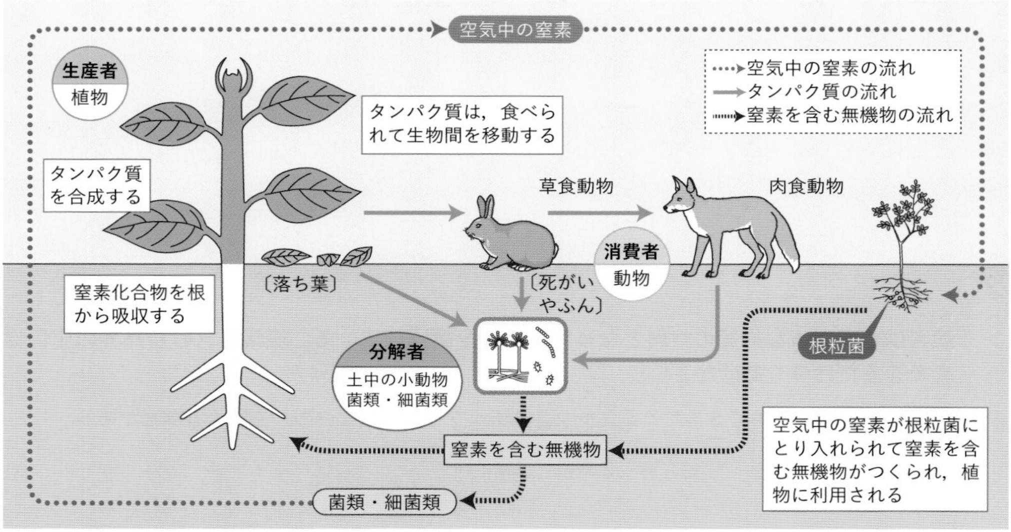

図1 **自然界での窒素の循環の例**

炭素と同様に，植物が無機物をとり込《こ》んで合成した有機物が食物連鎖《しょくもつれんさ》を通じて生物の間を移動し，分解者によって無機物に分解される。

窒素はおもに空気中の気体(N_2)として存在するが，植物は気体の窒素を直接とり込んで利用できない。このため，窒素はおもに生物と土中の窒素化合物の間を行き来して循環する。窒素は，リン，カリウムとともに植物を栽培《さいばい》する際の肥料の成分として重要である。

マメ科植物などの根に根粒《こんりゅう》(図 2)とよばれるこぶをつくって共生する**根《こん》粒菌《りゅうきん》**は，空気中の窒素をとり込んで窒素化合物をつくることができる(このはたらきを**窒素固定《ちっそこてい》**という)。[*1]

反対に，土中にすむ一部の細菌《さいきん》は窒素化合物を気体の窒素に変えるはたらき(**脱窒《だっちつ》**という)をもち，窒素を大気中に放出している。

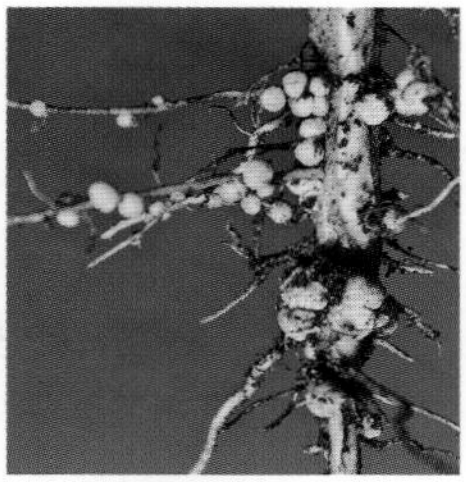

図 2　**根粒**

*1
マメ科植物は根粒菌のつくった窒素化合物を利用することで窒素化合物の少ない土でも成長できる。

発展　エネルギーの循環

植物は，光合成によって，太陽の光のエネルギーを有機物中にとり込む。そしてとり込まれたエネルギーは，食物連鎖によって，生物から生物へと移動する。

生物体内にとり込まれた有機物は，呼吸や成長の材料として使われるが，呼吸の材料としてエネルギーがとり出されたぶんは分解され，消費されてしまう。

有機物は食物連鎖の各段階で消費されていき，最終的には分解者によってすべて消費される。それにともないエネルギーが利用されて熱エネルギーに変わり使えなくなるので，エネルギーは自然界を循環するとはいえない(図 3)。

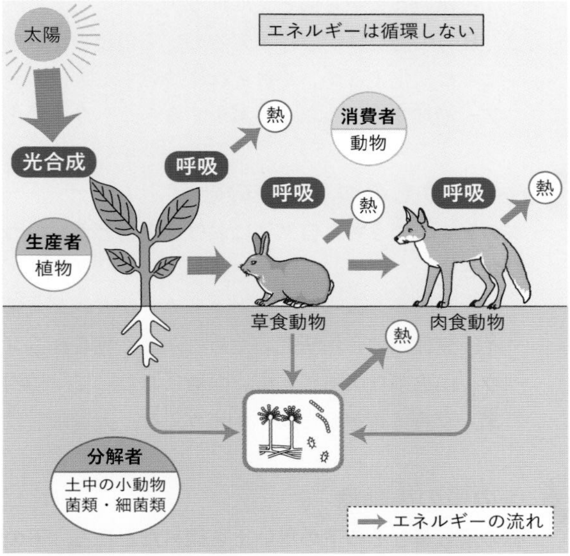

図 3　**自然界でのエネルギーの流れ**

TRY! 思考力

農作物や園芸植物を育てるためには，窒素を含《ふく》む肥料をあたえることが重要である。その理由を答えなさい。

ヒント　炭素は肥料としてあたえなくてもよいが，窒素はあたえる必要がある。そのちがいを考える。

解答例　植物はタンパク質などをつくるために窒素を必要とするが，空気中の窒素をとり込んで利用することができないから。

定期テスト対策問題

解答 ➡ 別冊p.12

問 1 生物の数量的関係のピラミッド

右図は，ある草原で食べるものと食べられるものの関係にある生物A～Dについて，その量的関係を調べ，模式的に表したものである。これについて，次の問いに答えなさい。

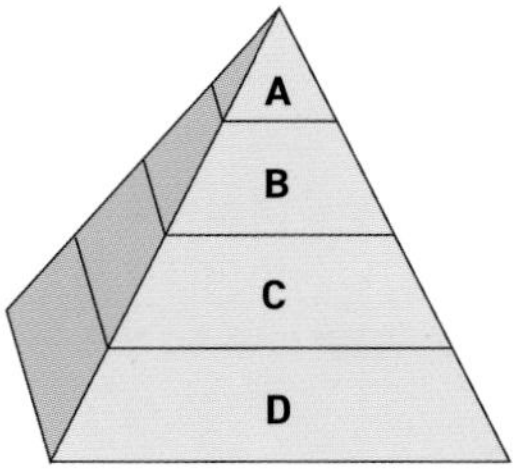

(1) 図中の**A～D**のような食べるものと食べられるものとの関係にある生物どうしをひとつながりに考えた関係のことを何というか。

(2) 図中の**D**は，この草原で生活する生物のつながりの中で果たす役割のうえから何とよばれるか。

(3) **B**の生物だけが急にふえると，その後の比較的《ひかくてき》短い期間では，**A**や**C**の生物の個体数はどのように変化するか。それぞれについて，次の**ア～ウ**から１つ選び，記号で答えよ。

ア 増加する　**イ** 減少する　**ウ** 変化しない

問 2 生物どうしのつり合いの破壊

次のア～エのうち，自然界における生物どうしのつり合いを破壊《はかい》する原因となるものをすべて選びなさい。

ア 外国から入ってきたアメリカザリガニが大繁殖《だいはんしょく》した。

イ 夏休みの自由研究のために，よく見られるコガネムシを虫かごいっぱいとった。

ウ 山火事によって，広い面積にわたって，植物が焼きつくされた。

エ 家畜《かちく》に害をおよぼすオオカミを，大量に射殺《しゃさつ》した。

問 3 土の中の小動物

林の落ち葉とその下の黒い土を調べたところ，下の図のような小動物が観察された。これについて，次の問いに答えなさい。

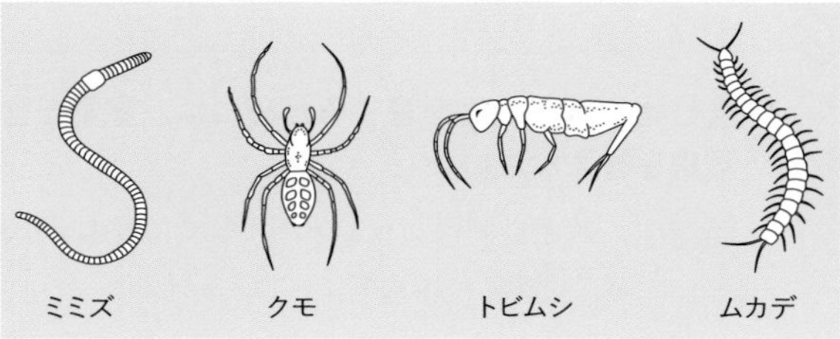

(1) おもに，ほかの動物を食べて生活している動物はどれか。右からすべて選べ。

(2) おもに，落ち葉を食べて生活している動物はどれか。右からすべて選べ。

(3) 林の下の地表では，食物連鎖《しょくもつれんさ》の始まりは何か。３つ答えよ。

問 4 土の中の微生物のはたらき

次の実験について，あとの問いに答えなさい。

［実験］

① 右図のように，ビーカーの中に布を広げて水を入れ，その中に森林内の落ち葉や土を入れてよく混《ま》ぜ，布《ぬの》でこす。

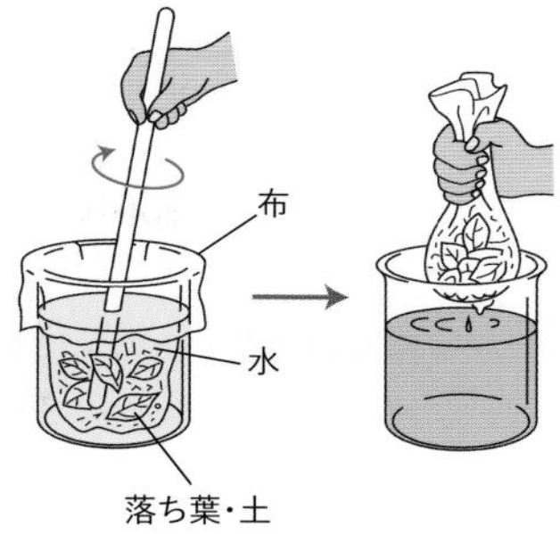

② 3本の試験管**A**，**B**，**C**を用意し，**A**と**B**には①でこした水を，**C**には純粋《じゅんすい》な水を同じ量ずつ入れ，**B**だけガスバーナーで加熱して沸騰《ふっとう》させる。

③ **B**の液がさめたら，**A**，**B**，**C**それぞれに同じ量ずつデンプン溶液《ようえき》を加えてふたをし，3日間置く。

④ 3日後，**A**，**B**，**C**の試験管に，それぞれヨウ素液を加えて色の変化を観察する。

⑴ ②で，**B**に入れた水を加熱して沸騰させるのはなぜか。簡潔《かんけつ》に書け。

⑵ ④で，ヨウ素液を加えたときに青紫色《あおむらさきいろ》にならない試験管はどれか。**A**〜**C**からすべて選べ。

⑶ ⑵で答えた試験管で，ヨウ素液を加えたときに青紫色にならなかったのは，ある生物が原因となっている。その生物を次の**ア**〜**ウ**から1つ選べ。

ア ダニなどの小動物　**イ** 昆虫《こんちゅう》の幼虫　**ウ** 菌類《きんるい》や細菌類《さいきんるい》

問 5 自然界での物質の循環

右の図は，ある森林の自然界における，生物による一部の物質の循環経路《じゅんかんけいろ》を示したものである。これについて，次の問いに答えなさい。

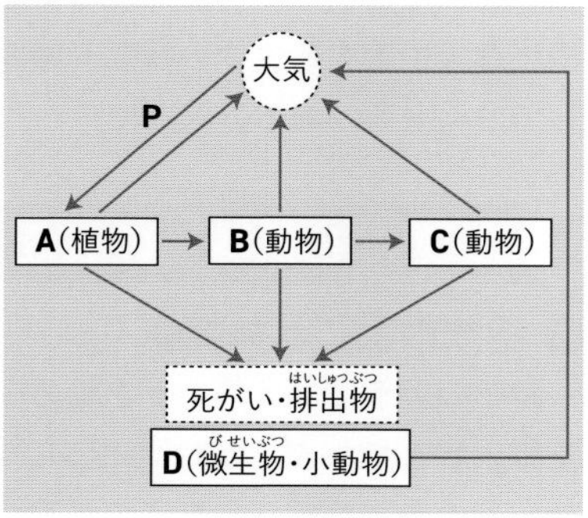

⑴ 右の図の矢印は，何という物質の流れを示したものか。次の**ア**〜**エ**から1つ選べ。

ア 酸素　**イ** 炭素　**ウ** 水素　**エ** 窒素《ちっそ》

⑵ 矢印**P**で示した物質の流れは，**A**の生物群のどのようなはたらきによるものか。次の**ア**〜**エ**から1つ選べ。

ア 呼吸　**イ** 蒸散　**ウ** 消化　**エ** 光合成

⑶ **A**の生物群を生産者とよぶのに対して，**D**の生物群は，物質の循環における役割から特に何とよばれるか。次の**ア**〜**エ**から1つ選べ。

ア 消費者　**イ** 分解者　**ウ** 捕食者《ほしょくしゃ》　**エ** 寄生者

⑷ 次の**ア**〜**エ**のうち，**B**の生物群にあてはまる生物の組み合わせはどれか。1つ選べ。

ア セミ，トンボ，カエル　**イ** アリ，ムカデ，クモ

ウ バッタ，リス，ウサギ　**エ** ヘビ，フクロウ，イタチ

UNIT 1

身近な自然環境の調査

着目 自然環境を保全するためには環境条件や生物のつながりを知る必要がある。

要点

- **環境《かんきょう》の保全《ほぜん》** 自然環境を維持《いじ》するために人間がかかわっていくこと。
- **環境調査** 自然環境を保全するためには現状の生態系の状態を把握《はあく》しておく必要がある。
- **指標生物《しひょうせいぶつ》** その生物がいるかいないかで調査した場所の環境の状態を知ることができる。

1 環境調査の必要性

地球上の生態系では，森林や草原，河川や海などのさまざまな環境《かんきょう》にそれぞれ特有の多種多様な生物がすんでいる。これらの生物はその生態系の日当たり・温度・水の量や水質・土壌《どじょう》の性質などの環境条件のもとでバランスを保って生息・生育しており，人間の活動によって生息場所がこわされたり環境条件を変えられてしまうと，回復不可能な変化をもたらすこともある。

人間が自然環境を維持《いじ》するためにかかわっていくはたらきを保全《ほぜん》という。自然環境を保全するには，環境条件や生息・生育する生物の状態や関係を調査し，正しく知っておく必要がある。

図1 **開発による環境改変**
宅地造成のため，森林を伐採《ばっさい》し山を削《けず》っている。

2 身近な自然環境の調査

Ⓐ 空気のよごれの調査

図2のようにプラスチック管の一方をゴム管で足ふみ空気入れとつなぎ，反対側の口に輪ゴムでガーゼをかぶせたものを用意する。交通の影響《えいきょう》が予想される場所で足ふみ空気入れを10分程度ふんでガーゼに空気を通し，ガーゼについたよごれを観察する。いろいろな場所で同様の調査を行い，周囲の環境とガーゼのよごれ方の関係を調べ，考察する。

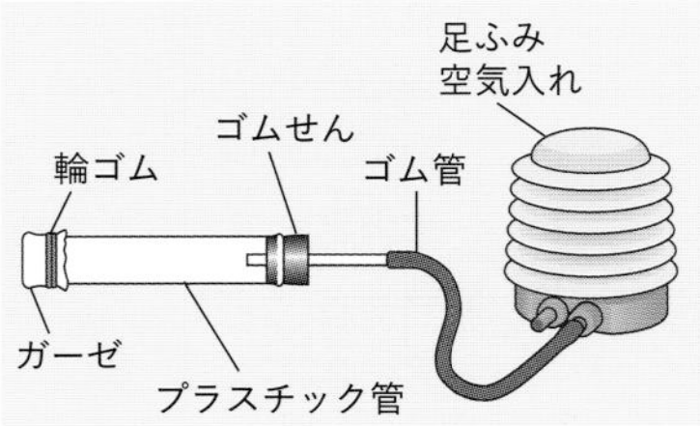

図2 **空気のよごれを調べる装置**

Ⓑ マツの葉の気孔の調査

マツの葉の気孔《きこう》には空気中のすすなどのよごれがたまりやすい。

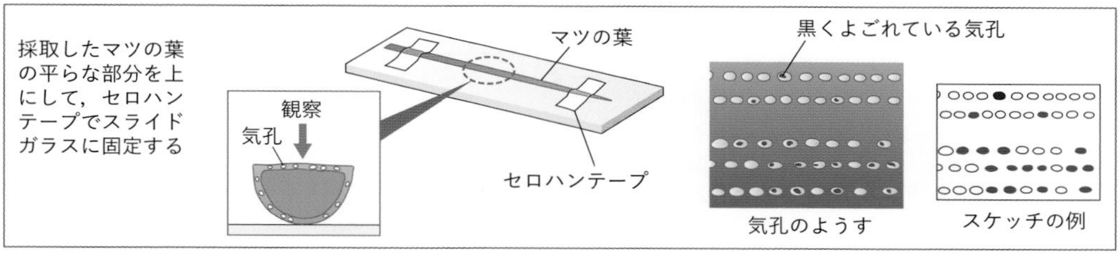

図3　**マツの葉の気孔を調べる**

図3のようにしてマツの葉の気孔を顕微鏡《けんびきょう》で観察し，黒くよごれた気孔の数と観察した気孔の総数の割合を調べ，マツの葉を採取した場所の環境を考察する。

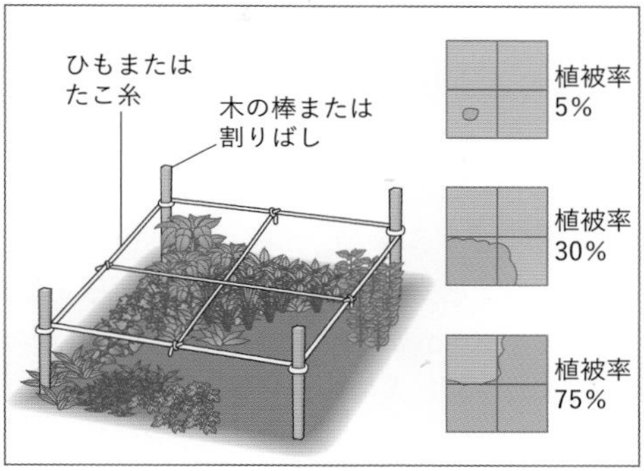

図4　**コドラートによる植生調査**

C コドラートを用いた植生調査

植物の生育している場所を決まった広さで区切るわくを**コドラート**という。

公園や校庭などで割りばしとひもを使って1m四方のわくをつくり，植物におおわれている地面の割合(**植被率**《しょくひりつ》という)および植物の種類ごとにその種類が地面をおおっている割合(**被度**《ひど》という)を調べる。

日当たりや土壌のかたさ・湿《しめ》り具合も調べ，植生《しょくせい》*1と環境条件の関係を考察する。

*1
ある場所においてそこに生育している植物全体を**植生**という。

D 水生生物や土壌生物の調査

水生生物は，きれいな水にすむサワガニや，きたない水にすむユスリカの幼虫など，水質によってすむ種類が異なるため，川底の生物を採取して種類や数を調べることで水のよごれの程度を調べることができる(➡ p.272)。このように，その場所の環境条件を知るめやすとなる生物を**指標生物**《しひょうせいぶつ》という。また，土の中の生物(土壌生物)の種類や数を調べる(➡ p.258)ことで，開発が進んでいるか自然が残されているかの度合いなどを知ることができる。

TRY! 思考力

川にすむ水生生物の種類を調べるとその場所の水質を知ることができるのはなぜか。

ヒント　きれいな水ときたない水ではえさとなる有機物や植物，酸素濃度《さんそのうど》などの生物が生きるための環境条件が異なる。

解答例　生物の種類によって生息できる水質が異なるから。

特集

指標生物と川のよごれ

水質に関する指標生物の採取

● 指標生物

水中にすんでいる生物を**水生生物**《すいせいせいぶつ》とよぶ。川の中にすむ生物の種類を調べることで，その地点の水質を調べる方法を**生物学的水質判定**《せいぶつがくてきすいしつはんてい》といい，判定に用いる生物を**指標生物**《しひょうせいぶつ》という。

● 調査に適した場所

① 多くの生物が見つけられる場所を選ぶこと。水深が30 cmほどで川幅《かわはば》が広く，流れがあり，川底にこぶし大の石が多いような所がよい。

② 川底がコンクリートの所やヨシなどの植物が川全体をおおっている所，水の流れがない所は生物が少なく調査に適さない。

● 採取方法

① 調査場所の下流側の川底に網《あみ》をしっかりと置いてから，石をしずかにとり上げてバットまたはバケツの中に入れる。石を除いたときに流れる生物を逃さないよう注意する。

② 石をとり上げたあとの川底にも生物がいるので，下流側に網を入れ，シャベルや足でかき混ぜて，流れる生物を採取する。このとき砂利《じゃり》や落ち葉も一緒に採取しておく（図２）。

③ 網や石，砂利に付着した水生生物をピンセットなどでぬき出し，バットや容器に集める。

④ 調査後は石や生物などをもとの場所にもどす。

● 水質の判定

水質階級を「**Ⅰ．きれいな水**」，「**Ⅱ．ややきれいな水**」，「**Ⅲ．きたない水**」，「**Ⅳ．とてもきたない水**」とし，採取した水生生物のうち水質判定のめやすとなる指標生物の個体数を調べる。次のページのように集計して水質階級を求める。

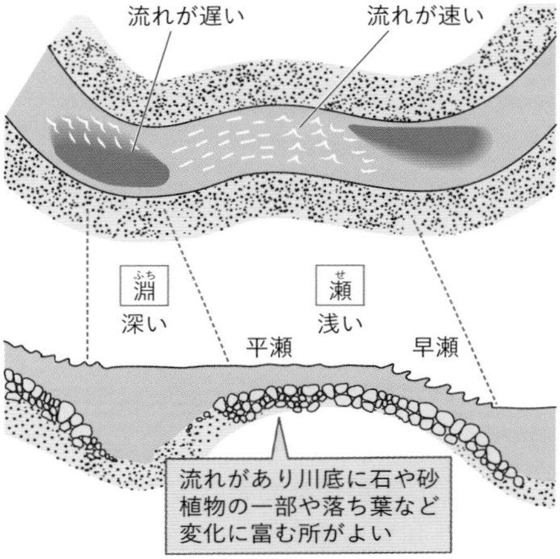

図１　**川の地形と採取に適した場所**

図２　**川の水生生物の採取方法**

指標生物の分類と水質階級の判定

● 指標生物の種類と水質階級

指標生物は次のような種類が指定されている。これらの水生生物がどれだけ見られたかを調べることで，水のよごれの程度を**水質階級**《すいしつかいきゅう》**I～IVの4段階**で評価することができる。

採取した個体数が多いほうから2種類の指標生物を●（2点），そのほかの指標生物を○（1点）として水質階級ごとに合計し，I～IVのうち合計点数がもっとも多い階級を調査地点の水質階級とする。

<table>
<tr><th></th><th>水質階級I</th><th>水質階級II</th><th>水質階級III</th><th>水質階級IV</th></tr>
<tr><td>環境</td><td>きれいな水
㊀ 上流域の渓流《けいりゅう》の水</td><td>ややきれいな水
㊀ 栄養塩の流入がある中流域の水</td><td>きたない水
㊀ 田畑から流れた水，川の水の増減によりとり残された水</td><td>とてもきたない水
㊀ 排水《はいすい》が流《なが》れ込《こ》む下流域の水</td></tr>
<tr><td>指標生物</td><td>
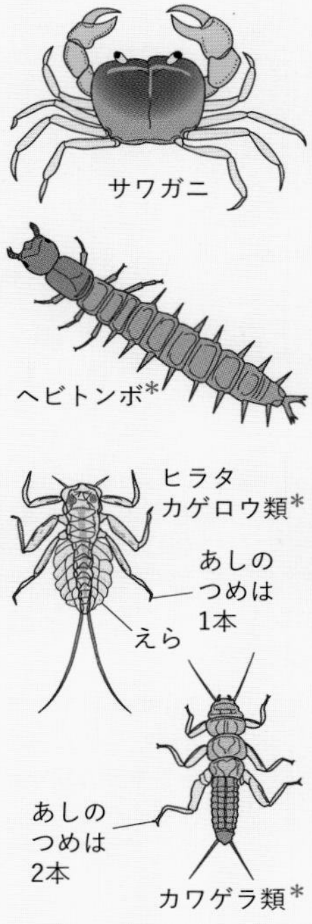

ヨコエビ類
ナガレトビケラ類*
ナミウズムシ
アミカ類*
ブユ類*
ヤマトビケラ類*</td><td>
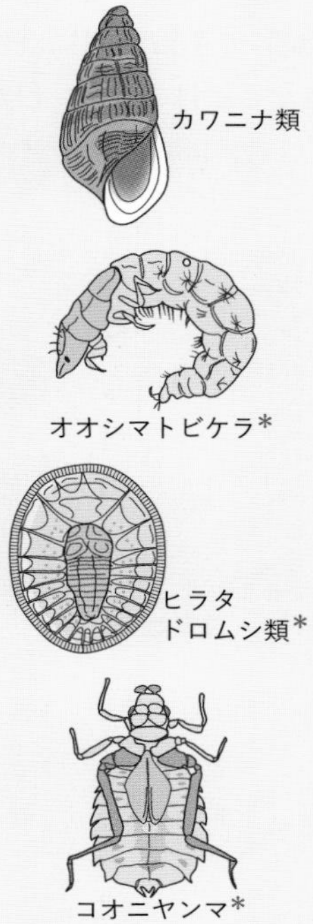

ゲンジボタル*
ヤマトシジミ
イシマキガイ
コガタシマトビケラ類*</td><td>
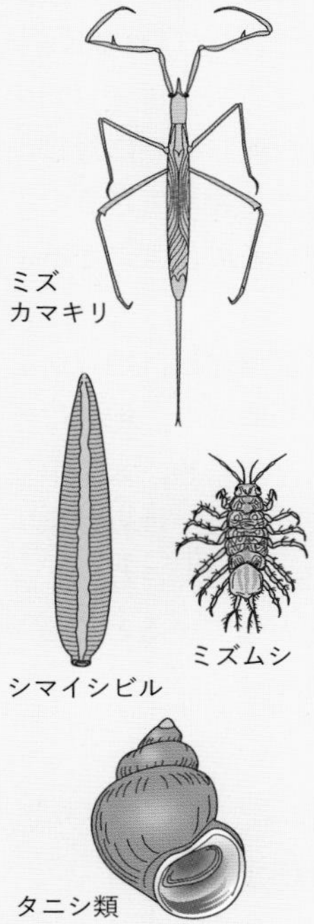

ニホンドロソコエビ
イソコツブムシ類</td><td>
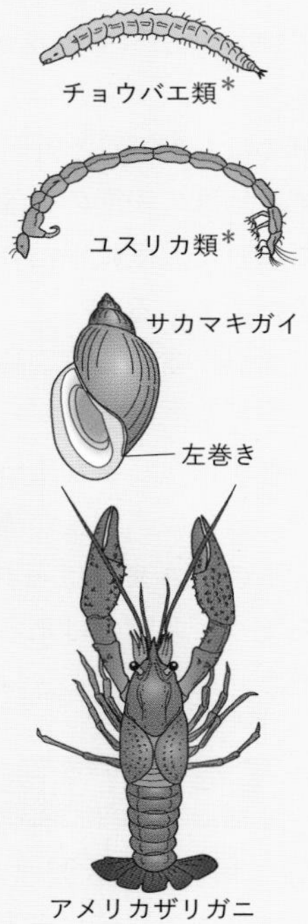

エラミミズ</td></tr>
</table>

＊印の生物は昆虫《こんちゅう》の幼虫。水質階級IIIのミズカマキリは幼虫，成虫ともに水中で生活する。

UNIT 2

二酸化炭素と地球温暖化

着目 二酸化炭素などの温室効果ガスの増加によって地球の平均気温が上昇している。

要点

- **温室効果《おんしつこうか》** 大気中の二酸化炭素には熱を吸収して地表が冷えるのをさまたげるはたらきがある。
- **地球温暖化《ちきゅうおんだんか》** 産業革命以降，温室効果《おんしつこうか》ガスが大きく増加し，地球の平均気温が上昇《じょうしょう》している。
- **地球温暖化の影響** 海水面の上昇や異常気象，生活環境の変化による生物の絶滅《ぜつめつ》。

1 温室効果

地球をはじめとする天体は太陽からの放射熱によってあたためられている[*1]が，その熱は大気がなければ反射や放射で宇宙空間に逃《に》げてしまう。大気のほとんどない月面では日の当たる所は110°C，日かげでは－170°Cと気温差が激しいのに対して，地球の表面の大部分が生物が生きるのに適した温度に保たれているのは大気があるためである。

大気に含まれる二酸化炭素には，地球から宇宙空間へ放射する熱を吸収し，地球にもどすはたらきがある。そのため，大気中の二酸化炭素濃度《にさんかたんそのうど》が高くなると，地表が冷えるのがさまたげられる(図1)。これは，ちょうど温室のはたらきと似ているところから，温室効果《おんしつこうか》とよばれている。[*2]

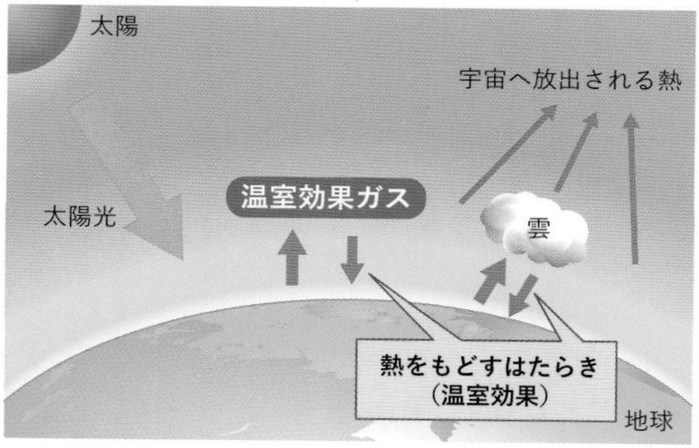

図1 **温室効果**

＊1
熱の伝わり方には伝導，放射，対流の3通りがある(➡p.292)。

＊2
空気中の水蒸気にも温室効果のはたらきがあり，乾燥《かんそう》した冬の日の朝などは晴れた日のほうがくもったときより気温が下がる(**放射冷《ほうしゃれい》却《きゃく》**という)。

2 地球温暖化

A 二酸化炭素濃度の増加

大気中の二酸化炭素は，生物の光合成と呼吸によって，その量がふえたり減ったりするが，平均的に見るとほぼ一定に保たれてきた。

しかし，18世紀に始まる産業革命以降，**石炭や石油などの化石燃料の使用がふえ，大気中の二酸化炭素濃度は高まる一方である**(図2)。特に，ここ50年くらいの増加率はいちじるしく，世界人口の増加によってその傾向《けいこう》は今後も続くと考えられている。

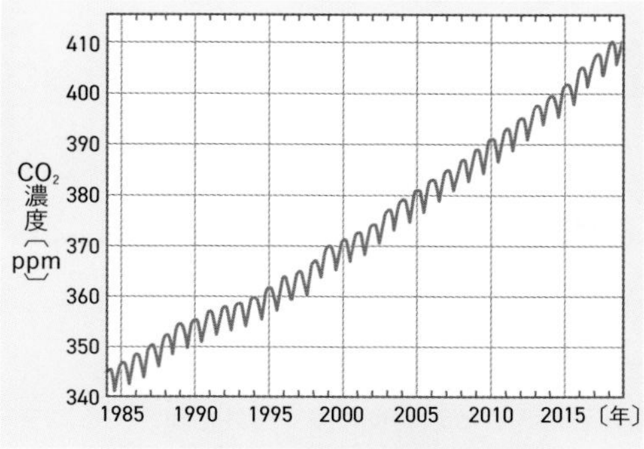

図2　**大気中の二酸化炭素濃度の変化(地球全体)**

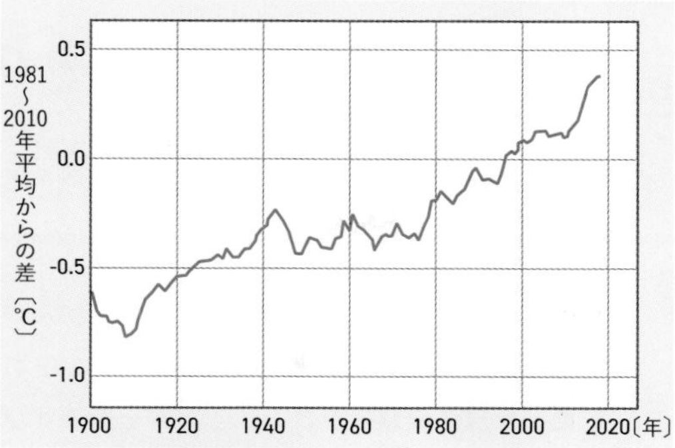

図3　**地球の平均気温の変化**

B 地球の平均気温の上昇

近年，図3で見るように，地球全体の平均気温は少しずつ上昇《じょうしょう》してきている。これを地球温暖化《ちきゅうおんだんか》といい，大気中の二酸化炭素などの**温室《おんしつ》効果《こうか》ガス***3の濃度《のうど》の増加が原因とされている。

*3
二酸化炭素や水蒸気のほか，メタン，窒素酸化物《ちっそさんかぶつ》，フロンなども同様のはたらきがあり，温室効果ガスとよばれる。

3 地球温暖化による影響

地球温暖化が進み，氷河などの陸上の雪や氷がとけたり海水の体積が大きくなることで**海水面の上昇**が予想されている。地球上の人口の多くは標高の低い場所に住んでおり，水没《すいぼつ》による被害《ひがい》が懸念《けねん》される。

また，気温の上昇によって気候の変動が起こり，地域による極端《きょくたん》な降水量の変化，**洪水《こうずい》や干ばつなどの災害がふえる**と考えられている。

野生の生物では，高山にすむライチョウのすみかやえさとなる植物の減少，海水温の上昇によるサンゴの白化(図4),*4北極圏《ほっきょくけん》の氷が減ることによるホッキョクグマの食物の減少や生活場所の縮小，南極に雨が降るようになってペンギンのひなの防水性のない羽毛がぬれて低体温で死んでしまうなどの影響《えいきょう》が報告されている。

図4　**サンゴの白化**

*4
サンゴは光合成を行う藻類《そうるい》を体内に共生させているが海水温が上昇すると藻類が放出される白化現象が起こる。この状態が長く続くとサンゴは死滅《しめつ》する。

TRY! 思考力

図2の二酸化炭素濃度のグラフがぎざぎざに折れ曲がっている理由を答えなさい。

ヒント　大気中の二酸化炭素は生物の活動によってとり込《こ》まれたり放出されたりする。

解答例　生物は年間を通じて呼吸をして二酸化炭素を出しているが，陸地の多い北半球の夏の時期には，植物が光合成をさかんに行い，二酸化炭素が多くとり込まれて減少するため。

UNIT 3

大気の汚染とその影響

着目 人間が空気中に放出した物質が酸性雨やオゾン層の破壊を引き起こしている。

要点

- **酸性雨《さんせいう》** 雨に硫黄酸化物《いおうさんかぶつ》や窒素酸化物《ちっそさんかぶつ》が溶《と》け込《こ》んで強い酸性になったもの。
- **光化学《こうかがく》スモッグ** 工場や自動車から排出された物質が紫外線を受けて有毒な物質を生じる。
- **オゾン層《そう》の破壊** フロンによって上空のオゾン層が破壊されると地表に届く紫外線がふえる。

1 硫黄酸化物や窒素酸化物の増加

自動車の排《はい》ガスや工場などから排出される煙《けむり》などのなかには硫黄酸《いおうさん》化物《かぶつ》や窒素酸化物《ちっそさんかぶつ》が含まれており，近年，それらの大気中の濃度が高くなっていることが問題になっている。

A 酸性雨

雨はふつう，大気中の二酸化炭素が溶《と》けるなどしてわずかに酸性を示しているが，雨のなかに硫黄酸化物や窒素酸化物が溶《と》け込《こ》み，強い酸性を示すようになったものを**酸性雨《さんせいう》**という。[*1] 酸性雨は湖や川の水を酸性に変えてしまったり，大理石やブロンズ像，コンクリートを溶かしたりするなどの被害《ひがい》を生じる(図1)。

B 光化学スモッグ

工場や自動車などから排出された炭化水素と窒素酸化物の混合ガスが，太陽からの紫外線《しがいせん》の影響を受けて光化学反応を起こし，有害物質がうすい煙のように空気中をただよう現象を**光化学《こうかがく》スモッグ**という。光化学スモッグは大都市で夏の日中に発生しやすい。目や気管支などの粘膜《ねんまく》を傷つけ呼吸困難を起こすなどの健康面への影響のほか，植物を枯《か》らすなどの被害も出ている。

*1
pHが5.6以下になった雨を**酸性雨**とよぶ。

図1 **酸性雨によって表面がくずれた石像(イギリス)**

図2 **大気中の汚染物質でかすむ都市**

2 オゾン層への影響

地球の上空には太陽から地表に届く紫外線《しがいせん》を減らす**オゾン**(O_3)という気体を含んだ**オゾン層**《そう》がある(図3)。

ところが，南極大陸の上空でオゾンの量が年々《ねんねん》減り，特に南半球が春から夏になる時期にはオゾンが極端《きょくたん》に少なくなる**オゾンホール**が発生することが1985年ごろから明らかになった(図4)。その原因は，本来，自然界にはなかった**フロン**という物質を使い，それが大気中に放出されたことで，上空に達したフロンがオゾンを分解しているためであった。

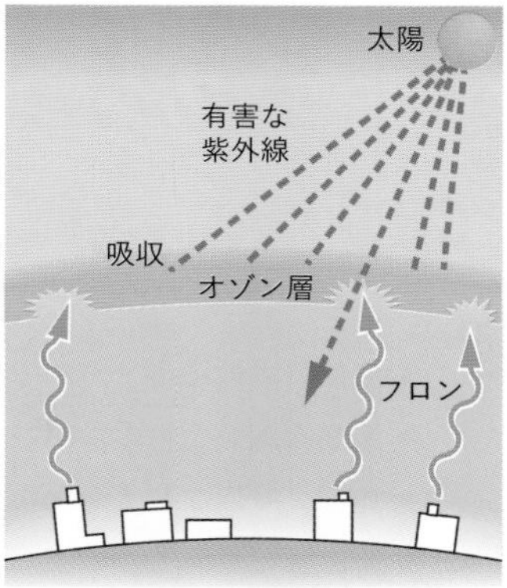

図3 **オゾン層のはたらきと破壊**

オゾン層が破壊《はかい》されると，地表に届く紫外線の量がふえ，**皮膚《ひふ》がんや白内障《はくないしょう》**[*2] **の発生の増加**や**農作物の減少**につながるおそれがあると懸念《けねん》されている。

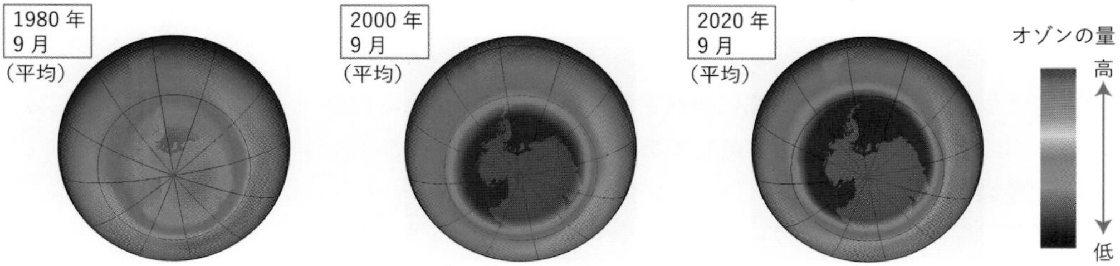

南極では，毎年8月頃～12月頃(夏)にオゾンホールが大きくなる。出典 NASA Ozone Watch

図4 **南極上空のオゾン層の破壊**

*2
白内障は目のレンズ(水晶《すいしょう》体《たい》)が白くにごる病気。

発展 フロン

フロンはとても安定した(変化しにくい)物質で，エアコンや冷《れい》蔵庫の冷媒《ばい》，精密機械の洗浄剤《せんじょうざい》，スプレーのガスなどに使われてきた。しかし大気に放出されて上空に達すると，紫外線によって分解し，塩素(Cl)を出す。この塩素原子が，1個でくり返しオゾン分子の分解を促進《そくしん》する。

TRY! 思考力

1960年ごろと2020年ごろを比べると日本国内で光化学スモッグが発生する件数や被害《ひがい》届け出人数は減少している。その理由を答えなさい。

ヒント 原因となる物質が減少したと考えられる。

解答例 工場や自動車の装置が改善されて窒素酸化物や硫黄酸化物の排出量が減少したから。

UNIT

4 水の汚染

着目 人間が出す排水は，有害な物質による汚染やプランクトンの異常発生をもたらす。

要点

- **自然の水の浄化《じょうか》**　汚水《おすい》の有機物は生物のはたらきで無機物に分解され，生態系を循環《じゅんかん》する。
- **生物濃縮《せいぶつのうしゅく》**　生物の体内で分解や排出《はいしゅつ》されない物質は，生物の体内で濃度《のうど》を高めていく。
- **赤潮《あかしお》**　排水などで海水中の窒素化合物《ちっそかごうぶつ》がふえすぎてプランクトンが異常発生する現象。

1 自然の浄化と人間による汚染

A 自然の水の浄化

地球上に人口が少なく，それほど密集していなかった時代には，川や湖・海に流れた生活排水《せいかつはいすい》などの汚水《おすい》も多くないので，水でうすめられ，その中の有機物は分解者である微生物《びせいぶつ》のはたらきで分解され，無機物に変化した。そして再び植物に吸収されていた。このような自然の浄化作用《じょうかさよう》によって水はいつもきれいであった。

図1　浄化作用のはたらいている川

B 水の汚染と有害物質

人口が増加して密集するようになり，工場や家庭から出る汚染物質《おせんぶっしつ》の量が多くなると，自然の浄化作用ではおよばなくなり，不完全に分解されて悪臭《あくしゅう》を放つ有機物が堆積《たいせき》するなど，水の汚染は進んだ。

農薬や重金属などの体内では分解できない有害物質が生物の体内にとり込《こ》まれると，からだを構成するタンパク質や脂肪《しぼう》などと結びついて排出《はいしゅつ》されず，まわりや食物に含《ふく》まれていたより濃度《のうど》が高くなる。これを**生物濃縮《せいぶつのうしゅく》**という。

食物連鎖(➡ p.252)によって，植物プランクトン→動物プランクトン→小形の魚→…と移るにつれてさらに濃縮され，特に最終段階の消費者では数百万倍の濃度になることがある。これによって，環境中《かんきょうちゅう》ではきわめて低濃度にしか存在しない物質であっても，動物やヒトに深刻な被害《ひがい》をもたらすことがある(表1)。

表1　生物濃縮により被害をもたらしたおもな汚染物質

物質名	汚染原因と被害
メチル水銀	工場排水から汚染された魚を食べた人々《ひとびと》に重篤《じゅうとく》な神経障害などをひき起こした(水《みな》俣病《またびょう》)。
DDT	殺虫剤《さっちゅうざい》の成分。カモメなどの鳥類の卵の殻《から》がもろくなり繁殖率《はんしょくりつ》が激減した。
PCB	電気機器の絶縁油《ぜつえんゆ》などに使われていた。色素沈着《しきそちんちゃく》などの皮膚症状《ひふしょうじょう》やしびれ感などを発症《はっしょう》する。

2 赤潮・アオコ

A 窒素化合物の増加とプランクトンの異常発生

川や湖などの水に含《ふく》まれる窒素化合物《ちっそかごうぶつ》は，陸上の物質循環《ぶっしつじゅんかん》と同様に，生産者から始まる食物連鎖を通じて生態系を循環しており，その量は通常は一定に保たれている(➡ p.266)。

生活排水やし尿《にょう》には多量の窒素化合物が含まれているが，これが海に大量に流《なが》れ込《こ》むと，これを養分として**植物プランクトンが異常に発生**して，水面が赤くなる，いわゆる**赤潮《あかしお》**が発生することがある。淡水《たんすい》の池や湖では同様の原因により異常発生したプランクトンによって水面が緑色になる**アオコ**が発生することがある(図2)。

図2　赤潮(上)とアオコ(下)

B 赤潮やアオコによる被害

赤潮が発生すると，プランクトンが魚介類《ぎょかいるい》のえらをつまらせたり，プランクトンが水中に出す有害物質がふえたりして，特に養殖魚《ようしょくぎょ》に大きな被害をあたえることがある。また，大量に発生したプランクトンが死ぬと，その死がいを分解するときに酸素が使われるので，水中の酸素が不足して，魚などの生物が死滅《しめつ》することがある。

発展　富栄養化

窒素は植物が成長したり植物プランクトンが増殖するために必要な物質である。そのため，水中に窒素化合物が多くなった状態は**富栄養化《ふえいようか》**とよばれる。富栄養化された水は植物プランクトンが増殖の原因となるが，プランクトンが増殖《ぞうしょく》した状態をいうわけではないので，富栄養化した川であっても水がにごったり悪臭を放ったりしているとは限らない。

TRY! 思考力

「海の水は膨大《ぼうだい》な量があるので，少しなら有害な物質を排出してもよい」これは正しいかまちがっているか。簡単な理由と合わせて答えなさい。

ヒント　有害な物質には生物にとり込まれると分解や排出されず体内に蓄積《ちくせき》されてしまうものがある。

解答例　正しくない。食物連鎖を通じて生物濃縮が進み，大形の消費者の体内の濃度が非常に高くなり害をおよぼすことがあるため。

UNIT 5

外来種と生物の絶滅

着目 人間に持ち込まれた外来種によって多くの在来種の生存がおびやかされている。

要点

- **外来種《がいらいしゅ》** 人間の活動によってもともとすんでいなかった場所に持《も》ち込《こ》まれ定着した生物。
- **侵略的外来種《しんりゃくてきがいらいしゅ》** 地域の自然環境に大きな影響《えいきょう》をあたえ，生物多様性《せいぶつたようせい》をおびやかすおそれがある。
- **絶滅《ぜつめつ》** ある生物の種が，ある地域または地球上からいなくなってしまうこと。

1 外来種

A 外来種

アメリカザリガニやウシガエルは古来から日本にいた生物ではなく北米から輸入されて養殖場《ようしょくじょう》から逃《に》げ出《だ》したものが野生でふえ，生活場所を広げていったものである。このように，ある場所にはもともとすんでいなかったが，人間の活動によって進入しすみついた生物を**外来種《がいらいしゅ》**(**外来生物《がいらいせいぶつ》**)という。これに対して，その場所にもともとすんでいた生物を**在来種《ざいらいしゅ》**(**在来生物《ざいらいせいぶつ》**)という。外来生物は動物だけでなく，ホテイアオイやセイタカアワダチソウなど植物にも外来種がある(図1)。[*1]

図1 **おもな外来種**

国内にもともとすんでいた種でも，魚の放流などの人間の活動によって以前にはいなかった場所に持《も》ち込《こ》まれた場合には外来種(国内由来の外来種)となる。逆に，鳥や魚，植物の種子など，自然の力で移動してきたものは外来種として扱《あつか》わない。

B 外来種の問題

オオクチバス(一般《いっぱん》にブラックバスとよばれる)のように，その場にもともといた魚やエビなどの在来種を食べつくしてしまうものや，ミシシッピアカミミガメなどのように在来種の食物や生活場所をうばい，生態系のバランスをくずす原因となるものがある。外来種のうち，このように地域の自然環境《しぜんかんきょう》に大きな影響《えいきょう》をあたえ，**生物多様性《せいぶつたようせい》**[*2]をおびやかすおそれのあるものを特に**侵略的外来種《しんりゃくてきがいらいしゅ》**という(➡ p.284)。

＊1
逆に，日本で在来種のクズやイタドリ，ワカメ，アジアゴイ，オオスズメバチなどが海外で外来種となって問題となっている例もある。

＊2
地球上にさまざまな生物や生態系が存在することを生物多様性という。多様性が失われると生態系のつり合い(➡ p.257)などが保たれにくくなる。

Ⓒ 外来種が大繁殖する理由

大繁殖《だいはんしょく》する外来種には，動物の場合には，その動物を食べる**天敵がいない**，**食物とする対象が多い**，子や卵を多くうみはやく育つなど**繁殖力が強い**，などの特徴がある。植物もブラジルチドメグサ(図2)のように栄養分の少ない場所でも非常にはやく成長する外来種が問題となっている。

図2　**ブラジルチドメグサ**

Ⓓ 外来生物への対策

侵略的外来種による生態系，人の生命・身体，農林水産業への被害を防止するため，**外来生物法《がいらいせいぶつほう》**が制定された。この法律では影響の大きい外来種を**特定外来生物《とくていがいらいせいぶつ》**＊3に指定し，生きている個体や種子などの移動や飼育・繁殖などを規制している。

＊3
教科書では「外来生物」と「外来種」は同じ意味で扱われるが，外来生物法では，「外来生物」は特に国外起源の外来種を指すことばとして使われている。

2 種の絶滅

Ⓐ 種の絶滅

ある生物の種がある地域または地球上からいなくなってしまうことを**絶滅《ぜつめつ》**という。人間による乱獲《らんかく》や生息環境の破壊《はかい》・分断などによって数々《かずかず》の生物が絶滅し(図3)，現在も多くの種類の生物が絶滅の危機にある。ある生物の絶滅は，その生物が生態系で果たしている役割が失われ，生態系のつり合いに影響をおよぼすことがある。絶滅した生物は二度ともとにもどらない。

図3　**リョコウバト**
18世紀には北アメリカに数十億羽生息していたが，乱獲により1914年に絶滅した。

Ⓑ 絶滅危惧種の保護

環境省や，都道府県などの自治体，国際的な自然保護機関などの団体が，絶滅が心配される種(**絶滅危惧種《ぜつめつきぐしゅ》**)の一覧を作成して保護をよびかけたり法令で採取を禁止するなどの対策を行っている(➡ p.286)。絶滅危惧種の一覧を**レッドリスト**，この一覧にそれぞれの生物の分布や生息状況《せいそくじょうきょう》，影響をあたえる要因などの情報を加えてまとめたものを**レッドデータブック**という。

TRY! 表現力

特定外来生物にはヌートリアやアキシスジカなどの草食動物も含まれている。在来種の動物はこれらの動物に食べられることはないが，どのような影響を受けると考えられるか。

ヒント　進入した場所の植物を食べ，繁殖するとどのようなことが起こると考えられるか。

解答例　食物やすむ場所をうばわれたり，植物を食べつくされて生活環境が変化してしまう。

UNIT 6

自然環境の保全

着目 環境保全には人間活動による変化をおさえることと積極的な保全がある。

要点

- **人間と環境破壊《かんきょうはかい》** 人間の活動は多くの生態系の回復力を超える環境破壊をともなってきた。
- **自然環境の保全** 開発を制限したり，生息地の分断を回復するなどが行われている。
- **生物の個体数の管理** 一部の生物がふえすぎてつり合いがくずれてしまうことをおさえる。

1 開発や人間活動による環境破壊

わたしたち人間が生きていく上で，きれいな水や空気，食料などを享受《きょうじゅ》し続けていくには豊かな生態系《せいたいけい》が維持《いじ》されていなければならない。その一方で，人間は森林を切り開いて町や農地に変えたり，護岸《ごがん》や埋《う》め立《た》てをともなう開発で環境《かんきょう》を改変してきた。

自然環境は小さな範囲《はんい》の変化であれば，生物どうしのつながりによってつり合いが保たれた状態にもどることができる。しかし開発による急速で大規模な環境破壊《かんきょうはかい》や，膨大《ぼうだい》な人間の活動による大気汚染《たいきおせん》や土《ど》壌汚染《じょうおせん》，水質汚染で回復不能な変化が起こると，さまざまな生物が生存できなくなるおそれがあり，人間もその例外ではない。

2 自然環境の保全

Ⓐ 自然公園の指定

自然を守り，自然とふれ合う場所として利用するために次のような制度がある。開発を制限する一方で，観光地として整備される。

❶ **国立公園** 環境大臣が指定して国が管理する自然公園で，34か所(図1)。*1

❷ **世界自然遺産《せかいしぜんいさん》** ユネスコ(国際連合教育科学文化機関)*2が登録する。日本では**知床《しれとこ》**・**屋久島《やくしま》**・**小笠原諸島《おがさわらしょとう》**の3つの国立公園と青森県から秋田県にかけてブナ林が広がる**白《しら》神山地《かみさんち》**，多くの固有種が生息する**奄美大島《あまみおおしま》**，**徳之島《とくのしま》**，**沖縄島北部《おきなわとうほくぶ》および西表島《いりおもてじま》**の森林の計5件が指定されている(図2)。

*1
2022年3月現在。このほか都道府県が管理する**国定《こくてい》公園《こうえん》**(58か所)や，地質や地形などの自然や歴史・文化を学ぶ**日本《にほん》ジオパーク**(日本ジオパーク委員会が認定。46か所)がある。

*2
ユネスコ(UNESCO)は国際連合の専門機関の1つで教育・科学・文化の協力と交流による国際平和と人類の福祉《ふくし》を目指している。

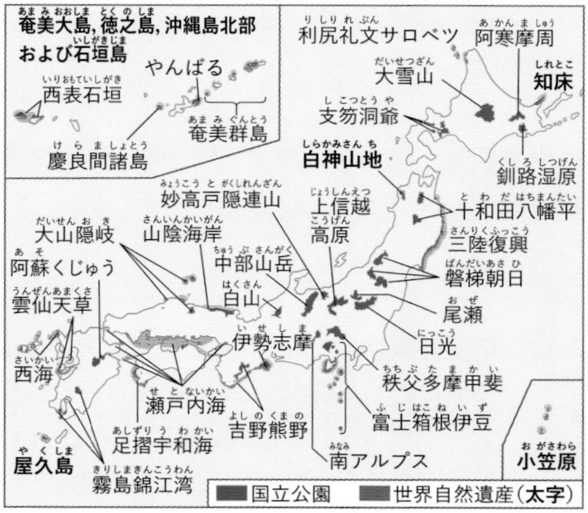

図1 **日本の国立公園と世界自然遺産**

図2　**日本の世界自然遺産**

Ⓑ 生物の個体や生息地域の保全

自然公園以外でも開発が計画される場合には事前に環境調査を行い，行政が許可する際には希少な生物や生態系のバランス，水資源への影響に配慮《はいりょ》した規模や工事方法であるかが検討される。

行動範囲《こうどうはんい》が広い動物は生息地域が分断されると食物の確保や繁殖の機会を得ることが困難になる。そのため森林を通る道路の上または下に動物の通り道をつくったり，川をせき止めるダムや堰《せき》が魚の行き来をさまたげないように魚道を設けることが行われる。

Ⓒ 生物の個体数の管理

自然環境を放置することで特定の生物がふえすぎて生態系のバランスがくずれることもある。

近年，全国の**里山《さとやま》**[*3]でニホンジカやイノシシの増加が報告され（図3），農作物や植林地の若い木，自然林の植生に深刻な被害《ひがい》をおよぼしている。

これらの動物の増加は里山や植林地の管理が行き届かなくなったことが原因と考えられ，防護柵《ぼうごさく》やネットで農作物を守るほか，捕獲数《ほかくすう》をふやすことによる個体数の抑《よく》制《せい》もはかられている。在来の生態系のバランスを守るため，特定外来生物（➡ p.281，284）の駆除《くじょ》も行われる。

＊3
里山は集落と農地，まわりの森林をまとめた地域のことで，人々《ひとびと》は草や木々《きぎ》・落ち葉を肥料や燃料に利用するために伐採《ばっさい》・採取していたため，山奥《やまおく》と人間のすむ領域の間に動物の行き来しにくい空間ができていた。

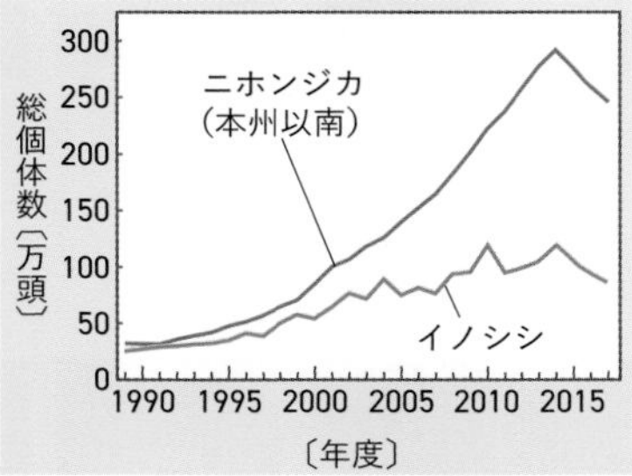

図3　**ニホンジカとイノシシの推定個体数**

TRY! 思考力

かつて日本には北海道から九州まで野生のオオカミが生息していたが，20世紀初頭に絶《ぜつ》滅《めつ》した。このことが原因の１つとして考えられる，現在の環境問題を答えなさい。

ヒント　生態系のバランスは食べる・食べられるの関係によって保たれる。

解答例　天敵がいなくなったことによりシカなどの草食動物がふえすぎて植生の変化や荒廃《こうはい》が起こっている。

特集

特定外来生物・侵略的外来種

特定外来生物

アライグマ
北アメリカ

ペット用に輸入された個体が野生化。農作物に被害《ひがい》をおよぼすほか，攻撃《こうげき》的で在来種の生息を脅《おびや》かしている。

特定外来生物

フイリマングース
アフリカ, アジア

沖縄や奄美群島《あまみぐんとう》でハブの駆除《くじょ》を目的に輸入されたがハブよりも絶滅危惧《ぜつめつきぐ》種《しゅ》を含《ふく》む在来の小動物を捕食《ほしょく》する。

侵略的外来種

イエネコ
アフリカ, アジア

ノネコや屋外の飼いネコはすべて外来種で，毎日多数の小動物を殺す。侵略的外来種《しんりゃくてきがいらいしゅ》ワースト100に含まれる。

特定外来生物

カミツキガメ
北アメリカ

ペット用に輸入後捨てられた個体が野生化。さまざまな生物を捕食し，甲《こう》らの長さ50cmにも成長する。

特定外来生物

グリーンアノール
北アメリカ

ペット用に輸入され小笠原諸島《おがさわらしょとう》と沖縄に定着。昆虫《こんちゅう》などの多くの固有種が捕食され絶滅した。

侵略的外来種

ミシシッピアカミミガメ
北アメリカ

別名ミドリガメ。ペット用に輸入された個体が野生化。在来のカメの卵を食べたり，食物やすむ場所をうばう。

特定外来生物

ウシガエル
北アメリカ

食用として輸入。雄《おす》はウシに似た鳴き声を出す。在来の昆虫やカエル, ネズミなどを捕食し, 体長18cmにもなる。

特定外来生物

オオクチバス
北アメリカ

ブラックバスの名で釣《つ》りの対象として全国の湖や池に違法《いほう》に放流される。在来の魚やエビなどを大量に捕食する。

特定外来生物

ブルーギル
北アメリカ

釣魚《ちょうぎょ》や観賞魚として輸入。雑食性で稚魚《ちぎょ》や卵を好んで捕食する。非常に繁殖力《はんしょくりょく》が高く進入先で急激にふえる。

特定外来生物

カダヤシ　北アメリカ

ボウフラ(カの幼虫)退治を目的として輸入。水田や水路などに定着しメダカの食物やすみかをうばう。

侵略的外来種

ソウギョ　中国

除草や食用，釣魚として輸入。草食で1m以上に成長。水草が大量に食べられ，在来の魚の産卵場所も失われる。

特定外来生物

ヒアリ　南アメリカ

輸入貨物とともに進入。集団で攻撃《こうげき》する習性をもち，腹部から出る毒がつくと火をつけられたように痛い。

特定外来生物

セアカゴケグモ　オセアニア

輸入貨物とともに進入。あまり攻撃的ではないが，かまれたときの毒が特に雌《めす》では非常に強い。

侵略的外来種

アメリカザリガニ　北アメリカ

ウシガエルの餌《えさ》として輸入され野生化。絶滅危惧種を含む水生動植物を捕食し，水草や水田の苗《なえ》を切断する。

侵略的外来種

スクミリンゴガイ　南アメリカ

別名ジャンボタニシ。食用や除草用として輸入。水田などで大量発生し，イネなどの農作物を食べる。

特定外来生物

ブラジルチドメグサ　南アメリカ

観賞用に輸入した個体が野生化。水面をおおい冬も枯《か》れないため，他の水草は春に芽を出せない。

特定外来生物

ボタンウキクサ　アフリカ

別名ウォーターレタス。観賞用に輸入した個体が野生化。根茎《こんけい》による栄《えい》養生殖《ようせいしょく》を行い，繁殖力が非常に高い。

特定外来生物

オオキンケイギク　北アメリカ

緑化用として輸入され，野生化。寒さに強く河川敷《かせんじき》や道路に大群落をつくり，在来種の個体数が減少する。

＊ 地名はその生物のおもな原産地を示している。

特集　日本の絶滅危惧種

絶滅危惧ⅠA類

トキ

新潟県佐渡島《さどがしま》や中国のみ分布。日本産は野生絶滅《やせいぜつめつ》したが，中国産による人工繁殖《はんしょく》と放鳥が成功しひなが誕生。

絶滅危惧ⅠA類

コウノトリ

開発により日本産は野生絶滅したが，最後の生息地の兵庫県豊岡市《とよおかし》で人工繁殖に成功，毎年放鳥を行う。

絶滅危惧ⅠA類

ヤンバルクイナ

沖縄本島北部の山中にのみ分布。マングースなどによる食害や交通事故により個体数が激減している。

絶滅危惧ⅠA類

ツシマヤマネコ

長崎県対馬《つしま》地方にのみ分布。開発により生息域が狭《せま》く分断される。国内8動物園で保護《ほご》増殖《ぞうしょく》事業《じぎょう》が行われている。

絶滅危惧ⅠB類

アマミノクロウサギ

奄美大島《あまみおおしま》と徳之島《とくのしま》だけにすむ特別天然記念物。マングースやノネコによる捕食が生息を脅《おびや》かしている。

絶滅危惧ⅠA類

ラッコ

北太平洋に広く分布し北海道東部でも見られる。海洋汚染《かいようおせん》や毛皮をとるための密猟《みつりょう》により激減。

絶滅危惧ⅠB類

タイマイ

ウミガメの仲間で熱帯域の海洋にすむ。産卵場の減少やべっ甲《こう》の材料のための乱獲《らんかく》により激減。

絶滅危惧ⅠA類

ニッポンバラタナゴ

オオクチバスなどによる捕食や生息に適した池の減少，外来の近縁種《きんえんしゅ》との交雑《こうざつ》*により絶滅の危機にある。

絶滅危惧ⅠB類

ニホンウナギ

河川の環境の変化のほか，稚魚《ちぎょ》のシラスウナギが養殖用に乱獲され個体数が60年前の4％にまで減少。

ベッコウトンボ

水生植物が繁茂《はんも》する水質の良い池に卵をうみ繁殖するが，開発により急激に生息地が減少している。

ニホンザリガニ

北海道西部と青森・秋田・岩手に分布。開発や水質汚染，外来のザリガニとの競合《きょうごう》で生息地をうばわれる。

カブトガニ

2億年前からほぼ同じ姿で生息する。干潟《ひがた》の開発により国内の生息地は瀬《せ》戸内海《とないかい》と九州北部のごく一部。

キキョウ

青紫色《あおむらさきいろ》の花が美しい秋の七草の1つ。生育地の荒廃《こうはい》や園芸用・薬用採取により野生では絶滅が危惧《きぐ》される。

カノコユリ

西日本の限られた場所に分布。観賞用に人気があり盗採《とうさい》により生息地が激減した。

マリモ

国内外の多くの湖に分布するが球状に成長するのは北海道の阿寒湖《あかんこ》のみ。開発や盗採により絶滅が危惧される。

表　環境省レッドリストの分類(2017年改訂)

分類	定義
絶滅(EX)	国内ですでに絶滅したと考えられる
野生絶滅(EW)	飼育・栽培下《さいばいか》などでのみ存続している
絶滅危惧Ⅰ類	絶滅の危機に瀕《ひん》している。ⅠAとⅠBをまとめた分類
絶滅危惧ⅠA類(CR)	ごく近い将来における野生での絶滅の危険性が極めて高い
絶滅危惧ⅠB類(EN)	近い将来における野生での絶滅の危険性が高い
絶滅危惧Ⅱ類(VU)	絶滅の危険が増大している
準絶滅危惧(NT)	生息条件の変化により絶滅危惧になりうる
情報不足(DD)	評価するだけの情報が不足している
絶滅のおそれのある地域個体群(LP)	地域的に孤立《こりつ》していて絶滅のおそれが高い

＊交雑とは，近い別の種類の生物どうしで繁殖して雑種をつくること。

定期テスト対策問題

解答 ➡ 別冊p.12

問 1 川の水のよごれ

川の水のよごれに関して，次の各問いに答えなさい。

(1) 有機物を含《ふく》む汚水《おすい》があまりにも多く流入すると，河川の浄化作用《じょうかさよう》は失われてしまう。この場合，水の中で起こる次の**ア〜エ**のことがらを起こる順に並べかえ，記号で答えよ。

ア 水中の酸素が不足し，酸素を必要とする多くの微生物《びせいぶつ》が死にたえる。

イ 酸素のない所でも生活できる細菌類《さいきんるい》が繁殖《はんしょく》するようになる。

ウ 酸素を必要とする細菌類が異常にふえる。

エ 硫化水素《りゅうかすいそ》などが発生して悪臭《あくしゅう》を放つようになる。

(2) 水中にすむ生物の種類を調べることによって，水のよごれの程度《ていど》を知ることができる。よごれが進んでいる水の中でも生活できる生物を，次の**ア〜エ**から２つ選んで，記号で答えよ。

ア サワガニ　　**イ** エラミミズ

ウ ヒル　　**エ** アユ

問 2 環境《かんきょう》の汚染《おせん》とその影響

次の(1)〜(5)の文にもっとも関係の深いものを，下のア〜シから１つずつ選びなさい。

(1) 水俣病《みなまたびょう》をもたらした水銀などは，まず海中の藻《も》やプランクトンの体内にとり込《こ》まれ，これを食べた小魚のからだの中にたまり，この小魚を食べた魚の体内に蓄積《ちくせき》される。さらに，それを食べた人間の生命さえもおびやかす。

(2) 本来そこにすんでいなかった生物がふえ，もともといた生物種に悪影響《あくえいきょう》をあたえる。

(3) 石油・石炭が燃やされると，二酸化炭素以外に硫黄酸化物《いおうさんかぶつ》や窒素酸化物《ちっそさんかぶつ》などが，大気中に放出される。

(4) 生態系《せいたいけい》において，生物の枯死体《こしたい》や排出物《はいしゅつぶつ》などの有機物が細菌類によって無機物に分解される。

(5) 皮膚《ひふ》がんを引き起こすなど，生物にとって有害な紫外線《しがいせん》が地表に達しやすくなる。

ア プロパンガス　　**イ** 生物濃縮《せいぶつのうしゅく》　　**ウ** 砂漠化《さばくか》

エ 生物農薬　　**オ** 浄化作用　　**カ** エルニーニョ現象

キ フロンガス　　**ク** 温室効果　　**ケ** 酸性雨

コ 液状化現象　　**サ** 侵略的外来種《しんりゃくてきがいらいしゅ》　　**シ** ラニーニャ現象

6章

科学技術と人間

UNIT 1

いろいろなエネルギー

着目 物体に仕事をする能力をエネルギーといい，さまざまなエネルギーがある。

要点

- **電気《でんき》エネルギー**　電気のもつエネルギー。モーターで運動《うんどう》エネルギーに変換《へんかん》。
- **光《ひかり》エネルギー**　光のもつエネルギー。太陽電池(光電池)で電気エネルギーに変換。
- **化学《かがく》エネルギー**　化学変化でとり出せるエネルギー。燃焼によって熱エネルギーに変換。

1 いろいろなエネルギー

物体に力を加えて動かすことを，物体に対して**仕事《しごと》をする**といい，物体に対して仕事をする能力のことを**エネルギー**といった(➡ p.168)。

これまでに，高いところにある物体のもつ**位置《いち》エネルギー**(➡ p.168)と運動している物体のもつ**運動《うんどう》エネルギー**(➡ p.170)とを学んだ。

エネルギーにはそれ以外にもさまざまな種類があり，それらをもっている物体は，他の物体に対して仕事をする能力をもつ。

Ⓐ 電気エネルギー

電流をモーターに流すと，モーターが回り，物体を動かすなどの仕事をすることができるので，**電気《でんき》**はエネルギーをもつ。

電気がもつエネルギーを**電気《でんき》エネルギー**という。**電力量《でんりょくりょう》**(➡ p.167)とは，電気機器が消費する電気エネルギーのことである。

エスカレーターが動いて，人間を上に運ぶことができるのは，電気エネルギーによるものである(図1)。

Ⓑ 熱エネルギー

水を加熱すると状態変化により**水蒸気《すいじょうき》**が発生し，水蒸気はその勢いで羽根車を回転させる仕事をすることができるので，**熱をもっている物体**はエネルギーをもつことになる(図2)。

熱をもっている物体がもつエネルギーを**熱《ねつ》エネルギー**という。熱エネルギーは，高温の物体から低温の物体に移動する(➡ p.292)。

Ⓒ 光エネルギー

太陽電池《たいようでんち》(**光電池《こうでんち》**)に光を当てると電流が発生し，モーターをつなげばモーターを回転させる仕事をすることができる(図3)ので，**光《ひかり》**はエネルギーをもつといえる。光がもつエネルギーを**光《ひかり》エネルギー**という。

図1　エスカレーター

図2　水蒸気で回転する羽根車

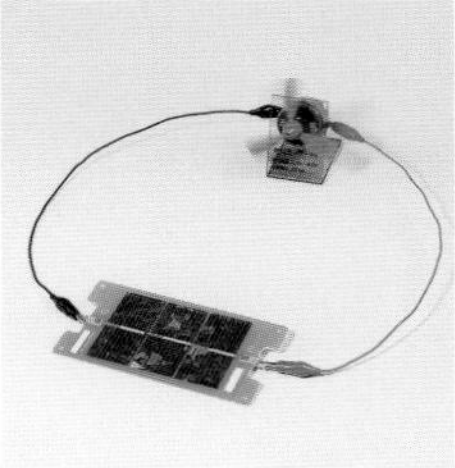

図3　太陽電池とモーター

D 化学エネルギー

石炭《せきたん》や**石油**《せきゆ》を燃やすと熱が発生する。自動車のエンジンの中では**ガソリン**が激しく燃焼することで大きな力をうみ出し，車を動かしている(図 4)。さらに，**電池**《でんち》(➡ p.52)を使えば化学変化によって，電流をつくり出すこともできる。

化学変化によって仕事を行える**物質**《ぶっしつ》も，エネルギーをもっているといえる。物質がもつこのようなエネルギーを**化学**《かがく》**エネルギー**という。

図 4　**自動車のエンジン**

E 音エネルギー

音《おと》は耳の鼓膜《こまく》を振動《しんどう》させたり，物体を振動させたりする(図 5)。音源の近くではからだに振動を感じることもある。このように，音は仕事をすることができるので，音はエネルギーをもつ。音がもつエネルギーを**音**《おと》**エネルギー**という。

図 5　**音を受けて振動するビーズ**

F 弾性エネルギー

ばねや**ゴム**をのばしたり縮めたり，変形させると元の形にもどろうとして，その力で物体を押《お》したり引っぱったりして仕事をすることができる(図 6)。このように**変形**《へんけい》**したばねやゴム**はエネルギーをもち，このエネルギーを**弾性**《だんせい》**エネルギー**という。

図 6　**ゴムで動くおもちゃ**

G 核エネルギー

物質をつくる**原子**《げんし》は，**原子核**《げんしかく》をもっている(➡ p.20)。

1 つの原子核が 2 つ以上の原子核に分裂《ぶんれつ》することを**核分**《かくぶん》**裂**《れつ》といい，大きな熱が発生する。

核分裂が起こるときにとり出される，**原子核**がもつエネルギーを**核**《かく》**エネルギー**という。

核分裂は，原子核に中性子を当てることでも起こすことができる(図 7)。**原子力発電**《げんしりょくはつでん》では，**ウラン**や**プルトニウム**といった核分裂しやすい物質のもつ核エネルギーを利用して水を加熱し，発電している(➡ p.299)。

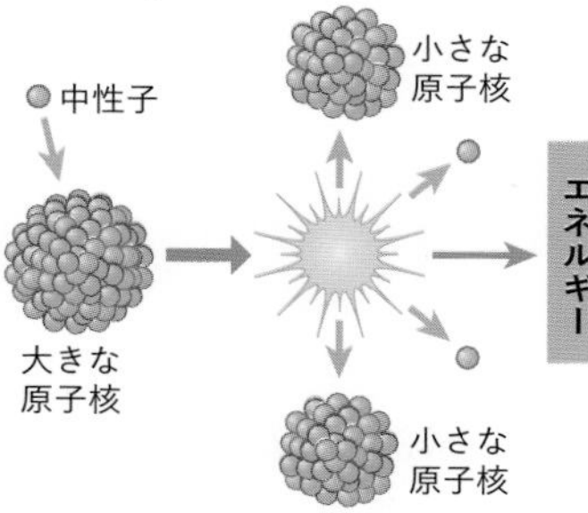

図 7　**核分裂**

TRY! 思考力

川の水流が，木の枝や葉を流しているのを見た。川の水流はエネルギーをもつか，もたないか。理由もふくめ，「仕事」の語を用いて説明しなさい。

ヒント　エネルギーはどのような能力をもつか考える。

解答例　木の枝や葉を力を加える向きに移動させるという仕事をする能力をもっているので，川の水流はエネルギーをもつといえる。

UNIT 2

熱の伝わり方とエネルギーの変換

着目 エネルギーはたがいに移り変わるが，その総量はつねに一定である。

要点

- **熱《ねつ》の伝わりかた**　直接伝わる伝導《でんどう》，液体や気体の移動による対流《たいりゅう》，光や赤外線が伝える放射《ほうしゃ》。
- **エネルギーの移り変わり**　エネルギーはたがいに移り変わり，利用されている。
- **エネルギー保存《ほぞん》の法則《ほうそく》**　エネルギーは形を変えても，その総量は常に一定である。

1 熱の伝わり方

高温の物体と低温の物体を触《ふ》れさせると，熱《ねつ》が伝わって2つの物体の温度は等しくなる。このように，熱は高温の物体から低温の物体に移動していく。*1 熱の伝わり方には，次の3つがある。

*1
低温の物体から高温の物体に熱が移動する（温度差が広がっていく）という現象は，自然には起こらない。

A 伝導（熱伝導）

温度の異なる物体が接しているとき，熱は物体の中を移動し，高温の部分から低温の部分へ伝わる。このような熱の伝わり方を伝導《でんどう》（熱伝導《ねつでんどう》）という（図1）。

熱を伝導させやすい金属は，鍋《なべ》などの調理器具に使われる。

図1　伝導

B 対流

液体や気体で場所によって温度が異なるとき，温度が高い部分は密度が小さいため上昇《じょうしょう》し，温度が低い部分は密度が大きいため下降する。つまり，熱が下から上へ運ばれていることになる。

液体や気体が流動して循環《じゅんかん》し，熱を運ぶ熱の伝わり方を対流《たいりゅう》という（図2）。**上昇気流《じょうしょうきりゅう》**や**下降気流《かこうきりゅう》**のような大気の動きも，対流の一種である。

図2　対流

C 放射（熱放射）

高温の物体は，**光《ひかり》**や**赤外線《せきがいせん》**などを出して熱エネルギーを失い，その光や赤外線が当たった物体は受けとった光エネルギーによって温度が上がる。このような熱の伝わり方を放射《ほうしゃ》（熱放射《ねつほうしゃ》）という（図3）。3つの熱の伝わり方のなかで，物体どうしが離《はな》れていても熱が伝わるのは放射のみである。

太陽からの熱によって地表があたためられるのは放射による。あたためられた地表も，熱を大気や宇宙空間に放射している。

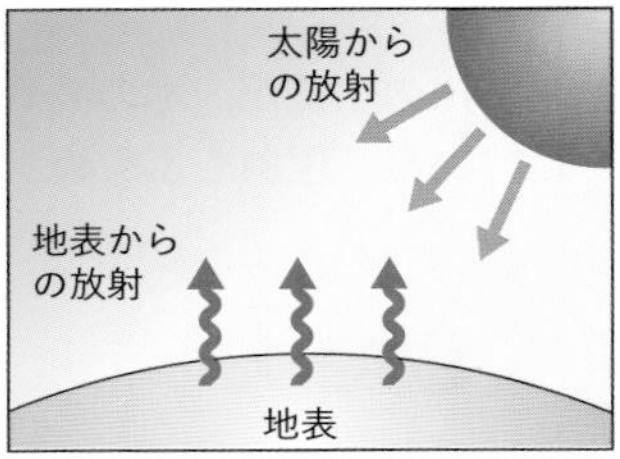

図3　放射

2 エネルギーの変換と保存

A エネルギーの変換

いろいろなエネルギー(➡ p.290)では，エネルギーにはさまざまな種類があることを学んだ。

太陽電池《たいようでんち》を使えば光エネルギーを電気エネルギーに変化させることができるし，**燃料**《ねんりょう》を燃やせば化学エネルギーを熱エネルギーと光エネルギーに変えることができる。また，摩擦《まさつ》のある水平面上で物体をすべらせると，**摩擦力**《まさつりょく》によって物体の運動が止まる(➡ p.146)。このとき物体の運動エネルギーが熱エネルギーに変化し，摩擦熱が発生している。

これらのように，エネルギーは別の種類のエネルギーに変化することができる。

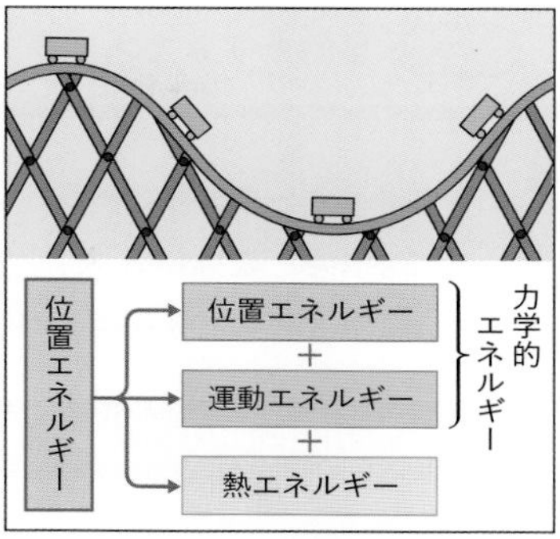

図4　**エネルギーの変換と保存**

B エネルギー保存の法則

位置エネルギーと**運動エネルギー**の合計である**力学的エネルギー**は一定であり保存されるが，摩擦の影響《えいきょう》を受けるときなど，力学的エネルギーは保存されない場合がある(➡ p.173)。

この場合でも，発生した熱エネルギーなどを含《ふく》めると，エネルギーの総量は一定である(図4)ということがわかっている。

たとえば，ジェットコースターでは，ジェットコースターとレールの摩擦により熱エネルギーが発生する。この場合も，力学的エネルギーと熱エネルギーの総量は，もとの位置エネルギーと変わらず一定である。*2

エネルギーが変換《へんかん》されるとき，エネルギーの種類は変わっても，その総量は変化せず，常に一定に保たれている。この法則を，**エネルギー保存《ほぞん》の法則《ほうそく》**という。*3

*2
1Jの運動エネルギーをもった物体が摩擦力によって止まったとき，発生した摩擦熱の熱エネルギーは1Jである，ということになる。

*3
エネルギー保存の法則は，道具を使った場合だけでなく，自然界での植物の光合成など，ありとあらゆる場合に成り立ち，自然界のもっとも基本となる法則の1つといわれている。

TRY! 思考力

二酸化炭素には，赤外線を吸収しやすい性質がある。このことから，二酸化炭素がふえすぎると地球温暖化を引き起こす理由を答えなさい。

ヒント　地表からの放射熱は，半分以上が宇宙空間に逃《に》げている。

解答例　地表から放射された熱のうち，宇宙空間に逃げるはずだった赤外線の一部が大気中の二酸化炭素に吸収され，大気をあたためるから。

UNIT 3

エネルギーの変換と利用

着目 目的とするエネルギーへの変換効率を上げるための試みが進められている。

要点

- **エネルギーの変換《へんかん》と利用** さまざまな器具を使い，エネルギーを変換・利用できる。
- **エネルギー変換効率《へんかんこうりつ》** 目的とするエネルギーとして利用できるエネルギーの割合。
- **エネルギーの有効利用** 廃熱《はいねつ》を利用したコージェネレーションシステムなどがある。

1 エネルギーの変換と利用

わたしたちは，さまざまな器具を使い，人工的にエネルギーを変換《へんかん》，利用している。

A モーター

モーターは，電気エネルギーを回転の運動エネルギーに変換することができる。

B 発電機

発電機《はつでんき》は，タービンを回す運動エネルギーを電気エネルギーに変換することができる。わたしたちはおもに発電機でつくられた電気を利用している。

C 太陽電池

太陽電池《たいようでんち》(**光電池《こうでんち》**)に光を当てると電圧が生じ，電流が流れる。つまり，光エネルギーを電気エネルギーに変換している。ソーラーカーは，太陽電池を設置して，得られた電気エネルギーをモーターによって運動エネルギーに変換して走る自動車である。

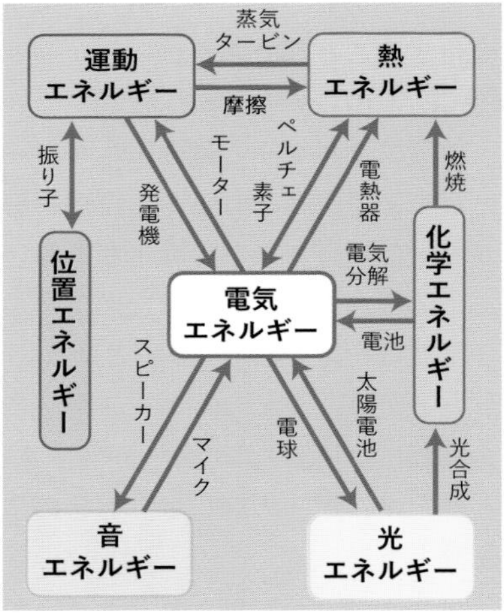

図1 エネルギーの変換と利用

D ペルチェ素子

ペルチェ素子《そし》(**ペルティエ素子《そし》**)に電流を流すと，一方の面からもう一方の面に熱が移動する。また逆に，2つの面に温度差をあたえると，電流をとり出せる。この性質を使って，熱エネルギーを電気エネルギーに変換することができる(図2)。

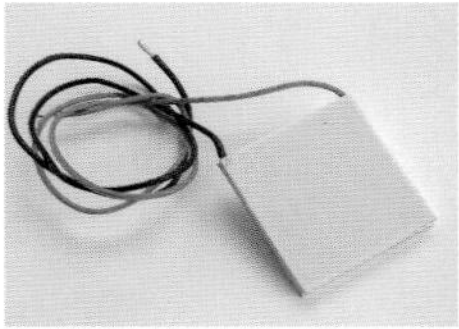

図2 ペルチェ素子

E 蒸気機関

蒸気機関《じょうききかん》では，石炭などを燃焼させ，炭素が酸化する化学変化によって化学エネルギーを熱エネルギーに変換する。さらに，この熱エネルギーで水を加熱し，ピストンを動かす運動エネルギーに変換する。

2 変換効率

エネルギーが変換される際，消費したエネルギーに対してもとのエネルギーから目的とするエネルギーとして利用できるエネルギーの割合を，**エネルギー変換効率《へんかんこうりつ》**，または単に**変換効率《へんかんこうりつ》**といい，ふつう百分率〔%〕で表される。

$$\textbf{エネルギーの変換効率〔\%〕} = \frac{\textbf{利用できるエネルギー}}{\textbf{消費したエネルギー}} \times 100$$

白熱電球《はくねつでんきゅう》では電気エネルギーのほとんどが熱エネルギーとして失われ，光エネルギーに変換されるのは約10%である。つまり，白熱電球のエネルギーの変換効率は約10%となる。エネルギーの変換効率は，**蛍光灯《けいこうとう》**では約25%，**LED電球《でんきゅう》**では約30%であり，現状ではLED電球の変換効率がもっとも高い。

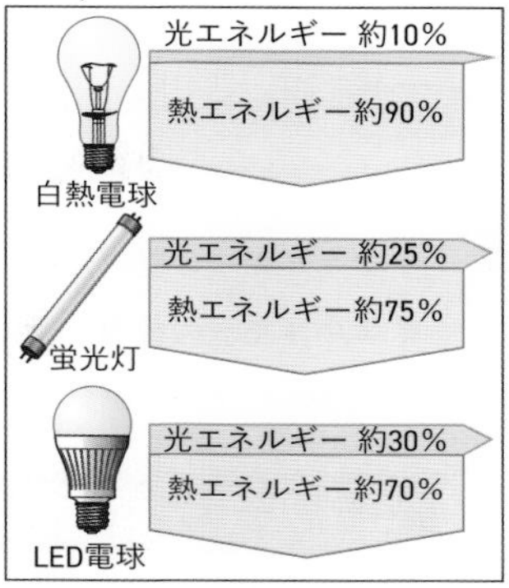

図3　照明器具のエネルギー変換効率

3 コージェネレーションシステム

エネルギーを効率よく利用するシステムに**コージェネレーションシステム**がある。これは，燃料から発電するときに出る廃熱《はいねつ》を，給湯や暖房《だんぼう》などに利用するシステムである。

コージェネレーションシステムはエネルギー資源の有効な利用法として近年では家庭でも実用化されており，社会全体としてのエネルギー効率が上昇《じょうしょう》している(図4)。

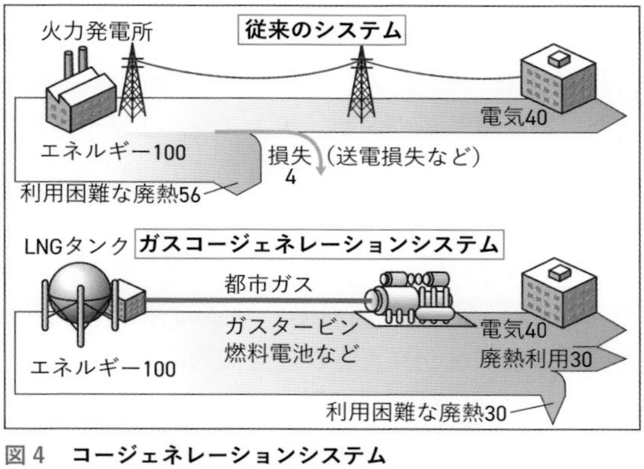

図4　コージェネレーションシステム

TRY! 思考力

照明器具AとBでは，電気エネルギーを1.00J消費したとき，Aは0.77J，Bは0.72Jが熱エネルギーとして放出された。電気エネルギーはすべて光エネルギーと熱エネルギーに変換されたとすると，照明器具AとBでエネルギー変換効率が高いのはどちらか。

ヒント　エネルギーの変換効率の求め方をもとに考える。

解答例　同じ電気エネルギーを消費しているので，熱エネルギーの発生が少ないほうが，より光エネルギーに変換されている。そのため，照明器具Bのほうがエネルギー変換効率が高い。

UNIT 4 くらしとエネルギー資源

着目 私たちのくらしにかかわるエネルギーにはさまざまなものがある。

要点

- **エネルギーの歴史** 石炭《せきたん》→石油《せきゆ》→原子力《げんしりょく》と使われるようになったが，石油がもっとも多い。
- **エネルギーの分類** 使えばなくなる枯渇性《こかつせい》エネルギーと，なくならない再生可能《さいせいかのう》エネルギー。
- **エネルギーの利用動向** 世界規模では石油，石炭が大きな割合をしめている。

1 エネルギー資源の利用の歴史

18世紀後半になると，**蒸気機関《じょうききかん》**が発明され**産業革命《さんぎょうかくめい》**が起こる。蒸気機関の燃料として，それまでのまきや木炭にかわって**石炭《せきたん》**が多く用いられるようになった。

19世紀後半になると，発電機が発明され，電気がエネルギー源として重要視されるようになった。この時期の発電は，水力発電と石炭による火力発電が中心であった。

1950年ごろになると，エネルギー源として**石油《せきゆ》**が急速に増加し始めた。自動車や船の燃料，火力発電，工場や家庭の燃料などとして，その後の人類の生活に，石油はなくてはならないものとなった。

1963年には日本での**原子力発電《げんしりょくはつでん》**が始まり，火力発電に次ぐ発電量となったこともあった。しかし，2011年3月に起こった**東北地方太《とうほくちほうたい》平洋沖地震《へいようおきじしん》**＊1による**福島第一原子力発電所《ふくしまだいいちげんしりょくはつでんしょ》**の爆発《ばくはつ》事故により，原子力発電の危険性が見直され，全国的に減少した。

図1 福島第一原子力発電所の爆発事故

＊1 **東日本大震災《ひがしにほんだいしんさい》**は，東北地方太平洋沖地震によって起こった災害である。

2 さまざまなエネルギー資源

電気・熱・光・動力などエネルギーをとり出すための資源をまとめて**エネルギー資源《しげん》**という。

石油《せきゆ》・石炭《せきたん》・天然《てんねん》ガスのような資源は，生物の死がいがもとになっており，**化石燃料《かせきねんりょう》**ともよぶ。化石燃料以外にも，原子力発電用に使われる**核燃料《かくねんりょう》**も資源である。これらの資源は，使えば使った分だけ減り，いつかは枯渇《こかつ》してしまうことから，**枯渇性《こかつせい》エネルギー**とよばれる。

それぞれのエネルギー資源が枯渇するまであと何年採掘《さいくつ》できるかは，図2のように予想されている。

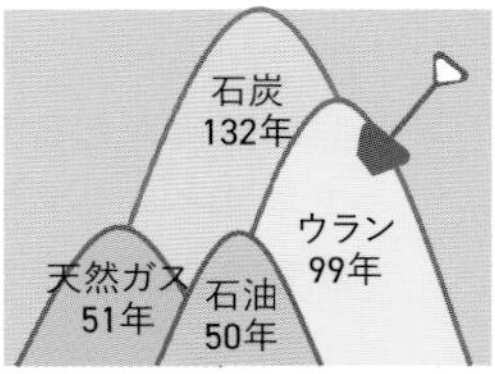

図2 エネルギー資源の可採年数（予測値）

そのため，**太陽光《たいようこう》**や**風力《ふうりょく》**，**地熱《ちねつ》**などのいくら使ってもなくならない資源である**再生可能《さいせいかのう》エネルギー**(➡ p.302)が注目されている。

3 エネルギー資源の利用の動向

日本で利用されている資源は，現在，原子力が減少し，**再生可能エネルギー**などの**新《しん》エネルギー**(➡ p.304)が増加する傾向《けいこう》にある(**図3**)。

世界で消費されているエネルギー資源は，年々《ねんねん》増加している。特に，化石燃料の割合は増加傾向にある。少しずつ再生可能エネルギーの消費量も増加しているが，全体に占《し》める割合としてはまだ小さい(**図4**)。

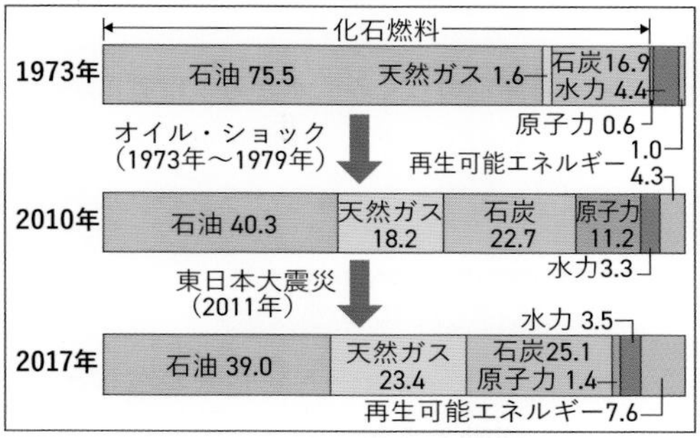

図3　**日本のエネルギー資源の割合の変化**〔%〕

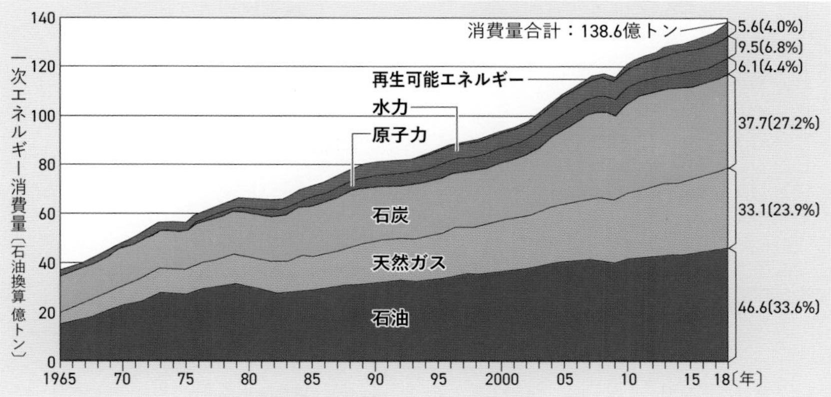

図4　**世界のエネルギー資源の推移(石油換算《せきゆかんさん》)**

TRY! 表現力

エネルギー資源を化石燃料から再生可能エネルギーへ移行することがよいと考えられる理由を説明しなさい。

ヒント　化石燃料と再生可能エネルギーのちがいを考える。

解答例　化石燃料はいつか枯渇してしまうが，再生可能エネルギーは枯渇の心配がなく，排《はい》ガスなどで環境《かんきょう》に悪影響をおよぼさないため。

UNIT 5

水力・火力・原子力発電のしくみ

着目 さまざまな方法で発電機のタービンを回すことで発電が行われている。

要点

- **水力発電《すいりょくはつでん》のしくみ**　水がもつ位置《いち》エネルギーをもとにして，発電機の水車を回す。
- **火力発電《かりょくはつでん》のしくみ**　化石燃料《かせきねんりょう》の燃焼による化学エネルギーをもとにして発電する。
- **原子力発電《げんしりょくはつでん》のしくみ**　ウランやプルトニウムの核《かく》エネルギーをもとにして発電する。

1 水力発電のしくみ

水力発電では，ダムにためた水を落下させ，水がもっていた**位置《いち》エネルギー**を**運動《うんどう》エネルギー**に変換《へんかん》する。

運動エネルギーで発電機の水車を回し，**電気《でんき》エネルギー**に変換し，発電する(図1)。

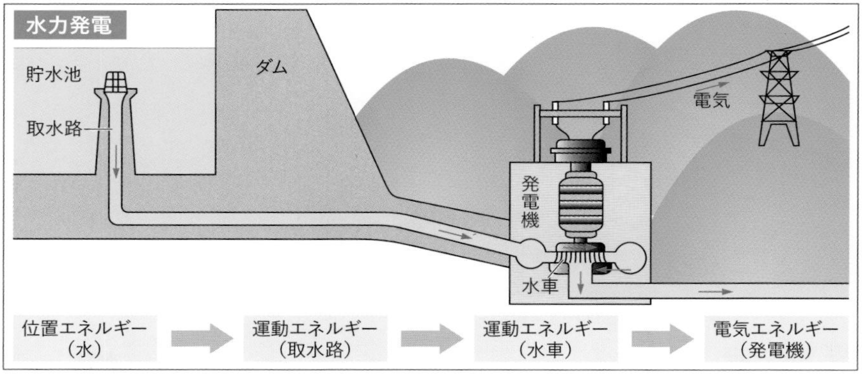

図1　**水力発電のしくみ**

2 火力発電のしくみ

火力発電では，石油・石炭・天然ガスなどの**化石燃料《かせきねんりょう》**を燃焼させ，物質のもっていた**化学《かがく》エネルギー**を**熱《ねつ》エネルギー**に変換する。

熱エネルギーによって高温の水蒸気をつくり，噴出《ふんしゅつ》する際の**運動エネルギー**で発電機のタービンを回し，**電気エネルギー**に変換し発電する(図3)。

図2　**火力発電所のタービン**

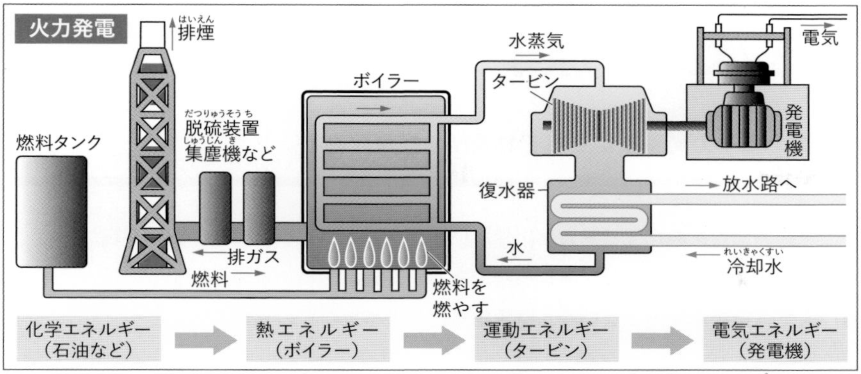

図3　**火力発電のしくみ**

3 原子力発電のしくみ

原子力発電は，原子炉《げんしろ》の中でウランやプルトニウムの原子核《げんしかく》を核分《かくぶん》裂《れつ》(➡ p.291)させて，もっていた**核《かく》エネルギー**を**熱エネルギー**に変換する。そこで得た**運動エネルギー**で発電機のタービンを回し，**電気エネルギー**に変換し発電する(図4)。

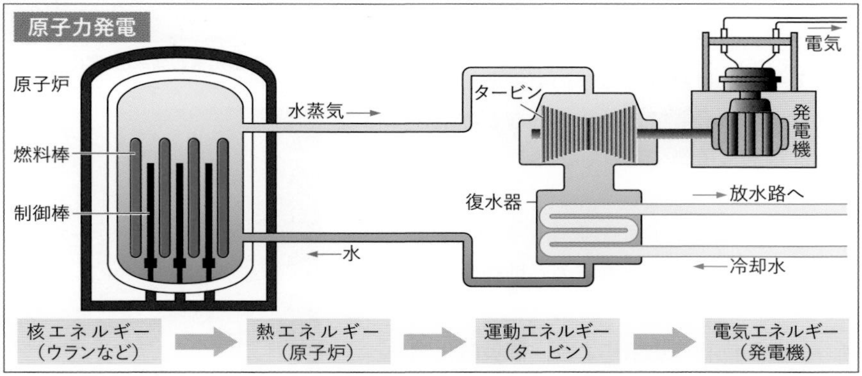

図4　**原子力発電のしくみ**

TRY! 表現力

水力発電，火力発電，原子力発電に共通するしくみは何か，説明しなさい。

ヒント　発電機を回さなければ発電はできないことから考える。

解答例　それぞれのエネルギー資源から得たエネルギーを運動エネルギーに変え，発電機のタービンを回すこと。

UNIT 6

水力・火力・原子力発電の特徴

着目 水力・火力・原子力発電にはそれぞれ長所，短所がある。

要点

- **水力発電《すいりょくはつでん》**　環境《かんきょう》に悪影響《あくえいきょう》をあたえる物質は出さないが，ダムをつくる際に環境破壊《かんきょうはかい》が起こる。
- **火力発電《かりょくはつでん》**　需要《じゅよう》に応じて発電量をコントロールできるが，大気汚染物質《たいきおせんぶっしつ》が発生する。
- **原子力発電**　大気汚染物質を出さないが，廃棄物処理《はいきぶつしょり》や大事故などの課題がある。

1 発電方法の長所と短所

A 水力発電

水力発電《すいりょくはつでん》(図 1)**の長所**は，水の落下を利用した発電方法なので，煙《けむり》や環境《かんきょう》に悪影響《あくえいきょう》をあたえる物質が出ず，公害につながらないことである。また，燃料費もかからない。

近年では，電力の需要《じゅよう》が少ない夜間の電力を利用して水を上にくみ上げておき，電力の需要が多い日中に発電をする**揚《よう》水式発電《すいしきはつでん》**も利用されている。

水力発電の短所は，ダムをつくる必要があるため，建設の際の環境破壊《かんきょうはかい》について考えなければならない点である。ダムをつくるには大規模な土地が必要であり，地形などの条件にも制約を受けるので，増設は簡単ではない。

図 1　黒部川第四発電所《くろべがわだいよんはつでんしょ》(富山県)

B 火力発電

火力発電《かりょくはつでん》(図 2)**の長所**は，需要に応じて発電量をコントロールできることがあげられる。また，発電所の立地に大きな制約がない。

火力発電の短所は，化石燃料の燃焼により，**硫黄酸化物《いおうさんかぶつ》**や**窒素酸化物《ちっそさんかぶつ》**，**ばいじん**[*1]などの大気汚染物質《たいきおせんぶっしつ》が発生することである。これらの物質の処理が必要となり，**地球温暖化《ちきゅうおんだんか》**(➡ p.274)の一因ともされる**二酸化炭素《にさんかたんそ》**が発生することも，環境に悪影響をあたえると考えられる。

図 2　富津火力発電所《ふっつかりょくはつでんしょ》(千葉県)

*1
ばいじんは大気汚染物質の1つで，燃焼などによって発生するすすなどの微粒子《びりゅうし》のこと。

C 原子力発電

原子力発電《げんしりょくはつでん》(図 3)**の長所**は，少量の核燃料《かくねんりょう》で大量のエネルギーがとり出せる点があげられる。また，二酸化炭素や二酸化硫黄などの大気汚染物質を出さないことも長所といえる。

原子力発電の短所は，使用済み燃料などの**放射性廃棄物《ほうしゃせいはいきぶつ》**の処理や最終処分のしかたに問題が残っていることや，事故が起こると，**放射性物質《ほうしゃせいぶっしつ》**(➡ p.306)による大規模な汚染が起こることである。

図 3　**川内原子力発電所《せんだいげんしりょくはつでんしょ》(鹿児島県)**

2　日本の発電の動向

図 4 のように，日本全体での電気の供給量は増加傾向《けいこう》にある。

現在の日本の発電は，火力発電の割合がもっとも多く，次に水力発電，再生可能エネルギーなどの新エネルギー(➡p.302)による発電である。

原子力発電は，国内の電力の約30%を占《し》めていたが，**福島第一原《ふくしまだいいちげん》子力発電所《しりょくはつでんしょ》**の爆発事故《ばくはつじこ》以降は安全基準が厳しくなったため全国の多くの原子炉《げんしろ》が稼働停止《かどうていし》や廃炉《はいろ》決定となり，発電する電力量も激減した。

日本国内の発電所の数は，水力が1753か所，火力が468か所，原子力が15か所である(2020年12月)。

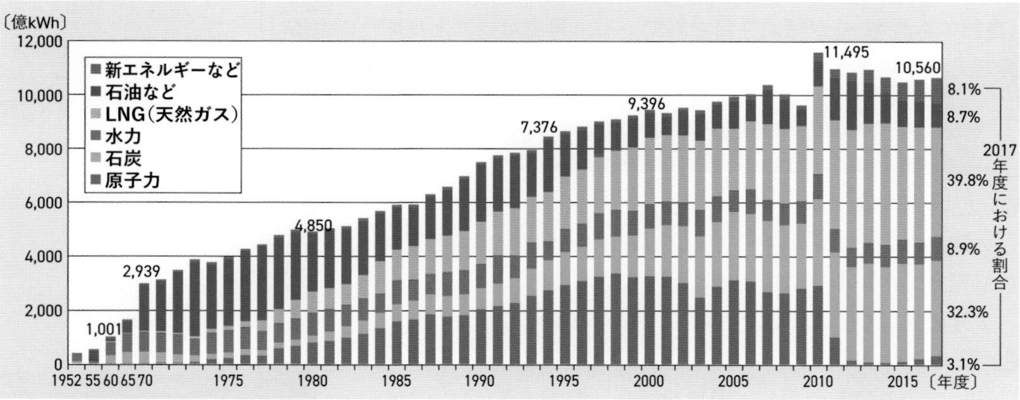

図 4　**日本の発電に使われるエネルギーの推移**

TRY! 表現力

未来のエネルギーとして増加傾向にあった原子力による発電が2010年代以降激減した理由を説明しなさい。

ヒント　原子力発電所での事故が起こったときの被害《ひがい》が甚大《じんだい》となることを考える。

解答例　2011年の原子力発電所の爆発事故の被害を通じて，原子力の危険性が考え直されるようになり，安全基準も厳しくなったため。

UNIT 7

再生可能エネルギー

着目 人類は今後，環境への影響を考えたエネルギーを使用することが課題である。

要点

- **再生可能《さいせいかのう》エネルギー**　枯渇《こかつ》のおそれがなく，環境《かんきょう》にやさしいエネルギー。
- **バイオマスエネルギー**　生物由来の物質であるバイオマスのもつエネルギー。
- **燃料電池《ねんりょうでんち》**　水素を燃料とする燃料電池は発電の際に水しか生じない。

1 再生可能エネルギー

現在の発電方法の中心である**水力発電《すいりょくはつでん》**・**火力発電《かりょくはつでん》**・**原子力発電《げんしりょくはつでん》**には，いずれも環境《かんきょう》に悪影響《あくえいきょう》をあたえる面があった(➜ p.300)。

そのため，従来のエネルギーのもつ課題に対して環境への悪影響が少ない新《しん》エネルギーが研究，実用化され始めている。

新エネルギーのなかでも，枯渇《こかつ》することのない再生可能《さいせいかのう》エネルギー(**自然《しぜん》エネルギー**)が特に注目されている。再生可能エネルギーによる発電方法の開発が，今後の人類に必要だと考えられている。

図1　太陽電池パネル

2 さまざまな再生可能エネルギー

A 太陽光エネルギー

太陽からの光エネルギーを，**太陽電池《たいようでんち》**(**光電池《こうでんち》**)を利用して，直接電気エネルギーに変えることができる(図1)。

太陽の光はなくなることがなく，燃料の費用もかからない。

B 風力エネルギー

吹《ふ》いている風を利用し，**風車《ふうしゃ》**を回し，発電する(図2)。風は完全に止まることはなく，燃料に費用もかからない。

海洋上では強い風が安定して吹くので，海上に風車を立てて発電する洋上風力発電も研究，開発が進められている。

図2　波崎《はざき》ウインドファーム(茨城県)

C 地熱エネルギー

火山地帯において，地下の**マグマ**の熱エネルギーによって発生する蒸気をとり出し，発電に利用することができる(図3)。

地球がもっている熱を利用するので，火山が多い日本では，現状で枯渇の心配がない。

図3　山川発電所《やまがわはつでんしょ》(鹿児島県)

D 海洋のエネルギー

海水《かいすい》は動いているので，運動エネルギーをもっている。海水の運動エネルギーのうち，**波力**《はりょく》**エネルギー**は，波による海面の上下運動のエネルギーである。また，**潮流**《ちょうりゅう》**エネルギー**や**潮汐**《ちょうせき》**エネルギー**は，潮の満ち引きによって生じる流れのエネルギーである。

図 4　久慈《くじ》波力発電所《はりょくはつでんしょ》(岩手県)

3 そのほかの新エネルギー

A バイオマスエネルギー

資源として利用できる植物や動物，その排出物《はいしゅつぶつ》や死がい，木片や落ち葉などの**生物由来の物質**を**バイオマス**という。

バイオマスから得られる**メタンガス**や**エタノール**(**バイオエタノール**)を利用して発電することができる。これらの燃料を燃やして発電すると，いったん環境中の二酸化炭素は増加する。このとき発生した二酸化炭素は，光合成の原料として大気中から植物にとり入れられたものなので，結果的に環境中の二酸化炭素の量は変化してないといえる。

バイオマスを燃やしても環境中にある炭素**C**が循環《じゅんかん》するだけで，量は増減しないという考え方を，**カーボンニュートラル**とよぶ(図 5)。

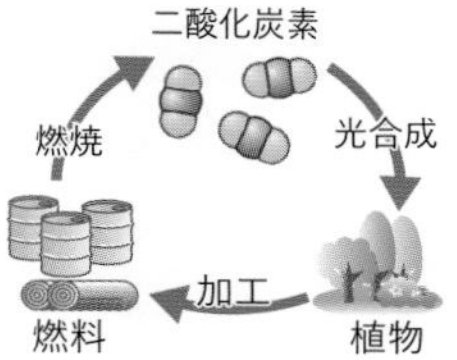

図 5　**バイオマスエネルギーにおける炭素の循環**

B 燃料電池

水素《すいそ》が**酸化**《さんか》されて水になる変化($2H_2 + O_2 \longrightarrow 2H_2O$)のように，**燃料物質の化学変化**から，化学エネルギーを電気分解の逆の原理で電気エネルギーとしてとり出す装置を**燃料電池**《ねんりょうでんち》という。水素を燃料とする燃料電池では，エネルギーをとり出すときに排出されるのが水だけなので，発電時には環境に悪影響をあたえない。

都市ガスを使って水素をつくり出して発電する燃料電池(図 6)は家庭にも設置でき，廃熱《はいねつ》を利用して水などをあたためることができるので，**コージェネレーションシステム**(➡ p.295)に用いられる。

図 6　**家庭用燃料電池**

TRY! 表現力

戸建ての自宅の屋根に太陽電池パネルをとりつけたい。自宅がある地域は，年間を通じてどのような気候であることが望ましいか，説明しなさい。

ヒント　太陽光が多いほど多く発電可能となることから考える。

解答例　年間を通じて晴れの日が多い地域が望ましい。

UNIT 8

新エネルギーの長所と短所

着目 環境にやさしい新エネルギーにも普及をさまたげる短所がある。

要点

- **新《しん》エネルギーの現状** 新エネルギーにもそれぞれ短所があり，普及《ふきゅう》には至っていない。
- **太陽光発電** 天候に依存《いぞん》するため，降水が多い地域などでは電力の供給が安定しない。
- **地熱発電** 立地が限られているほか，ある程度広い土地と，大がかりな準備が必要となる。

1 新エネルギーの現状

再生可能《さいせいかのう》エネルギー（**自然《しぜん》エネルギー**）などの**新《しん》エネルギー**は，枯渇《こかつ》の心配が少なく，環境《かんきょう》にもやさしい。

一見，悪い点が見当たらないにもかかわらず，発電への利用は急速に増加していない。現状で研究，開発段階であることも一因であるが，再生可能エネルギーを利用した発電所の建設にはいろいろな問題があり，急速に進んではいない。新エネルギーにも短所はあるためである。

2 新エネルギーの長所と短所

新エネルギーを実際に発電に利用しようとすると，さまざまな問題点がある（表1）。

新エネルギー自体が理想的なものであっても，実際に発電所を建設し，発電を行うとすると，コストなどの問題も発生し，積極的な建設は難しいのが現状である。[*1]

これらの問題を解決していくことが今後の課題であり，世界中で研究開発が行われている（図1）。

＊1
太陽光発電や風力発電のように，**天候《てんこう》**に左右されやすく安定した供給が難しいエネルギー資源が多いという問題もある。

図1 **海洋に設置された洋上風力発電所（デンマーク沖）**

参考 燃料電池に使う水素の生産

水素を燃料とする**燃料電池《ねんりょうでんち》**は，発電時には水しか発生しないが，燃料となる水素は**メタン** CH_4 を主成分とする天然ガスをはじめとして化石燃料を反応させてつくられており，この反応で二酸化炭素などが発生する。

㊙例 $CH_4 + 2H_2O \longrightarrow 4H_2 + CO_2$

そこで，**バイオマス**（➡ p.303）由来の原料を使うことで，環境中に二酸化炭素を増加させないで水素を生産するための研究が進められている。

表1　新エネルギーによる発電の長所と問題点

発電方法	長所	問題点
太陽光発電	・枯渇しない。 ・廃棄物《はいきぶつ》が出ない。 ・大がかりな設備は必要がない。	・天候に依存《いぞん》するため，降水が多い地域などでは電力の供給が安定しない。 ・太陽電池の費用が高い。 ・大規模な発電施設(メガソーラー)建設のため森林伐採《しんりんばっさい》などの環境破壊《かんきょうはかい》が行われる。
風力発電	・特別な燃料は不要で，大気汚染《たいきおせん》の心配がない。 ・季節風が吹《ふ》く日本の気候に適している。	・風力は変化するため，供給が安定しない。 ・立地が限られている上，発電に使う風車を建設することに，ある程度広い土地と，大がかりな準備が必要となる。 ・騒音《そうおん》の被害《ひがい》や鳥の衝突事故《しょうとつじこ》が起こる。
地熱発電	・枯渇しない。 ・環境に悪影響《あくえいきょう》をあたえるものは発生しない。 ・日本には火山地帯が多く，立地に適した場所は多い。	・立地に適した場所は多いが，そこは国立公園や国定公園に指定されていることが多い。現状の日本の法律では，国立公園や国定公園に発電所をつくることができない。
波力発電	・環境に悪影響をあたえるものが発生しない。	・立地条件が限られ，波の高さは不安定であるため，発電量も安定しない。
バイオマス発電	・廃棄物《はいきぶつ》や植物を利用するので，環境への悪影響が少ない。 ・植物の光合成とのカーボンニュートラルにより，環境中の二酸化炭素の量は変化しない。	・資源として利用できるものを集めたり，運んだりするシステムが確立されていない。 ・植物を燃料用に栽培《さいばい》する場合，食料として消費する作物の栽培と競合し，燃料用作物の確保が難しい。
燃料電池	・タービンを回して行う発電に比べて，発電の効率がよい。 ・発電の際に水しか発生しないので，環境に悪影響をあたえない。	・電池本体の費用が現状で高い。 ・自動車の動力源として期待されているが，水素ステーションの建設など，どうやって燃料を製造し，供給するかという問題がある。 ・燃料電池に用いる水素は化石燃料からとり出したものである。

TRY! 思考力

バイオマスエネルギーの利用を進めることで，畜産《ちくさん》などに悪影響が生じるという懸念《けねん》がなされている。どのような悪影響があると考えられるか，答えなさい。

ヒント　農作物の栽培に使うことのできる土地や労働力は限られている。

解答例　バイオマス燃料の原料にする植物の栽培がふえることで，家畜のえさとなる作物の生産が減り，価格が上がってしまうこと。

UNIT 9

放射線の利用と課題

着目 放射線はさまざまな用途に利用されるが危険な性質ももつ。

要点

- **放射線《ほうしゃせん》の種類**　α線《アルファせん》，β線《ベータせん》，γ線《ガンマせん》，X線《せん》，中性子線《ちゅうせいしせん》など，さまざまな性質のものがある。
- **放射線の単位**　放射線を出す能力をベクレル(Bq)，人に与える影響をシーベルト(Sv)で表す。
- **放射線の利用と安全性**　医療分野などで活用され，あびすぎると遺伝子を傷つける。

1 放射線の種類

1896年にベクレル[*1]が，**ウラン**から出ている，目に見えない何かを放射線《ほうしゃせん》と名づけた。放射線には，高速なヘリウム(He)原子核《げんしかく》の流れで＋の電気をもつ**α線《アルファせん》**，高速な電子の流れで－の電気をもつ**β線《ベータせん》**，**電磁波《でんじは》**(光のなかま[*2])で電気をもたない**X線《せん》**と**γ線《ガンマせん》**，高速な**中性子《ちゅうせいし》**[*3]の流れで電気をもたない**中性子線《ちゅうせいしせん》**などがある。

放射線を出すウランなどの物質を放射性物質《ほうしゃせいぶっしつ》といい，放射線を出す能力(性質)を放射能《ほうしゃのう》という。

＊1
アンリ・ベクレルは19世紀から20世紀初めにかけてのフランスの物理学者。放射能の単位**ベクレル**(Bq)はアンリ・ベクレルの名前からとられた。

＊2
目で見える光や赤外線，電波，X線やγ線などを合わせて**電磁波**という。

＊3
中性子は原子核に含《ふく》まれている粒子《りゅうし》の一種(➡ p.20)。

2 放射線の性質

A 放射線の性質

放射線は，目に見えず，物体を通りぬける**透過力《とうかりょく》**をもつ。透過力は，γ線やX線→β線→α線の順に強い(図1)。中性子線は少し変わっていて，木や金属は通りぬけやすいが，水など，水素(**H**)を含む物質には吸収されやすい性質がある。

また放射線は，原子を電離させて**イオン**(➡ p.20)に変化させる**電離作用《でんりさよう》**をもっている。

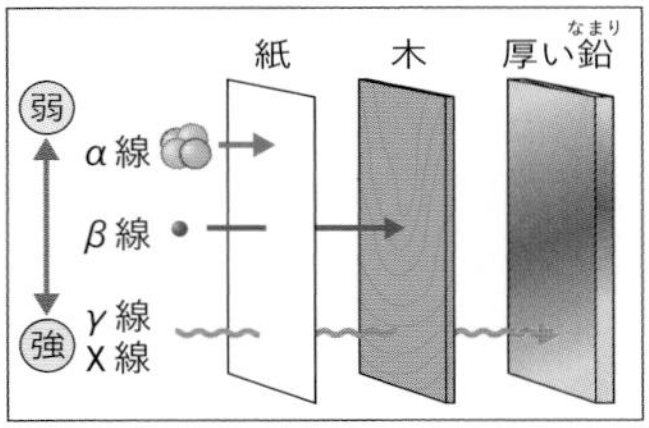

図1　**放射線の透過力**

B 放射線に関係する単位

放射性物質が放射線を出す能力(放射能)の大きさをベクレル(記号Bq)という単位で表す。1秒間に放射性物質に含《ふく》まれる原子1個[*4]が変化して放射線を出した場合の放射能の大きさが1Bqである。

物質や人体が受けた放射線のエネルギーの大きさをグレイ(記号Gy)という単位で表す。放射線を受けた物質1kgが1Jのエネルギーを得た場合の放射線の強さが1Gyである。

＊4
1つ1つの原子のもつエネルギーは非常に小さいので，1Bqという値も非常に小さい。

放射線が人体にあたえる影響《えいきょう》をシーベルト(記号Sv)という単位で表す。1ミリシーベルト(mSv)$=\frac{1}{1000}$Svである。レントゲン検査1回で受ける放射線の量が約0.1mSvである。

3 放射線の利用と安全性

A 放射線の利用

放射線には，人工的につくった**人工放射線《じんこうほうしゃせん》**と自然界に存在する**自然放射線《しぜんほうしゃせん》**があるが，人工放射線も自然放射線も性質は変わらない。

工業分野では，透過力を利用して，物体を破壊《はかい》することなく内部のようすを検査することができる**非破壊検査《ひはかいけんさ》**や，**厚さの測定**，ゴム製品の強化などに用いられる。

農業分野では電離作用によって生物の細胞《さいぼう》に影響《えいきょう》をあたえるはたらきを利用して**害虫の駆除《くじょ》**や**品種改良《ひんしゅかいりょう》**，人体に有害な**ジャガイモの芽の発芽防止**などに用いられる。医療分野《いりょうぶんや》では，**X線《せん》撮影《さつえい》**，**がんの診断《しんだん》**や**治療《ちりょう》**などに役立てられている。

B 放射線の安全性

放射線を受けることを被《ひ》ばく(被曝《ひばく》)といい，大量に被ばくすると人体に危険が生じる。放射線は，電離作用によって生物の細胞《さいぼう》に影響をあたえ，大量にあびると遺伝子の本体である**DNA**(➡ p.88)が傷つく。遺伝子が傷つくと，がんが発生しやすくなるほか，死に至ることもあるので，利用にはじゅうぶんな注意が必要である(図2)。

私たちは，何もしなくてもある程度の**自然放射線**を受けている。日本では1人あたり平均で年間約2.1mSvの自然放射線をあびている(図3)が，これによる人体への大きな影響はない。

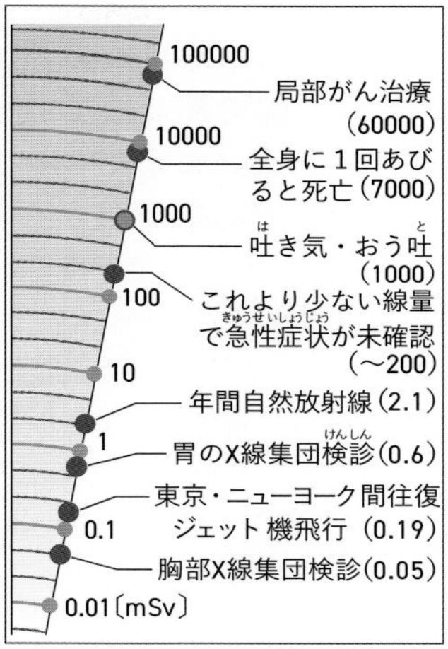

図2 **人体のあびる放射線とその影響**

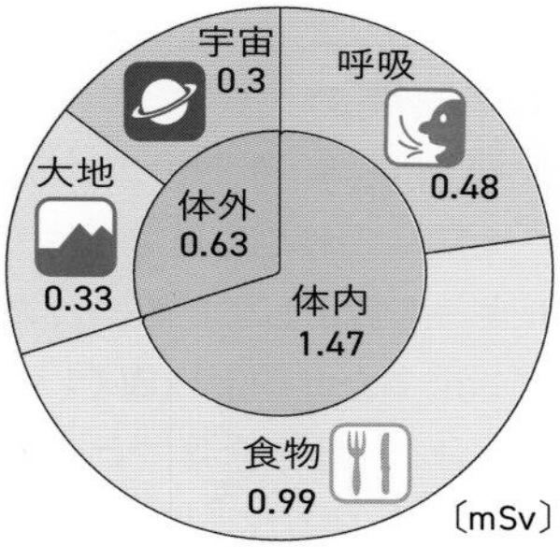

図3 **日本人1人が1年間にあびる平均的な自然放射線**

TRY! 表現力

医療分野では，放射線のどのような性質を利用して，X線撮影，がんの治療などが行われているかを説明しなさい。

ヒント 放射線には，透過力や細胞に影響をあたえる性質がある。

解答例 X線撮影は放射線の透過力を利用し，がんの治療では電離作用によって細胞を破壊するはたらきが利用されている。

特集

太陽のばく大なエネルギー

● 太陽のエネルギーの源は太陽内部で起こっている核融合反応

20世紀から，世界のエネルギーの多くをまかなっている石油・天然ガス・石炭などの化石燃料やウランなどの地下資源は，枯渇《こかつ》のおそれが大きな問題となっていた。さらに，化石燃料の利用は**大気汚染《たいきおせん》**や**地球温暖化《ちきゅうおんだんか》**を進めてしまう問題もあり，**持続可能《じぞくかのう》エネルギー**の利用が推進《すいしん》されてきた。そのなかでも常に脚光《きゃっこう》をあびてきたのが，太陽《たいよう》のエネルギーである。

太陽のおもな成分は**水素《すいそ》**である。太陽中心部は非常に高温・高圧で，水素の原子核が結合して**ヘリウム**の原子核になる反応(核融合反応《かくゆうごうはんのう》)が起き，大きなエネルギーが放出される。このエネルギーが太陽の光エネルギーとなる。

● 1時間の太陽エネルギーが世界の年間消費エネルギーにあたる

太陽は毎秒約400000000000兆kJものエネルギーを放出している。このうち地球に届くのは1 m^2 あたり約1.4kW（1秒間に約1.4kJ)で，地球全体では毎秒約176兆kJにもなる。このエネルギーの約30%は大気で反射され，残り約70%が地表に到達《とうたつ》する。

地表に届く太陽のエネルギーを100%有効に利用できたら，**地球全体が受ける太陽からのエネルギー1時間分**で**世界の年間エネルギー消費量**をまかなうことができる。

● 地表に届く太陽のエネルギーは姿を変えて生活に役立っている

地球に届いた太陽の光エネルギーは，いろいろなエネルギーに変わりながら，わたしたちの生活に役立っている(図2)。

① 植物は**光《ひかり》エネルギー**を使って，**光合成《こうごうせい》**(**化学《かがく》エネルギー**)を行う。植物の一部は動物(**運《うん》動《どう》エネルギー**など)の食物になり，また，長い時間をかけて石炭や石油などの**化石燃料《かせきねんりょう》**(**化学《かがく》エネルギー**)になり，**火力発電《かりょくはつでん》**(**電気《でんき》エネルギー**)や**自動車《じどうしゃ》**(**運動エネルギー**)，**暖房《だんぼう》**(**熱《ねつ》エネルギー**)などの燃料になる。

② 光エネルギーは，地表で**熱エネルギー**となって水蒸気や雲を生じる。これらは**風《かぜ》**(**運動エネルギー**)となって**風力発電《ふうりょくはつでん》**(**電気エネルギー**)に使われたり，雨となって**ダム**にたくわえられ(**位置エネルギー**)，**水力発電《すいりょくはつでん》**(**電気エネルギー**)に使われたりしている。

図１　**太陽(X線写真)**

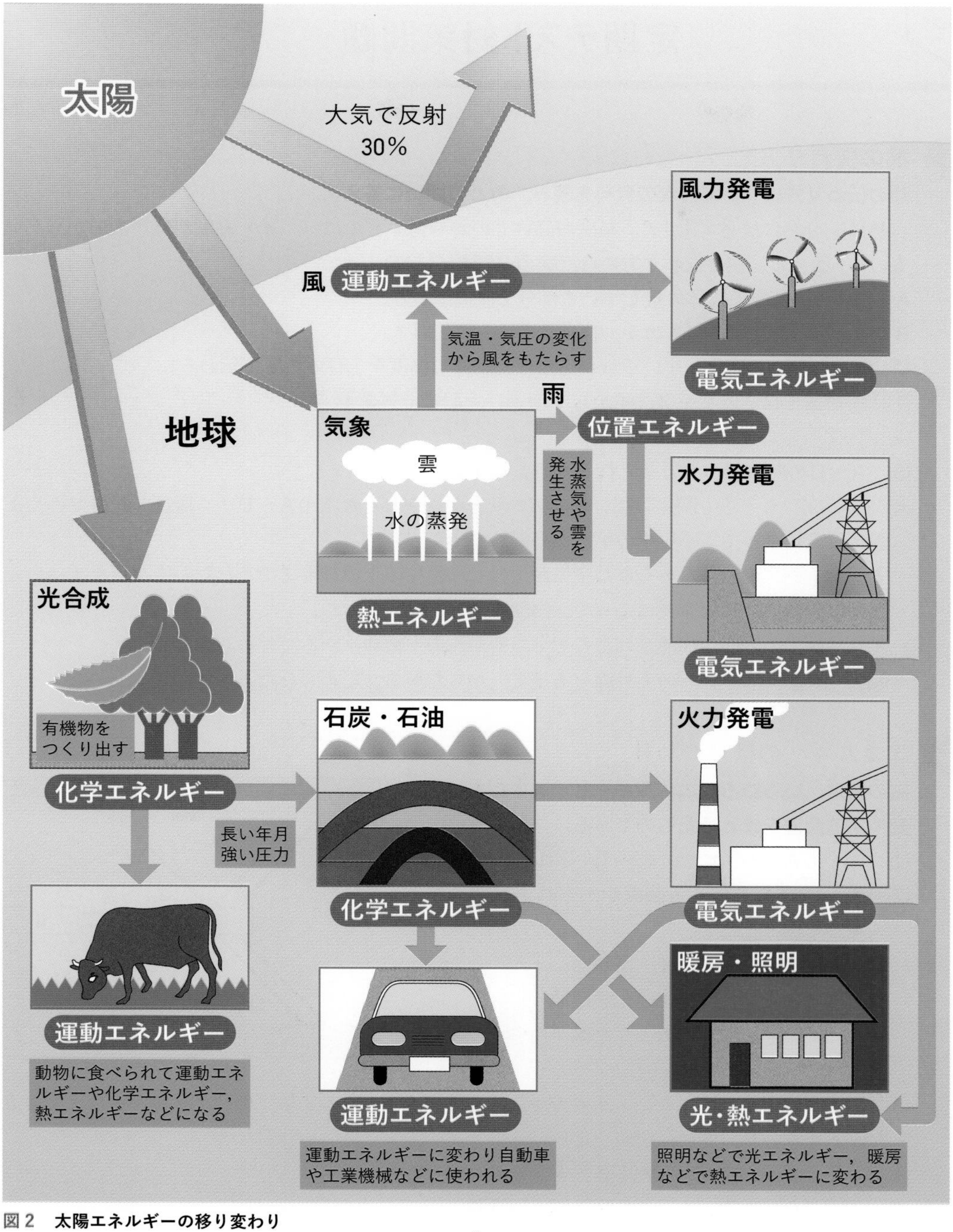

図２　太陽エネルギーの移り変わり

定期テスト対策問題

解答 ➜ 別冊 p.13

問 1 熱の伝わり方

熱の伝わり方についての次の資料を読み，あとの問いに答えよ。

熱は，自然には必ず①{**ア**　温度が高いものから低いものに　**イ**　温度が低いものから高いものに}伝わる。熱の伝わり方には，次の3種類がある。

A　物体の内部や，物体の接している部分で直接伝わる。

B　熱をもった物質そのものが，移動することで伝わる。

C　熱が［　②　］に変化して，それが当たった物体の温度を上げることで伝わる。

(1)　①にあてはまる文を**ア**，**イ**から1つ選び，記号で答えよ。

(2)　［　②　］にあてはまる語句は何か。

(3)　**A**～**C**の熱の伝わり方をそれぞれ何というか。名前を答えよ。

(4)　次の文にもっとも関係の深い熱の伝わり方を，それぞれ上の**A**～**C**から選び，記号で答えよ。

① 日光によって，乗用車の車内が高温になった。

② ストーブであたためられた空気が上昇《じょうしょう》し，部屋の上のほうまであたたかくなった。

③ 湯飲みに入ったお茶によって，湯飲み全体が熱くなった。

④ やかんの表面が加熱されたことで，やかんの下部の水があたためられた。

⑤ ハロゲンヒーターの赤外線をあびて，からだがあたためられた。

問 2 エネルギーの移り変わり

右の図は，いろいろなエネルギーと，エネルギーを変換《へんかん》する装置をまとめたものである。

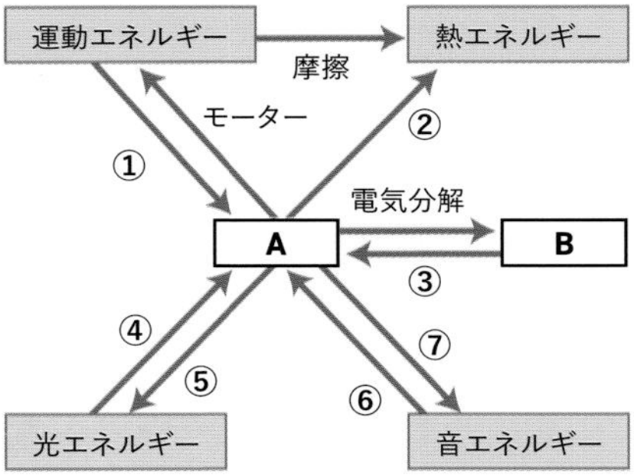

(1)　図中の**A**，**B**のエネルギーは，それぞれ何か。

(2)　①～⑦にあてはまる装置を，それぞれ次の**ア**～**キ**から選べ。

ア　マイク　　**イ**　電熱器

ウ　スピーカー　　**エ**　化学電池

オ　太陽電池　　**カ**　発電機

キ　LED

(3)　図中には書かれていないエネルギーに，弾性《だんせい》エネルギーがある。弾性エネルギーはどのようなエネルギーか，簡単《かんたん》に説明せよ。

(4)　エネルギーが変換《へんかん》されたとき，その総量はどうなるか。

(5)　(4)が常に成り立つという法則を何というか。

問3 エネルギー資源

右の図は，ある月の日本の発電方法別の発電量の割合を表した円グラフである。これについて，次の問いに答えなさい。

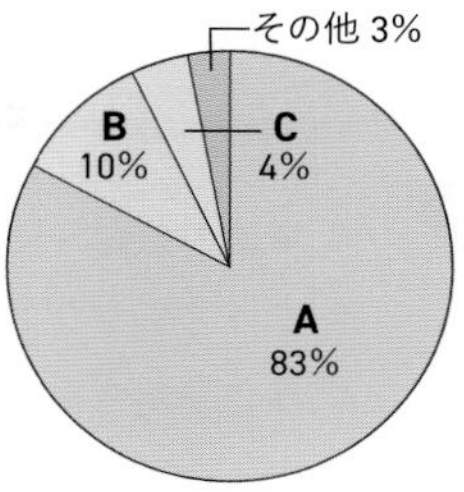

⑴ 図の**A**～**C**は，それぞれどのような発電方法を表しているか。次の**ア**～**ウ**から１つずつ選べ。

ア 水力発電 **イ** 火力発電 **ウ** 原子力発電

⑵ 次の文の□にあてはまる語句を答えよ。

原子力発電では，[①]やプルトニウムの原子が核分裂《かくぶんれつ》するときに出すエネルギーで水を加熱し，高温の[②]をつくり，発電機のタービンを回して電気エネルギーをとり出している。

問4 いろいろな発電

次の①～⑤の発電方法について，それぞれの発電の特徴をあとの利点，欠点からそれぞれ１つずつ，合わせて２つ選び，記号で答えなさい。

① 太陽光発電 ② 水力発電 ③ 原子力発電 ④ 地熱発電 ⑤ 風力発電

［利点］
ア 大きな風車を回して発電するため，発電時に廃棄物《はいきぶつ》が発生しない。
イ ごくわずかな燃料から，大規模で安定した電力をつくり出すことができる。
ウ 地中の熱を使うため，資源がつきることを考える必要がない。
エ 小型化が容易で，建物の屋根にもとりつけられる。
オ 資源を消費せず大規模な発電ができるため，日本の発電量全体に占《し》める割合が高い。

［欠点］
カ 発電にともなって出た廃棄物の処理に課題があり，事故のリスクも大きい。
キ 気候や天候に左右されやすく，土地あたりの発電量も小さい。
ク 気候や天候に左右されやすく，騒音《そうおん》が発生するため立地も限られる。
ケ 大規模な発電所の建設には大きなダムが必要で，環境破壊《かんきょうはかい》を伴う。
コ 立地が火山の近くなどに限られており，開発が制限されている場合も多い。

問5 放射線の性質

放射線とその性質について，次の問いに答えなさい。

⑴ 放射線を出す物質を何というか。

⑵ ベクレル(記号Bq)とシーベルト(記号Sv)は，それぞれ何を表す単位か。

⑶ 次の放射線についての文**ア**～**エ**のうち，正しいものを１つ選び記号で答えよ。

ア 放射線のもつ透過力《とうかりょく》は，放射線の種類によらず変わらない。
イ 放射線は，物質中の原子をイオンにする能力をもっている。
ウ 放射線や放射性物質は，すべて人工的につくられたものが由来である。
エ レントゲン撮影《さつえい》は，X線がDNAに影響《えいきょう》をあたえる性質を応用したものである。

UNIT 1

プラスチックの性質

着目 天然の物質と人工的な物質は，使い分けられたり，混ぜて使われたりしている。

要点

- **繊維《せんい》の分類** 動物や植物由来の繊維を天然繊維《てんねんせんい》といい，人工的な繊維を合成繊維《ごうせいせんい》という。
- **プラスチック** 炭素を含《ふく》み，燃やすと二酸化炭素が発生する。いろいろな種類がある。
- **高分子化合物《こうぶんしかごうぶつ》** プラスチックをはじめとした，非常に大きな分子からできた物質。

1 天然の物質と人工的な物質

A 天然繊維

人類がはじめて衣服として身につけたのは，とらえた動物の**毛皮《けがわ》**だったと考えられている。その後，動物の**毛《け》**や**まゆ**,[*1]**綿《わた》**や**麻《あさ》**などの植物をつむいで糸をつくり，衣服をつくるようになった。動物や植物由来の繊維《せんい》を天然繊維《てんねんせんい》といい，長い間使われてきた。

B 合成繊維

1883年，薬品を使って植物由来の素材を化学反応させ，絹のような性質の**レーヨン**をつくり出すことに成功した。その後，石油などを原料に**ナイロン**や**ポリエステル**などの新しい繊維がつくられるようになった。このように，石油などを原料につくられた繊維を合成繊維《ごうせいせんい》という。[*2]

＊1
絹糸は，**カイコガ**という昆《こん》虫《ちゅう》の**さなぎ**をくるむまゆをつむいでつくられる。

＊2
レーヨンは植物素材を化学的につくり変えたものなので，**半合成繊維《はんごうせいせんい》**ともいう。

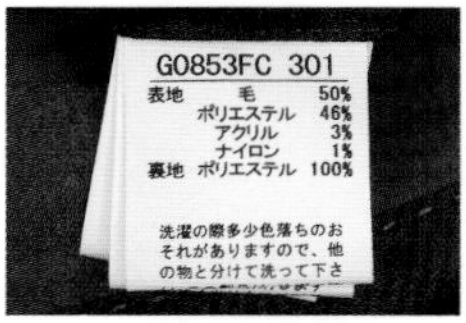

図1 **天然繊維と合成繊維を含《ふく》む服の品質表示**

表1 **おもな天然繊維と合成繊維**

	天然繊維			合成繊維		
物質名	綿《めん》(コットン)	絹《きぬ》(シルク)	羊毛(ウール)	ポリエステル	ナイロン	アクリル
原材料	ワタの種子	カイコガのまゆ	ヒツジの体毛	石油・天然ガス		
特徴《とくちょう》	じょうぶで吸《きゅう》湿性《しつせい》が高い。黄ばみやすい。	細くしなやかで光沢《こうたく》に富む。摩擦《まさつ》に弱い。	のびやすく保温性がある。縮みやすい。	熱に強く，じょうぶでしわになりにくい。	軽くて非常にじょうぶ。弾《だん》力《りょく》性がある。	保温性が高く，しわになりにくい。
用途《ようと》	肌着《はだぎ》，靴下《くつした》，パジャマ，タオル	スカーフ，ネクタイ，ブラウス	セーター，靴下，毛布，絨毯《じゅうたん》	学生服，スカート，セーター	レインコート，ジャンパー	セーター，靴下，毛布，絨毯

C 天然の物質と人工的な物質

繊維に限らず，石油などからさまざまな物質が人工的につくられている。人工的につくられた物質には，天然の物質にはない特徴《とくちょう》をもつものも多く，使い分けられたり，まぜて使われたりしている(図1)。

2 プラスチック

A プラスチックの性質

私たちのくらしに身近な素材である**プラスチック**は，人工的につくられた物質のうち，炭素を含《ふく》み，燃やすと二酸化炭素が発生する**有機物**《ゆうきぶつ》である。

プラスチックにはさまざまな種類のものがあってそれぞれ性質が異なり，用途《ようと》に応じてさまざまなプラスチックが使われている(**表2**)。

プラスチックは自然界で**分解**《ぶんかい》(→p.254)されにくく，有害物質を吸着しやすいため環境《かんきょう》に悪影響《あくえいきょう》をおよぼすと考えられている。[*3] そのため，近年では，菌類《きんるい》や細菌類《さいきんるい》のはたらきによって，最終的に水と二酸化炭素に分解される**生分解性**《せいぶんかいせい》**プラスチック**が開発され，包装，医療《いりょう》分野などで利用されている。

表2　プラスチックの種類と特徴

物質名	性質	用途
ポリエチレンテレフタラート(PET)	じょうぶで透《とう》明性《めいせい》が高い。水より重い。	ペットボトル テープ 飲料カップ
ポリエチレン(PE)	薬品に強い。水より軽い。	袋《ふくろ》 容器
ポリ塩化ビニル(PVC)	燃えにくい。水より重い。	消しゴム ホース
ポリスチレン(PS)	軽い発泡材になる。	食品容器 CDのケース
ポリプロピレン(PP)	熱に強い。水より軽い。	ペットボトルのキャップ 食品容器

＊3
近年魚や海鳥の体内から**マイクロプラスチック**(5mm以下に小さくなったプラスチック)が大量に見つかっている。

B プラスチックの構造

ポリエチレンの分子は，**エチレン**という物質の分子が数千個～数十万個つながったような構造をしている。

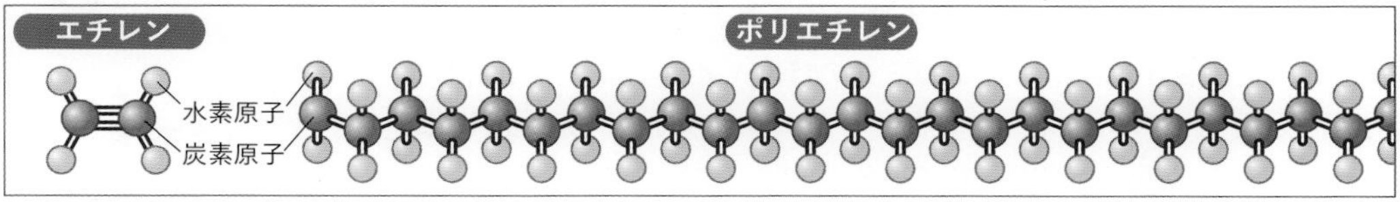

図2　エチレンの分子とポリエチレンの分子

ポリエチレンのような，非常に大きな分子からできた物質を**高分子**《こうぶんし》**化合物**《かごうぶつ》という。[*4] プラスチックはポリエチレンと同じように，原料の分子が大量につながった，とても大きな分子からできている高分子化合物である。

＊4
食物に含まれる**デンプン**も，**ブドウ糖**《とう》が大量につながった高分子化合物の一種である。

TRY! 思考力

プラスチックは，一般的《いっぱんてき》に電気を通しやすいか通しにくいか。プラスチックがどのようなグループに分類されるかをもとに答えよ。

ヒント　プラスチックは有機物か無機物か，金属か非金属かを考える。

解答例　プラスチックは有機物であり非金属なので，一般的に電気を通しにくい。

UNIT 2

新しい素材とその応用

着目 すぐれた機能や性質をもつ新しい素材や素子が次々に開発されている。

要点
- **発光《はっこう》ダイオード(LED)** エネルギー変換効率《へんかんこうりつ》が高く長持ち。青色《あおいろ》LEDでさまざまな色が出せる。
- **有機《ゆうき》エレクトロルミネッセンス(有機《ゆうき》EL)** エネルギー変換効率が高く，画面に利用。
- **炭素繊維《たんそせんい》** 軽くて弾性《だんせい》にすぐれる。熱，電気をよく通し，摩擦《まさつ》や熱，薬品に強い。

1 新しい素材とその応用

科学技術の進歩により，すぐれた機能や性質をもつ新しい素材や素子が次々《つぎつぎ》に開発され，私たちの身近なものにも使われている。

A 発光ダイオード(LED)

発光《はっこう》ダイオード(LED)は，決まった方向に電圧を加えると電流が流れ，発光する素子《そし》である。白熱電球や蛍光灯《けいこうとう》よりも長持ちするうえ，**エネルギー変換効率《へんかんこうりつ》**(➡ p.295)が高く省電力という特徴《とくちょう》をもつ。

LEDが照明に使われるようになったのは，蛍光物質《けいこうぶっしつ》と組み合わせることで白色を含《ふく》むさまざまな色をつくることができる**青色《あおいろ》LED**[*1]が開発，実用化されたことによる。このほか，イルミネーションや案内板，大型ディスプレイ，信号機やリモコンの送信部(**赤外線《せきがいせん》LED**)などさまざまな用途《ようと》に利用されている(図1)。

B 有機エレクトロルミネッセンス(有機EL)

特殊《とくしゅ》な有機素材に電流を流すと発光する現象を有機《ゆうき》エレクトロルミネッセンス(有機《ゆうき》EL)という。有機ELは発光原理がLEDに近く，エネルギー変換効率が高い。鮮《あざ》やかな色を出すことができるので，有機ELを利用した素子は携帯電話《けいたいでんわ》やテレビなどの画面に使われている(図2)。また，照明として利用する研究も進んでいる。

C 炭素繊維

炭素繊維《たんそせんい》(カーボンファイバー)は石油やプラスチック繊維を加熱処理してつくられた繊維素材で，金属に比べて非常に軽く強度や弾性《だんせい》にすぐれている。熱，電気をよく通し，摩擦《まさつ》や熱，薬品に強い。

これらの特性を生かし，航空機や建造物，身近な例ではテニスのラケット(図3)，釣《つ》りざお，サーフボードなどの補強に用いられている。

*1
青色LEDの開発によって，赤崎勇《あかさきいさむ》，天野浩《あまのひろし》，中村修二《なかむらしゅうじ》の3名がノーベル物理学賞を受賞した。

図1 発光ダイオードを使った信号機

図2 有機ELの原理を使ったテレビ

図3 炭素繊維で強化されたラケット

D 形状記憶合金

形状記憶合金《けいじょうきおくごうきん》は合金(いくつかの金属を混ぜた物質)の一種で，変形させても高温にするともとの形にもどるという**形状記憶効果《けいじょうきおくこうか》**と，大きな変形を加えてももとの形にもどりやすいという**超弾性《ちょうだんせい》**をもっている。

これらの性質を利用して，下着やめがねのフレーム，炊飯器《すいはんき》の圧力弁のほか，歯列矯正《しれつきょうせい》用ワイヤなど医療《いりょう》用途にも利用されている。

E 光触媒

紫外線《しがいせん》を当てると有機物を分解する性質をもった物質を**光触媒《ひかりしょくばい》**といい，**酸化《さんか》チタン**などがある。光によってよごれを落とすことができるので，建物の外壁《がいへき》や窓ガラス，自動車のミラーなどに利用されている。

F 吸水性高分子(吸水性ポリマー)

吸水性高分子《きゅうすいせいこうぶんし》(**吸水性《きゅうすいせい》ポリマー**)は，自身の質量の数十～数百倍の水を吸収し，保水力が高い**高分子化合物《こうぶんしかごうぶつ》**(➡ p.313)である(図 4)。押《お》したり握《にぎ》ったり，多少の圧力を加えても吸収した水を放出しない。

紙おむつなどの衛生用品に広く利用されている。

図 4　**吸水性ポリマー**

左が吸水前，右が吸水後(青く着色)。

G 超伝導物質

低温で電気抵抗《でんきていこう》が 0 となる物質を**超伝導物質《ちょうでんどうぶっしつ》**といい，電気抵抗が 0 の状態を**超伝導状態《ちょうでんどうじょうたい》**という。小さな電圧で大きな電流を流すことができ，非常に強力な電磁石をつくることができるので，超伝導リニアモーターカーなどに応用する研究が進められている。

H 全固体電池

電池のしくみ(➡ p.54)で学んだように，電池の電極の間には，**電《でん》解質《かいしつ》の溶液《ようえき》**[*2]が使われている。電解質の溶液のかわりにイオンを通しやすい特殊な固体の素材を使った**全固体電池《ぜんこたいでんち》**をつくることで，液漏《えきも》れを起こさず，充電時間の短い電池をつくることができると考えられており，研究が進められている。

＊2
身のまわりの電池は，電解質の溶液をのり状に固めて使っているものが多い(➡ p.56)。

TRY! 思考力

全国の交通信号機は電球を用いたものから発光ダイオード(LED)を用いたものにおきかえられているが，その利点をその性質に注目して説明しなさい。

ヒント　発光ダイオードはエネルギー変換効率が高く，電球とちがい自ら赤色や緑色の光を出す。

解答例　長持ちするため交換の手間や費用がかからない。省電力である。色のフィルターや反射板を用いないため明るい場所でも見まちがいが起こりにくい。

UNIT 3

交通・情報・通信と科学技術

着目 科学技術によって，交通・情報・通信が発展してきた。

要点

- **科学技術と交通**　産業革命《さんぎょうかくめい》以降，燃料は化石燃料が主となり，発展を続けている。
- **通信技術の発展**　現在では，情報は，瞬時《しゅんじ》に届け先に到着《とうちゃく》するようになった。
- **情報技術の発展**　コンピュータの飛躍的《ひやくてき》な発展により，私たちの生活が変化している。

1 交通と科学技術

私たちのくらしに欠かせない電車などの交通《こうつう》は，科学技術によって発展し，便利になってきた。

18～19世紀にイギリスで起こった**産業革命《さんぎょうかくめい》**以降，画期的な技術が次々《つぎつぎ》とうみ出されるようになった。

産業革命以前は，交通手段としては，**人力《じんりき》**や**馬車《ばしゃ》**，**帆船《はんせん》**など，燃料を使用しないものが主であった。産業革命時の画期的な発明の1つが，**ワット**による**蒸気機関《じょうききかん》**の改良である(図1)。蒸気機関は，石炭を燃焼させて，石炭の化学エネルギーを動力に変える技術であり，蒸気機関車，蒸気船などに用いられた(図2)。蒸気機関の改良により，大量の人や物を高速で運ぶことができるようになった。

その後，石油からとり出されたガソリンを燃料とする**自動車《じどうしゃ》**や**飛行《ひこう》機《き》**，電気の力を動力とする**電車《でんしゃ》**など，現代の私たちの生活に欠かせない交通手段が次々に開発された。

現在では**超伝導物質《ちょうでんどうぶっしつ》**(➡ p.315)を使った強力な電磁石を利用した**超《ちょう》伝導《でんどう》リニアモーターカー**の開発なども進められている。[*1]

図1　**ワットによる蒸気機関(レプリカ)**

図2　**蒸気機関車**

＊1
強力な電磁石で車体を浮《う》かせて摩擦力《まさつりょく》を0にし，高速運転させる。

2 情報・通信と科学技術

Ⓐ 情報と科学技術

大量の情報《じょうほう》を解析《かいせき》，処理するという**コンピュータ**の機能が，現代の私たちの生活を支えている。

世界最初のコンピュータは1946年，アメリカで開発された。これは幅《はば》30m，奥行《おくゆ》き1mという現代では考えられない大型のものであった(図3)。コンピュータの改良が進み，小型化，低コスト化がなされ

図3　**世界初のコンピュータ**

ていくことで，現在では家庭用のパソコンやノートパソコンなど，小型化したコンピュータが普及《ふきゅう》している。

また，現在，世界中で**創薬《そうやく》**などの医療《いりょう》研究，**天気予報《てんきよほう》**や**災害予測《さいがいよそく》**研究，新素材の研究などに用いられる超高性能《ちょうこうせいのう》のスーパーコンピュータ（図 4）の開発競争が行われている。

図 4　**スーパーコンピュータ「富岳《ふがく》」（理化学研究所）**

B 通信と科学技術

私たちの生活のためにも，科学技術そのものの研究のためにも，さまざまな**情報**を得て，人に伝えていく必要がある。

20 世紀のはじめごろまでは，情報を得て遠くに伝達する（通信《つうしん》する）手段は，**手紙《てがみ》**を飛脚《ひきゃく》や船で届けるなど，情報そのものを書いたものを直接運んで届ける方法が中心だった。

その後，**電報《でんぽう》**が開発され，簡単な情報であれば短時間で遠隔地《えんかくち》に届けられるようになった。そして，**電話《でんわ》**や**ファクシミリ**の開発により，遠隔地どうしでほぼ時間差のない情報のやりとりが可能となった。

C 情報・通信技術の発展

初期のコンピュータでは，データのやりとりのために記憶装置《きおくそうち》を持ち運んでいた。また，かつての電話は，**電話交換機《でんわこうかんき》**で回線をつなぎかえて通話していた。電報など電話以外の電気通信でも同様だった。

その後，情報をコンピュータで処理し，数値化した状態で送り，届け先で再び情報にもどすという方法で，直接やりとりする**ネットワーク**が発達した。**インターネット**は，20 世紀末に普及《ふきゅう》が進んだ全世界規模のネットワークで，これによって膨大《ぼうだい》な情報をたくわえ，処理し，交換することができるようになった。私たちは，ふだんの生活の中で，何らかの形でインターネットを利用している。[*2]

現代ではネットワークによって情報技術と通信技術が一体化しており，今後も発展していくことが期待されている。[*3]

＊2
便利である一方，インターネットを使った犯罪もふえており，対策が求められている。

＊3
たとえば**スマートフォン**は，コンピュータとしての機能と，携帯電話《けいたいでんわ》としての機能をもつ。言いかえると，**情《じょう》報端末《ほうたんまつ》**と**通信端末《つうしんたんまつ》**の機能が融合《ゆうごう》したものと考えることができる。

TRY! 表現力

私たちが情報・通信機器であるスマートフォンを使うときに気をつけなければいけない点を 1 つあげ，理由も含めて説明しなさい。

ヒント　個人情報の流出などがどのようなことにつながるか考える。

解答例　個人情報は犯罪に悪用される可能性などがあるので，個人情報の流出を防ぐ対策が必要である。

UNIT 4

人工知能と科学技術

着目 人間の脳のようなはたらきを目的としたプログラムを人工知能という。

要点

- **人工知能《じんこうちのう》(AI)** 人間の脳のように分析《ぶんせき》や問題解決を行う。
- **機械学習《きかいがくしゅう》** コンピュータプログラムが自動的に能力を向上させていく学習の方式。
- **ロボット** 人間のようなはたらきをする機械。人工知能によって性能が向上している。

1 人工知能

人間の知能をもった機械として，人間の脳のようなはたらきを行うためにつくられたコンピュータプログラムを人工知能《じんこうちのう》(AI)*1という。

従来のコンピュータでは，人間があらかじめデータに応じた計算式や処理の流れを**プログラミング**しておき，それに応じて情報が処理される。それに対して人工知能では，入力された大量のデータをもとに自ら**学習《がくしゅう》**し，分析《ぶんせき》や問題解決の精度を高めていく。

AIのように，自動的に能力を向上させていく学習の方式を**機械学《きかいがく》習《しゅう》**という。近年実用化が進んだ**ディープラーニング**(**深層学習《しんそうがくしゅう》**)という技術を使うと，人間の補助*2が非常に少なくなるため，膨大《ぼうだい》なデータを処理させるのが簡単になった。

人工知能の技術によって，**将棋《しょうぎ》**や**囲碁《いご》**の名人との対局で勝利したり，**医療《いりょう》**分野では診察画像《しんさつがぞう》から瞬時《しゅんじ》に異常な部分を検出して医師の診断《しんだん》の手助けをしたりするなど，さまざまな実績を残している。また，**AIスピーカー**のように，日本語での指示を解釈し，それにしたがって動作することもできるようになってきている。

*1
AIは，人工知能を表す英語 **Artificial Intelligence** の頭文字をとった略称《りゃくしょう》である。

*2
初期の機械学習では，人間がデータの解釈《かいしゃく》を補助する必要があったが，ディープラーニングによって人間の負担が軽くなった。

2 身近な人工知能

Ⓐ AIスピーカー(スマートスピーカー)

AIスピーカーは，すでに家庭にあることも多いであろう，人工知能を利用したスピーカーである。話しかけると，内容に応じた質問に答えてくれたり，電化製品の操作を行ったりすることができる(図1)。

同様の機能は携帯電話《けいたいでんわ》や自動車にも搭載《とうさい》され始めており，手を使えない場面で役に立っている。

図1 **AIスピーカー**

B 電化製品

電化製品《でんかせいひん》にも人工知能が搭載され始めている。*3

たとえば，**ロボット掃除機《そうじき》**は，搭載されたAIによって効率的に掃除を行っている(図2)。

また，**冷蔵庫《れいぞうこ》**にコンピュータを搭載することで，冷蔵庫に話しかけると，献立《こんだて》の候補を答えてくれたりする。スマートフォンなどと連動させることにより，スーパーマーケットの安売り情報を知らせてくれたりもする。

人工知能は家事の手助けをしてくれる存在としても，今後の発展が注目されている。

図2　**人工知能を搭載したロボット掃除機**

＊3
機器に高性能のコンピュータを搭載するのが難しい場合には，**インターネット**(➡p.317)上のサーバで処理を行う**クラウド**というしくみも使われるようになった。

3 ロボットの発展

人間のかわりになるような動作や作業をする機械を**ロボット**という。たとえば，さまざまな事情により自宅から外出できない人が，自宅からの**遠隔操作《えんかくそうさ》**によって，自らの分身のようにロボットに作業をさせることができる。

近年では，人間の作業を手助けするロボットや，人型で話しかけると答えてくれるロボットなどが開発されており，**人工知能**を搭載することで，さらに性能は向上している。

人工知能を搭載したロボットは，あいさつをしてくれたり，話しかけると感情をもっている人間であるかのように答えてくれたりする(図3)。利用者も気軽に**コミュニケーション**をとることが可能であるため，さまざまな場面への応用が期待される。

人工知能や人工知能を搭載したさまざまな製品によって，私たちの生活がよりよいものとなっていくことが期待されている。

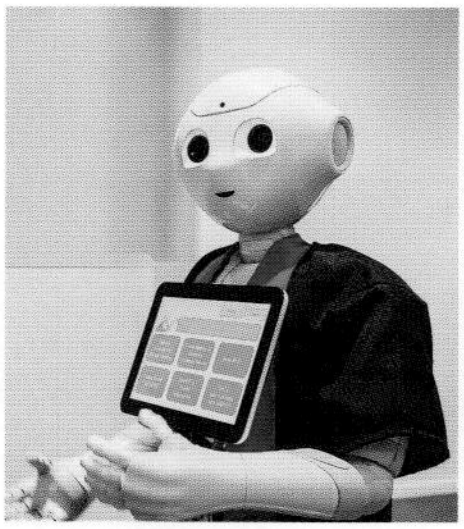

図3　**コミュニケーションロボット**

TRY! 表現力

人工知能やロボットの技術が発展することにより10年後の社会はどのような変化が見られると考えられるか，予測されることを１つあげなさい。

ヒント　人間でしかできなかったことを人工知能，ロボットができるようになったときのことを考える。

解答例　これまで人間がになってきた職業を人工知能，ロボットが行うようになる。

UNIT 5

ごみ問題と資源

着目 生活や産業によって出るごみは膨大な量で，削減する努力が必要である。

要点

- **大量のごみによる問題**　焼却《しょうきゃく》による有害物質の発生や，捨てる場所自体がない場合もある。
- **ごみ問題解決へのとり組み**　リデュース，リユース，リサイクルの3R《スリーアール》が代表的な方法である。
- **プラスチックごみの削減《さくげん》**　近年増加しているプラスチックごみ削減が課題である。

1 大量のごみによる問題

私たちのふだんの生活，産業などで廃棄《はいき》される**ごみ**の量は非常に多く，種類も多数にわたる。

捨てられたごみのうち，焼却《しょうきゃく》できるものは焼却するが，焼却によって毒性の強い物質が発生するものもあり，問題となっている。焼却したごみの残りかすや，焼却できないごみは埋《う》め立《た》て処分場《しょぶんじょう》などに捨てられてきた(図1)が，地下水や土壌《どじょう》を汚染《おせん》する可能性がある。

また，埋め立て地そのものがすでに少なくなってきているという問題が発生している。

図1　**埋め立て処分場**

2 ごみ問題への対策

毎日出るごみ処理の問題への対策として，ごみを出さないことがもっとも大切であるが，現実的には難しい。そこで，ごみを減らすために，おもに3つのとり組みが進められている。

Ⓐ リデュース

のちにごみとなるものそのものの使用を**抑制《よくせい》**することを**リデュース**という。たとえば，コーヒーショップに自分のボトルを持っていき，コーヒーを入れてもらえば，店側が提供し，ごみになるはずだった紙やプラスチックのカップを減らすことができる。

Ⓑ リユース

ごみを減らすために，不要となったものをできるだけ**再利用《さいりよう》**することを**リユース**という。たとえば，家庭で不要になった衣料品をフリーマーケットなどで，希望する人に再び利用してもらうことなどである。

図2　**紙資源のリサイクル**

C リサイクル

使用しなくなった製品を回収し，**再資源化**《さいしげんか》することを**リサイクル**という。たとえば，不要となった牛乳パックや段ボールなどを，トイレットペーパーや再生紙として再利用したり，ペットボトルを絨毯《じゅうたん》や洋服として再利用したりしている。日本のペットボトルのリサイクル率は世界の中でも非常に高い(図3)。

リデュース(Reduce)，**リユース**(Reuse)，**リサイクル**(Recycle)というとり組みを，英語の頭文字から**3R**《スリーアール》とよぶ。

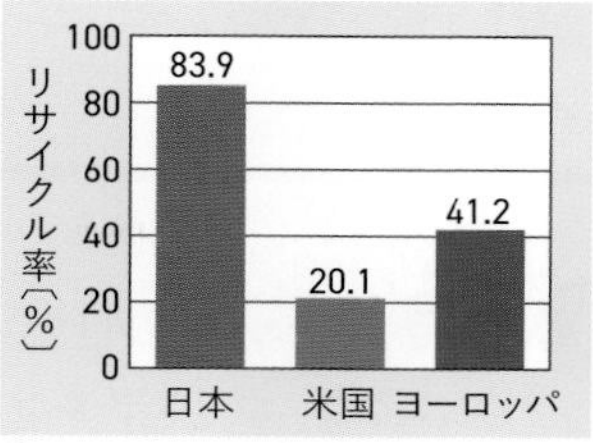

図3　ペットボトルのリサイクル率(2017年)

D 私たちにできること

近年，プラスチックごみの増加が世界的な問題となっている。プラスチックは自然界で分解されないため，ポイ捨てされたプラスチック容器などはそのまま残り続けてしまう。海洋を汚染したり，動物が食べてしまったりするなど，環境《かんきょう》に悪影響《あくえいきょう》をあたえるため，ごみを減らしていく必要がある。

ごみを減らすといっても，日々《ひび》ごみの量を気にしながら生活することは難しい。そこで，簡単にできることからひとつひとつ行っていくことが重要である。たとえば，飲み物が入っていたガラスびんを洗って花びんとして再利用することは**リユース**である。

身近なプラスチックとしては，スーパーマーケットでの**レジ袋**《ぶくろ》があげられる。ひとりひとりが自分の買ったものを入れる袋(**マイバッグ**など)を持参することにより，レジ袋の使用量を減らすことで，プラスチックごみの削減《さくげん》につながる。これは，**リデュース**にあたる。

日本では2020年から，プラスチック製の**レジ袋**が有料となった。[*1] 有料となることでレジ袋が本当に必要か考え，まずは身近なレジ袋の削減を通してプラスチックごみの削減を目指す試みである。

*1
自然界で分解される素材が使われているものなど，有料化の対象とならない場合もある。

TRY! 判断力

スーパーマーケットで，有料でレジ袋を買ったとしても，ごみの削減には貢献《こうけん》できる方法を1つあげなさい。

ヒント　3Rのなかから自分のできることを考える。

解答例　生ごみを捨てるためのごみ袋として再利用する。

定期テスト対策問題

解答 ➡ 別冊 p.14

問1 プラスチックの性質

次の図は，ポリエチレンというプラスチックの分子を示す図である。これについて，あとの問いに答えなさい。

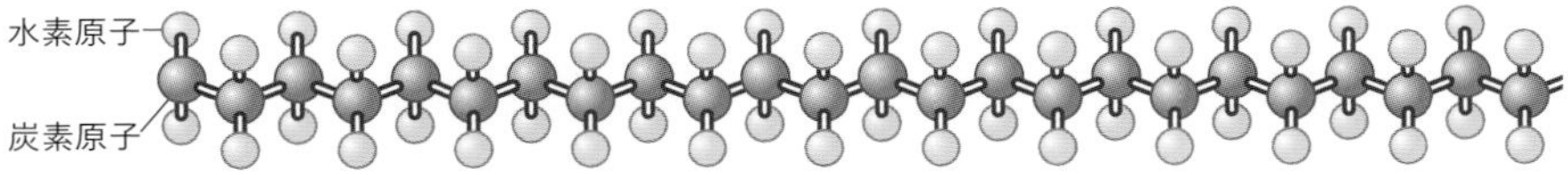

(1)　プラスチックは有機物に分類されるか，無機物に分類されるか。

(2)　ポリエチレンの分子はエチレンという物質の分子が数千個以上つながったような構造《こうぞう》をした，非常に大きな分子である。このような，非常に大きい分子からなる物質を何というか。

(3)　ポリエチレンはじょうぶであるが，環境中《かんきょうちゅう》の分解者には分解されにくい。環境中の分解者によって最終的に水と二酸化炭素に分解されるようなプラスチックを何というか。

(4)　ポリエチレンを繊維状《せんいじょう》にしたものは，ロープや釣《つ》り糸などに使われる合成繊維(化学繊維)である。合成繊維とは異なり，動物や植物由来の繊維を何というか。

(5)　次の**ア〜カ**のうち，合成繊維をすべて選び，記号で答えなさい。

ア　シルク　　**イ**　ポリエステル　　**ウ**　ウール
エ　アクリル　　**オ**　ナイロン　　**カ**　コットン

問2 ごみ問題と資源

ごみ問題についての次の文を読み，あとの問いに答えなさい。

人間が生活していく上で，廃棄《はいき》されるごみは出てしまう。しかし，A大量のごみが出され続けることで，さまざまな問題が起こる。そのために対策が行われている。そのなかでも，私たちひとりひとりが意識的にとり組めることとして，段階別に次の３つがある。

１つめは［①］といい，後にごみとなるような製品の使用を抑制《よくせい》することである。２つめはリユースといい，B不用になった製品をできるだけ再利用することである。３つめはCリサイクルといい，使用しなくなった製品やパッケージを回収し，［②］することである。

これらの３つのとり組みを，英語の頭文字から［③］という。

(1)　文中の［　］にあてはまる語句をそれぞれ答えよ。

(2)　下線部**A**について，どのような問題が起こる可能性があるか。例を１つ答えよ。

(3)　下線部**B**について，どのような方法が考えられるか。例を１つ答えよ。

(4)　下線部**C**に関係して，製品にはリサイクル時に役立つよう，右の図のようなマークがつけられていることがある。何を示すマークか簡単に説明せよ。

入試問題にチャレンジ 1

制限時間： 30分	点

解答 → 別冊p.14

問 1 運動と力

5点×2

右の図のように，一郎《いちろう》と先生が，水平な床の上にあるそれぞれの台車《だいしゃ》に乗っている。2人が乗った台車を静止させてから，一郎が先生の乗った台車を後ろから前方に押《お》した。図の矢印は，一郎が先生の台車を押す力を表している。次の問いに答えなさい。

［茨城県］

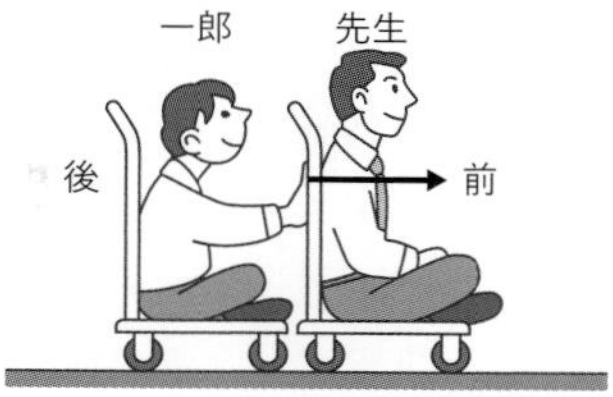

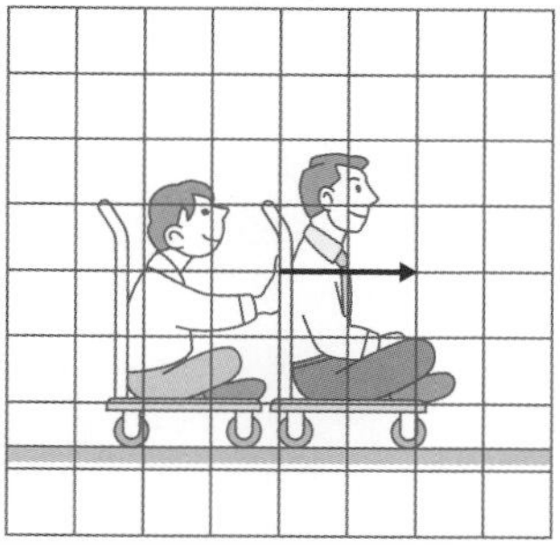

(1) 一郎が先生の台車から受ける力を，右下の図に矢印で表せ。

(2) 押したあとの2人の動きについて，正しいものを次の**ア**～**エ**から1つ選べ。

ア 一郎は後方へ動き，先生は前方へ動く。

イ 先生は前方へ動き，一郎は動かない。

ウ 一郎は後方へ動き，先生は動かない。

エ 一郎も先生も動かない。

問 2 水溶液とイオン

5点×5

ステンレスでできた電極《でんきょく》を使って下図のような装置《そうち》をつくり，電極の先端《せんたん》を精製水に入れて電圧を加え，電子オルゴールの音が鳴らないことから精製水に電流が流れないことを確認した。次に，砂糖水，食塩水，エタノール水溶液《すいようえき》，うすい塩酸を用意し同様に調べたところ，右表の結果が得られた。このうち，うすい塩酸で実験を行ったとき，A塩酸の電気分解が起こり，両方の電極から気体の発生が確認された。問いに答えなさい。

調べたもの	電　流
砂糖水	流れなかった
食塩水	流れた
エタノール水溶液	流れなかった
うすい塩酸	流れた

［千葉県］

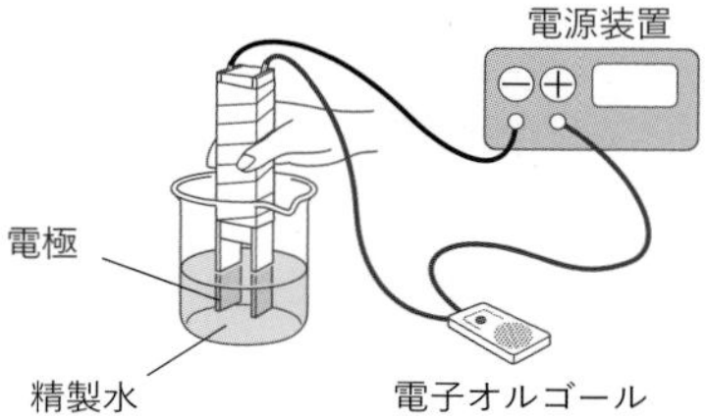

(1) 水溶液の入ったビーカーをかえて実験をするたびに必ず行わなければならない操作がある。どのような操作か，簡単《かんたん》に書け。

(2) 下線部**A**の化学反応式を書け。

(3) 下線部**A**が起こっているとき，陽極《ようきょく》に移動するイオンを，化学式で表せ。

(4) 4つの水溶液のうち溶質が電解質《でんかいしつ》のものがある。その溶質の名称《めいしょう》をすべて書け。

(5) 電解質は，B水溶液中で陽イオンと陰《いん》イオンに分かれ，それぞれ電流を運ぶので，回路に電流が流れる。下線部**B**のことを何というか。

問 3　エネルギー

⑵ 完答10点，他5点×2

右図のように，フラスコに水を入れ，先端《せんたん》を細くしたガラス管をつけたゴムせんで口を閉じた。ガラス管の先端のすぐ前にはモーターの軸《じく》に固定された羽根車《はねぐるま》があり，モーターには検流計をつないだ。ガスの元せんを開いて，ガスバーナーに点火し，フラスコを加熱して水を沸騰《ふっとう》させると，水蒸気がガラス管の先端から噴《ふ》き出して羽根車を回転させ，検流計の針が振《ふ》れた。これについて，次の問いに答えなさい。　［宮城県：改］

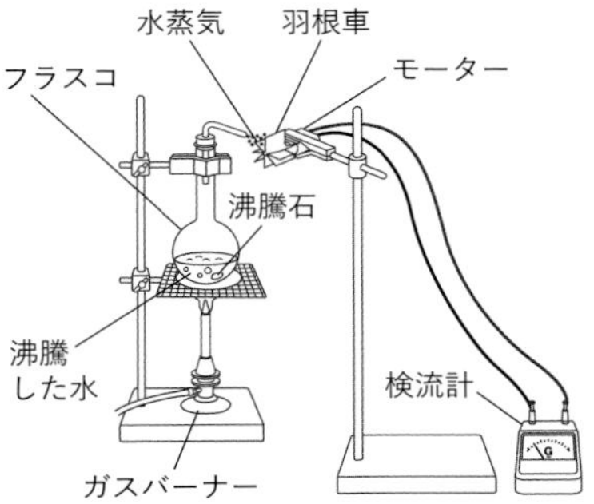

⑴　実験では，水が状態変化《じょうたいへんか》するときのどのような特《とく》徴《ちょう》を利用してエネルギーを変換《へんかん》させているか，もっとも適切に述べているものを，次の**ア〜エ**から１つ選べ。

ア　体積がいちじるしく小さくなる。　　**イ**　体積がいちじるしく大きくなる。

ウ　質量がいちじるしく小さくなる。　　**エ**　質量がいちじるしく大きくなる。

⑵　次の①〜③にあてはまる語句を入れ，下線部におけるエネルギーの移り変わりを示せ。

［ ① ］エネルギー ⟶ ［ ② ］エネルギー ⟶ ［ ③ ］エネルギー ⟶ 電気エネルギー

⑶　実験のように，水蒸気を発生させ，その力を利用して発電機のタービンを回して発電しているものを，次の**ア〜エ**から１つ選び，記号で答えよ。

ア　火力発電　　**イ**　風力発電　　**ウ**　水力発電　　**エ**　太陽光発電

問 4　天体の１年の動き

5点×3

沖縄県のある場所で，12月のある日に太陽と星座の観測を行った。次の問いに答えなさい。　［沖縄県］

図１

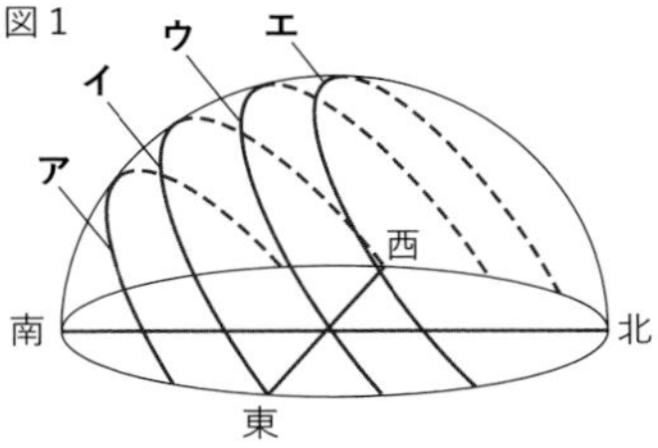

⑴　図１は，太陽の動きを記録した透明半球《とうめいはんきゅう》である。この日の太陽の動きにもっとも近いものはどれか。図１の**ア〜エ**から１つ選び，記号で答えよ。

⑵　図２は，２時間おきに観察したオリオン座の位置(**ア〜オ**)を示した模式図である。オリオン座が夜中の12時に南中したとすると，４時間後にはどの位置に見えるか。図２の**ア〜オ**から１つ選び，記号で答えよ。

⑶　オリオン座が夜中の12時に南中した１か月後，夜中の12時に再びオリオン座を観察したとすると，およそどの位置に見えるか。図２の**ア〜オ**から１つ選び，記号で答えよ。

図２

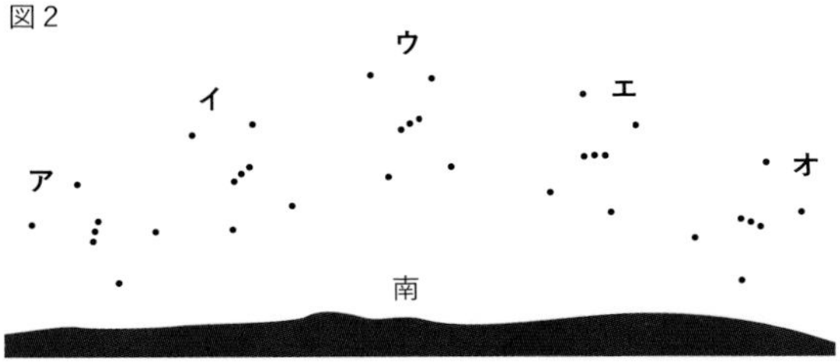

問 5 遺伝の規則性と遺伝子

(1)5点×2，(4)5点×2，他5点×2

次の文は，エンドウの種子の形の遺伝について述べたものである。これについて，あとの問いに答えなさい。

［京都府］

丸い種子をつくる純系《じゅんけい》のエンドウのめしべに，しわのある種子をつくる純系のエンドウの花粉をつけたところ，できた種子はすべて丸かった。次の図1は，この遺伝のしくみを模式的に表したものである。

・　種子を丸くする遺伝子をA，しわにする遺伝子をaとする。

・　丸い種子をつくる純系はAA，しわのある種子をつくる純系はaaのように遺伝子が対《つい》になっている。

・　対になっている遺伝子は，1つずつ別々《べつべつ》の生殖細胞《せいしょくさいぼう》に入る。

・　子ができるときに，遺伝子の新しい対ができる。子の遺伝子の組み合わせはすべてAaとなる。

図1

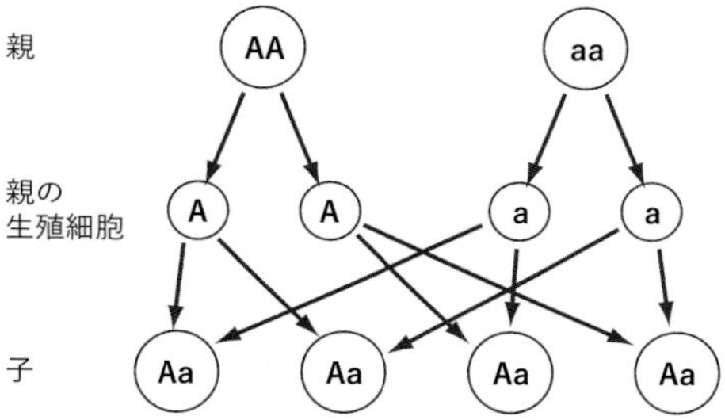

(1)　エンドウの種子の形について，丸いものはしわのあるものに対して何という形質《けいしつ》か。次の①群**ア**，**イ**から1つ選び，記号で答えよ。また，この形質について述べたものとして，もっとも適当なものを，下の②群**カ**～**ケ**から1つ選び，記号で答えよ。

①群　**ア**　顕性形質《けんせいけいしつ》(顕性の形質)　　**イ**　潜性形質《せんせいけいしつ》(潜性の形質)

②群　**カ**　異なる2つの形質のうち，生物が生存していく上で有利な形質である。

キ　異なる2つの形質のうち，生物が生存していく上で不利な形質である。

ク　形質の異なる純系をかけ合わせたときに，子に現れるほうの形質である。

ケ　形質の異なる純系をかけ合わせたときに，子に現れないほうの形質である。

(2)　文中の下線部のような遺伝の法則を何の法則というか，ひらがなで書け。

(3)　遺伝子の本体である物質は何か。アルファベット大文字3字で書け。

(4)　右の図2は，エンドウの種子の形について，遺伝子の組み合わせがAaである子の自家受粉によって孫ができるときの遺伝のしくみを模式的に表そうとしたものである。図1にならって図2を完成させよ。答えは図2にかき入れよ。また，この自家受粉によってできる孫のうち，丸い種子はおよそ何%と考えられるか。もっとも適当なものを，次の**ア**～**カ**から1つ選び，記号で答えよ。

図2

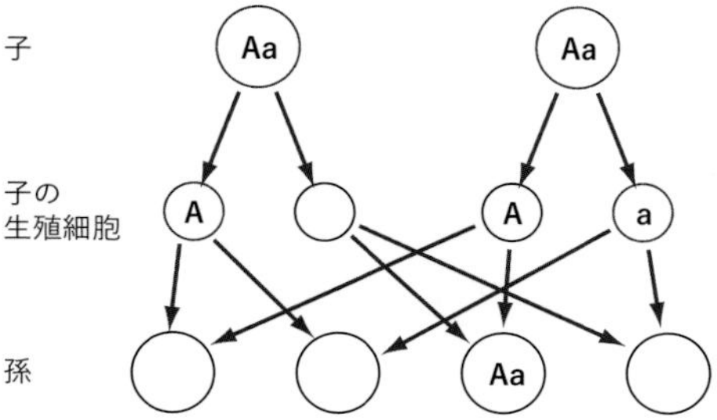

ア　25%　　**イ**　33%　　**ウ**　50%　　**エ**　67%　　**オ**　75%　　**カ**　100%

入試問題にチャレンジ ②

制限時間： 20分	点

解答 ➡ 別冊p.15

問1 化学変化と電池

⑴ 6点×2，⑵ 6点

Sさんは電池について興味をもち，次の実験を行った。問いに答えなさい。 ［大阪府：改］

【実験】 右図のように，ビーカーにセロハンの袋《ふくろ》を入れた。さらに，セロハンの袋に硫酸銅水溶液《りゅうさんどうすいようえき》と銅板，袋の外のビーカーに硫酸亜鉛水溶液《りゅうさんあえんすいようえき》と亜鉛板をひたして電池をつくり，電子オルゴールに接続したところ，電子オルゴールが鳴り，硫酸銅水溶液の色がうすくなった。

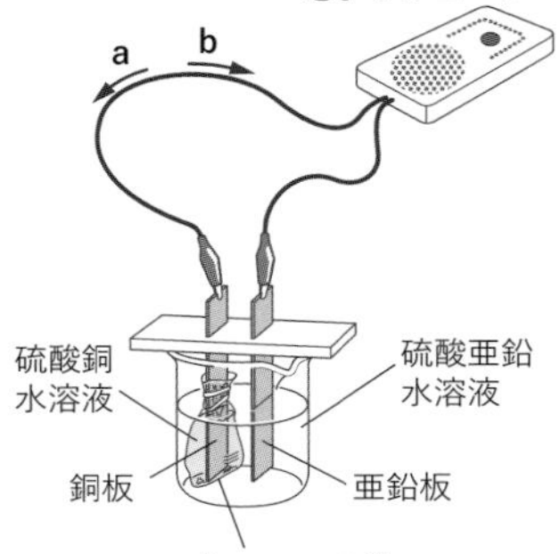

⑴ 次の文中の｛　｝から適切なものを選び，記号で答えよ。
　右図で，電子の流れる向きは①｛**ア**　aの向き　**イ**　bの向き｝であり，電池の＋極は②｛**ウ**　銅板　**エ**　亜鉛板｝である。

⑵ 次の文は，Sさんが実験についてまとめたレポートの一部である。[　　]に入れるのに適している式(**B**の式)を，**A**の式で表したように化学式を用いて書け。ただし，**A**の式の中のe^-は電子1個を表している。
　電池を電子オルゴールにつなぐと，一方の電極からもう一方の電極へ電子が移動する。電子が移動することにより電子オルゴールが鳴り，硫酸銅水溶液の色がうすくなった。銅板表面における反応は次の式**A**のように，亜鉛板表面における反応は式**B**のように表すことができる。

$$Cu^{2+} + 2e^- \longrightarrow Cu$$ …**A**

[　　　　　　　　　　] …**B**

問2 植物の生殖とふえ方

⑴ 7点，⑵ 6点×2

砂糖を含《ふく》む寒天の上にインパチェンス(アフリカホウセンカ)の花粉を落とし，プレパラートをつくった。図1のような装置の中にプレパラートを置き，しばらくしてからとり出し，花粉を顕微鏡《けんびきょう》で観察した。図2は，そのときのスケッチである。 ［愛媛県］

図1

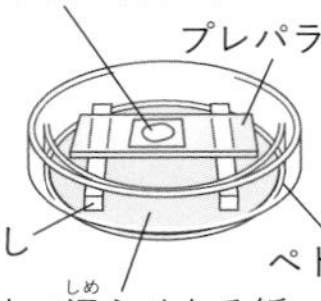

図2

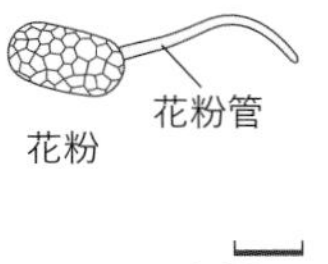

⑴ 観察では，被子植物《ひししょくぶつ》のめしべの先端《せんたん》のかわりとして，砂糖を含《ふく》む寒天を用いた。被子植物のめしべの先端は，何とよばれているか。その名称《めいしょう》を書け。

⑵ 被子植物の受精に関する次の文の[　　]にあてはまるもっとも適当な言葉を書け。
　図2のように花粉管がのびて[①]に達し，[②]とよばれる生殖細胞《せいしょくさいぼう》が卵細胞まで届くと，両者の核《かく》が合体して受精卵ができる。その後，受精卵は胚《はい》になり，[①]全体は種子となる。

問 3 太陽系と宇宙 7点×7

図１のように，天体望遠鏡に太陽投影板《たいようとうえいばん》をとりつけ，次の観察を行った。あとの問いに答えなさい。 ［石川県］

【観察１】 図２のように，太陽の像を記録用紙の円の大きさに合わせ，像がはっきりとうつるようにして，太陽の表面の黒い斑点《はんてん》の位置と形をスケッチした。しばらくすると，図３のように，太陽の像が記録用紙の円からずれていった。太陽の像が移動した方向を西として，方位を記入した。

【観察２】 同じ場所，同じ時刻で２日ごとに，太陽の表面をスケッチした。このスケッチを比べると，図４のように，黒い斑点の位置と形が変わった。

図１

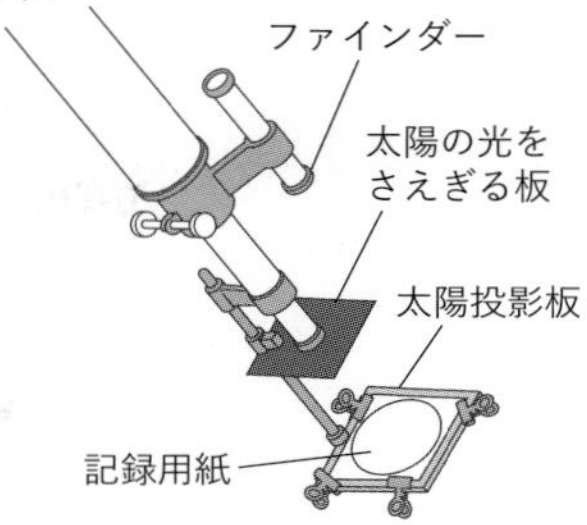

図２

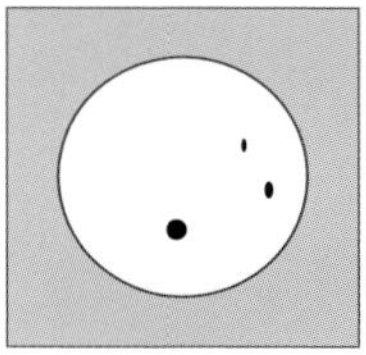

図３

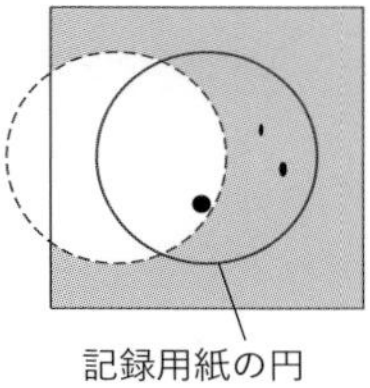

図４

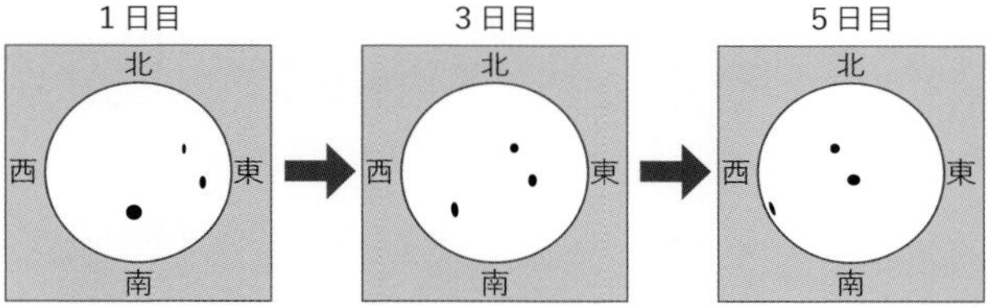

⑴　太陽のように自ら光り輝《かがや》く天体を何というか。

⑵　望遠鏡やファインダーで直接太陽を見てはいけないのはなぜか，その理由を書け。

⑶　太陽の表面に見られる黒い斑点を何というか。

⑷　⑶の斑点が黒く見えるのはなぜか，その理由を書け。

⑸　観察１の図３について，太陽の像がずれていったのはなぜか，その理由を書け。

⑹　観察２の図４について，黒い斑点の位置が変わったのはなぜか，その理由を書け。

⑺　中央部で円形に見えた黒い斑点が，周辺部に位置を変えると，楕円《だえん》形に見えた。このことからわかることを書け。

問 4 力のはたらき 7点×2

図１のように，固定された斜面《しゃめん》の上の重さ10Nの台車を，滑車《かっしゃ》を使って引き上げた。ただし台車と斜面，滑車と糸との間には摩擦《まさつ》がなく，滑車や糸の重さはないものとする。 ［京都府］

図１

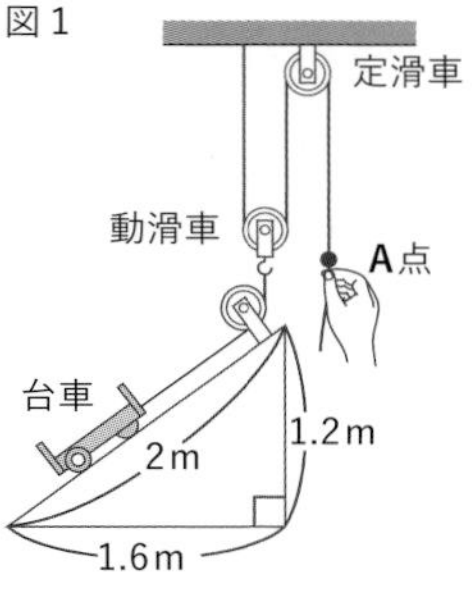

図２

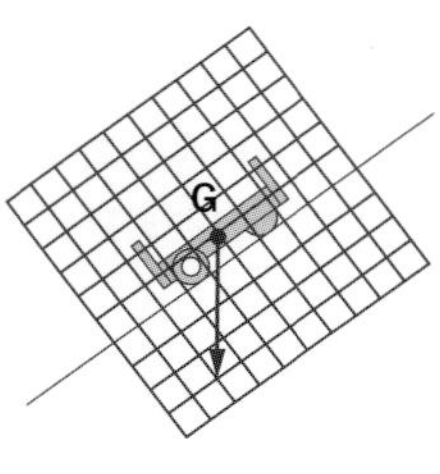

⑴　図２は，図１の斜面上の台車にはたらく重力を表したものである。台車が静止しているとき，台車についている糸が台車を引く力の大きさと向きを，G点から矢印で示せ。

⑵　図１のように台車を斜面にそって1m引き上げたとき，A点は何Nの力で何m糸を引いたか。

入試問題にチャレンジ ③

制限時間： 20分	点

解答 ➡ 別冊p.16

問 1 生物どうしのはたらき　7点×3

水の浄《じょう》化《か》について調べるために，次の実験を行った。［　　］に適する語を答えなさい。　［群馬県］

デンプンを蒸留水に溶《と》かして，うすいデンプン溶液《ようえき》と，濃《こ》いデンプン溶液をつくった。河川から採取《さいしゅ》してよく焼いた砂利《じゃり》を容器**A**に，そのままの砂利を容器**B**，**C**，**D**に入れた。**A**と**B**にはうすいデンプン溶液を，**C**と**D**には濃いデンプン溶液を入れた。**A**，**B**，**C**はそのままの状態で，**D**はエアポンプで空気が常に送られる状態にして7日間置いた。

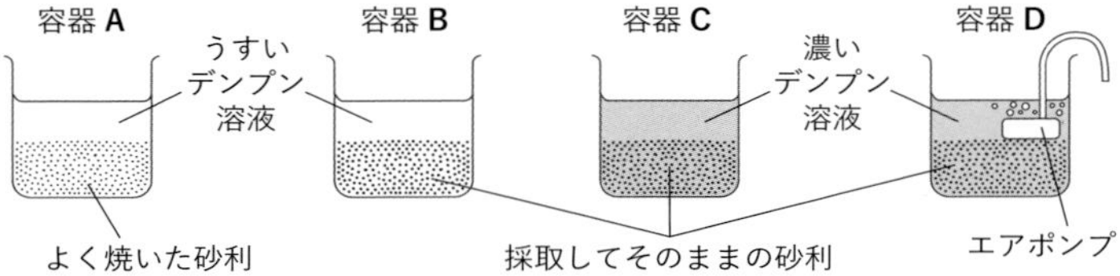

その後，それぞれの容器の上澄《うわず》み液を試験管にとってヨウ素液を加え，色の変化を観察したところ，**A**と**C**の液は青紫色《あおむらさきいろ》に変化し，**B**と**D**の液には変化が見られなかった。

Bの上澄み液に変化が見られなかったのは，**B**の砂利の中の分解者が，［①］を二酸化炭素や水などの［②］に分解したからである。また，**C**の上澄み液が青紫色に変化したのは，［①］の量が**B**に比べて多かったため，分解者が分解できなかった［①］が，残ってしまったからである。自然界におけるおもな分解者は，土中の小動物や菌類《きんるい》，［③］である。

問 2 酸・アルカリと中和　(1)5点×2，(2)5点，(3)4点×4

右図のように水酸化ナトリウム水溶液25cm^{3}に塩酸を加えたときの変化を調べた。次の問いに答えなさい。　［沖縄県：改］

(1)　空欄《くうらん》に化学式を入れ，中和反応式を完成させよ。

H^+　＋　［①］　⟶　［②］

(2)　過不足なく中和した溶液をおだやかに加熱すると，固体の物質が得られる。この物質の化学式を書け。

(3)　右の①～④のグラフは実験結果より考えられるビーカー中のイオンの数の変化を示したものである。それぞれのグラフが示すイオンを化学式で表せ。

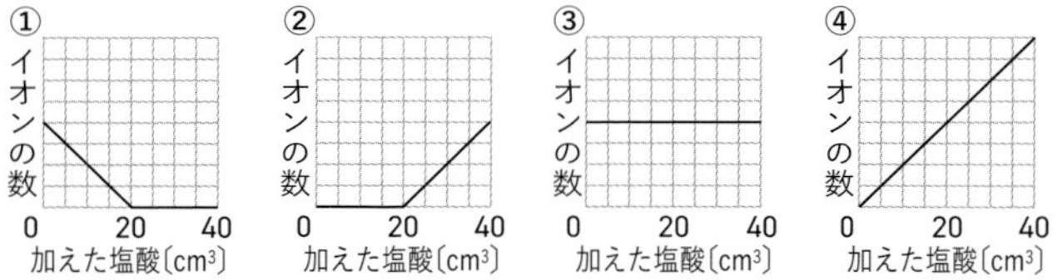

問 3 天体の１日の動き

8点×2

ある年の６月20日に秋田県内のS地点で，太陽の動きを調べた。図１のように透明半球《とうめいはんきゅう》を水平なところに置き，方位磁針《ほういじしん》を使って方角を合わせ，このときできる円の中心をO点とした。サインペンの先のかげがO点にくるようにして，太陽の位置を透明半球上に印をつけ，時刻も記録した。次の問いに答えなさい。 ［秋田県］

図１

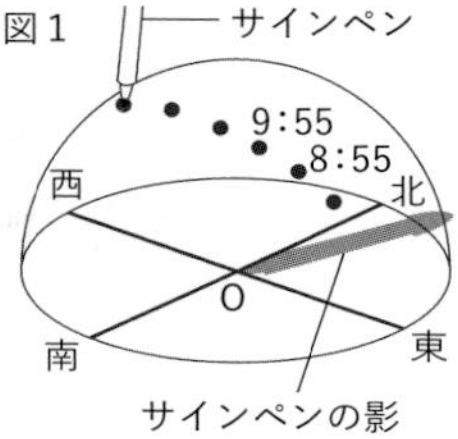

⑴　この観察で用いた透明半球のように，観測者から見た天体の位置や動きを表す見かけ上の球を何というか。

⑵　太陽の動いた道すじを図２のように各印を通る線で結び，その延長線と透明半球のふちとの交点をそれぞれ**P**，**Q**として示した。午前８時55分から午前９時55分までの印を結んだ線の長さは2.7cm，**P**点から各印を通って**Q**点まで結んだ線の長さは40.5cmであった。この日の昼の長さは何時間か。

図２

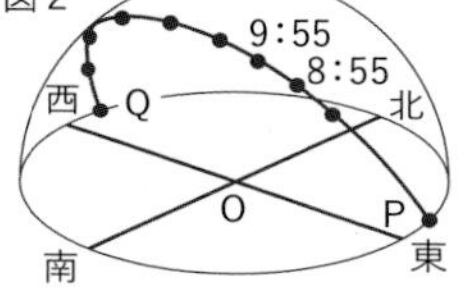

問 4 仕事と力学的エネルギー

⑶８点×2，他８点×2

台車の片側にフック，もう片側に滑車《かっしゃ》をとりつけ，次の実験を行った。台車の車輪や滑車はなめらかに回転するものとして，あとの問いに答えなさい。 ［山梨県］

【実験１】　図１のようにフックに糸をつけ，ゆっくりと斜《しゃ》面《めん》にそって上方に手を50cm動かした。

【実験２】　図２のように滑車に糸を通し，ゆっくりと斜面にそって上方に手を50cm動かした。

ただし，どちらの実験も同じ斜面において，糸で同じ高さに台車を静止させてから行った。

図１

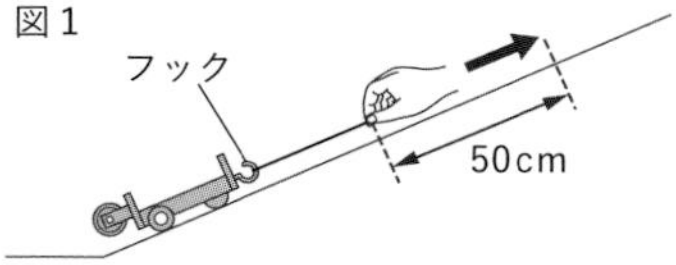

図２

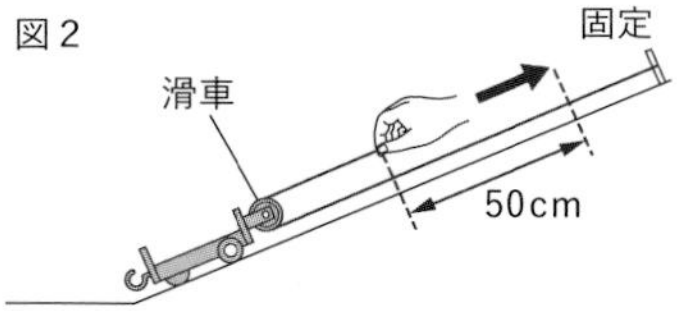

⑴　実験１で糸を引くのに必要な力の大きさは，実験２で糸を引くのに必要な力の大きさの何倍か。

⑵　実験１で糸を引くのに必要な力は5Nであった。このとき，実験１で糸を引く力がした仕事の大きさはいくらか。単位は記号で書け。

⑶　図３は，糸を引き，手を動かしているときの，手の「時間と速さ」をグラフに表したものである。このとき，実験１と実験２における台車の「時間と速さ」の関係をグラフに表すと，どのようになるか。次の**ア**～**オ**からもっとも適当なものを１つずつ選び，記号で答えよ。ただし，目盛りのとり方はすべて同じものとする。

図３

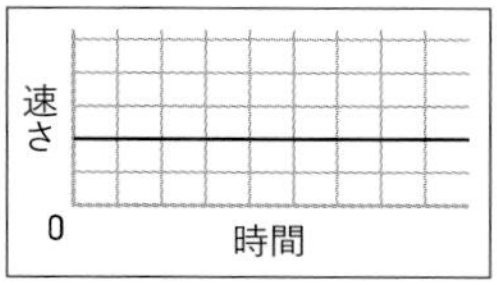

ア

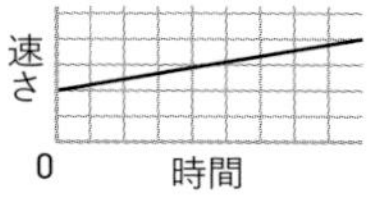

イ

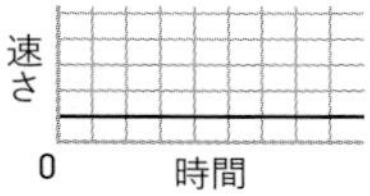

ウ

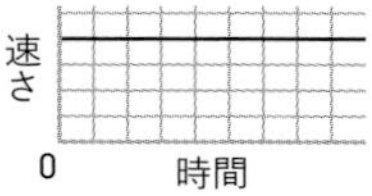

エ

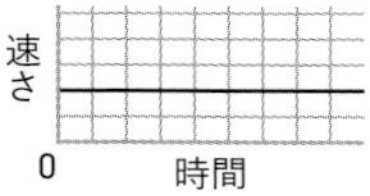

オ

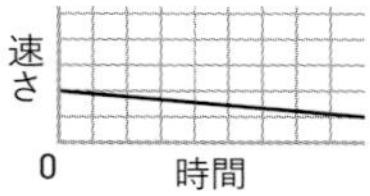

さくいん

INDEX

☞ **太字**のページは，その項目の主な説明のあるページを示す。

き

く

け

こ

さ

し

写真提供

㈱アフロ　㈲コーベット・フォトエージェンシー　知床財団　㈱ナリカ　ピクスタ　ヤクルト中央研究所　読売新聞 / アフロ　理化学研究所　Fotolia　JAXA　JAXA，東京大学など　Lick Observatory/ESA/Hubble　NASA　NASA Ozone Watch　NASA/ESA/STScl/AURA　NASA/Goddard/Arizona State University　NASA/Johns Hopkins University Applied Physics Laboratory/Carnegie Institution of Washington　NASA/JPL-Caltech　NASA/JPL-Caltech/MSSS　NASA/SDO/AIA/HMI/Goddard Space Flight Center　NASA/SDO/GSFC　NSO/NSF/AURA/Inouye Solar Telescope　skyseeker　SOHO(ESA&NASA)　TEPCO/Gamma/ アフロ　iStock.com/AlpamayoPhoto　iStock.com/Andrew Haysom　iStock.com/Bet_Noire　iStock.com/botulinum21　iStock.com/Carso80　iStock.com/Chris Babcock　iStock.com/dlrz4114　iStock.com/DS70　iStock.com/Eerik　iStock.com/Freder　iStock.com/HildaWeges　iStock.com/IliasStrachinis　iStock.com/jgaunion　iStock.com/jmmf　iStock.com/KenWiedemann　iStock.com/Kinwun　iStock.com/lkpgfoto　iStock.com/Manfred_Konrad　iStock.com/mantaphoto　iStock.com/MarcelC　iStock.com/mitumal　iStock.com/MXW Stock　iStock.com/PavelSmilyk　iStock.com/Sinenkiy　iStock.com/Sinhyu　iStock.com/Spondylolithesis　iStock.com/SutidaS　iStock.com/Teraphim　iStock.com/Thomas　iStock.com/User10095428_393　iStock.com/VargaJones　iStock.com/VTT Studio　iStock.com/Vulkanov　iStock.com/wrangel　abriendomundo/Shutterstock.com　Anatoliy Eremin/Shutterstock.com　Andrey Armyagov/Shutterstock.com　Betty Shelton/Shutterstock.com　BPfoto/Shutterstock.com　Brian Lasenby/Shutterstock.com　ESB Professional/Shutterstock.com　Eugene Li/Shutterstock.com　Igor Podgorny/Shutterstock.com　JIPEN/Shutterstock.com　Joel_420/Shutterstock.com　Leena Robinson/Shutterstock.com　Linda McKusick/Shutterstock.com　Losonsky/Shutterstock.com　Maxisport/Shutterstock.com　melnikof/Shutterstock.com　MODpix/Shutterstock.com　Sergey Kohl/Shutterstock.com　Skynavin/Shutterstock.com　topimages/Shutterstock.com　youyuenyong budsawongkod/Shutterstock.com

編者紹介

鎌田正裕

かまた・まさひろ

2007年より現職。主な研究分野は，理科教育，放射線教育，電気化学。小中学生のための物理・化学実験教材の開発を行う一方で，高校生から大学生を対象に，放射能温泉の泉水や食品中の天然放射能を素材とした生徒・学生実験の開発を行っている。趣味は読書と写真。工学博士。東京都生まれ。

中西　史

なかにし・ふみ

2000年より現職。主な研究分野は，植物生理学，生物教育，環境教育。小中高校生が生物の生存戦略，繁殖戦略を理解するための教材開発や，地域の人々と一緒に児童生徒の自然体験活動をサポートする取り組みを行っている。趣味は読書，生物の飼育栽培，手芸，日曜大工。理学博士。高知県生まれ。

□ 校閲　大西和子

□ 執筆協力　石渓 徹　田中麻衣子　冬木 裕　矢守那海子

□ 編集協力　㈱一校舎　鈴木香織　出口明憲　平松元子　松本陽一郎

□ アートディレクション　北田進吾

□ 本文デザイン　堀 由佳里　山田香織　畠中脩大　川邉美唯

□ 図版作成　㈱アド・キャリヴァ　杉内幸彦　㈲デザインスタジオエキス.　中野 成　藤立育弘

□ 写真提供　p.335に記載

□ イラスト　田渕正敏

シグマベスト

くわしい 中3理科

編　者　鎌田正裕・中西 史

発行者　益井英郎

印刷所　中村印刷株式会社

発行所　株式会社文英堂

〒601-8121　京都市南区上鳥羽大物町28

〒162-0832　東京都新宿区岩戸町17

(代表)03-3269-4231

●落丁・乱丁はおとりかえします。

くわしい

KUWASHII

SCIENCE

解答と解説

ΣBEST
シグマベスト

文英堂
BUN-EIDO.CO.JP

中3理科

ANSWERS

TEST

定期テスト対策問題

解答

1 章　化学変化とイオン

SECTION 1　水溶液とイオン

1 **エ**

解説　**ア**の硫酸《りゅうさん》H_2SO_4，**イ・ウ**の食塩NaCl，**ウ・オ・カ**の水酸化ナトリウムNaOH，**カ**の硫酸銅$CuSO_4$はいずれも電解質である。

2 (1)①**H^+**　②**Cl^-**　③**Na^+**　④**Ag^+**
⑤**$SO_4{}^{2-}$**　⑥**Ba^{2+}**　⑦**OH^-**　⑧**$CO_3{}^{2-}$**
(2)**エ**

解説　(2)電子は－の電気を帯びているので，電子を放出すれば陽イオン（水素イオンH^+や銅イオンCu^{2+}など）となる。逆に，電子を受けとると陰《いん》イオンになる。

3 (1)**OH^-**　(2)**$2OH^-$**　(3)**H^+**
(4)**$2Cl^-$**　(5)**$2H^+$**　(6)**$CuSO_4$**

解説　1つの電離《でんり》を表す式の中では，失った電子の数と受けとった電子の数が等しくなければならない。**化学式に係数をつけることによって，原子が放出した電子の合計数ととり入れた電子の合計数が等しくなるようにする。**

4 **記号…②　用語…塩化物イオン**

解説　塩酸は塩化水素HClの水溶液《すいようえき》であり，

$HCl \longrightarrow H^+ + Cl^-$

のように電離する。H^+は水素イオン，Cl^-は塩化物イオンである。

5 (1)**ウ**
(2)**銅イオン…A　塩化物イオン…B**
(3)**ウ**

解説　(1)塩化銅$CuCl_2$は水溶液中では

$CuCl_2 \longrightarrow Cu^{2+} + 2Cl^-$

のように電離する。
(2)(3)塩化銅水溶液に電圧を加えると，青色のCu^{2+}は陰極へ移動し，そこで電子を2個受けとって銅原子Cuになる。一方Cl^-は陽極に移動し，電子を1個放出して塩素原子Clになり，さらに塩素原子が2個結びついて，塩素分子Cl_2になる。銅原子は陰極に付着し，塩素分子は陽極のまわりから気体として発生する。

SECTION 2　酸・アルカリと中和

1 (1)①**酸**　②**アルカリ**
(2)**イ，ウ，エ，オ**　(3)**エ**

解説　**電離《でんり》したときに，水素イオンH^+を生じるものが酸，水酸化物イオンOH^-を生じるものがアルカリである。**

2 (1)**陰《いん》イオン**　(2)**C**　(3)(X)**H^+**　(Y)**$SO_4{}^{2-}$**
(4)**B**　(5)(X)**Na^+**　(Y)**OH^-**

解説　(1)陽極に引かれているので陰イオン。
(2)(3)硫酸《りゅうさん》H_2SO_4は，

$H_2SO_4 \longrightarrow 2H^+ + SO_4{}^{2-}$

と電離する。水素イオンH^+は陰極に引かれるので**(X)**，硫酸イオン$SO_4{}^{2-}$は陽極に引かれるので**(Y)**である。H^+は酸性の性質を示すイオンなので**C**の青色リトマス紙を赤色に変化させる。
(4)(5)水酸化ナトリウムNaOHは，

$NaOH \longrightarrow Na^+ + OH^-$

と電離する。ナトリウムイオンNa^+は陰極に引かれるので**(X)**，水酸化物イオンOH^-は陽極に引かれるので**(Y)**である。OH^-はアルカリ性の性質を示すイオンなので**B**の赤色リトマス紙を青色に変化させる。

3 (1)**イ** (2)**イ** (3)**エ**
(4)**名前…水素イオン 化学式…H^+**

(解説) (1)〜(3)はじめに硫酸バリウム$Ba(OH)_2$が電離してできたバリウムイオンBa^{2+}と水酸化物イオンOH^-が水溶液中に存在している。完全に中和する**B**に達するまでは，加えた硫酸H_2SO_4が電離してできる水素イオンH^+はOH^-と結びついて水H_2Oとなり，硫酸イオンSO_4^{2-}はBa^{2+}と結びつき硫酸バリウム$\mathbf{BaSO_4}$となるため増加しない。
(4)硫酸は次のように電離する。

$$H_2SO_4 \longrightarrow 2H^+ + SO_4^{2-}$$

よって，H^+がSO_4^{2-}の2倍の数だけ存在する。

4 (1)**黄色** (2)**C**
(3)**Na^+，Cl^-**

(解説) (1)(2)BTB溶液《ようえき》は酸性で黄色，中性で緑色，アルカリ性で青色になる。
(3)塩酸と水酸化ナトリウム水溶液の中和では塩として塩化ナトリウムができるが，塩化ナトリウムは電解質なので，水溶液中ではイオンとして存在している。

SECTION 3 化学変化と電池

1 (1)**硫酸《りゅうさん》亜鉛《あえん》水溶液《すいようえき》**
(2)(例)**亜鉛よりも陽イオンになりにくい性質**
(3)(例)**水溶液の色がうすくなる。**

(解説) (1)(2)マグネシウムMg＞亜鉛Zn＞銅Cuの順にイオンになりやすい。イオンになりやすい金属を，イオンになりにくい金属のイオンを含《ふく》む水溶液に入れると，イオンになりやすい金属が溶《と》けて，イオンになりにくい金属が出てくる。水溶液中のイオンと同じ種類の金属を入れても，変化は起こらない。
(3)硫酸銅水溶液の青色は，水溶液中にある銅イオンCu^{2+}の色である。銅イオンが金属の銅となって現れてくるので，水溶液の色はうすくなっていく。

2 (1)**亜鉛** (2)**亜鉛板から銅板**
(3)**銅板** (4)**オ**

(解説) (1)イオンになりやすい亜鉛Znが溶け出し，イオンになりにくい銅Cuが出てくる。
(2)(4)電子をe^-で表すと，亜鉛板では

$$Zn \longrightarrow Zn^{2+} + 2e^-$$

という反応が起こって電子が発生し，その電子が銅板に移動して

$$Cu^{2+} + 2e^- \longrightarrow Cu$$

という反応が起こる。
(3)電子の移動の向きと電流の向きは逆なので，電流は銅板から亜鉛板に向かう。

2章 生命の連続性

SECTION 1 生物の成長とふえ方

1 (1)**ウ** (2)**ウ**

(解説) 図3の**ウの部分を成長点といい，ここで細胞分裂《さいぼうぶんれつ》がさかんに行われている。**したがって，根の先の少し上の部分がもっともよく成長する。

2 (1)**A→D→B→C→E**
(2)**ア…核《かく》 イ…染色体**
(3)**酢酸《さくさん》カーミン溶液《ようえき》[酢酸オルセイン溶液，酢酸ダーリア溶液]**

(解説) (1)染色体が中央に規則正しく並び，その後両端《りょうたん》へ移動するので，**D→B**の順。

3 (1)**無性生殖《むせいせいしょく》** (2)**栄養生殖** (3)**ウ**
(4)①**ウ** ②**イ**

(解説) (1)**無性生殖《むせいせいしょく》に対して，受精によって受精卵をつくるふえ方を有性生殖という。**
(3)ジャガイモは，いもから芽や根を出してなかま

をふやす栄養生殖を行う。ヒマワリ，アサガオ，アブラナは受精により種子をつくってなかまをふやす有性生殖でふえる。
(4)①は分裂《ぶんれつ》といい，単細胞生物《たんさいぼうせいぶつ》のふえ方である。②は出《しゅつ》芽《が》といい，酵《こう》母《ぼ》やヒドラなどは出芽でふえる。カタツムリやダンゴムシは有性生殖でふえる。

4 ①卵巣　②精巣　③精子　④核
⑤細胞分裂［体細胞分裂］　⑥胚《はい》

解説　このような問題は指示がなくても，同じ番号に同じことばが入ると考えてよい。ある部分でわからなくても，別の部分でわかることもあるので，最後まであきらめないこと。

5 (1)受粉
(2)A…花粉管　B…精細胞　C…卵細胞
(3)受精　(4)ア

解説　(1)(2)受粉が行われると，花粉から花粉管がのび，その中を精細胞が移動して，卵細胞へたどりつく。
(3)(4)精細胞の核と卵細胞の核が受精すると，受精によってできた受精卵は胚へ，胚珠《はいしゅ》は種子へ，子《し》房《ぼう》は果実へと成長していく。

SECTION 2　遺伝の規則性と遺伝子

1 (1)遺伝
(2)A…精子　B…卵
(3)減数分裂《げんすうぶんれつ》　(4)染色体　(5)遺伝子
(6)受精卵

解説　(3)精子や卵などの生殖細胞《せいしょくさいぼう》をつくるとき，対になる染色体が別々《べつべつ》の細胞に分かれ，体細胞と比べて染色体の数が半分になる。このような細胞分裂を減数分裂という。

2 (1)①イ　②ウ
(2)①A　②B　③B　④A　⑤B　⑥A

解説　有性生殖では，減数分裂によって染色体の数がふつうの体細胞の半分である精子や卵などの生殖細胞がつくられる。そして，その生殖細胞どうしが受精することによって，染色体の数が親の体細胞の数と同じになった受精卵をつくる。このとき，両親から染色体を半分ずつ受けとり，その中の遺伝子も半分ずつ受けつぐので，ある対立形質において潜性《せんせい》どうしの遺伝子を受けついだときなど，親の形質と異なる形質が現れることがある。無性生殖では，ふつうの体細胞が細胞分裂をくり返すことから，親と全く同じ染色体(染色体に含まれる遺伝子も同じ)をもつ子ができ，親の形質と全く同じ形質が子に現れる。

3 (1)丸
(2)ア…AA　イ…aa　ウ…Aa
エ…AA，Aa　オ…aa
(3)丸：しわ＝3：1

解説　(1)子の形質が，すべて丸になっている。
(2)(3)親は純系なので同じ遺伝子2つをもつ。子はその組み合わせなので，すべてAaをもつ。子の丸どうしのかけあわせでは，右の表のようにAA：Aa：aa＝1：2：1の割合で現れる。AAとAaをもつ種子は丸，aaをもつ種子はしわなので，丸：しわ＝3：1。

	A	a
A	AA	Aa
a	Aa	aa

4 (1)DNA　(2)染色体　(3)ア，ウ，エ

解説　(1)DNAは，正式名称《せいしきめいしょう》をデオキシリボ核酸《かくさん》といい，英語名であるdeoxyribonucleic acidの頭文字をとったものである。
(3)青色のバラは，自然界では存在せず，ほかの植物がもつ青色の色素をつくる遺伝子をバラに導入してつくりだしたものである。

SECTION 3　生物の種類の多様性と進化

1 (1)①0.5　②3　③2
(2)両生類　(3)魚類

解説 (1)哺乳類《ほにゅうるい》と両生類の共通点は，両生類の成体と哺乳類が肺呼吸をすることだけである。鳥類とは虫類の共通点は，卵生で卵を陸上でうみ，肺呼吸をすることである。魚類とは虫類の共通点は，卵生でうろこにおおわれていることである。
(2)魚類は，両生類との共通点が3.5個，は虫類との共通点が2個，鳥類との共通点が1個，哺乳類との共通点は0個である。
(3)鳥類は，哺乳類との共通点は3個，は虫類との共通点は3個，両生類との共通点は1.5個，魚類との共通点は1個である。

2 (1)**イ，ウ，オ**　(2)**ア，エ**　(3)**イ**

解説 (1)(2)シソチョウの化石は，鳥類とは虫類の両方の特徴《とくちょう》をもっており，鳥類がは虫類から進化したことを示すものの1つである。

3章　運動とエネルギー

SECTION 1　力の合成と分解

1 **下図**

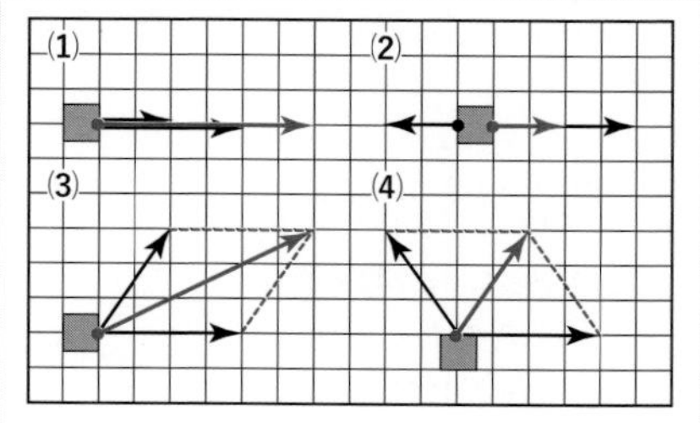

解説 (1)(2)和や差から大きさと向きを求め，矢印をかき込《こ》む。
(3)(4)もとの力の矢印が2辺となるような平行四辺形をかき，その対角線をひけばよい。

2 **下図**

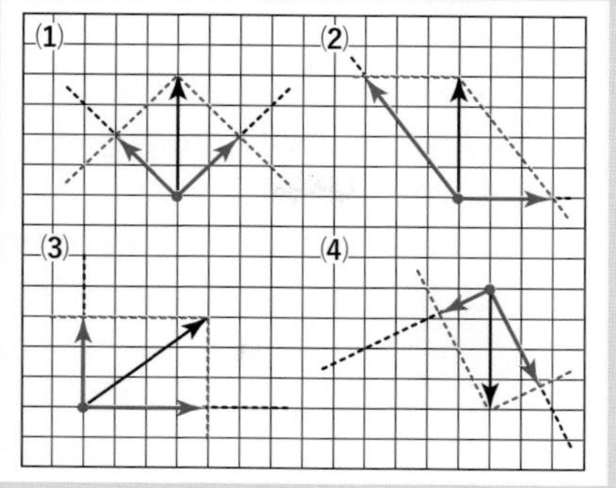

解説 **あたえられた矢印が対角線となり，点線の方向に辺がくるような平行四辺形をかけばよい。**

3 (1)例 **糸を延長した方向**
(2)(3)**右図**
(4)**0.4 N**

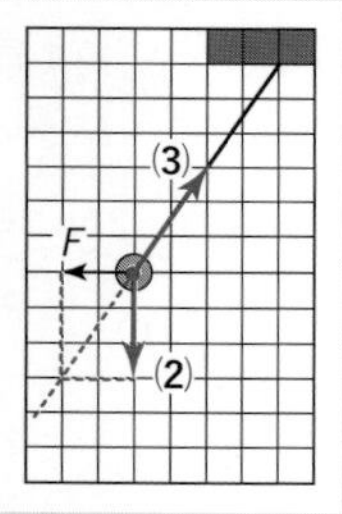

解説 (1)おもりには，重力と水平方向に引く力 F の合力がはたらくので，その方向に糸がのびる。
(2)重力の向きは真下の向き。糸を延長した線が対角線になり，F を1辺とする長方形をかくと長さも決まる。
(4)重力，力 F，糸がおもりを引く力の関係は(2)(3)の解答図のようになる。この図で，重力(0.6 N)の矢印の長さが3目盛り分になるから，1目盛りは0.2 Nであることがわかる。よって，力 F の大きさは2目盛りなので，0.4 Nである。

4 (1)**右図**
(2)① **2 N**
② **3 N**
③ **3.61 N**

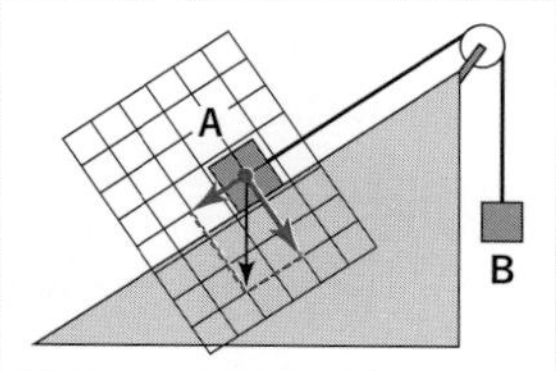

（解説） (2)①おもり**B**の重さは，おもり**A**にはたらく重力の，斜面方向《しゃめんほうこう》の分力に等しい。矢印の長さが2目盛り分なので，2Nである。
②垂直抗力《すいちょくこうりょく》はおもり**A**にはたらく重力の，斜面に垂直方向の分力に等しい。矢印の長さが3目盛り分なので，3Nである。
③問題の図の下向きの矢印にあたる求める力の大きさをx〔N〕とおき，力の矢印における三平方の定理を使って求める。

$$x^2=(2\,\text{N})^2+(3\,\text{N})^2$$

$x>0\,\text{N}$より，

$$x=\sqrt{4+9}\,\text{N}=\sqrt{13}\,\text{N}=3.61\,\text{N}$$

5 **ア，オ**

（解説） 水面からの深さが同じ所では水圧も同じで，ゴム膜《まく》のへこみも同じとなる。**水面からの深さが異なる場合では深い所ほど水圧は大きい。**

6 (1)**重力…2N　浮力《ふりょく》…0.5N**
(2)**重力…変わらない。**
浮力…大きくなる。
(3)**重力…変わらない。**
浮力…変わらない。

（解説） (1)同じ物体にはたらく重力は変化しない。また，ばねばかりにはたらく力の小さくなったぶんが浮力の大きさなので，浮力の大きさは，

$$2\,\text{N}-1.5\,\text{N}=0.5\,\text{N}$$

(2)水中に沈《しず》んでいる部分の体積が大きくなるほど浮力は大きくなる。
(3)水中に沈んでいる部分の体積が変わらないので浮力の大きさも変わらない。

SECTION 2　運動と力

1 (1)**0.5m/s**　(2)**50cm/s**　(3)**15m**

（解説） (1)$\text{速さ}=\frac{\text{距離《きょり》}}{\text{速さ}}=\frac{2\,\text{m}}{4\,\text{s}}=0.5\,\text{m/s}$

(3)54km＝54000m，1h＝3600sだから，

$$\text{速さ}=\frac{\text{距離}}{\text{時間}}=\frac{54000\,\text{m}}{3600\,\text{s}}=15\,\text{m/s}$$

よって，1秒間に15m進む。

2 (1)**0.1秒**　(2)**40cm/s**　(3)**44cm/s**

（解説） (1)50分の1秒間隔《かんかく》で5打点打つ時間に等しいので，

$$\frac{1}{50}\,\text{s}\times5=\frac{5}{50}\,\text{s}=0.1\,\text{s}$$

(2)0.1秒間に4.0cm進んでいるから，

$$\text{速さ}=\frac{\text{距離}}{\text{時間}}=\frac{4.0\,\text{cm}}{0.1\,\text{s}}=40\,\text{cm/s}$$

(3)①から⑤までに要した時間は0.5秒，進んだ距離は，1.5cm＋4.0cm＋5.5cm×3＝22cmである。したがって，その間の平均の速さは，

$$\text{速さ}=\frac{\text{距離}}{\text{時間}}=\frac{22\,\text{cm}}{0.5\,\text{s}}=44\,\text{cm/s}$$

3 (1)**49cm/s**　(2)**82cm/s**　(3)**65.5cm/s**
(4)**重力の斜面《しゃめん》にそった下向きの分力。**

（解説） (1)$\text{速さ}=\frac{\text{距離}}{\text{時間}}=\frac{4.9\,\text{cm}}{0.1\,\text{s}}=49\,\text{cm/s}$

(2)$\text{速さ}=\frac{\text{距離}}{\text{時間}}=\frac{8.2\,\text{cm}}{0.1\,\text{s}}=82\,\text{cm/s}$

(3)一定の割合で加速していくので，点**A**から点**B**までの平均の速さと点**B**から点**C**の平均の速さのちょうど中間になる。よって，

$$(82\,\text{cm/s}+49\,\text{cm/s})\div2=65.5\,\text{cm/s}$$

4 (1)**ア**　(2)**ウ**　(3)**245cm/s**
(4)**343cm/s**　(5)**441cm/s**

（解説） (1)0.1秒間に落下する距離が時間とともに長くなっている。
(2)**空気抵抗《くうきていこう》や摩擦《まさつ》などの影響《えいきょう》を考えなければ，質量を変えても落下のしかたは変わらない。**

(3)$\text{速さ}=\frac{\text{距離}}{\text{時間}}=\frac{19.6\,\text{cm}+29.4\,\text{cm}}{0.2\,\text{s}}$
$=245\,\text{cm/s}$

(4)$\text{速さ}=\frac{\text{距離}}{\text{時間}}=\frac{29.4\,\text{cm}+39.2\,\text{cm}}{0.2\,\text{s}}$
$=343\,\text{cm/s}$

(5)0.4秒後の瞬間の速さなので，0.3秒後から0.5秒後までの間の平均の速さに等しい。0.1秒ごとに落下距離が9.8cmずつ大きくなっているので，0.4秒後から0.5秒後までの落下距離は，

39.2cm＋9.8cm＝49.0cm

したがって，0.3秒後から0.5秒後までの間の平均の速さ，すなわち0.4秒後の瞬間の速さは，

$$速さ=\frac{距離}{時間}=\frac{39.2\,\mathrm{cm}+49.0\,\mathrm{cm}}{0.2\,\mathrm{s}}$$

$$=441\,\mathrm{cm/s}$$

5 (1)**イ**　(2)**摩《ま》擦力《さつりょく》**

解説　**摩擦力は，必ず運動をさまたげるような向きにはたらく。**

6 (1)例 **ペットボトル内の気圧が高くなって強い力で水面を押《お》し，水がゴムせんを押すから。**
(2)**イ**

解説　(2)ペットボトル内の空気によって水面が押され，水が下向きに押し出される。この力と反対向きの上向きの力がペットボトルにはたらくため，ペットボトルは上向きに飛び出す。

SECTION 3　仕事とエネルギー

1 (1)**40J**　(2)**0J**　(3)**16J**

解説　(1)仕事＝力の大きさ×動いた距離《きょり》
＝50N×0.8m
＝40J

(2)**物体が力の向きに移動していないので，仕事をしたことにはならない。**

(3)加わっている力の大きさをx〔N〕とおくと，フックの法則より，

x〔N〕：10cm＝10N：5cm

したがって，

x＝20N

よって，仕事＝力の大きさ×動いた距離
＝20N×0.8m＝16J

2 (1)**20J**　(2)**20J**　(3)**0.5m**

解説　(1)仕事＝力の大きさ×動いた距離
＝200N×0.1m
＝20J

(2)物体がてこからされた仕事に等しい。

(3)物体と支点の距離：手と支点の距離＝1：2より，支点は棒の左端《ひだりはし》から3分の1の位置にある。

3 (1)**20cm**
(2)①**100N**　②**2.1m**　③**210J**

解説　輪軸《りんじく》は，てこと同じように考えることができる。

(1)大輪の半径＝10cm＋5cm
＝15cm

よって，求める距離をx〔cm〕とおくと，

60cm：x＝15cm：5cm　　x＝20cm

(2)①求める力をx〔N〕とおくと，

x〔N〕×15cm＝300N×5cm　　x＝100N

②求める距離をx〔m〕とおくと，

0.7m：5cm＝x：15cm　　x＝2.1m

③仕事＝力の大きさ×動いた距離
＝100N×2.1m
＝210J

4 (1)**図1…6m**　**図2…8m**
(2)**図1…80N**　**図2…60N**

解説　(1)図1…動滑車《どうかっしゃ》1個につき2mずつひもを引くので，2m×3＝6m

図2…1m×2×2×2＝8m

(2)図1…求める力をx〔N〕とおくと，

x×6m＝480N×1m　x＝80N

図2…求める力をx〔N〕とおくと，

x×8m＝480N×1m　x＝60N

5 (1)**ウ**　(2)**仕事の原理**　(3)**40J**　(4)**10N**

解説　(1)(2)仕事の原理より，同じ重さの物体を同じ高さまで持ち上げているので，物体にした仕事は等しい。

(3)図１で物体にした仕事と等しいので，

仕事＝力の大きさ×動いた距離

＝20N×2m

＝40J

(4)力の大きさ＝$\dfrac{仕事}{動いた距離}$＝$\dfrac{40\,\mathrm{J}}{4\,\mathrm{m}}$

＝10N

6 (1)**右図**

(2)**0.045W**

(3)例 **位置エネルギーが減少する分だけ運動エネルギーが増加する。**

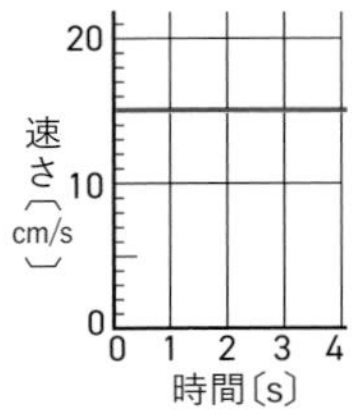

解説 (1)時間と移動距離の関係を示すグラフが直線となっているので，速さは一定である。

速さ＝$\dfrac{距離}{時間}$＝$\dfrac{60\,\mathrm{cm}}{4\,\mathrm{s}}$＝15cm/s

(2)仕事率＝$\dfrac{仕事}{時間}$＝$\dfrac{力の大きさ×動いた距離}{時間}$

＝$\dfrac{0.3\,\mathrm{N}\times0.6\,\mathrm{m}}{4\,\mathrm{s}}$

＝0.045W

7 (1)**C**　(2)**3倍**

解説 (1)(2)それぞれのおもりが置かれた部分でつくられる直角三角形の高さ（または底辺）の比が，それぞれの点での位置エネルギーに等しく，A：B：C：D＝4：3：2：1である。

8 (1)**ウ**　(2)**大きくなる。**

解説 (1)グラフより，**台車が速いほど，運動エネルギー（ものさしが押《お》し込《こ》まれた長さ）が大きくなっている。**しかし，グラフは原点を通る直線になっていないので，比例してはいない。

(2)運動エネルギーは，運動する物体の質量がふえるほど大きくなる。くわしくいうと，物体の速さの２乗×物体の質量に比例する。

9 (1)**高さが高くなるほど大きい。**

(2)**質量が大きくなるほど大きい。**

解説 物体の位置エネルギーは，基準面に対する物体の高さが大きくなるほど大きくなり，物体の質量が大きくなるほど大きくなる。

10 (1)$\boldsymbol{\dfrac{E}{2}}$　(2)$\boldsymbol{K+\dfrac{E}{2}}$　(3)$\boldsymbol{K+E}$　(4)$\boldsymbol{E}$

解説 (2)位置エネルギーは基準面に対してすることができる仕事の大きさに等しいのでB面を走っているときの位置エネルギーは$\dfrac{E}{2}$である。**力学的エネルギー保存の法則から，位置エネルギーが減った分，運動エネルギーがふえる。**求める運動エネルギーをxとすると，

$$E+K=\frac{E}{2}+x$$

$$x=K+\frac{E}{2}$$

(3)基準面の位置エネルギーは0なので，力学的エネルギーの大きさは運動エネルギーの大きさと等しくなる。

(4)台車をC面からA面までのぼらせるのに必要なエネルギーは，C面とA面の位置エネルギーの差にあたるE。

4章　地球と宇宙

SECTION 1　天体の１日の動き

1 ⑴**エ**　⑵**ウ**　⑶**地球の自転**

解説　⑴西の空の星は，左上から右下の方向へ，だんだん低くなるように動く。
⑵**ア**…南の空だから東から西に向かう**B→A**
イ…東の空だから東から出る**B→A**
ウ…北の空だから反時計回りの**A→B**
エ…西の空だから西に沈《しず》む**B→A**

2 ⑴**b**　⑵**ウ**

解説　⑴太陽の１日の通り道は，南のほうへ傾《かたむ》く。つまり，傾いている向き（図の**b**）が南である。
⑵テープにつけた・印とものさしの目盛りから，太陽は透明半球上《とうめいはんきゅうじょう》を１時間につき2.5cmずつ進んでいることがわかる。一方，17時の太陽の位置から日の入り（点**B**）までの長さは約6.3cmとわかるので，その間を動くのにかかる時間は，

$$時間=\frac{距離}{速さ}=\frac{6.3\,\mathrm{cm}}{2.5\,\mathrm{cm/h}}=2.5\,\mathrm{h}$$

これより，日の入りの時刻は，17時の2.5時間後ということになるから，**ウ**とわかる。

3 ⑴**D**　⑵**ウ**　⑶**ウ**
⑷**根室市《ねむろし》…11時20分　長崎市…12時20分**

解説　⑴太陽が傾いている点**A**の方位が南なので，点**C**の方位が北，点**B**の方位が東，点**D**の方位が西である。
⑵太陽の高度は，観測地である点**O**から太陽を見た地平線との角度で示す。
⑶太陽に限らず，天体の日周運動は地球の自転による見かけの動きである。
⑷**経度で15°東へ行くほど（東経では15°だけ大きくなるほど），太陽の南中時刻は１時間早くなる。**根室市は明石市《あかしし》より10°東にあるので，40分だけ太陽の南中時刻が早くなり，11時20分に太陽が南中する。長崎は明石より5°西にあるので，20分だけ太陽の南中時刻が遅《おそ》くなり，12時20分に太陽が南中する。

4 ⑴**A**　⑵**イ**　⑶**ア**
⑷①**地軸《ちじく》**　②**西**　③**東**
④**東**　⑤**西**　⑥**15°**
⑸**イ**

解説　⑴〜⑷地球は西から東へ自転しているため（**A**の向き），地点**X**はこれから太陽の光が当たり始める明け方ごろ，日本は太陽が南中している正午ごろである。また，**地球の自転速度は１日に１回転（360°）なので，１時間あたりの回転角度は約15°（360°÷24＝15°）である。**
⑸潮の満ち引きは，おもに月の引力によって海水が引きのばされるために起こる。月が南中したときと地球の裏側にあるときは海水が引っぱられるため，１日に２回ずつ満ち潮（満潮）と引き潮（干潮）が起こる。なお，海水が移動するのに時間がかかり，地形などの影響《えいきょう》も受けるため，各地点の満ち潮の時刻と一致《いっち》するとは限らない。

SECTION 2　天体の１年の動き

1 ⑴**ウ**　⑵**ア**　⑶**エ**

解説　⑴ある星座が南中したり，西の地平線に沈《しず》んだりする時刻は，１日ごとに早くなる。そのため，たとえばみずがめ座の沈み方を比べると，**B**でいちばん遅《おそ》く，次いで**C**，**A**の順になっているので，**ウ**があてはまる。
⑵**B→C→A**の順に見ると，太陽の位置は，やぎ座からみずがめ座へと移っているのがわかる。
⑶**ある星座が同じ位置に見える時刻は，１日に約４分ずつ，１か月では約２時間早くなる。**つまり，１か月後には16時に同じ位置に見える。20時は，今の時刻（18時）の22時間前にあたるから，

$$\frac{22\,\mathrm{h}}{2\,\mathrm{h/か月}}=11\,か月$$

たつと今の位置に見えることになる。

❷ (1)X　(2)オ　(3)公転

解説 (2)夏至の日の南中高度は，1年中でいちばん高いので，夏至の日の太陽の通り道は**Z**とわかる。また，太陽の通り道が傾《かたむ》いているほうが南なので，**A**が南，**C**が北とわかる。したがって，**B**が東，**D**が西である。太陽はいつも，東のほうから出て西のほうに沈むので，**G**が日の出の位置，**H**が日の入りの位置である。

❸ (1)イ　(2)エ　(3)イ　(4)D　(5)エ

解説 (1)地球は，公転面に対して地軸《ちじく》を傾けて公転しているので，地球の位置によって太陽の光の受け方が変わり，季節が生じる。地軸が傾いていなければ，太陽の光の受け方はいつも同じになり，季節は生じない。

(2)(3)**北半球がもっとも太陽に向かって傾いているBが夏至である**。したがって，**A**は春分，**C**は秋分，**D**は冬至の位置であるといえる。太陽の南中高度が高くなっていくのは冬至から夏至までの期間，昼の長さが短くなっていくのは夏至から冬至までの期間である。

(4)**A**の位置ではしし座は真夜中に南中して見える。**B**の位置ではしし座は夕方に南中して見える。**C**の位置からしし座を見ることはできない。**D**の位置ではしし座は朝方に南中して見える。

(5)さそり座が真南の方向に見えるのは，地球が夏至の位置にあるときである。一方，しし座が真南の方向に見えるのは，地球が春分の位置にあるときで，その間は角度にして270°離《はな》れている。同じ方向に見える星座が移り変わる速さは1か月で30°だから，

$$\frac{270^\circ}{30^\circ/\text{か月}} = 9\text{か月}$$

より，9か月後とわかる。

SECTION 3　月と惑星の見え方

❶ (1)地球の自転…A　月の公転…C
(2)①ウ　②ア　③ク　④イ
⑤エ　⑥カ　⑦キ　⑧オ
(3)③新月　⑦満月
(4)エ
(5)例 月の自転周期と公転周期が等しいから。

解説 (1)地球の北極側から見た場合，地球の自転の向きと公転の向き，月の自転の向きと公転の向きはすべて反時計回りである。

(2)**地球から見て，太陽がある側が光って見え，太陽に近づくほど大きく欠ける**(太陽との角度が0°のときは新月，90°のときは半月，180°のときは満月である)。

(4)これは，公転周期ではなく満ち欠けの周期なので，約29.5日である。

(5)月は，1周に約27.3日かけて自転しながら1周に約27.3日かけて地球のまわりを公転している。

❷ (1)①月食　②満月　③日食　④新月
(2)日食…ウ　月食…エ
(3)A…ア　B…イ

解説 (1)月の公転面は地球の公転面に対して少し傾《かたむ》いているので，月食や日食は1年に1〜2回ほどしか起こらない。

(2)**ア**…見ている天体と比《くら》べてとても小さい影《かげ》がうつっているので日食や月食ではなく，月の満ち欠けでも見られない。

イ…ちょうど半円の影がうつっているので，半月の形である。この形も，日食や月食では見られない。

ウ…同じ大きさの円が隠《かく》しているので，太陽とほぼ同じ大きさの月が太陽を隠す日食である。

エ…欠けている部分の曲線がゆるやかなので，直径が月の4倍ほどの地球の影に月が入ることによって起こる月食である。

(3)月の本影《ほんえい》がうつっている地点**A**では皆既日食《かいきにっしょく》が起こっていて，地点**B**では部分日食が起こってい

る。**月食は，地球の本影が月にうつることによって起こる現象なので，太陽－地球－月の順に並んだときにしか起こらない。**よって，日食が起こるときは新月で，月食が起こるときは満月である。

❸ (1)**エ**　(2)**ウ**

（解説）(1)金星が地球に近づいているときは，金星の光っている面を少ししか見ることができないので，金星は**エ**のように細く光って見える。
(2)金星は地球よりも内側を公転する内惑星《ないわくせい》である。そのため，見えるのは明け方か夕方だけであり，真夜中には見ることができない。

❹ (1)**オ**　(2)**エ**　(3)**イ**

（解説）(1)**エ**のときにおよそ半分光って見え，**カ**のときはほとんど見えない。図2はその中間なので，**オ**の位置だとわかる。
(2)地球と太陽を結ぶ線と，地球と金星を結ぶ線とのなす角がいちばん大きいとき，金星は太陽からもっとも離《はな》れて見える。図では，**エ**の位置がそれにあたる。
(3)金星が**エ**の位置にあるときは，太陽のほうが金星より早く地平線下に沈《しず》むので，見えるのは，夕方の西の空である。

SECTION 4　太陽系と宇宙

❶ (1)**ウ**　(2)**黒点**　(3)**イ**
(4)㊎**黒点は周囲より温度が低く，出す光の量が少ないから。**
(5)**プロミネンス［紅炎《こうえん》］**　(6)**コロナ**

（解説）(1)～(4)太陽の表面(光球)の温度は約6000℃。温度が高い部分ほど，より多くの熱を放射することになるので，出す光の量が多い。

❷ (1)**ウ**　(2)㊎**太陽が球形であること。**
(3)**ウ→ア→イ**

（解説）(3)図は投影板にうつった太陽のようすをスケッチしたもので，西が太陽の日周運動の方向をさす。太陽は東から西へ自転しているので，黒点は東から西へ移動する。

❸ (1)**H，水星**　(2)**A，海王星**　(3)**B，天王星**
(4)**C，土星**　(5)**D，木星**　(6)**E，火星**
(7)**F，地球**　(8)**G，金星**

（解説）**A**は海王星，**B**は天王星，**C**は土星，**D**は木星，**E**は火星，**F**は地球，**G**は金星，**H**は水星である。

❹ (1)**太陽系**　(2)**恒星《こうせい》**　(3)**惑星《わくせい》**　(4)**衛星**
(5)**すい星［彗星《すいせい》］**　(6)**流星［流れ星］**
(7)**内惑星**　(8)**外惑星**　(9)**イ**

（解説）(2)星座をつくる天体はすべて恒星である。
(3)**太陽系の惑星は，太陽に近い順から，水星・金星・地球・火星・木星・土星・天王星・海王星の8つである。**
(4)地球の衛星は月だけだが，多数の衛星をもっている惑星もある。
(7)(8)地球より内側にある惑星を内惑星，外側にある惑星を外惑星という。構造で区別される地球型惑星や木星型惑星とは異なる分類なので注意すること。
(9)火星と木星の間には，多くの小惑星が太陽のまわりを公転している小惑星帯という領域がある。

❺ (1)**銀河系**　(2)**銀河**　(3)**天の川**
(4)**ア**　(5)㊎**光が10万年間に進む距離《きょり》**
(6)㊎**太陽以外の恒星は，非常に遠い場所にあるから。**

（解説）(1)(2)**図のような恒星の集団を一般的《いっぱんてき》に銀河といい，その中で太陽系を含んでいる銀河を特に銀河系とよんでいる。**
(3)銀河は円盤《えんばん》のような形をしているので，地球から銀河の中心やその反対の向きを見ると恒星が多く，光の帯のように見える。これが天の川である。
(4)太陽は，銀河系の中心から離《はな》れたうでのような構造をした部分の中にある。
(5)光が1年間に進む距離を1光年という。

5章 自然と人間

SECTION 1 生物どうしのつながり

1 **(1)食物連鎖　(2)生産者**
(3)A…ア　C…イ

（解説）(2)食物連鎖《しょくもつれんさ》のスタートは光合成のできる植物で，これを生産者という。
(3)生物**B**がふえると，**B**を食べている生物**A**は，えさの量がふえるのでその数が増加する。また，生物**C**は，天敵である生物**B**がふえるのでたくさん食べられ，減少する。

2 **ア，ウ，エ**

（解説）**イ**…対象となる生物の数も少なく，範囲《はんい》もごく限られているので，つり合いの破壊《はかい》までには至らないだろうと考えられる。ただし，高山に見られる植物や昆虫《こんちゅう》などの，生息地や個体数が限られる生物は，たとえ個人による採取でもその地域での生物種の絶滅《ぜつめつ》や生物どうしのつり合いの破壊につながるおそれがある。
エ…野生の草食動物がふえすぎて植物を食べつくすことがある。

3 **(1)クモ，ムカデ　(2)ミミズ，トビムシ**
(3)落ち葉，死がい，ふん

（解説）(3)林の下の地表では，落ち葉や動物の死がい，ふんなどが出発点である。

4 **(1)㊡試料中の生物を死滅させるため。**
(2)A　(3)ウ

（解説）試験管**A**では，森林内の落ち葉や土に含《ふく》まれていた菌類《きんるい》や細菌類がデンプンを分解してほかの物質に変えるため，ヨウ素液を加えても青《あお》紫色《むらさきいろ》にならない。また，試験管**B**では加熱により菌類や細菌類が死滅《しめつ》しており，試験管**C**でははじめから菌類や細菌類が入っていないため，デンプンがそのまま変化せずに残っている。

5 **(1)イ　(2)エ　(3)イ　(4)ウ**

（解説）この図は，二酸化炭素などの形で移動している炭素の循環《じゅんかん》を表している。
(2)Pは，植物だけが大気中からとり入れていることを表しているから，光合成による炭素(二酸化炭素)の移動があてはまる。
(3)**A**が生産者，**B**と**C**が消費者，**D**が分解者である。
(4)**B**は生産者を食べる草食動物。

SECTION 2 身近な自然と環境保全

1 **(1)ウ→ア→イ→エ　(2)イ，ウ**

（解説）(1)はじめは，有機物を分解するのにはたらく細菌類《さいきんるい》がふえる(**ウ**)が，あまりに多くなり，呼吸に酸素が大量に消費され，その死がいを分解するためにさらに酸素が必要となって酸素不足が起こる(**ア**)。そうすると，酸素を必要とする細菌などの微生物《びせいぶつ》はすめなくなり，酸素がなくても生活できる細菌類がふえてくる(**イ**)。これらのなかには硫化水素《りゅうかすいそ》など悪臭《あくしゅう》のある気体をつくり出す細菌もいる(**エ**)。
(2)サワガニやアユは，水のきれいな清流にしかすまない。

2 **(1)イ　(2)サ　(3)ケ　(4)オ　(5)キ**

（解説）**(3)酸性雨は大気中に放出された硫黄酸化《いおうさんか》物《ぶつ》や，窒素酸化物《ちっそさんかぶつ》から硫酸《りゅうさん》や硝酸《しょうさん》ができ酸性の雨が降る現象。**
(5)太陽からの有害な紫外線《しがいせん》は，上空のオゾン層で弱められているが，フロンという気体はオゾン層を破壊《はかい》するはたらきをもつ。

6章　科学技術と人間

SECTION 1　エネルギー

1　**(1)ア　(2)赤外線[光]**
(3)A…伝導[熱伝導]　B…対流
C…放射[熱放射]
(4)①C　②B　③A　④A　⑤C

解説　(1)高温の物体と低温の物体があるとき，自然に温度差が大きくなっていくことはなく，しだいに同じ温度に近づいていく。このことから，**熱は自然には高温の物体から低温の物体にしか移動しないことがわかる。**
(2)(4)放射では，熱が光や赤外線などに変化して，それがほかの物体に当たることで熱が移動する。

2　**(1)A…電気エネルギー　B…化学エネルギー**
(2)①カ　②イ　③エ　④オ
⑤キ　⑥ア　⑦ウ
(3)例 変形した物体のもつエネルギー。
(4)変わらない。
(5)エネルギー保存の法則[エネルギーの保存]

解説　(1)モーターは，電気エネルギーを運動エネルギーに変換《へんかん》する装置である。また，電気分解では，電気エネルギーをあたえることによって物質を分解し，化学エネルギーとして物質自体にエネルギーがたくわえられる。
(4)(5)**エネルギーが変換されても，損失分なども含《ふく》めた総量は変化していない。これを，エネルギー保存の法則(エネルギーの保存)という。**

3　**(1)A…イ　B…ア　C…ウ**
(2)①ウラン　②水蒸気

解説　(1)日本の発電方法では，化石燃料を燃やして高温の水蒸気をつくり出して発電する火力発電がもっとも多く，ついでダムで水をせき止めてその位置エネルギーで水車を回す水力発電が多い。かつては原子力発電が国内の発電量の4分の1を占《し》めていたが，2011年の東日本大震災《ひがしにほんだいしんさい》にともなう福島第一原子力発電所の事故によって激減した。

4　**①エ，キ　②オ，ケ　③イ，カ**
④ウ，コ　⑤ア，ク

解説　①太陽光発電は，太陽電池(光電池)を使って光を直接電気に変える方法である。
②水力発電は，水の位置エネルギーで発電機の水車を回す方法である。
③原子力発電は，ウランやプルトニウムが核分裂《かくぶんれつ》するエネルギーで高温の水蒸気をつくり，タービンを回して発電する方法である。
④地熱発電は，火山近くの地下深くの熱を利用して高温の蒸気をつくり，タービンを回して発電する方法である。
⑤風力発電は，風の力で風車を回して発電する方法である。

5　**(1)放射性物質**
(2)ベクレル…放射線を出す性質[放射能]の大きさ
シーベルト…放射線の人体への影響《えいきょう》の大きさ
(3)イ

解説　(3)**ア**…α《アルファ》線は透過力《とうかりょく》が小さく，γ《ガンマ》線は透過力が大きいなどのちがいがある。
ウ…自然界でも，岩石中や空気中の放射性物質が出す放射線や，宇宙から飛んでくる宇宙線などもある。
エ…レントゲン撮影《さつえい》は，X線の透過力を応用したものである。

SECTION 2 科学技術の発展と人間のくらし

1 (1)**有機物**　(2)**高分子化合物**
(3)**生分解性プラスチック**　(4)**天然繊維《てんねんせんい》**
(5)**イ，エ，オ**

解説 **(1)プラスチックは石油などから人工的に合成された有機物である。**
(5)**ア**…シルクは絹ともいい，カイコガという昆虫《こんちゅう》のさなぎをくるむまゆからつくられた繊維。
ウ…ウールは羊毛ともいい，ヒツジの毛からつくられた繊維。
カ…コットンは木綿《もめん》ともいい，ワタという植物の子房《しぼう》にできる綿毛からつくられた繊維。

2 (1)①**リデュース**　②**再資源化**
③**3R《スリーアール》**
(2)例 **埋《う》め立てたごみが地下水や土壌《どじょう》を汚《お》染《せん》する。埋め立て地が無くなっていく。**
(3)例 **フリーマーケットなどを通じて，必要としている人に使ってもらう。**
(4)**使われている素材**

解説 (1)ごみを減らすために有効だとされるリデュース(Reduce)，リユース(Reuse)，リサイクル(Recycle)という3つの手段をまとめて3Rという。
(4)PETはポリエチレンテレフタラートの略で，ペットボトルなどに使われるプラスチックの一種である。パッケージなどに使われている素材を明記することで，リサイクルの際に役立つようにしている。

入試問題にチャレンジ 解答

1

1 (1)**右図**
(2)**ア**

解説 (1)一郎《いちろう》が先生を押《お》す力の反作用なので，問題文の図の矢印と作用点は同じ点で，向きは反対で，大きさは等しい矢印となる。
(2)一郎は後方に，先生は前方に力を受けるので，一郎は後方へ動き，先生は前方へ動く。

2 (1)例 **電極を精製水でよく洗う。**
(2)**$2HCl \longrightarrow H_2 + Cl_2$**　(3)**$Cl^-$**
(4)**食塩[塩化ナトリウム]，塩化水素**
(5)**電離《でんり》**

解説 (3)陰《いん》イオンである塩化物イオンCl^-が陽極に移動し，陽イオンである水素イオンH^+が陰極に移動する。

3 (1)**イ**　(2)①**化学**　②**熱**　③**運動**　(3)**ア**

解説 **(1)水が水蒸気になることによって体積がいちじるしく大きくなるので，フラスコ内から水蒸気がいきおいよく出ていき，羽根車を回転させることができる。**
(2)ガスバーナーから出される都市ガスやプロパンガスなどの気体がもっていた化学エネルギーが燃

焼することにより熱エネルギーに変換《へんかん》される。次に，水が水蒸気に変化して羽根車を回転させることにより運動エネルギーに変換される。さらに，モーターの軸《じく》を回転させることによって電磁誘導《でんじゆうどう》による誘導電流が発生することで電気エネルギーに変換されたのである。
(3)火力発電のほかにも，原子力発電や地熱発電なども同じしくみであり，熱エネルギーをとり出すしくみだけが異なる。

4 (1)**ア**　(2)**オ**　(3)**エ**

解説　(1)太陽は，冬至《とうじ》である12月21日ごろにもっとも南よりを通るので，12月のほかの日でも真東から太陽が出る**イ**よりも南よりを通ると考えられる。
(2)南の空の星は，東→南→西と移動していく。南中した**ウ**から4時間後には(地軸《ちじく》を中心に) 60°西に進む。
(3)**星が同じ位置に見える時刻は1か月で約2時間ずつ早くなる。**よって，1か月後は午後10時ごろに**ウ**の位置に見えるので，夜中の12時ごろは**エ**の位置に見える。

5 (1)①**群…ア**　②**群…ク**　(2)**ぶんり**
(3)**DNA**　(4)**下図　丸い種子…オ**

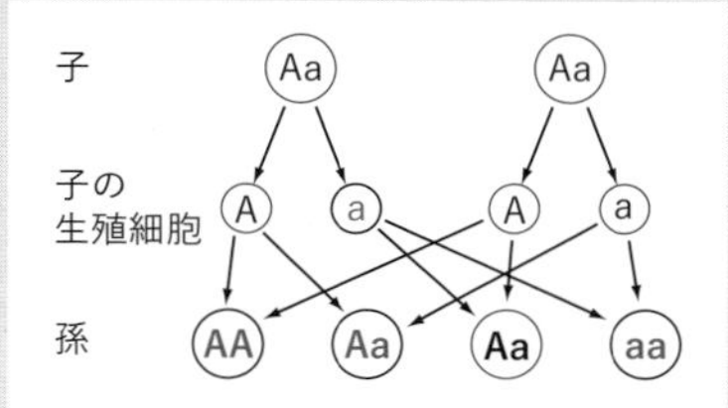

解説　(1)子はすべて丸い種子になっている。
(4)ある対立形質をもつ顕性《けんせい》の純系の遺伝子の組み合わせを**AA**，潜性《せんせい》の遺伝子の純系の組み合わせを**aa**としたとき，それらを交配させた**子の遺伝子の組み合わせはすべてAaとなる。さらに子どうしを交配させると孫は，AA：Aa：aa＝1：2：1となっている。**そのため，孫の世代の形質は，丸い種子：しわのある種子＝3：1となる。

2

1 (1)①**ア**　②**ウ**
(2)$\mathbf{Zn \longrightarrow Zn^{2+} + 2e^-}$

解説　亜鉛《あえん》Znが陽イオンになって溶《と》け出すときに電子を亜鉛板に残してくる。この電子が導線，電子オルゴールを通って，銅板まで移動する。これにより，銅板が－の電気をもつため陽イオンである銅イオンが引きつけられ，銅板から電子を受けとって銅原子になる。電子は－極から出て＋極に移動するものなので，亜鉛板が－極，銅板が＋極になっているといえる。

2 (1)**柱頭**　(2)①**胚珠《はいしゅ》**　②**精細胞《せいさいぼう》**

解説　(2)**種子植物の雌花《めばな》の生殖細胞《せいしょくさいぼう》を卵細胞，雄花《おばな》の生殖細胞を精細胞という。**卵細胞と精細胞が合体してできた受精卵が胚になる。

3 (1)**恒星《こうせい》**
(2)㊀**光が非常に強く，目をいためるおそれがあるから。**
(3)**黒点**
(4)㊀**まわりより温度が低く，出している光が少ないから。**
(5)㊀**地球が自転しているから。**
(6)㊀**太陽が自転しているから。**
(7)㊀**太陽が球形をしていること。**

解説　(4)太陽の表面温度は約6000°Cであるが，黒点の温度は約4000°Cである。
(5)**地球が西から東へ自転していることによって，太陽の位置が東から西へ移動していくため，太陽の像も東から西へずれていく。**

4 ⑴**右図**
⑵**力の大きさ…3N**
距離《きょり》…2m

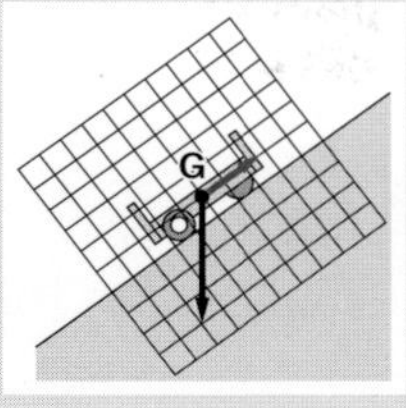

解説 ⑴台車にはたらく重力の斜面《しゃめん》に沿った方向の分力とつり合う力である。
⑵動滑車《どうかっしゃ》を1個使っているので，糸を引いた長さは，

1m×2＝2m

また，台車の斜面方向の分力をF_1，斜面と垂直方向の分力をF_2とし，台車にはたらく重力をFとしたとき，これらで直角三角形をつくると，

$F_1 : F_2 : F = 3 : 4 : 5$

となる。$F=10$Nなので，$F_1=6$N。これは糸が台車を引く力の大きさに等しいので，糸を引いた力の大きさは動滑車を1個使っていることから半分になり，

6N÷2＝3N

3

1 ①**デンプン**　②**無機物**　③**細菌類《さいきんるい》**

解説 容器**A**では砂利を焼いたことで分解者が死滅《しめつ》しているため，デンプンは分解されずに残っている。容器**B**と**D**では，分解者がデンプンを分解するので，デンプンは残っていない。容器**C**では，デンプンの量が多い一方，それに対して酸素が足りなかったため，分解者がまだ分解することができなかったデンプンが一部残っている。

2 ⑴①OH^-　②H_2O　⑵**NaCl**
⑶①OH^-　②H^+　③Na^+　④Cl^-

解説 はじめからあるイオンは，水酸化ナトリウムNaOHが電離《でんり》してできた水酸化物イオンOH^-とナトリウムイオンNa^+である。また，加える塩酸HClの中に存在するイオンは水素イオンH^+と塩化物イオンCl^-である。
⑶①OH^-は，塩酸が加えられるにつれてH^+と結びついて水H_2Oとなるため減少していき，すべて中和したとき（塩酸を$20cm^3$加えたとき）になくなる。
②H^+は，水酸化ナトリウム水溶液《すいようえき》を$20cm^3$加えるまでは加えた分がOH^-と結びつきH_2Oとなるため存在できないが，OH^-がなくなったあとは加えた分だけ増加する。
③Na^+は，塩酸中のCl^-と結びついてNaClとなるが，NaClは電解質であり水溶液中で電離するため，イオンの数は変わらない。
④Cl^-は，Na^+と結びついてNaClとなるが，NaClは電解質なので，加えた分だけ増える。

3 ⑴**天球**　⑵**15時間**

解説 ⑵太陽は1時間に天球上を2.7cm進んでいるので，**PQ**間を進むのに必要な時間は，

$$\text{時間}=\frac{\text{距離《きょり》}}{\text{速さ}}=\frac{40.5\,\text{cm}}{2.7\,\text{cm/h}}$$
$$=15\,\text{h}$$

4 ⑴**2倍**　⑵**2.5J**
⑶**実験1…エ**　**実験2…イ**

解説 ⑴実験2では動滑車《どうかっしゃ》を1個使っているので，引く力が半分になっている。よって，実験1の時に必要な力の大きさは，実験2のときの2倍。
⑵仕事＝力の大きさ×動いた距離
＝5N×0.5m
＝2.5J
⑶実験2では，台車の移動距離は手の動いた距離の0.5倍になるので，速さも0.5倍となる。